U0252709

污染农田水土环境健康调控理论与实践

侯仁杰　赵　彬　付　强等　著

科学出版社

北　京

内 容 简 介

为保障国家粮食安全，构建污染农田土壤环境健康长效修复模式，实现农业水土资源健康可持续利用，本书以我国东北、西北地区典型重金属污染农田为研究对象，以污染农田绿色、低碳、边生产边修复为目标，采用室内模拟机理探索和大田试验验证相结合的研究手段，系统地探索了污染农田重金属迁移、转化、富集特征及污染场地长效健康修复模式。全书共 8 章，主要包括农田土壤重金属形态转化影响因素分析、农田土壤重金属传输扩散驱动机制探索、农田土壤重金属富集过程及迁移路径特征、污染农田作物生理胁迫及土壤环境演变研究、污染农田土壤环境健康风险评估及管控技术探索等内容。

本书可供环境科学、农林科学、生态学、地学等领域的技术人员、教师和管理人员参考，也可作为相关专业研究生的参考书。

图书在版编目（CIP）数据

污染农田水土环境健康调控理论与实践 / 侯仁杰等著. —北京：科学出版社，2025.4

ISBN 978-7-03-076166-8

Ⅰ. ①污… Ⅱ. ①侯… Ⅲ. ①农田污染－重金属污染－污染土壤－修复－研究 Ⅳ. ①X53

中国国家版本馆 CIP 数据核字（2023）第 149728 号

责任编辑：孟莹莹　程雷星 / 责任校对：樊雅琼
责任印制：徐晓晨 / 封面设计：无极书装

科 学 出 版 社 出版
北京东黄城根北街 16 号
邮政编码：100717
http://www.sciencep.com
北京建宏印刷有限公司印刷
科学出版社发行　各地新华书店经销
*
2025 年 4 月第 一 版　开本：787×1092 1/16
2025 年 4 月第一次印刷　印张：15
字数：356 000

定价：179.00 元

（如有印装质量问题，我社负责调换）

前　言

土壤是自然生态环境系统的重要组成部分，是保障国家粮食安全、人居安全、生态环境安全的重要物质基础。工业化的快速发展和不科学的农业生产活动带来了严重的土壤污染问题，给生态环境和人体健康带来了巨大风险。2014 年，环境保护部和国土资源部发布全国土壤污染状况调查公报，调查显示，在不同类型土地中，农田土壤环境质量堪忧，耕地土壤重金属等污染物点位超标率达 19.4%，土壤重金属超标带来的水稻、小麦等粮食作物重金属超标问题也令人担忧。因此，有效预防、修复土壤重金属污染，改善土壤质量，已成为污染农田健康可持续发展的重要工作。

近年来，党中央和国务院高度重视土壤重金属污染防治与粮食安全生产，明确将“保护耕地资源，促进农田永续利用”作为《全国农业可持续发展规划（2015—2030 年）》的重点任务。2016 年 5 月，国务院印发的《土壤污染防治行动计划》为我国土壤污染防治工作提供了行动纲领。对于农田污染土壤修复，《土壤污染防治行动计划》指出，“到 2030 年，受污染耕地安全利用率达到 95%以上”。

重金属污染农田的修复有其特殊的复杂性。污染场地量大面广，污染来源成因复杂，灌溉水、大气沉降、农业投入都会影响农田土壤中重金属含量。由于重金属污染本身的不可毁灭性，为了避免修复后污染物再次释放带来长期环境安全问题，需对稳定化处理的重金属污染场地进行长期管控监测。农田重金属污染往往是多种重金属的复合污染，目前修复方法虽然不少，但大多是针对某一类型重金属污染，能同时有效修复多种重金属污染土壤的方法鲜有报道。农田土壤重金属污染治理绝大多数是在不中断农业生产的条件下进行的，进一步加大了修复的难度。土壤-作物系统中的重金属迁移是一个复杂过程，除受土壤中重金属含量、形态及环境条件的影响外，不同类型农作物吸收重金属元素的生理生化机制各异，因而吸收和富集重金属的特征也不同。

特别是在广大北方地区，受频繁的冻融循环和农田灌溉伴生的干湿循环现象影响，土壤团聚体结构被破坏，从而影响土壤的理化特性，改变土壤重金属形态及其分布状况，进一步增加了污染土壤释放重金属的风险。此外，在冻融循环、干湿循环及生物化学等多重因素侵蚀效应影响下，土壤改良材料的稳定性及长效性特征减弱。

本书从推进污染农田健康可持续发展的角度，以我国东北和西北地区典型污染农田为修复验证场地，结合室内模拟机理探索，对不同变化情景模式下的农田土壤重金属迁移转化及赋存形态响应机制进行探索，系统全面地揭示污染物对土壤养分循环的胁迫作用、农田土壤-作物重金属运移富集特征、环境胁迫效应、健康风险评估和生境健康调控机理，构建了环境侵蚀作用下污染土壤长效稳定化修复模式和污染农田科学管控技术。本书旨在为重金属污染农田的防治提供一些对策，保障受污染农田安全生产，对于提升农业水土资源生产效率、降低粮食产能风险、实现农业可持续健康发展具有重要的现实意义。

本书内容如下：第 1 章为绪论，主要对国内外相关研究进行梳理、评述，并确定本书的整体研究思路、架构和方法；第 2 章为研究区域概况，主要对我国东北和西北 3 个典型污染农田区域的地理、气候特征等状况进行整理分析；第 3 章为农田土壤重金属形态转化影响因素分析，主要研究老化过程对土壤理化特性的影响，识别土壤重金属形态转化的主控环境因子；第 4 章为农田土壤重金属传输扩散驱动机制探索，主要揭示稳定化处理不同养护条件对于重金属污染迁移阻控的长效性特征；第 5 章为农田土壤重金属富集过程及迁移路径特征，主要研究稳定化材料修复下土壤重金属富集特征；第 6 章为污染农田作物生理胁迫及土壤环境演变研究，主要研究不同修复模式下作物生理过程适应性机制；第 7 章为污染农田土壤环境健康风险评估及管控技术探索，主要对地块尺度汞污染特征和风险水平进行有效识别，开发基于长效稳定化的污染土壤风险管控技术并进行评价；第 8 章为重要研究发现与展望，主要总结了作者在污染农田修复研究中的关键发现，并对污染农田绿色可持续修复做出展望。

本书共 8 章，由多位长期致力于污染农田健康可持续、农田土壤作物生境健康调控等方面研究的学者撰写完成。本书撰写分工如下：第 1 章、第 2 章由侯仁杰撰写完成；第 3 章、第 4 章由侯仁杰、付强撰写完成；第 5 章由侯仁杰、赵彬撰写完成；第 6 章由侯仁杰、付强撰写完成；第 7 章由赵彬撰写完成；第 8 章由侯仁杰撰写完成。感谢国家自然科学基金优秀青年科学基金项目（52422902）、国家自然科学基金面上项目（52279035）、国家自然科学基金青年科学基金项目（52009058）、黑龙江省自然科学基金优秀青年项目（YQ2022E007）对本书相关研究工作的支持。

作者在本书撰写过程中得到了东北农业大学研究生蔡礼良、朱冰玉、王雨轩、赵海宏、洪运佳、孟禹彤、刘思思、龚一丹、孔鑫宇、张健等的大力协助，他们参与了部分章节的整理与校正工作，在此表示真诚的谢意！本书的顺利完成建立在作者对国内外大量文献的学习与分析基础上，在此谨向这些文献的作者表示衷心的感谢！

由于作者水平有限，疏漏与不足之处在所难免，敬请各位读者批评指正。

作 者

2025 年 3 月

目　　录

第1章 绪 论

1.1 研究概述

农业是我国国民经济的重要基础保障，农田土壤是农业生产和粮食安全的核心战略资源[1]。随着工农业的发展、城市化进程的深入，农田土壤环境污染不断加剧，并且污染来源多样，主要包括农药过度施用、大气沉降、工业“三废”（废水、废气、废渣）等，特别是污水灌溉，其携带大量污染物进入农田生态系统[2]。各类污染物中，镉、砷、铅、汞等重金属污染最为突出，重金属会造成水文环境污染、土壤生态恶化、农作物产量和品质降低，最终通过直接接触、食物链等方式对人体的健康产生威胁[3, 4]。在我国广大北方地区，作物生育期农田灌溉所伴生的土壤水分入渗-蒸发过程影响了重金属的分布状况，导致土壤系统功能紊乱，影响土壤微生物群落丰度以及土壤酶活性，抑制土壤养分的良性循环[5]。特别值得注意的是，广大北方地区普遍存在的土壤冻融循环作用和干湿循环现象破坏了土壤团聚体结构，改变了土壤重金属形态及归趋特性，增加了土壤污染释放风险[6]。在此背景下，迫切需要明晰农田土壤重金属的污染来源，挖掘土壤水文过程协同重金属扩散机制，阐述污染胁迫下土壤养分循环及作物生理效应，进而构建环境侵蚀作用下污染土壤长效稳定化修复模式。本书致力于突破农田污染土壤高效修复技术瓶颈，以期实现农业水土资源健康可持续利用。

1. 明确农田重金属迁移转化路径是农业水土环境高效修复的前提

水资源是干旱半干旱地区农业及经济发展的一个限制性因素，也是农业可持续发展的重要保障[7]。随着灌溉技术的发展，农业旱情得到了缓解，确保了作物用水需求。伴随着灌溉水的补给，土体内出现了频繁的入渗-蒸发交替现象，影响了土壤水分的空间分布[8]。而近些年来，河流、湖泊等水体污染加剧，导致灌溉排水携带大量重金属进入农田，造成农田生态系统环境恶化。在农田土壤水分入渗过程中，游离态重金属伴随着水分向深层迁移扩散，而在土壤水分蒸发过程中，地表水分大量流失，深层土壤水分不断地补给地表水，其所携带的重金属又在土壤表层聚集。由此可知，农田土壤水分循环增强了重金属的传递扩散效应，增加了重金属迁移路径的复杂性[9]。另外，雪被作为北方地区越冬期土壤特殊的覆盖介质层，调控大气环境与土壤之间频繁的感热与潜热交换过程。在冬季降雪过程中，大气悬浮的粉尘粒子、有害气体、重金属离子、有机污染物等会富集在积雪中。当春季气温回升，土壤、河流解冻时，融雪水携带的污染物会入渗到土壤和河流中，导致土壤和河流的污染[10]。此外，北方地区农田越冬期要经历频繁的冻融循环作用，在土体冻结过程中，液态水转变为固态冰，土壤表层形成稳定的冻结层并会导致该区域基质势降低，未冻水在势能差的驱动作用下向冻结锋面扩散，进而促使土壤养分向着地表迁移聚集[11]。而在融化期，融雪水入渗补给土壤含水率，土壤冰晶转化为液态水，并且在重力驱动作用下发生竖直垂向迁移，增加了土壤溶质时空分布的不确定性[12]。因此，探究农田灌溉以及冻融循环驱动作用下土壤水文循环过程，进而揭示重金属迁移转化协同效应，可为农业水土环境高效修复和可持续利用奠定坚实的理论基础。

2. 阐明污染农田生态环境演变过程是农业水土资源有效调控的保障

在寒区农田土壤生态体系中，浅层根区土壤是围绕根系生物地球化学过程最活跃的区域，也是土壤-植株-微生物三者相互作用的场所和能量流动的载体，对植株生长同化作用产生重要的影响[13]。土壤碳氮磷是农田土壤肥力和土壤质量评价的重要指标，也是植物生长发育所需的营养和能量元素，在农业生态系统中有着非常重要的地位。土壤碳氮磷元素的矿化及有效养分的补给受到多重因素相互耦合驱动作用影响，包括大气环境、土壤水热、微生物活性等[14]。根区土壤中的微生物群落丰度影响养分元素的固持效果，同时，土壤养分含量的提升增加了植株的元素补给。然而，微生物对土壤质量的变化极为敏感，土壤污染能够破坏微生物细胞的结构和功能，加快细胞的死亡，抑制微生物的活性和竞争能力[15]。另外，在重金属污染条件下，土壤中微生物需要过度消耗能量以抵御环境胁迫，在一定程度上抑制了其生物量[16]。特别是在北方地区，农田土壤灌溉措施以及冻融循环作用导致可溶性污染物大量迁移释放，重金属活性增强，对土壤本身以及微生物群落功能产生不良影响，抑制了土壤碳氮元素的矿化效果，导致土壤生态系统功能失调，威胁生态系统的安全性和稳定性[17]。因此，挖掘重金属污染土壤养分循环过程对修复调控模式的响应效果，阐述作物同化过程机制，可为农业水土资源高效利用模式的研发提供可靠保障。

3. 构建污染农田科学管控技术是农业水土环境健康利用的有效途径

寒区污灌农田水文循环过程增强了土壤中重金属迁移扩散效应，与此伴生的土壤微生物环境、养分含量水平、作物生长发育以及植株重金属富集效应也将发生改变。同时，冻融循环作用增加了土壤重金属释放风险，这可能导致土壤环境恶化及与其关联的农业生产系统发生对人类不利的演进，进而引发一系列的经济、社会和粮食安全问题[18]。结合农田污染的现状以及污染治理的迫切需求，广大学者开展了一系列物理修复、化学修复、生物修复以及复合修复技术的探索[19, 20]。在国家积极推行农田土壤“减污降碳”的生产模式背景下，生物炭作为一种有机高分子改良材料，具有较大的比表面积和较强的吸附力，不但可以影响土壤孔隙，改善土壤内部结构，还可以作为改良剂提升土壤有机质含量，改善土壤氮磷元素状况，吸附土壤中农药残留和重金属等有害物质[21]。修复受污染的农田，不仅可以抑制土壤中重金属向植物迁移，保障农产品安全，还能降低生态环境风险和土地使用的健康风险[22, 23]。然而，广大北方地区受季节性冻融循环及生育期灌溉排水的侵蚀效应影响，土壤改良材料的稳定性及长效性特征减弱。在冻融循环、干湿循环、紫外辐射及生物化学等多重因素耦合驱动模式下，材料的结构、性能及属性发生演变转化，甚至对土壤养分循环转化及温室气体排放产生严重的负面影响[24]。因此，明晰农田土壤外源介质调控原理及环境修复机制，研发抗侵蚀、抗裂隙、长效稳定的炭基材料，构建农田土壤精准高效的管控技术体系，是实现污灌农田绿色可持续发展的重要途径。

综上所述，在城市工业化进程以及人类活动的影响下，针对寒区农田污染土壤生产能力低、危害风险强的背景，探索“污灌农田重金属迁移转化协同效应，污染物对土壤养分循环胁迫作用，植株体内重金属运移富集效应，寒区农田污染土壤高效修复模式”等科学问题，对于提升农业水土资源生产效率，降低粮食产能风险，实现农业可持续健康发展具有重要的现实意义。

1.2 国内外研究现状与评述

1.2.1 重金属污染来源及分布特征

农田生态系统是一个开放的系统，与外界进行着广泛的物质和能量交换，受自然条件及人为因素的影响，土壤中重金属含量高于背景值，给生态环境和人体健康带来了巨大风险。近些年来，国内外研究学者已对农田土壤重金属污染来源及分布特征进行了深入的调研探索。

国外对于土壤污染的普查及防治工作起步较早。据不完全统计，从 20 世纪 70 年代至今，排放到全球环境中的重金属约达到镉 2.2 万 t、铅 78.3 万 t、锌 35 万 t、铜 93.5 万 t，其中有相当部分进入土壤，导致世界各地土壤受到不同程度的重金属污染[25, 26]。土壤中重金属的来源有很多途径，在自然条件下，土壤重金属主要来源于成土母质，不同的成土母质和成土过程导致土壤中重金属含量差异较大[27]。另外，人类活动是土壤重金属污染的重要原因，主要涵盖金属矿山的开采冶炼、工业废气中重金属的沉降、含重金属废水灌溉农田、化肥的大量使用以及城市固体废弃物的堆放等，并且这些外源重金属常常富集在土壤表面[28, 29]。与自然成土过程摄入的重金属相比，由于人类活动而富集到土壤中的重金属生物活性更高[30]。重金属主要通过植物或水生动物富集进入食物链，极大程度影响了粮食产量与安全，对人体产生毒害作用[31]。

随着我国农业资源的大力开发以及种植结构的调整，土壤生态环境污染恶化问题逐渐凸显，农田土壤污染程度日益加重，逐渐由点源污染向面源污染扩散。根据农业部环境监测系统对全国 24 个省市，320 个严重污染区的土壤调查，农田污染超标面积约占监测调查总面积的 20%。其中，重金属含量超标面积占 80%[32, 33]。相关报道指出，辽宁省沈阳市张士灌区因使用遭受镉污染水源灌溉造成灌区农田污染面积达到 2533hm^2，其中，严重污染的农田面积占 13%以上，粮食中重金属污染物含量超标，给当地农业造成巨大经济损失。湖南省株洲地区为重金属污染的重灾区，土壤重金属污染还会通过生物富集作用危害人类的健康及畜牧业产品安全，当地群众的血、尿中镉含量是正常人的 2～5 倍，且自 2011 年以来血铅中毒事件频发。另外，从区域尺度来看，南方重金属污染程度要大于北方，并且从全国范围农田土壤重金属输入的贡献分析可知，重金属镉的污染形势最为严峻，其次为重金属汞、镍、锌等[34]。以上研究完善了土壤污染类型统计数据集，有效地揭示了我国农田重金属污染样地的区域分布特征及污染引发的人体健康风险。

1.2.2 重金属胁迫下土壤微生物环境演变机理

农田土壤中重金属污染具有长期性、隐蔽性、累积性等特点，重金属富集对土壤质量和生态环境造成一定程度的威胁。近些年来，土壤重金属污染所引发的生态环境问题引起了国内外学者的广泛关注。

重金属污染会导致土壤中微生物群落的变异性增大，稳定性降低，微生物群落系统的改变主要表现在微生物生物量、活性及群落结构多样性这三个方面[35]。土壤微生物生物量是土壤养分的源和库，其对土壤中有机质含量以及理化性质具有较强的协同作用，Beattie 等[36]研究指出 Cu、Zn、Pb 等重金属污染矿区土壤微生物生物量要显著低于远离矿区的土壤，微生物生物量的变化显著受周围污染环境的制约。重金属进入土壤还会导致微生物呼吸强度发生变化，微生物代谢熵作为微生物活性的评价指标，反映了单位时间内单位生物量的呼吸强度，Cabral 等[37]认为高浓度重金属土壤中微生物将有机碳转化为 CO_2 并释放，微生物的代谢熵与重金属浓度呈正相关。另外，土壤微生物群落结构多样性对维护生态系统群落结构稳定有着十分重要的意义，Akerblom 等[38]结合碳素利用法和磷脂脂肪酸法进行识别研究，发现微生物群落丰富度 Shannon-Wiener（香农-维纳）多样性指数、均匀度指数均显著低于无污染对照土壤。以上研究表明，土壤微生物生物量、活性及群落结构多样性对于重金属污染表现出复杂的响应关系。

土壤酶作为一类具有高度催化作用的蛋白质，主要参与土壤中各种生物化学过程。重金属限制了微生物体内酶的合成和分泌，从而导致土壤中各种酶的机能下降[39]。但是不同重金属污染浓度会对土壤微生物及酶活性产生不同的影响效果，赵永红等[40]研究发现低浓度重金属污染促进了微生物生长，土壤酶活性增强，而随着重金属浓度提升，则出现抑制效果。重金属污染对土壤微生物及酶活性所产生的胁迫作用，最终导致土壤生态系统功能遭到严重破坏[41]。而土壤中微生物及酶活性的变化又会影响植株的生长发育及物质的积累，周艳丽等[42]提出镉污染改变了植株根区土壤微生物环境及酶活性特征，严重制约了水稻植株有效物质的积累，降低了土壤生产效率，同时也危害粮食质量安全。以上研究阐述了重金属污染对于土壤微生物、酶活性的胁迫作用效果，解析了污染农田生态环境恶化效应机制。

1.2.3 重金属污染风险评估理论体系

农业土壤重金属污染所引发的环境问题逐渐成为制约社会、经济发展的关键性因素，而科学有效地评估重金属污染风险则是推动农田污染土壤绿色可持续修复的前提[43, 44]。针对该问题，国内外学者展开了大量的研究，并不断完善土壤健康评价体系。

自 20 世纪 70 年代起，国外学者开始致力于土壤污染评价理论的探索，较为经典的方法有指数法、综合评价法及地统计学法等[45]。其中，指数法将土壤污染程度用比较明确的界限加以区分，评价方法包括单因子污染指数法、内梅罗指数法、地累积指数法、生态风险指数法以及潜在生态危害法等[46]。基于指数法的土壤重金属污染评价能够较客观地反映土壤重金属污染状况，但是土壤系统是复杂、变异程度较高的系统，仅运用指数法进行评价，不能准确反映土壤污染状况。综合评价法详细考虑了土壤环境质量的模糊性及污染因子的权重，使评价更具有科学性，主要研究方法有模糊综合评价法、层次分析法、灰色聚类和物元分析法等。综合评价法使评价结果接近于实际结果，在确定各指标权重时采用最优权系数法，避免了确定评价权重的任意性[47]。地统计学法应用于土壤重金属污染评价的核心是通过采集数据分析，结合采样区地理特征，选择合适的空间内插方法，进而评价土壤重金属的风险程度[48]。

国内学者从污染物形态、生物毒理学和毒性淋溶等角度丰富了污染评价指标体系。其中，污染物形态分析法通过浸提剂把土壤中不同形态的重金属提取出来，根据重金属赋存形态特征来阐述其游离释放的风险概率。李季等[49]以重金属砷为研究对象，分析了污染物的化学形态及生物可给性状况，进而评价了重金属环境风险。而土壤生物毒理学法通过土壤生物活动和植株生理现象来表征重金属污染的危害作用，能真实有效地揭示重金属生态胁迫的异常性结果[50]。Zhang 等[51]以污染土壤中微生物量及蔗糖酶、脲酶活性作为评价指标，综合评估矿山重金属污染对土壤质量的影响。此外，土壤重金属毒性淋溶评价法也是国际上普遍认可的环境风险评价方法，温俊国等[52]通过标准浸出毒性（toxicity characteristic leaching procedure，TCLP）方法，探究了不同修复剂对 Cr(Ⅵ)的价态修复以及浸出特性，进而评价了不同修复模式下土壤风险等级，其结果真实合理。以上研究总结了土壤污染风险评价理论及体系构建方法，精准有效地表征了重金属污染对土壤环境的侵蚀风险。

1.2.4 重金属长效稳定化修复技术

土壤环境安全能够维护生态系统良性发展，支持经济社会持续发展，变化环境下土壤安全问题逐渐成为国际上普遍关心的问题[53, 54]。近年来，国内外学者对土壤重金属污染修复技术展开了大量的研究。

欧美国家和地区针对土壤污染问题开展研究较早，并且结合不同污染类型制定了相应的修复技术与方法。目前，针对重金属污染农田土壤的修复技术包括：稳定剂修复，采用生物炭、堆肥、沸石、黏土等材料，在稳定剂与重金属吸附、沉淀、离子交换等相互作用下，使重金属形成更稳定的化合物，减少其对生物的毒性作用[55]。植物修复，通过植物稳定、挥发、提取等作用，对土壤中的重金属进行吸收、转化、富集，最终达到去除重金属的效果[56]。原位电动修复，在污染场地中导入直流电，在电场作用下重金属离子定向移动，最终通过工程化的收集系统集中处理[57]。化学淋洗法，利用氯化钙、氯化铁等化学药剂进行原位土壤淋洗，使重金属从土壤中去除。该技术具有操作简单的优点，但对土壤质地要求较高，并且淋溶液会造成土壤二次污染[58]。

近年来，我国政府有关部门和机构都陆续发布了重金属污染场地修复的评价导则、技术指南以及工具软件，为修复决策提供技术支撑。2019 年，中央一号文件《中共中央 国务院关于坚持农业农村优先发展做好“三农”工作的若干意见》中将重金属污染耕地治理修复提高到关系经济安全、生态安全、国家安全的战略地位。同时，我国污染场地修复研究工作发展迅速，并且取得了一定的成果。特别是在联合修复领域，黎大荣等[59]研究发现，蚕沙和赤泥的复合处理不但能改善农田污染土壤的 pH 和有机质含量，还能降低土壤中 Pb 和 Cd 的 TCLP 浸出浓度。Guo 等[60]发现在土壤淋洗过程中，添加 $FeCl_3$ 能够促进表层土壤中重金属的去除，并且 $FeCl_3$ + 螯合剂复合处理淋洗土壤，Cd、Zn、Pb 和 Cu 的去除率分别提升 8%、53%、41%和 21%，联合修复技术较好地弥补了单一修复材料的性能缺陷。以上研究依托物理吸附、化学氧化以及植物富集等技术手段对重金属进行钝化处理，为绿色健康及长期有效的修复模式探索提供了宝贵经验。

1.2.5 研究评述

综上所述，国内外学者针对农业土壤重金属污染分布特征、重金属污染对微生物环境胁迫效应、重金属污染风险评价体系以及重金属污染修复技术等方面开展了广泛而深入的探索。然而，相关研究还存在一定的欠缺，主要表现在以下几个方面。

（1）重金属的迁移转化受到环境变化的驱动影响。以往的研究主要侧重于土壤重金属污染来源及空间分布特征，而缺乏对于北方地区冻融循环、干湿循环、紫外辐射等环境因子老化驱动作用下土壤重金属迁移转化及赋存形态响应机制的探索。

（2）重金属的跨介质传输过程引发土壤污染富集效应。以往的研究主要侧重于降水冲刷对于重金属运输转移的影响机制，而缺乏考虑重金属在大气-土壤复合体系中依托降水传输的路径，并且忽略了降水入渗作用下土壤重金属空间位置重分配过程的诊断识别。

（3）重金属污染对土壤生态环境系统产生胁迫作用。以往的研究主要侧重于重金属污染对土壤微生物、酶活性等生态指标的影响效果，而忽略了重金属污染背景下土壤养分循环、植株生理同化以及农田固碳减排机制的协同与拮抗效应。

（4）重金属长效管控体系构建是土壤污染修复的有效途径。以往对于重金属污染的风险管理较集中于环境调查、污染识别、风险评估、风险管控、管控后长期管理中的单一或部分环节，并未统筹考虑汞污染地块风险演化全流程的管控技术需求，难以实现基于污染风险的全周期管理。

1.3 主要研究内容

1. 土壤重金属形态转化主控因子

针对北方寒区 Cd 和 Pb 复合污染土壤，复配炭基稳定化材料，借助智能控制冻融循环试验箱，模拟加速冻融老化（冻融循环、干湿循环、紫外辐射）情境模式，探究老化过程对土壤团聚体稳定性的影响，识别土壤重金属形态转化的主控环境因子，挖掘稳定化材料对重金属 Cd 和 Pb 钝化长效性作用机理，进而优选适合寒区冻融背景条件下重金属污染土壤长期有效的修复与管控技术。

2. 土壤重金属迁移释放影响机制

选取北方寒区电镀厂附近 Cr(VI)污染土壤，研发耦合生物炭和还原剂的稳定化材料，设定不同含水率水平的养护条件，借助人工加速老化模拟试验箱对稳定化土样进行冻融老化处理，采用 TCLP 和模拟酸雨淋溶方法验证重金属的浸出特征，进而通过机理表征试验证实稳定化材料对 Cr(Ⅵ)修复的长效性特征，揭示不同养护条件对于 Cr(Ⅵ)污染迁移阻控的长效性特征。

3. 农田土壤重金属富集积累特征

选取东北典型黑土区为研究对象，基于生物炭对重金属 Cu 和 Zn 的吸附性能，分析降雪前和融雪期土壤中 Cu 和 Zn 含量变化差异，采用富集因子法、地累积指数法测算重金属 Cu 和 Zn 的污染程度，并结合迁移系数和淋失比率研究 Cu 和 Zn 在土壤中的迁移特征，以期探究融雪期融雪水产流所携带的重金属 Cu 和 Zn 在土壤中迁移转化特征及其生物炭调控作用效果。

4. 污染农田作物生理胁迫及环境效应分析

以大田试验为依托，选取寒区典型重金属 Cd 污染农田，对农田重金属污染土壤进行稳定化处理。基于此，研究分析作物生育期土壤微生物、酶活性以及土壤有效碳氮等指标的变化，识别污染胁迫作用下土壤微生物、酶活性与碳氮矿化的协同效应关系。探究作物对土壤养分吸收效果，检测植株体内重金属富集量值，明晰植株器官重金属分配系数，阐述不同修复模式下作物生理过程适应性机制。

5. 污染农田生态风险评估及管控技术探索

选取西北地区某省典型汞污染区作为研究对象，针对当前地块尺度汞污染空间分布不均、迁移扩散特征不清、健康与生态风险不明、管控和决策手段不足等问题，遵循“污染识别与风险表征”—“风险长效管控研究”—“风险管理框架构建”的整体研究思路，分析典型农田汞污染特征与健康风险，研究基于稳定化的汞污染地块风险长效管控技术，构建基于全周期管理的地块风险管控技术框架。

1.4 研究技术路线

本书以北方地区农田土壤重金属迁移转化及其对生态环境的胁迫效应作为研究指标，致力于解决农田污染土壤环境健康长效修复问题。研究前期，对拟定试验区域的气象资料、土壤质地、污染类型、作物生长状况等指标进行调研，获取准确可靠的基础信息资料。研究主体主要涵盖五个方面：①污染农田土壤重金属形态转化及环境响应因素分析；②污染农田土壤重金属迁移扩散及阻控效应探索；③北方农田重金属跨介质传输路径及富集效应研究；④污染农田养分循环及作物生理胁迫效应分析；⑤农田土壤重金属释放风险及长效管控技术构建。其中，人工加速老化条件下重金属的形态转化及迁移扩散机理通过室内模拟试验探究。另外，分别选取东北松嫩平原、辽宁省典型镉污染区、陕西省典型汞污染区，通过场地修复试验研究，系统全面地揭示农田土壤重金属富集特征、环境胁迫效应、健康风险评估和生境健康调控机理。具体技术路线如图 1-1 所示。

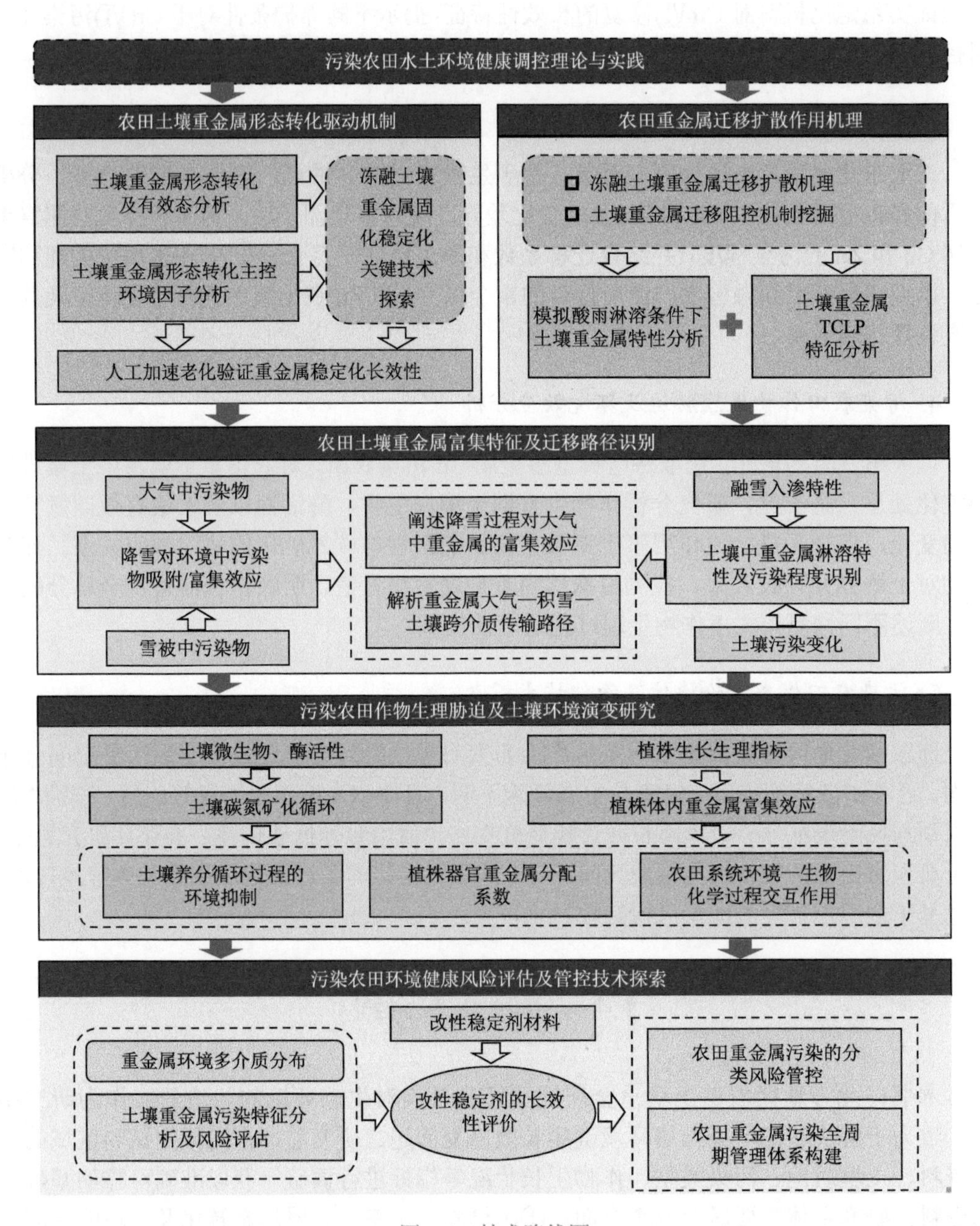

图 1-1　技术路线图

参 考 文 献

[1] Briones R M，Sarmah A K. Detailed sorption characteristics of the anti-diabetic drug metformin and its transformation product guanylurea in agricultural soils[J]. Science of the Total Environment，2018，630：1258-1268.

[2] Hou D Y，Al-Tabbaa A. Sustainability：A new imperative in contaminated land remediation[J]. Environmental Science & Policy，2014，39（5）：25-34.

[3] Tepanosyan G，Sahakyan L，Belyaeva O，et al. Continuous impact of mining activities on soil heavy metals levels and human health[J]. Science of the Total Environment，2018，639：900-909.

[4] Boughattas I，Hattab S，Boussetta H，et al. Impact of heavy metal contamination on oxidative stress of *Eisenia andrei* and bacterial community structure in Tunisian mine soil[J]. Environmental Science and Pollution Research，2017，24（22）：1-13.

[5] Moreira H，Pereira S I A，Marques A P G C，et al. Effects of soil sterilization and metal spiking in plant growth promoting rhizobacteria selection for phytotechnology purposes[J]. Geoderma，2019，334：72-81.

[6] Aksakal E L，Barik K，Angin I，et al. Spatio-temporal variability in physical properties of different textured soils under similar management and semi-arid climatic conditions[J]. CATENA，2009，172：528-546.

[7] Zhang J，Zhang C L，Shi W L，et al. Quantitative evaluation and optimized utilization of water resources-water environment carrying capacity based on nature-based solutions[J]. Journal of Hydrology，2019，568：96-107.

[8] 赵文智，周宏，刘鹄. 干旱区包气带土壤水分运移及其对地下水补给研究进展[J]. 地球科学进展，2017(9)，32：908-918.

[9] Zhao X M，Dong D M，Hua X Y，et al. Investigation of the transport and fate of Pb，Cd，Cr(Ⅵ) and As(Ⅴ) in soil zones derived from moderately contaminated farmland in Northeast，China[J]. Journal of Hazardous Materials，2019，170（2-3）：570-577.

[10] 王镜然，帕丽达·牙合甫. 降雪和积雪中重金属的污染状况与来源解析：以乌鲁木齐市2017年初数据为例[J]. 环境保护科学，2020，217（1）：147-154.

[11] Hou R J，Li T X，Fu Q，et al. Characteristics of water-heat variation and the transfer relationship in sandy loam under different conditions[J]. Geoderma，2019，340：259-268.

[12] Hanley K T，Wuertz S，Schriewer A，et al. Effects of salinity and transparent exopolymer particles on formation of aquatic aggregates and their association with norovirus[J]. Science of the Total Environment，2018，643：1514-1521.

[13] Chen Y C，Ma S Q，Sun J，et al. Chemical diversity and incubation time affect non-additive responses of soil carbon and nitrogen cycling to litter mixtures from an alpine steppe soil[J]. Soil Biology and Biochemistry，2017，109：124-134.

[14] Nottingham A T，Turner B L，Stott A W，et al. Nitrogen and phosphorus constrain labile and stable carbon turnover in lowland tropical forest soils[J]. Soil Biology and Biochemistry，2015，80：26-33.

[15] Zhang L，Wang A，Yang W Q，et al. Soil microbial abundance and community structure vary with altitude and season in the coniferous forests，China[J]. Journal of Soils and Sediments，2016，17（9）：1-11.

[16] Shibata H，Hasegawa Y，Watanabe T，et al. Impact of snowpack decrease on net nitrogen mineralization and nitrification in forest soil of northern Japan[J]. Biogeochemistry，2013，116：69-82.

[17] Wang Z，Flury M. Effects of freezing-thawing and wetting-drying on heavy metal leaching from biosolids[J]. Water Environment Research，2019（6）：465-474.

[18] Tiede Y，Schlautmann J，Donoso D A，et al. Ants as indicators of environmental change and ecosystem processes[J]. Ecological Indicators，2017，83：527-537.

[19] 曹心德，魏晓欣，代革联，等. 土壤重金属复合污染及其化学钝化修复技术研究进展[J]. 环境工程学报，2011，5（7）：1441-1453.

[20] 陈卫平，谢天，李笑诺，等. 中国土壤污染防治技术体系建设思考[J]. 土壤学报，2018，55（3）：34-45.

[21] Zhang J H，Bai Z，Huang J，et al. Biochar alleviated the salt stress of induced saline paddy soil and improved the biochemical characteristics of rice seedlings differing in salt tolerance[J]. Soil and Tillage Research，2019，195：104372.

[22] 焦位雄，杨虎德，冯丹妮，等. Cd、Hg、Pb胁迫下不同作物可食部分重金属含量及累积特征研究[J]. 农业环境科学学报，2017，36（9）：1726-1733.

[23] 丛鑫，王森，张琢，等. 冻融对污染场地土壤重金属稳定化性能的影响[J]. 环境科学研究，2015，28（8）：65-70.

[24] Hale S E，Hanley K，Lehmann J，et al. Effects of chemical，biological，and physical aging as well as soil addition on the sorption of pyrene to activated carbon and biochar [J]. Environmental Science & Technology，2011，45（24）：10445-10453.

[25] Yang S Y，Zhao J，Chang S X，et al. Status assessment and probabilistic health risk modeling of metals accumulation in agriculture soils across China：A synthesis[J]. Environment International，2019，128：165-174.

[26] Boente C，Matanzas N，García-González N，et al. Trace elements of concern affecting urban agriculture in industrialized areas：A multivariate approach[J]. Chemosphere，2017，183：546-556.

[27] Poirier I，Jean N，Guary J C，et al. Responses of the marine bacterium Pseudomonas fluorescens to an excess of heavy metals：Physiological and biochemical aspects[J]. Science of the Total Environment，2008，406（1-2）：76-87.

[28] Mackie K A，Marhan S，Ditterich F，et al. The effects of biochar and compost amendments on copper immobilization and soil microorganisms in a temperate vineyard[J]. Agriculture，Ecosystems & Environment，2015，201：58-69.

[29] Tripathy S，Bhattacharyya P，Mohapatra R，et al. Influence of different fractions of heavy metals on microbial ecophysiological indicators and enzyme activities in century old municipal solid waste amended soil[J]. Ecological Engineering，2014，70：25-34.

[30] Kumar V，Sharma A，Kaur P. Pollution assessment of heavy metals in soils of India and ecological risk assessment：A state-of-the-art[J]. Chemosphere，2019，216：449-462.

[31] Wang J，Liu G，Liu H，et al. Multivariate statistical evaluation of dissolved trace elements and a water quality assessment in the middle reaches of Huaihe River，Anhui，China[J]. Science of the Total Environment，2017，583：421-431.

[32] 黄益宗，郝晓伟，雷鸣，等. 重金属污染土壤修复技术及其修复实践[J]. 农业环境科学学报，2013，32（3）：409-417.

[33] 尚二萍，许尔琪，张红旗，等. 中国粮食主产区耕地土壤重金属时空变化与污染源分析[J]. 环境科学，2018，39：280-293.

[34] Guo W，Huo S L，Xi B D，et al. Heavy metal contamination in sediments from typical lakes in the five geographic regions of China：Distribution，bioavailability，and risk[J]. Ecological Engineering，2015，81：243-255.

[35] Cruz-Paredes C，Wallander H，Kjoller R，et al. Using community trait-distributions to assign microbial responses to pH changes and Cd in forest soils treated with wood ash[J]. Soil Biology and Biochemistry，2017，112：153-164.

[36] Beattie R E，Henke W，Campa M F，et al. Variation in microbial community structure correlates with heavy-metal contamination in soils decades after mining ceased[J]. Soil Biology and Biochemistry，2018，126：57-63.

[37] Cabral L，Lacerda G V，de Sousa S T P，et al. Anthropogenic impact on mangrove sediments triggers differential responses in the heavy metals and antibiotic resistomes of microbial communities[J]. Environmental Pollution，2016，216：460-469.

[38] Akerblom S，Baath E，Bringmark L，et al. Experimentally induced effects of heavy metal on microbial activity and community structure of forest mor layers[J]. Biology and Fertility of Soils，2007，44（1）：79-91.

[39] Duan C J，Fang L C，Yang C L. Reveal the response of enzyme activities to heavy metals through *in situ* zymography[J]. Ecotoxicology and Environmental Safety，2018，156：106-115.

[40] 赵永红，张静，周丹，等. 赣南某钨矿区土壤重金属污染状况研究[J]. 中国环境科学，2015，35（8）：2477-2484.

[41] Zhou T，Li L，Zhang X，et al. Changes in organic carbon and nitrogen in soil with metal pollution by Cd，Cu，Pb and Zn：A meta-analysis[J]. European Journal of Soil Science，2016，67（2）：237-246.

[42] 周艳丽，吴亮，龙光强，等. 镉污染下不同类型水稻土氮素供应特征及其影响因素[J]. 土壤，2013，45（5）：821-829.

[43] Zhao X M，Yao L A，Ma Q L，et al. Distribution and ecological risk assessment of cadmium in water and sediment in Longjiang River，China：Implication on water quality management after pollution accident[J]. Chemosphere，2017，194：107-116.

[44] Borris M，Leonhardt G，Marsalek J，et al. Source-based modeling of urban stormwater quality response to the selected scenarios combining future changes in climate and socio-economic factors[J]. Environmental Management，2016，58（2）：223-237.

[45] Akintola O A，Sangodoyin A Y，Agunbiade F O. Anthropogenic activities impact on atmospheric environmental quality in a gas-flaring community：Application of fuzzy logic modelling concept[J]. Environmental Science and Pollution Research，2018，25（4）：21915-21926.

[46] Ragaini R C，Ralston H R，Roberts N. Environmental trace metal contamination in Kellogg，Idaho，near a lead smelting complex[J]. Environmental Science & Technology，1977，11（8）：773-781.

[47] Sonmez A Y，Hisar O，Hisar O. A comparative analysis of water quality assessment methods for heavy metal pollution in Karasu Stream，Turkey[J]. Fresenius Environmental Bulletin，2013，22（2）：579-583.

[48] Agunbiade F O，Awe A A，Adebowale K O. Fuzzy logic-based modeling of the impact of industrial activities on the environmental status of an industrial estate in Nigeria[J]. Toxicological and Environmental Chemistry，2011，93（9-10）：1856-1879.

[49] 李季，黄益宗，胡莹，等. 改良剂对土壤 Sb 赋存形态和生物可给性的影响[J]. 环境化学，2015，34（6）：1043-1048.

[50] Hu P J，Yang B F，Dong C X，et al. Assessment of EDTA heap leaching of an agricultural soil highly contaminated with heavy metals[J]. Chemosphere，2014，117：532-537.

[51] Zhang F P，Li C F，Tong L G，et al. Response of microbial characteristics to heavy metal pollution of mining soils in central Xizang，China[J]. Applied Soil Ecology，2010，45：144-151.

[52] 温俊国，朱宇恩，时伟宇，等. 三种修复剂对铬污染土壤的修复效果[J]. 环境工程，2017，35（9）：181-185，144.

[53] 谷庆宝，侯德义，伍斌，等. 污染场地绿色可持续修复理念、工程实践及对我国的启示[J]. 环境工程学报，2015，9（8）：4061-4068.

[54] Lemming G，Hauschild M Z，Chambon J，et al. Environmental impacts of remediation of a trichloroethene-contaminated site：Life cycle assessment of remediation alternatives[J]. Environmental Science & Technology，2010，44（23）：9163-9169.

[55] Farrell M，Rangott G，Krull E. Difficulties in using soil-based methods to assess plant availability of potentially toxic elements in biochars and their feedstocks[J]. Journal of Hazardous Materials，2013，250-251：29-36.

[56] Agnello A C，Bagard M，Hullebusch E D V，et al. Comparative bioremediation of heavy metals and petroleum hydrocarbons co-contaminated soil by natural attenuation，phytoremediation，bioaugmentation and bioaugmentation-assisted phytoremediation[J]. Science of the Total Environment，2016，563-564：693-703.

[57] Gumpu M B，Sethuraman S，Krishnan U M，et al. A review on detection of heavy metal ions in water-An electrochemical approach[J]. Sensors and Actuators B：Chemical，2015，213：515-533.

[58] Akcil A，Erust C，Ozdemiroglu S，et al. A review of approaches and techniques used in aquatic contaminated sediments：Metal removal and stabilization by chemical and biotechnological processes[J]. Journal of Cleaner Production，2015，86：24-36.

[59] 黎大荣，杨惟薇，黎秋君，等. 蚕沙和赤泥用于铅镉污染土壤改良的研究[J]. 土壤通报，2015，46（4）：977-984.

[60] Guo X F，Wei Z B，Wu Q T，et al. Effect of soil washing with only chelators or combining with ferric chloride on soil heavy metal removal and phytoavailability：Field experiments[J]. Chemosphere，2016，147：412-419.

第2章　研究区域概况

2.1　东北松嫩平原黑土区概况

2.1.1　自然地理概况

松嫩平原作为黑土区的典型核心区，是我国重要的商品粮基地[1]，粮食商品率占30%以上，在黑龙江省境内的面积约为10.32万km^2，耕地面积约为5.59万km^2[2]，约占全省总耕地面积的32.63%。松嫩平原土壤以黑土、黑钙土、草甸土为主，有机质浓度在3.5%～8.6%，pH在6.0～8.5，质地适中，结构良好。粮食作物以大豆、小麦、玉米、高粱、谷子为主，经济作物以甜菜、亚麻、马铃薯为主[3, 4]。近年来，随着农业资源开发程度的加大，且缺乏保护性措施，水土流失现象严重，引发农田生态结构失调。同时，生态环境逐步恶化，污染现象频发，土壤生产能力逐渐降低，使黑土出现“变瘦、变薄、变硬”现象，严重影响了我国农业可持续发展和粮食安全[5, 6]。

本书选址于松嫩平原南部，南邻张广才岭山脉，北邻大兴安岭林区，地处松花江中上游，属于松花江台地漫滩地带；松嫩平原东南部，地理位置为126°43′7″E、45°44′24″N，平均海拔为143m。试验场主要设有农田水土环境与土壤改良试验区、旱作综合试验区、人工降雨径流模拟试验区、田间小气候观测试验区四大功能分区（图2-1）。其中，农田水土环境与土壤改良试验区主要针对黑土退化与粮食产能低下等问题，开展外源介质对

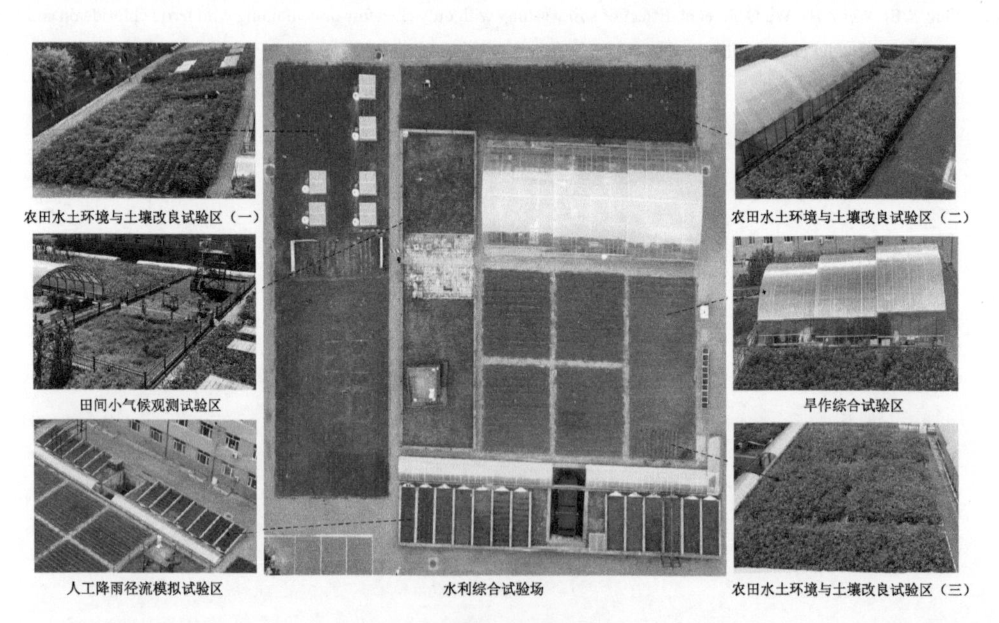

图2-1　试验区场地布置图

土壤碳氮循环、水热迁移、作物生长、融雪水蒸发入渗等过程影响的试验研究。旱作综合试验区主要针对作物水分利用效率低下、农田土壤涝渍灾害频发等问题，开展控制灌溉、节水灌溉、调亏灌溉等方面的试验研究。人工降雨径流模拟试验区主要针对坡耕地水土流失引发的土壤养分流失严重、土地生产力退化显著等问题，开展寒区农田土壤产汇流规律、水土流失治理、坡耕地土壤改良等方面的试验研究。田间小气候观测试验区主要用于试验场内田间气候监测，为科学试验研究提供气象数据。

2.1.2　气候特征

试验区位于中国的东北端，属于温带大陆性季风气候，四季分明，冬季寒冷干燥，夏季高温多雨，春秋过渡季节较短。区域多年平均降水量为 580mm，并且降水主要集中在 7 月、8 月，约占全年降水量的 65%以上。冬季降水主要以积雪的形式存在，并且降雪主要集中在当年的 11 月和次年的 2 月。4～6 月为春季，该时期容易发生春旱和大风，土壤水分的蒸发量较大，气温变化幅度较大，环境日温差可达到 10℃。7～8 月为夏季，气候温热而多雨，其平均气温通常在 23～34℃，最高气温可达到 38℃，日温差相对减小。9～10 月为秋季，该时期的降水明显减少，昼夜温差变大，并且该时期会出现霜冻现象。而 11 月到次年的 3 月属于冬季，该区域的冬季漫长而寒冷，时常出现暴雪天气，平均气温通常保持在−28～−15℃，并且最低温度曾达到−37.7℃。受低温驱动的影响，土壤中的液态水出现了相变现象，土壤发生冻结，并且土壤的冻层厚度通常在 120～150cm。

2.1.3　土壤质地及河流水系

受自然气候以及人为因素的影响，松嫩平原的土壤类型丰富，其中，黑土比重最高，约占区域总面积的 60%以上[7]。本试验区的土壤类型为典型黑土，其机械组成和理化性质如表 2-1 所示。土壤表层（0～30cm）质地为壤土，而 30cm 土层以下的土壤质地为黏土。随着土层深度的增加，黏粒比重由 18.34%上升至 30.19%，而砂粒比重由 44.76%降低至 29.47%。另外，随着土层深度的增加，土壤密实度提升，土壤容重由约 1.32g/cm^3 增加到约 1.56g/cm^3。相反，土壤孔隙度呈逐渐降低的趋势。伴随着植物凋落物和残体的逐年腐殖作用，表层土壤有机质含量相对较高，而深层土壤有机质含量有所降低，研究区土壤垂直剖面 0～180cm 土层处有机质含量的变化区间为 3.52%～4.68%。土壤 pH 变化幅度较小，整体变化幅度在 6.48～8.26。

此外，在试验场地布设时，记录土壤垂直剖面情况（图 2-2）。土壤共分为三层，上层土壤（0～35cm）含有较多的腐殖质，颜色较深，质地为黑色壤土。中层土壤（35～65cm）含有铁锰结核，土壤颜色呈现浊黄棕色，有明显的腐殖质舌状下伸现象，质地为黏质黄土。下层土壤（65～180cm）为淀积层和母质层，较上部黏重，颜色相对适中，质地为黏质。

表 2-1 试验区不同深度土壤机械组成和理化性质

土层深度/cm	机械组成/%			容重/(g/cm^3)	孔隙度/(cm^3/cm^3)	有机质含量/%	pH	质地类型
	黏粒(粒径<0.002mm)	粉粒(粒径在 0.002～0.02mm)	砂粒(粒径>0.02mm)					
0～30	18.34	36.90	44.76	1.32±0.013	0.47±0.005	4.68±0.08	6.48±0.24	壤土
30～60	25.15	40.64	34.21	1.38±0.036	0.44±0.006	4.43±0.03	7.23±0.18	黏土
60～90	26.41	43.93	29.66	1.44±0.021	0.42±0.011	4.12±0.06	7.64±0.22	黏土
90～120	27.19	45.34	27.47	1.49±0.022	0.37±0.013	3.88±0.07	8.26±0.16	黏土
120～150	29.41	42.93	27.66	1.52±0.042	0.35±0.009	3.69±0.11	7.76±0.14	黏土
150～180	30.19	40.34	29.47	1.56±0.019	0.33±0.016	3.52±0.08	7.56±0.08	黏土

图 2-2 试验区土壤垂直剖面情况

研究区位于松嫩平原核心区，土壤水文状况主要受松花江流域调控影响。其中，主要河流包括松花江、呼兰河、阿什河等[8, 9]。松花江是黑龙江省境内最大的河流，是松嫩平原地区农业灌溉、工业生产、城市供水的主要来源。松花江共有两个源头，北源为大兴安岭支脉的嫩江，南源为长白山天池的西流松花江，流经吉林和黑龙江两省，干流总长度约为939km，水系发达、支流众多，流域总面积达 $5.612\times10^5km^2$[10, 11]。

松花江流域是我国重要的农业生产基地。行政区涉及内蒙古、吉林、黑龙江和辽宁四省（自治区）的 24 个市，耕地面积 2.08×10^8 亩（1 亩≈$666.67m^2$）[12, 13]，粮食总产量

5.3×10^7t[14]。流域水土资源匹配良好，节水灌溉技术成熟，作物种植结构合理，农业经济发展较快[15]。灌区配有先进的节水设备，农田有效灌溉面积 4.3×10^7 亩[16]。在流域缺水地区，现代化灌溉技术得到推广，灌溉效率较大[17]。《松花江流域综合规划》指出，截至 2030 年，全流域有效灌溉面积将提高到 7.8×10^7 亩，耕地灌溉率由现状的 21%提高到 36%。

2.2 东北某省典型镉污染区概况

2.2.1 自然地理与气候概况

田间试验地点位于东北某省会城市的郊区，对 2019 年秋季的土壤和植物进行调查研究。该地区地处东北平原，属温带季风气候。气候特点是夏季高温多雨，冬季寒冷干燥。由研究区概念图（图 2-3）可知，在区域上游，工厂排污导致河流发生重金属 Cd 污染，而下游农户引用河流污水灌溉农田，导致水稻田出现污染现象。

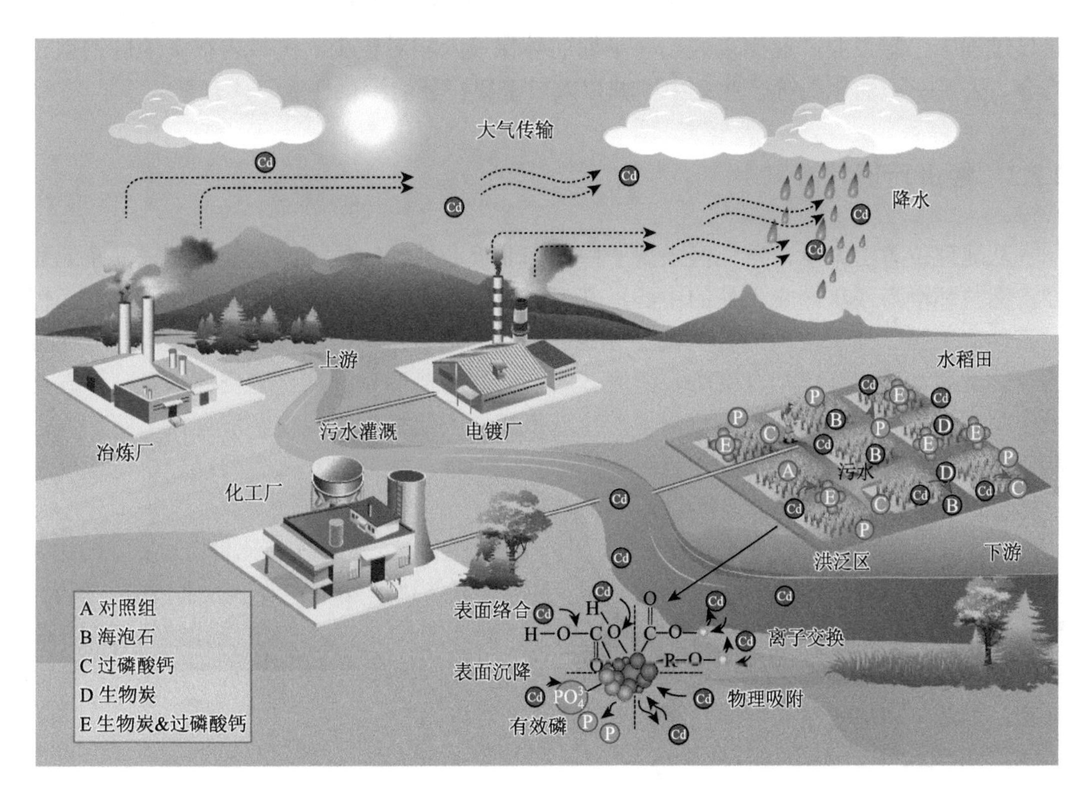

图 2-3 研究区概念图

该区域冬季平均最低气温为–16.3℃，夏季平均最高气温为 31.7℃，是典型的季节性冻土区。此外，日累积辐射的趋势与环境温度的趋势相似。年平均降水量为 821mm，主要发生在 7 月和 9 月。蒸发量为 1620mm，频繁降水蒸发引起的水文循环严重影响土壤溶质的迁移和扩散。

2.2.2 工业发展

研究区所在城市是我国最早建立的以装备制造业为特色的老工业基地，依托周边城市丰富的矿产资源，在极短时间内发展成为工业巨擘，同时，以装备制造业为核心的传统产业对地区经济发挥着较为稳定的支撑作用。近年来，战略新兴产业发展迅速，目前基本形成以先进装备制造、电子信息、民用航空为主，体系完备、产品门类齐全、配套完善的产业发展格局。全市工业企业和生产单位数总计1780余个，其中，轻工业500余家，重工业1280家。全年规模以上工业增加值比2018年增长9.7%，其中，高技术制造业增加值增长11.0%，占规模以上工业增加值的比重为9.3%。从规模来看，大中型企业增加值增长11.2%，小微型企业增加值增长5.4%。从经济类型来看，国有企业增加值增长6.3%，股份制企业增加值增长6.3%，外商及港澳台商投资企业增加值增长12.3%，私营企业增加值增长5.5%。从门类来看，采矿业增加值比2018年增长7.7%，制造业增加值增长10.4%，电力、热力、燃气及水生产和供应业增加值增长4.4%。在城市工业基地建设过程中，重工业产业比重大，而早期的环保投入相对较少。区域内很多地区钢铁、冶金、采矿、石油化工等产业集中，城市人口密集，环境污染严重。

2.2.3 经济产值状况

从地理位置上来看，研究区隶属于中国东北核心地区，位于两大经济圈——东北亚经济圈与环渤海经济圈交界处的中心，其工业基础雄厚，产业布局完整，交通便利，辐射带动作用强，处于信息网络的核心位置。从经济发展与生态环境耦合度来看，该城市的经济发展和生态环境耦合度增长幅度较大，向好趋势明显；从金融资源来看，该省会城市是区域金融中心，产业集聚促使首位城市规模不断扩大，促使经济规模不断扩大；从资源状况来看，地区国土开发强度不大，资源环境承载力强，二者的耦合协调程度总体较高，有利于其实现协调发展。

研究区所在城市2022年全年实现地区生产总值7695.8亿元，按可比价格计算，同比增长3.5%。其中，第一产业增加值335.2亿元，同比增长2.1%；第二产业增加值2885.5亿元，同比增长3.7%；第三产业增加值4475.1亿元，同比增长3.5%。分析统计结果可知，研究区采矿业、制造业、电力、燃气及建筑业的发展势头仍处于较高的水平，这也为地区社会、经济、环境效益的协调发展提出了更高的要求。

2.3 西北某省典型汞污染区概况

2.3.1 自然地理概况

研究区所选取的原生汞矿选冶地块位于西北地区某省，属于特大型汞锑伴生矿床，矿石矿物为辰砂和少量辉锑矿。地块平面呈不规则倒三角形，总面积为 4.37km^2。该矿区至今有 40 多年的大规模开采历史，地形为秦巴山地内的低山区和河谷区，主要的山岭呈东西向延伸，地块沟谷发育，海拔在 740.69～1339.20m，整体地势北高南低。地块所在矿区南部 70m 处有一条四级水系，属于长江流域汉江的支流，地表水主要来源于大气降水，丰水期流量约为 9.5L/s，枯水期流量约为 2.3L/s。地块周边主要风险受体有地表水、农田、居民等。

2.3.2 地质条件

研究区在大地构造位置上属于秦岭地槽褶皱系南部和扬子准地台北部汉南古陆的东北缘，分别由秦岭印支褶皱带和大巴山加里东褶皱带组成。由于在漫长地质历史演变过程中，沉积环境变化剧烈，褶皱与断裂发育，岩浆活动频繁，变质作用广泛，形成了沉积岩厚度变化巨大、侵入岩（岩浆岩）广泛发育、变质岩分布普遍的复杂的构造体系，形成了较为优越的成矿条件，孕育着丰富的矿产资源。目前，研究区探明和发现的矿产资源有 65 种，有探明储量的矿产有 32 种，包括金矿、汞矿、毒重石、瓦板岩、重晶石、锑矿、锌矿、天然珍稀矿泉水等。综上分析可知，错综复杂的自然地理条件以及得天独厚的矿产资源给区域土地资源带来了极大的威胁。

2.3.3 环境样本采集

1. 点位布设情况

以网格布点和专业判断相结合的方法布设点位，选择在潜在污染源、潜在污染迁移途经区域和潜在敏感污染受体周边进行土壤样本的布点。地表水布点位置与沉积物保持一致，尽可能布设在潜在污染地块周边饮用水源地保护区、水源补给区等敏感区，下游水体及其他可能存在污染的水域。原生地块内的植物分为两类：①矿区内部植物，植物主要有合欢、葛藤、山竹、茅草等品种；②矿区外部作物，包括玉米、水稻、高粱等粮食作物，以及白菜、辣椒、小葱等蔬菜品种。试验地块采样点分布如图 2-4 所示。研究区采集土壤样本 280 个，植物样本 83 个，原矿样本 4 个，地表水和沉积物样本各 45 个，具体如表 2-2 所示。

2. 样本采集与保存

土壤样点的最大样本深度为 100cm，其中表层土壤在 0～20cm 深度取样，同时分别在距地表 40～60cm 和 80～100cm 的深度采集中深层土壤样本。样本转运及保存过程都按照相关规范规定的样品保存、转运及保存技术要求进行操作。采集的样本需尽快进行自然风干、机械磨碎、振动过筛等预处理。

图 2-4 试验地块采样点分布

（a）为土壤采样点位；（b）为植物采样点位；（c）为地表水和沉积物采样点位

表 2-2 试验地块样本量统计表 （单位：个）

样本类型	分类	矿区内部	矿区外部	类型小计	类型总计
土壤	表层	60	66	126	280
	中层	30	66	96	
	深层	6	52	58	
植物	根部	5	6	11	83
	茎部	9	20	29	
	叶部	9	20	29	
	籽粒	NA	14	14	
原矿	NA	4	0	4	4
地表水	浅层	NA	45	45	45
沉积物	浅层	NA	45	45	45
样本合计			457		

注：NA（not available）指该类型样本处未采集。

参考文献

[1] 曲国辉，郭继勋. 松嫩平原不同演替阶段植物群落和土壤特性的关系[J]. 草业学报，2003（1）：18-22.

[2] 陈建龙，狄春，马龙泉，等. 松嫩平原耕地等别空间分异特征研究[J]. 水土保持研究，2015，22（3）：225-229.

[3] 刘爽. 松嫩平原土壤有机质和氮磷钾肥对玉米产量及土壤速效养分的影响[D]. 哈尔滨：东北农业大学，2021.

[4] 梁贞堂，潘绍英，龙显助. 黑龙江省松嫩平原三大作物品质与土壤理化指标的研究[J]. 黑龙江水利科技，2016，44（6）：1-3.

[5] 曲咏，许海波，律其鑫. 东北典型黑土区水土流失成因及治理措施[J]. 长春师范大学学报，2019，38（12）：111-114.

[6] 张中美. 黑龙江省黑土耕地保护对策研究[D]. 乌鲁木齐：新疆农业大学，2009.

[7] 于洪艳，王宏燕，韩晓盈，等. 培肥方式对松嫩平原黑土土壤微生物的影响[J]. 中国生态农业学报，2007，61（5）：73-75.

[8] 戴长雷，王思聪，李治军，等. 黑龙江流域水文地理研究综述[J]. 地理学报，2015，70（11）：1823-1834.

[9] 方樟，肖长来，马喆，等. 松嫩平原河流水位方程的确定及应用[J]. 东北水利水电，2007，279（9）：30-32.

[10] 张庆云，陶诗言，张顺利. 1998 年嫩江、松花江流域持续性暴雨的环流条件[J]. 大气科学，2001（4）：567-576.

[11] 曹慧明，许东. 松花江流域土地利用格局时空变化分析[J]. 中国农学通报，2014，30（8）：144-149.

[12] 朱巍. 松嫩平原浅层地下水水质状况发展趋势研究[D]. 长春：吉林大学，2011.

[13] 王美玉，戴长雷，王羽. 松花江流域地下水资源量评价区划与分析[J]. 水利科学与寒区工程，2021，4（3）：62-67.

[14] 耿鸿江. 黑龙江省松花江流域旱涝情势与粮食产量关系的灰色模糊分析[J]. 黑龙江农业科学，1989（4）：25-28.

[15] 梁云凯. 松花江流域水污染防治策略[J]. 河南科技，2013，517（11）：175.

[16] 崔亚锋，陈菁，代小平. 基于灰色关联模型的松花江流域大型灌区现状评价[J]. 水利经济，2013，31（4）：54-58.

[17] 李鹏. 基于 MIKE BASIN 的松花江流域哈尔滨断面以上区域水资源配置方案研究[D]. 长春：吉林大学，2013.

第3章　农田土壤重金属形态转化影响因素分析

3.1　概　述

土壤质量退化会降低其农业服务（如植物种植）能力，从而阻碍农业的可持续性[1]。据估计，中国一半以上的耕地可能受到某种程度的土壤退化的影响，并且这些土壤退化通常是由土壤侵蚀、酸化、盐碱化和污染等因素引起的[2, 3]。在这些因素中，包括镉（Cd）和铅（Pb）在内的重金属对土壤的污染受到了特别关注，这不仅是因为这些重金属会对相关植物产生毒性，还因为儿童铅暴露与终身神经系统疾病有关，而镉暴露可导致肾脏损伤和骨结构缺陷[4]。因此，农业土壤中的镉和铅不仅给粮食安全生产构成威胁，而且也会影响食品安全和人类健康[5]。

并非所有受镉和铅污染的土壤都对环境和农业可持续发展构成重大风险。人们普遍认为，风险水平与污染物的生物利用度直接相关，这在很大程度上取决于当地的土壤理化性质和自然气候条件[6, 7]。特别是土壤重金属的风险与它们的赋存形态有关（如可交换、酸溶、可还原、可氧化和残留），因此，重金属污染土壤的风险缓解策略可以依赖于稳定剂，这种稳定剂会导致重金属从不稳定或潜在不稳定形式转变为稳定形式[8, 9]。另外，各种外界环境侵蚀作用可能也会降低重金属的稳定性。例如，冻融老化破坏了土壤结构，减小了土壤颗粒的直径，并释放了大量溶解有机碳，这些有机质可以重新与重金属结合，从而使重金属变得不稳定。

中纬度季节性冻土地带（包括三大黑土地带），由于土壤肥力高，对满足全球粮食需求至关重要[10]。这些土壤也很容易遭受人为活动带来的污染，如用污染水灌溉农业。然而，在冻结土壤冻融过程中，冰的膨胀导致土壤团聚体的分解，从而影响土壤的物理和化学性质，并促进溶解有机碳（dissolved organic carbon，DOC）的释放。在重金属污染的土壤中，这种溶解有机碳可以作为植物吸收重金属的载体，从而增加重金属的生物有效性并提升环境风险[11]。此外，土壤团聚体的分解也可能影响土壤吸收重金属的能力。在夏季作物生育期内，受高温蒸发及降水入渗作用的影响，土壤经历频繁的干湿循环现象，从而改变土壤结构的稳定性，同样影响重金属的游离释放效果。

近年来，生物炭和有机肥作为重金属污染场地的稳定剂受到了广泛关注。由于生物炭具有良好的孔隙结构、比表面积和碱性矿物，该材料可以通过多种机制，包括阳离子–π相互作用、物理吸附、表面沉淀效应，在土壤中固定重金属[12]。有机肥料，如动物粪便、植物残渣和堆肥，也含有如羧基、羟基和羰基等丰富的官能团，可以利用这些官能团通过吸附过程来固定土壤重金属[13]。此外，有机肥料通常还具有较高的阳离子交换量（cation exchange capacity，CEC），这有助于从土壤中去除可交换的重金属。然而，在冻融循环、干湿循环、紫外辐射等环境因素作用下，上述炭基材料对重金属固化效果的长期有效性没有得到有效的验证。

因此，本章重点挖掘老化因素驱动下土壤团聚体稳定性特征，揭示重金属形态转化机制效果，进而优选适宜于寒区农田重金属污染土壤的有效修复方案。该研究结果能够有效地揭示土壤重金属 Cd 和 Pb 在冻融循环和干湿循环等环境下长期稳定性机理，并为寒冷地区的可持续农业管理提供新的见解。

3.2　材料与方法

3.2.1　试验材料

试验所使用土壤采自辽宁省沈阳市浑河流域典型农田耕作层（0～20cm），该区域位于中纬度地区，土壤在越冬期经受频繁的冻融循环作用。去除植物根系和粗砾石后，参照 Shen 等[14]提出的方法，将配制的 $Pb(NO_3)_2$ 和 $Cd(NO_3)_2$ 溶液添加至土壤，以模拟重金属污染。具体而言，每 1000g 土壤添加 1L 浓度为 125mg/L 的 Pb^{2+} 和 1L 浓度为 450mg/L 的 Cd^{2+} 溶液，养护 28d [（20±2）℃、70%的田间持水量，定期搅拌]，然后进行风干和筛分处理（筛网孔径为 2mm）。

考虑农田土壤生产中养分元素补充和绿色可持续修复的需要，选择生物炭和有机肥作为土壤修复剂。玉米秸秆生物炭在高温、绝氧条件下生产，煅烧温度为 500℃，加热速率为 15℃/min，煅烧时间持续 2h。有机肥由植物残体（85%）、羊粪（10%）和细菌、真菌、放线菌等复合菌剂（5%）组成。

使用 pH 计在固液比分别为 1∶20 和 1∶5 的浆液中测量稳定化材料和土壤的 pH[15, 16]。用激光粒度分析仪（Winner 2308，济南微纳颗粒仪器股份有限公司，中国）分析土壤的机械组成。土壤阳离子交换量（CEC）采用醋酸铵法测定。土壤有机碳含量采用重铬酸钾外加热法测定。用电导率仪（DDS-307A，上海仪电科学仪器股份有限公司，中国）测量电导率（electrical conductivity，EC）。土壤消解采用 HNO_3-HCl-HF 法，进而采用电感耦合等离子体发射光谱仪（iCAP 7000，赛默飞世尔科技有限公司，美国）来分析土壤重金属的浓度。土壤和稳定化材料的理化特性如表 3-1 所示。

表 3-1　土壤和稳定化材料的理化性质

特性		土壤	生物炭	有机肥
机械组成/%	黏粒（粒径＜0.002mm）	23.52	—	—
	粉粒（粒径在 0.002～0.02mm）	45.26	—	—
	砂粒（粒径＞0.02mm）	31.22	—	—
阳离子交换量/(cmol/kg)		9.73	55.15	39.54
pH		7.48	9.27	6.56
有机碳浓度/(g/kg)		25.41	394.37	327.69
电导率/(mS/cm)		0.69	1.79	4.07
P 浓度/(g/kg)		0.90	2.30	25.80
H 浓度/(g/kg)		26.90	41.20	35.30

续表

特性	土壤	生物炭	有机肥
O 浓度/(g/kg)	341.60	396.90	461.70
总 Fe 浓度/(g/kg)	23.65	2.37	9.78
总 Mn 浓度/(mg/kg)	896.34	189.34	518.56
总 Al 浓度/(mg/kg)	1879.45	510.45	1374.35
总 Cd 浓度/(mg/kg)	126.65	—	—
总 Pb 浓度/(mg/kg)	458.27	—	—

3.2.2 样品养护

为了在季节性冻土区复杂变化的环境中获得显著的差异结果，同时结合污染物的浓度，稳定化材料施加量设定为 5%（质量分数）。试验的 4 种处理如下：①对照组（未经改良的土壤）；②生物炭处理（5%生物炭和 95%风干土壤）；③有机肥处理（5%有机肥和 95%风干土壤）；④生物炭&有机肥处理（2.5%生物炭、2.5%有机肥和 95%风干土壤）。所有处理进行 3 次重复。将 4 种处理土壤进行均匀搅拌，通过添加去离子水将土壤含水率调节到 30%。在冻融循环过程开始之前，在恒温［(25±2)℃］下对稳定化处理土壤进行 28d 养护。

3.2.3 老化方案构建

在自然环境中，受到降雨冲刷、干湿循环、紫外辐射及二氧化碳侵蚀等自然因素的影响，稳定化材料表面的官能团、电荷量、孔隙结构等理化特性会发生变化，土壤中的重金属发生解络合、沉淀溶解、静电排斥等作用，导致固定的重金属被重新激活而增加游离释放的风险。为了有效地验证不同情景模式下重金属污染土壤长周期稳定化效果，作者自主研发了耦合冻融循环、干湿循环、紫外辐射、碳化侵蚀于一体的人工加速老化装置。老化方案涵盖 4 个模块，分别为冻融循环模块、干湿循环模块、紫外辐射模块以及碳化侵蚀模块，并且能够通过火焰离子化检测器（flame ionization detector，FID）控制系统实现多模块交叉组合启动，实现各环境要素精准高效的设置模拟。装置参数设计如表 3-2 所示，装置示意图如图 3-1 所示。

表 3-2 人工加速老化装置参数设计

设备模块	参数指标	控制模式
冻融循环模块	1. 温度区间：-35～80℃；2. 温控方式：压缩机；3. 温度识别：传感器	冻融循环模块主要通过 FID 控制系统设置目标冻结和融化温度，在接收指示信号后，空调压缩机启动工作。箱体内安装风扇，促进冷空气/热流的迅速扩散，确保气候仓内空间温度分布相对均匀稳定，有利于控制气候仓内温度的精度
干湿循环模块	1. 降水方式：雾化喷头； 2. 降水速率：0～1.5L/min； 3. 干燥方式：升温加风干	干湿循环模块通过模拟降水装置和温控升温过程来实现。结合不同纬度地区降水量和降水频次特征，借助 FID 控制系统设置降水速率和降水时长程序，实现不同地区降水过程的有效模拟。同时，输水管道采用耐酸蚀材料，能够实现模拟酸雨淋溶情况

续表

设备模块	参数指标	控制模式
紫外辐射模块	1. 发光光源：紫外光灯；光强范围：0～100W/m；保护装置：石英玻璃	所述的紫外辐射模块主要通过 FID 控制系统调节装置的输出功率来改变紫外光灯的光强，并且结合不同输出功率所对应的光强数据拟合曲线，构建函数，进而实现不同紫外光强的定量控制。为了避免土壤烘干过程产生的蒸气对紫外光灯造成影响，在灯管外部安装石英玻璃管
碳化侵蚀模块	1. 供气管路口径：4mm×6mm型号；2. 供气方式：比例阀；3. CO_2浓度误差：均匀度偏差10%	结合 FID 控制系统设置二氧化碳目标浓度，当气候仓内的二氧化碳浓度高于设定的目标值时，换气风扇自动启动，加速气体交换作用，当气候仓内的气体浓度低于目标值时，二氧化碳气瓶输出的气体通过空气阀门自动输入仓体内。为了避免气体无节制的输入，设置空气阀门的每次通气时间间隔为1s，提升二氧化碳浓度的控制精度

(a) 装置整体示意图

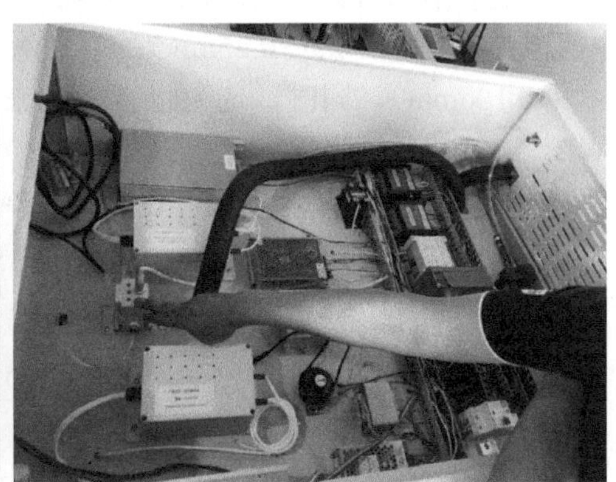

(b) 装置智能控制系统

图 3-1　人工加速老化装置

稳定化处理后的污染土壤参考付强等提出的冻融老化方法，该方法模拟了土壤在不同冻结温度下的老化过程，可以有效地揭示多环境要素耦合作用对土壤重金属形态转化的影响[17]。土壤的冻结温度分别设置为−10℃、−20℃和−30℃，在每次冻融循环过程中，冻结时间设置为48h，融化温度设置为20℃，融化时间同样设置为48h。土壤样品共进行了16次冻融循环。冻融老化过程中，同时启动紫外辐射灯管，参考土壤采样区域多年大气辐射值，不断调整冻结期和融化期时土壤紫外辐射光强，并且设置光照强度为土壤采样区自然光照强度的10倍，以实现加速老化的作用效果。另外，通过空气阀门对试验仓体进行CO_2补给，同样设置气体浓度为区域实际CO_2浓度的10倍。

另外，对于干湿循环老化方案，结合采样区全年降水量特征，同时考虑土壤的田间持水能力，设置每次降水量值，进而实现长周期的干湿循环老化模拟。其中，模拟降水装置包括水箱、输水管线和降水喷头三个部分。水箱通过外接形式对气候仓进行供水，并且在输水过程中对水箱进行及时补水，保持水箱的水头恒定，以确保降水速率的稳定。当降水指令发出后，进水阀门自动开启过水，输水管道采用耐酸蚀材料，能够实现模拟酸雨淋溶情况。降水时气候仓内温度设置为25℃，而干燥时则将气候仓内温度提升至75℃，同时，启动空调压缩机升温模式和抽风阀，提升装置的烘干速率，土壤样品共进行90次冻融循环，每次烘干时长为12h。此外，调节气候仓紫外光强和二氧化碳浓度，实现采样区域夏季降水背景模式下的气候模拟。

3.2.4 样品测试

利用场发射扫描电镜研究冻融循环对生物炭颗粒形貌的影响。此外，使用傅里叶变换红外光谱仪（Fourier transform infrared spectrometer，FTIR）分析生物炭表面官能团的变化，波数范围为 4000～400cm^{-1}（分辨率为 4cm^{-1}）。

为了研究冻融老化对土壤团聚体稳定性的影响，采用湿筛法对水稳性土壤团聚体进行分类，即对土壤进行筛分和称重[18]。每次试验所用样品的重量为 50g（同样进行 3 次重复处理）。水稳性骨料分为五类：①极大颗粒（粒径＞2mm）；②大颗粒（粒径在 2～0.5mm）；③中等颗粒（粒径在 0.5～0.25mm）；④细颗粒（粒径在 0.25～0.106mm）；⑤粉土和黏土（粒径＜0.106mm）。同时，选取以下指标来描述水稳性骨料特性，包括平均重量直径（MWD，mm）、几何平均直径（GMD，mm）、分维（D）、粒径＞0.25mm 的水稳性骨料含量（$WR_{0.25}$，%）和团聚体破坏百分比（PAD，%），具体计算公式如下[19]：

$$\mathrm{MWD}=\sum_{i=1}^{n}\overline{x_i}W_i \tag{3-1}$$

$$\mathrm{GMD}=\exp\sum_{i=1}^{n}W_i\ln\overline{x_i} \tag{3-2}$$

$$\mathrm{WR}_{0.25}=1-\frac{M_{x<0.25}}{M_{\mathrm{T}}} \tag{3-3}$$

$$\mathrm{PAD}=\frac{\mathrm{DR}_{0.25}-\mathrm{WR}_{0.25}}{\mathrm{DR}_{0.25}}\times 100\% \tag{3-4}$$

$$\frac{M\left(r<\overline{x_i}\right)}{M_{\mathrm{T}}}=\left[\frac{\overline{x_i}}{x_{\max}}\right]^{3-D} \tag{3-5}$$

式中，$\overline{x_i}$ 为第 i 粒级的平均直径，mm；W_i 为 $\overline{x_i}$ 相对应的粒级团聚体占总体积的百分比，%；$M_{x<0.25}$ 为粒径＜0.25mm 水稳性团聚体的重量，g；M_{T} 为团聚体总重量，g；$\mathrm{DR}_{0.25}$ 为粒径＞0.25mm 的机械稳定性团聚体含量，通过干筛法测 $\mathrm{DR}_{0.25}$，%；$M\left(r<\overline{x_i}\right)$ 为粒径小于 $\overline{x_i}$ 的团聚体质量百分比，%；$x_{\max}$ 为团聚体的最大粒径，mm。

基于此，通过环刀法测得不同处理的土壤容重 ρ_{b} 来计算土壤总孔隙度 TP，并通过土壤三相仪（DIK-1130，Daiki 有限公司，日本）测定土壤三相比，计算广义土壤结构指数（GSSI）和土壤三相结构距离指数（STPSD）。公式如下：

$$\mathrm{TP}=1-\frac{\rho_{\mathrm{b}}}{\rho_{\mathrm{s}}} \tag{3-6}$$

$$\mathrm{GSSI}=\left[(x_{\mathrm{g}}-25)\cdot x_{\mathrm{y}}\cdot x_{\mathrm{q}}\right]^{0.4769} \tag{3-7}$$

$$\mathrm{STPSD}=(x_{\mathrm{g}}-50)^2+(x_{\mathrm{g}}-50)\cdot(x_{\mathrm{y}}-50)+(x_{\mathrm{y}}-50)^2 \tag{3-8}$$

式中，ρ_{s} 为土壤颗粒密度，取 2.65g/cm^3；x_{g} 为土壤固相体积百分比，＞25%；x_{y} 为土壤液相体积百分比，＞0%；x_{q} 为土壤气相体积百分比，＞0%。

为了研究土壤重金属形态的变化，采用 Tessier（泰西耶）连续提取法，如表 3-3 所示，其中包括测定：①可交换态；②碳酸盐结合态；③铁锰氧化物结合态；④有机结合态；⑤残渣态[20]。为了清楚地揭示冻融老化和稳定化材料对重金属形态转化的影响，将重金属形态分为三个池：①将可交换态定义为不稳定池；②碳酸盐结合态、铁锰氧化物结合态和有机结合态组分被定义为潜在不稳定池；③残渣态被定义为稳定池。此外，用二乙三胺五乙酸（DTPA）溶液萃取土壤，对镉和铅的生物可给性进行了测算[21]，并对土壤进行振荡、离心、提取，使用总有机碳（TOC）分析仪测量溶解有机碳含量。

表 3-3 Tessier 连续提取法

步骤	结合形态	提取方法
1	可交换态	称取（1.0000±0.0003）g 土样于 50mL 塑料离心管中（ g_0 ），加入 8mL 1mol/L $MgCl_2$ 溶液，（22±5）℃下恒温连续振荡 1h（200r/min），离心 15min（3000r/min），移出上清液，用移液管取上清液用于电感耦合等离子体质谱法（inductively coupled plasma mass spectrometry，ICP-MS）检测。弃去上清液，用 8mL 去离子水清洗残留物，离心 15min（3000r/min），弃去上清液，并称量记录下此时湿土加离心管重量（ g_1 ）
2	碳酸盐结合态	于步骤 1 提取重金属可交换态步骤剩余的残渣中加入 8mL 1mol/L NaAc 溶液（加入 HAc 调至 pH＝5.0），（22±5）℃下恒温连续振荡 6h（200r/min），频繁调节 pH，适当延长反应时间，离心 10min（4000r/min），移出上清液，用移液管取上清液用于 ICP-MS 检测。弃去上清液，用 8mL 去离子水清洗残留物，离心 15min（3000r/min），弃去上清液，并称量记录下此时湿土加离心管重量（ g_2 ）
3	铁锰氧化物结合态	于步骤 2 提取重金属酸溶态步骤剩余的残渣中加入 20mL 0.04mol/L $NH_2OH·HCl$ 溶液（以体积分数为 25%的 HAc 为溶剂配制）。随后加入约 3mL 25%的 HAc 溶液，调节体系 pH 至 2.0，（96±3）℃下水浴并间歇振荡 4h，离心 10min（4000r/min），每 10min 搅拌 1 次，用去离子水稀释至 20mL，用移液管取上清液用于 ICP-MS 检测。弃去上清液，再用去离子水洗涤残余物，3000r/min 离心 15min，弃去上清液，并称量记录下此时离心管加土壤的重量（ g_3 ）
4	有机结合态	于步骤 3 提取重金属可还原态步骤剩余的残渣中加入 3mL 0.02mol/L HNO_3 溶液和 5mL30%H_2O_2 溶液［用硝酸（HNO_3）调节至 pH＝2.0］，（85±2）℃下水浴 2h，间歇搅拌。之后第二次加入 3mL 30%的 H_2O_2 溶液（用浓 HNO_3 调节 pH＝2.0），85℃下间歇振荡 3h；将上述提取液冷却至室温（25±1）℃，加入 5mL 3.2mol/L 的 NH_4Ac 溶液（用 20%HNO_3 配制），用去离子水稀释到 20mL，（22±5）℃下恒温振荡 30min，离心 10min（4000r/min），用移液管取上清液用于 ICP-MS 检测。弃去上清液，用 8mL 去离子水清洗残留物，3000r/min 离心 15min，弃去上清液
5	残渣态	对步骤 4 提取重金属可氧化态处理后的残余物，采用 HNO_3-HCl 微波消解法消解分析，消解前需要向消解罐中加入 8mL HNO_3 溶液，微波处理下进行容器清洗。12mL HNO_3 加 4mL HCl 和 3mL HF 加入土壤样品中，放入微波消解仪中 180℃条件下消解 25min，之后转移至 50mL 的容量瓶中，定容，0.45μm 一次性针孔过滤器过滤，用于 ICP-MS 检测

3.2.5 统计分析

采用 SPSS 22.0 和 Origin 2017 软件进行数据处理、绘图制表。通过计算平均值与标准差来总结每一组数据集。采用单因素方差分析（analysis of variance，ANOVA）方法检验对照组和稳定化处理之间的差异，并用最小显著差数（least significant difference，LSD）法检验不同处理之间的显著差异。显著性水平设定为 0.05。使用 Shapiro-Wilk（夏皮罗-威尔克）检验数据的正态分布之后（$P>0.05$），采用皮尔逊相关系数测算重金属形态转化对稳定化材料的响应关系。

3.3 土壤重金属形态转化及有效态分析

3.3.1 土壤理化特性分析

1. 冻融老化对土壤理化特性的影响

不同处理下的土壤电导率（EC）、pH 和 CEC 如图 3-2 所示。首先，伴随着稳定化材料的添加，土壤中可溶性盐分增加，土壤 EC 增大［图 3-2（a）］。在 4 种处理中，有机肥施加条件下 EC 提升幅度最为显著，其相对于对照组、生物炭处理、生物炭&有机肥处理分别提升了 17.39%、14.08%和 5.17%。值得注意的是，在冻融老化作用下，土壤 EC 进一步提升。例如，在–10℃冻结温度下，对照组土壤 EC 相对于初始未冻结土壤增加了 5.79%。另外，随着冻结温度的降低，土壤 EC 呈现逐渐升高的变化趋势，这可能是冻融老化导致土壤颗粒开裂，释放 DOC 和氮，进而导致土壤溶液中溶质浓度增加[22]。此外，有机肥富含钙（Ca）、磷（P）、钾（K）等矿质元素，增加了冻融土壤中可溶性盐离子释放的风险[23]。因此，在–30℃冻结温度下，有机肥处理条件下冻融土壤 EC 相对于对照组增加了 17.72%。然而，对于生物炭处理及生物炭&有机肥处理，生物炭通过吸附作用在一定程度上固定了土壤开裂释放的溶质，从而抑制了土壤 EC 的增加。

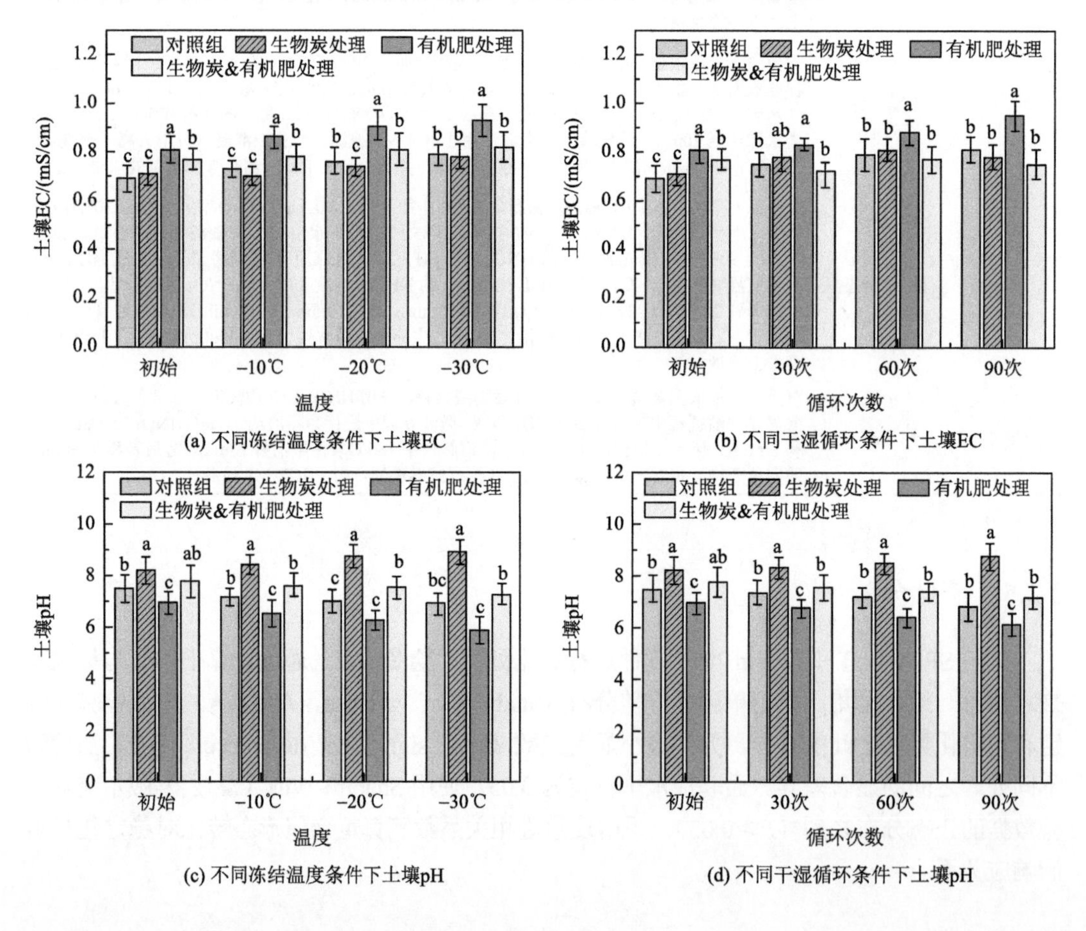

(a) 不同冻结温度条件下土壤EC (b) 不同干湿循环条件下土壤EC

(c) 不同冻结温度条件下土壤pH (d) 不同干湿循环条件下土壤pH

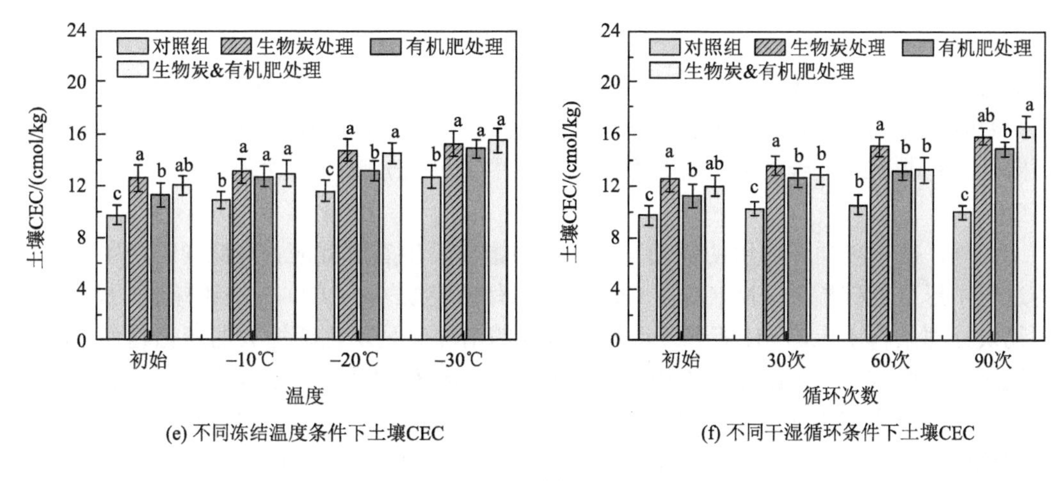

(e) 不同冻结温度条件下土壤CEC　　(f) 不同干湿循环条件下土壤CEC

图 3-2　土壤理化性质变异特征

对于土壤 pH 变化特征，可以发现在初始条件下，施用有机肥有效降低了土壤的 pH，而生物炭处理则使土壤 pH 呈现升高现象，并且在生物炭处理、生物炭&有机肥处理条件下，土壤 pH 相对于对照组分别提升了 9.49%和 3.74%。有机肥料含有硫酸铵、过磷酸钙和其他盐类，水解产生一定量的 H^+，导致土壤 pH 降低[24]。然而，生物炭中的灰分增加了土壤的 pH。此外，冻融老化促进了有机肥处理中盐分离析物的水解，随着冻结温度的降低，土壤 pH 变化幅度增大。相反，在冻融老化条件下，生物炭处理的土壤 pH 升高。

同理分析可知，生物炭处理、有机肥处理和生物炭&有机肥处理下的土壤 CEC 分别比对照组增加了 29.29%、15.82%和 21.46%，表明添加稳定化材料提高了土壤胶体对阳离子的吸附能力。此外，冻融老化作用在不同程度上增加了土壤阳离子交换能力，其中，在−10℃的冻融循环条件下，对照组处理土壤 CEC 相对于初始未冻结土壤增加了 12.67%。这是因为冻胀作用使大团聚体开裂，增加了土壤颗粒的比表面积，提供了更多的离子吸附位点，并增强了阳离子交换能力[25]。与此同时，在生物炭处理、有机肥处理以及生物炭&有机肥处理条件下，冻融土壤 CEC 分别相对于对照组增加了 20.53%、16.13%以及 18.42%，表明稳定化材料的施加与冻融老化的协同作用能够有效地提升土壤 CEC。此外，随着土壤冻结温度的降低，冻融土壤对于阳离子的吸附能力提升趋势越发显著。

2. 干湿循环对土壤理化特性的影响

频繁的干湿循环过程改变着土壤结构和水热运动规律，进而改变着土壤的理化特性。首先，干湿循环使土壤发生反复的收缩与膨胀，破坏了土壤颗粒有机质之间的共价键，促进了土壤团聚体中溶解性盐分游离释放。对照组中，干湿循环 30 次的土壤 EC 相对于初始样品增加了 8.69%，并且随着干湿循环次数的增加，土壤 EC 呈现持续增加的趋势，在干湿循环进行 90 次时，其数值相对于初始样品增加了 17.39%。然而，生物炭具有较大的比表面积和较强的吸附能力，其促进了小颗粒裂解土体发生再聚合现象，进而固持了大量的溶解性盐分离子，抑制了土壤 EC 的提升[26]。比较可知，干湿循环 90 次后，生物炭和生物炭&有机肥处理条件下，土壤 EC 相对于对照组分别降低了 2.47% 和 7.41%。有机肥的施加增加了土壤有机质含量，而干湿循环现象降低了土壤有机质的稳定性，促进了土壤碳矿化过程，增加了土壤中无机盐分离子的含量，进一步提升了土壤 EC。

另外，在干湿循环作用的驱动下，土壤团聚体发生裂解效应，与此同时，生物炭制备过程中形成的碳酸盐（$MgCO_3$，$CaCO_3$）和有机酸根（$—COO^-$）快速释放[27]。因此，生物炭处理条件下土壤 pH 随着干湿循环次数的增加而呈现逐渐增大的变化趋势。反之，有机肥调控模式下，干湿循环作用促进了有机质的矿化过程，并且在土壤处于饱和、缺氧的条件下产生有机酸等中间产物，在一定程度上降低了土壤的 pH。而在生物炭与有机肥协同处理条件下，随着干湿循环次数的增加，土壤 pH 的变化趋势处于复杂的波动状态。

同理，在生物炭和有机肥稳定修复条件下，干湿循环作用导致生物炭材料结构裂解，并且在材料表面形成羧基官能团，提高了土壤阳离子交换能力[28]。另外，干湿循环导致有机质表面氧化程度增加，导致土壤表面阳离子交换点位增加。因此，在干湿循环 90 次后，生物炭处理、有机肥处理以及生物炭&有机肥处理条件下土壤 CEC 分别相对于初始条件提升了 26.31%、32.12%以及 38.57%。而对照组土壤在干湿循环前后，土壤 CEC 的变化幅度相对较弱。

3.3.2 土壤团聚体水稳性

1. 冻融老化对土壤团聚体稳定性的影响

土壤团聚体是土颗粒在胶结物质作用下形成的团粒，是土壤结构的基本单元。通常情况下，将粒径＞0.25mm 团聚体称为大团聚体，将粒径＜0.25mm 的团聚体称为微团聚体，大团聚体含量越高，说明土壤团聚体结构越稳定。初始条件下，在 4 种处理中测得的土壤水稳性团聚体分布如图 3-3（a）所示。添加生物炭或有机肥的处理对各级团聚体分布影响表现出相同规律，极大颗粒和大颗粒土壤团聚体比例增加，中等颗粒、小颗粒及粉土&黏土比例降低。其中，单施有机肥处理对促进土壤较大尺寸团聚体的形成最为显著。例如，未冻结对照组土壤中的极大颗粒团聚体比例为 0.143，生物炭处理、有机肥处理和生物炭&有机肥处理相对于对照组分别增加了 20.27%、48.88%和 30.58%。相反，与未冻结对照组相比，生物炭处理、有机肥处理和生物炭&有机肥处理下土壤的粉土&黏土比例分别减少了 11.1%、26.7%和 18.4%，这可能是由于生物炭或有机肥料添加促使土壤细小颗粒相互结合形成了较大的团粒结构。此外，还发现生物炭或有机肥对各粒径土壤团聚体影响存在差异。各处理中大颗粒土壤团聚体比例变化最大，中等颗粒土壤团聚体比例变化最小。土壤改良后土壤团聚体粒径的增加可能与土壤有机质含量的增加有关，这是提高土壤团聚体稳定性的重要因素[29]。此外，溶解性有机质可能会被吸附到生物炭发育良好的碳结构上，这也会增加土壤团聚体的稳定性。

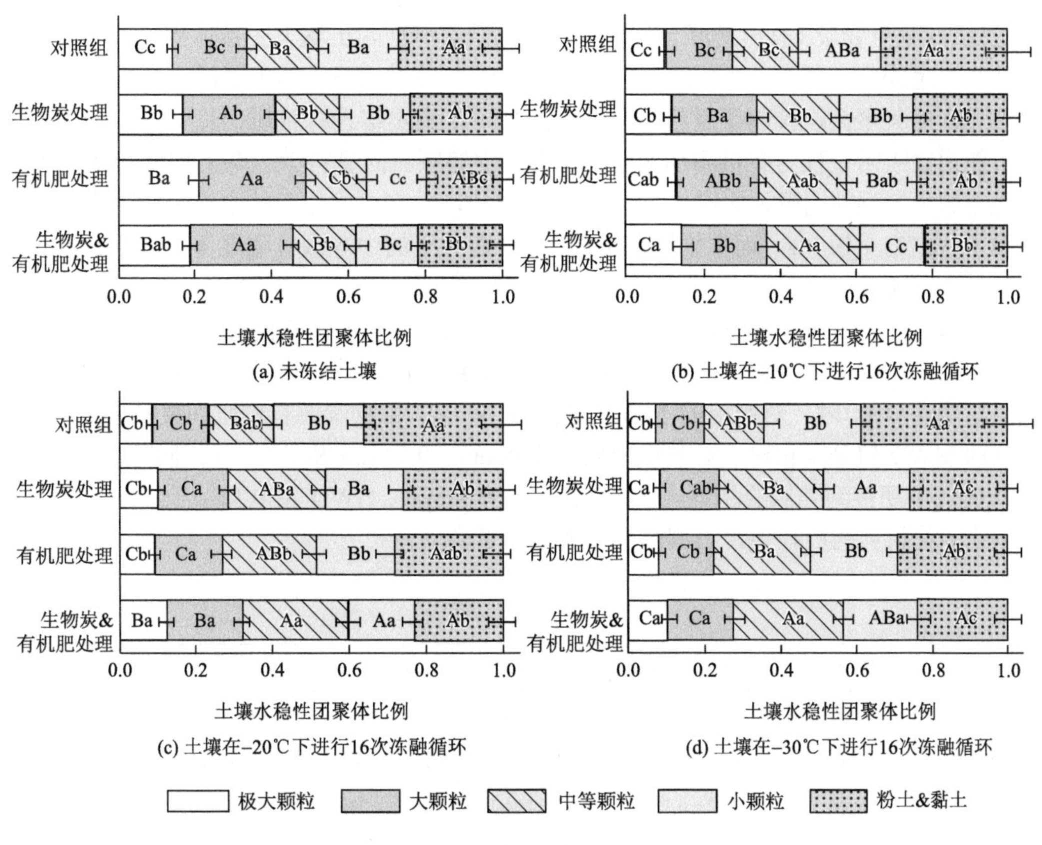

图 3-3　冻融土壤水稳性团聚体的分布

不同大写字母表示五种土壤水稳性团聚体组分的差异显著（$P<0.05$）；不同小写字母表示不同处理土壤水稳性团聚体的差异显著（$P<0.05$）

研究发现，冻融循环导致了土壤大团聚体的裂解，其中，冻融对土壤极大颗粒的破坏影响最大。在−10℃的冻结温度下进行 16 次冻融循环后，对照组中的极大颗粒比例相较于初始条件降低了 28.8%。同时，小颗粒团聚体、粉土&黏土的比例增加了 6.8%和 25.2%。研究还发现，在较低的冻结温度下，土壤大团聚体会发生更大程度的分解。例如，当冷冻温度为−20℃时，对照组中极大颗粒团聚体比例为 0.087，当暴露于−30℃时，极大颗粒团聚体比例为 0.074。同时，在这些温度下，粉土&黏土的比例分别增加了 9.3%和 12.1%。这是因为冻结温度的降低导致了冰体在土壤中膨胀率增加，从而提高了土壤颗粒的挤压强度[30]。这与 Wei 等[31]的研究结果一致，随着冻结强度的增加，土壤黏聚力逐渐降低。

生物炭或有机肥的施用在一定程度上减少了冻融循环对土壤团聚体的破坏，尽管大骨料的比例仍然降低，但冻融对骨料的破坏作用减小。例如，当土壤样品置于−10℃温度冻结时，生物炭、有机肥和生物炭&有机肥处理中极大颗粒分数分别比对照组高 15.5%、27.6%和 39.1%，有机肥处理中极大颗粒团聚体的比例高于生物炭处理。然而，我们发现随着冻结温度的降低（−20℃和−30℃），生物炭处理下土壤中极大颗粒团聚体含量高于有机肥处理，且生物炭&有机肥联合处理对不同冻结温度冻融土壤大团聚体的保护效果均表现最好。生物炭在低温条件下表现出的性能优势归功于其强大的吸附能力，增加了土壤颗粒之间的凝聚力，抑制了骨料的分解。此外，生物炭富含有机质，骨料分解释放的颗粒可能通过吸附过程与有机添加剂结合，形成中等颗粒的骨料[32]。与对照组相比，生物炭处理的中等颗粒团聚体比例增加了 24.7%～53.6%，有机肥处理的中等颗粒团聚体比例增加了 32.7%～49.1%，而生物炭&有机肥处理条件下的中等颗粒团聚体比例增加幅度最大，为 41.5%～64.5%。

整体而言，不同处理条件下土壤 MWD 随着冻结温度的降低而减小（表 3-4）。稳定化处理在一定程度上增加了土壤 MWD 值，并且生物炭&有机肥处理最为明显。例如，当冻结温度为−10℃时，对照组的 MWD 值为 0.79mm，生物炭、有机肥和生物炭&有机肥处理的 MWD 值分别相对于对照组增加了 0.08mm、0.13mm 和 0.16mm。同时，在 GMD 和 $WR_{0.25}$ 中观察到类似的趋势。总的来说，土壤 MWD、GWD 和 $WR_{0.25}$ 值表明，在施用土壤稳定化材料的处理中，土壤团聚体更大、更稳定。

表 3-4 冻融土壤水稳性团聚体分布

冻结温度	处理	MWD/mm	GMD/mm	PAD/%	*D*	$WR_{0.25}$/%
−10℃	对照组	0.79±0.11bcd	0.23±0.03bc	64.79±4.23abcd	2.6989±0.012ns	41.85±3.11abcd
	生物炭	0.87±0.08abc	0.25±0.01abc	59.41±5.11cd	2.6912±0.021	44.21±2.19abc
	有机肥	0.92±0.13ab	0.27±0.04ab	57.56±6.23d	2.6851±0.008	47.37±1.79a
	生物炭&有机肥	0.95±0.15a	0.28±0.05a	54.68±4.54d	2.6754±0.017	49.65±2.23a
平均值		0.88±0.12a	0.26±0.03a	59.11±2.11b	2.6877±0.008ns	45.77±1.12a
−20℃	对照组	0.71±0.07cd	0.19±0.00c	69.53±3.22abc	2.7083±0.022	39.25±2.03bcd
	生物炭	0.82±0.06abcd	0.24±0.03bc	63.51±3.79abcd	2.6852±0.014	42.18±1.78abcd
	有机肥	0.84±0.09abc	0.25±0.05abc	62.76±4.13bcd	2.6844±0.019	43.67±2.04abc
	生物炭&有机肥	0.90±0.08abc	0.27±0.02ab	58.96±2.87cd	2.6791±0.009	46.35±1.96ab
平均值		0.82±0.09b	0.24±0.02b	63.69±1.79b	2.6893±0.005	42.86±1.49b
−30℃	对照组	0.68±0.05d	0.17±0.03c	74.23±3.54a	2.7174±0.014	36.51±2.23d
	生物炭	0.79±0.04bcd	0.23±0.03bc	72.48±4.27ab	2.6965±0.017	41.67±4.31abcd
	有机肥	0.71±0.10cd	0.19±0.04c	69.59±3.65abc	2.7046±0.023	38.75±2.52cd
	生物炭&有机肥	0.86±0.07abc	0.25±0.00abc	61.42±2.78bcd	2.6892±0.015	44.41±1.51abc
平均值		0.76±0.05c	0.21±0.02c	69.43±1.54a	2.7020±0.009	40.33±0.87c
平均值	对照组	0.73±0.08c	0.20±0.01c	69.52±2.23a	2.7082±0.002ns	39.20±0.92c
	生物炭	0.83±0.05b	0.24±0.00b	65.13±2.46b	2.6910±0.006	42.69±1.33bc
	有机肥	0.82±0.09b	0.24±0.01b	63.30±2.97c	2.6914±0.005	43.26±1.45b
	生物炭&有机肥	0.90±0.11a	0.27±0.02a	58.35±1.89bc	2.6812±0.002	46.80±1.39a

注：不同小写字母表示土壤水稳性团聚体指标的差异显著（$P<0.05$），ns 表示无显著差异。

通常情况下，D 值反映了土壤团聚体分布的均匀性，D 值越小，土壤团聚体分布越均匀[33]。我们发现，冻融过程导致土壤骨料的不均匀性增加，并且当冻结温度为–30℃时，4 种处理的 D 值相较于未冻结均有不同程度的增加。另外，在不同的冻结条件下，生物炭、有机肥和生物炭&有机肥处理的 PAD 值比对照组降低。Dai 等[34]认为，有机改良剂的应用增加了土壤大分子有机成分，如纤维素和多糖，这有助于保持土壤团聚体的均匀性和稳定性。Ojeda 等[35]研究也发现，生物炭的多孔和粒状结构促进了土壤中稳定复合物的形成，附着在生物炭上的有机物增强了聚合效果。

2. 干湿循环对土壤团聚体稳定性的影响

干湿循环是土壤经历频繁的吸水—脱水循环过程，极易引发土壤裂隙形成，对土壤粒径分布及团聚体稳定性产生影响（图 3-4）。具体分析可知，在经历 30 次干湿循环后，对照组中的极大颗粒团聚体比例变为 0.122，其相对于初始条件降低了 14.5%，同时，小颗粒团聚体、粉土&黏土的比例增加了 12.0%和 7.7%，大颗粒土壤在干湿循环的驱动作用下逐渐向小颗粒转化。随着干湿循环次数的增加，土壤团聚体发生更大程度的分解。

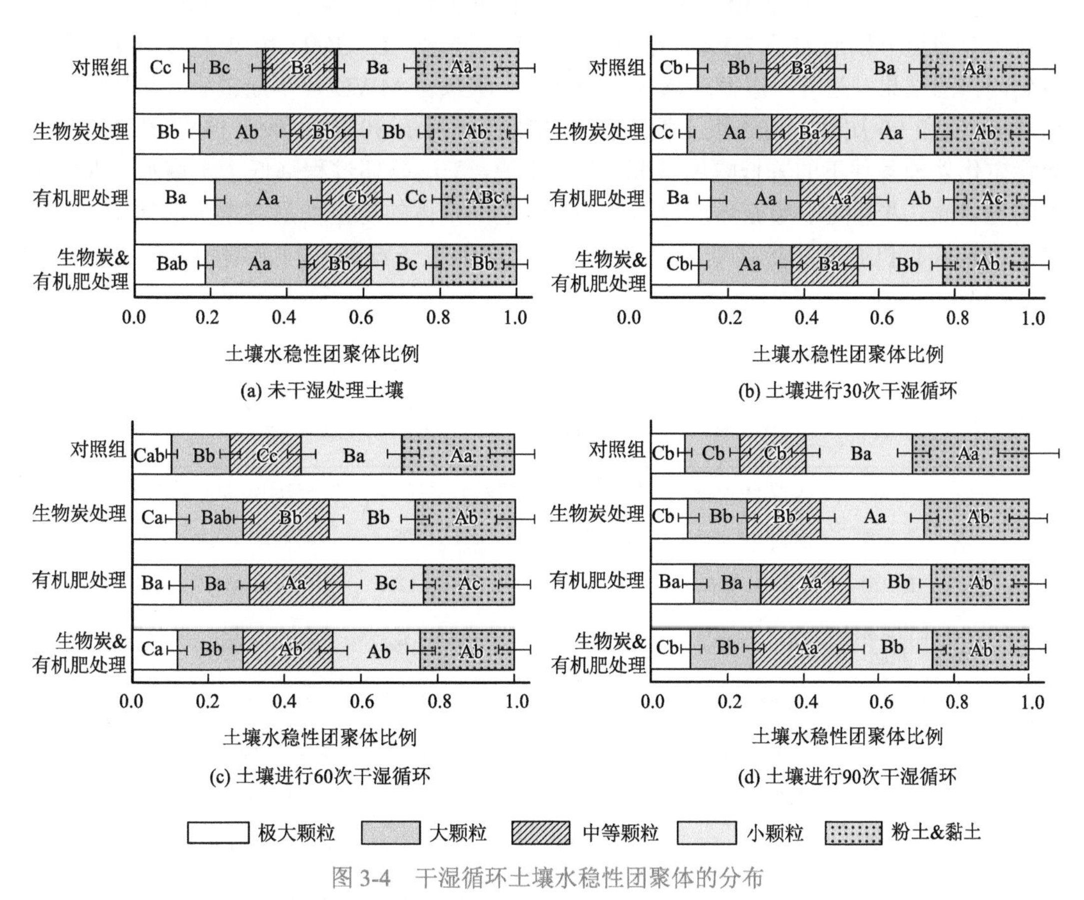

图 3-4　干湿循环土壤水稳性团聚体的分布

不同大写字母表示五种土壤水稳性团聚体组分的差异显著（$P<0.05$）；不同小写字母表示不同处理土壤水稳性团聚体的差异显著（$P<0.05$）

当土壤经历 90 次干湿循环后，对照组中土壤极大颗粒团聚体比例降低为 0.089，而小颗粒团聚体、粉土&黏土比例的增加幅度分别变为 37.1%和 16.43%，这可能是因为随着干湿循环次数增加，土壤孔隙度和水分经历更频繁的变化，致使土体膨胀与收缩反复发生，改变土壤团聚体粒径[36]。此外，在干湿循环过程中，水分补给溶解或软化了土壤团聚体内部的瞬时和临时胶结剂，促使大团聚体分解成微团聚体[37]。

同理，在施加生物炭或有机肥的处理中，土壤较大尺寸团聚体含量明显高于对照组，表明稳定化处理可以减小干湿循环对骨料的破坏影响。具体分析可知，当土壤样品经历 30 次干湿循环后，生物炭、有机肥和生物炭&有机肥处理大颗粒土壤团聚体分数分别比对照组高 23.1%、30.6%和 36.1%，值得注意的是，单施生物炭对于土壤团聚体的调控效果要弱于有机肥修复处理，表明生物炭在土壤风干条件下黏结能力降低，其对于土壤颗粒的吸附性能也有所减弱。与此同时，有机肥的输入为土壤提供大量的有机质，有机质能够促进干湿分散土壤黏粒的再聚合，有效抑制大颗粒土壤团聚体的裂解[38]。

不同干湿循环次数下各处理的土壤水稳性团聚体稳定性指标如表 3-5 所示。对 MWD 而言，当干湿循环次数为 30 次时，生物炭、有机肥和生物炭&有机肥处理的 MWD 值相对于对照组分别增加了 7.3%、13.4%和 4.9%。同理，在 GMD 和 $WR_{0.25}$ 指标中也观察到同样的结果。随着干湿循环次数的增加，土壤颗粒 MWD 值不断减小，并且在干湿循环 60 次和 90 次时，对照组土壤颗粒 MWD 值相对于 30 次时降低 15.9%和 35.4%，而稳定化处理条件下的降低幅度减弱。总的来说，干湿循环过程降低了土壤水稳性团聚体的稳定性，并且随干湿循环次数的增加，土壤团聚体的稳定性呈逐渐降低的趋势，施用生物炭或有机肥的稳定化处理在一定程度上降低了干湿循环对土壤团聚体稳定性的负面影响。

表 3-5 干湿循环土壤水稳性团聚体分布

干湿循环次数	处理	MWD/mm	GMD/mm	PAD/%	D	$WR_{0.25}$/%
30 次	对照组	0.82±0.05abc	0.26±0.02abc	59.38±2.12abcd	2.6833±0.012ns	39.78±1.15bcd
	生物炭	0.88±0.09ab	0.28±0.03abc	55.32±1.89bcd	2.6805±0.017	43.68±1.67abc
	有机肥	0.93±0.06a	0.29±0.01abc	53.69±3.12cd	2.6798±0.011	47.69±1.63a
	生物炭&有机肥	0.86±0.05ab	0.33±0.04a	51.28±2.78d	2.6652±0.007	45.55±1.27ab
平均值		0.87±0.05a	0.29±0.03a	54.91±2.13c	2.6772±0.012ns	44.18±1.59a
60 次	对照组	0.69±0.07cd	0.23±0.02bc	62.89±3.35abc	2.6912±0.018	36.45±1.54cd
	生物炭	0.75±0.04bcd	0.25±0.03bc	60.23±2.12abc	2.6748±0.009	42.15±1.33abc
	有机肥	0.85±0.05ab	0.27±0.01abc	57.89±1.79abcd	2.6645±0.007	45.16±0.89ab
	生物炭&有机肥	0.81±0.07abc	0.31±0.02ab	55.37±2.23bcd	2.6713±0.013	41.35±1.67abc
平均值		0.77±0.03b	0.27±0.02ab	59.05±2.43b	2.6754±0.017	41.28±1.27b

续表

干湿循环次数	处理	MWD/mm	GMD/mm	PAD/%	D	$WR_{0.25}$/%
90 次	对照组	0.53±0.05d	0.19±0.01c	69.59±1.79a	2.6998±0.015	33.59±1.52d
	生物炭	0.75±0.03bcd	0.24±0.03bc	63.45±2.28abc	2.6823±0.014	37.64±1.14cd
	有机肥	0.78±0.04abcd	0.28±0.03abc	65.21±1.62ab	2.6748±0.008	41.13±1.68abcd
	生物炭&有机肥	0.82±0.05abc	0.29±0.02abc	59.16±2.69abcd	2.6715±0.009	39.16±1.31bcd
平均值		0.72±0.04c	0.25±0.01b	64.35±1.65a	2.6799±0.023	37.88±1.68c
平均值	对照组	0.68±0.02c	0.23±0.02c	63.95±1.54a	2.6914±0.006ns	36.61±1.34c
	生物炭	0.79±0.05b	0.26±0.02b	59.67±1.38b	2.6792±0.014	41.16±1.52b
	有机肥	0.85±0.06a	0.28±0.03ab	58.93±1.76b	2.673±0.012	44.66±1.17a
	生物炭&有机肥	0.83±0.03a	0.31±0.02a	55.27±1.59c	2.6693±0.011	42.02±1.43b

注：不同小写字母表示土壤水稳性团聚体指标的差异显著（$P<0.05$），ns 表示无显著差异。

同理，干湿循环同样影响着土壤的 PAD 和 D 值。对比可知，在经历 90 次干湿循环之后，不同处理条件下 PAD 均呈现不同程度的增加趋势。然而，与对照组相比，生物炭、有机肥和生物炭&有机肥处理的 PAD 平均值相对于对照组分别降低了 8.8%、6.3%和 15.0%，这也再次验证了生物炭多孔结构固持土壤溶解有机碳，在碳骨架的支撑作用下，土壤团聚体颗粒稳定性增强。此外，有机肥的施加产生更多的纤维素、半纤维素和木质素，生物炭与土壤多糖类物质耦合作用提升了土壤颗粒之间的黏结性能，有效地提升了土壤团聚体稳定性[39]。

3.3.3　土壤孔隙特征演变

1. 冻融老化对土壤孔隙结构的影响

土壤孔隙度及其分布也是衡量土壤结构的重要指标，决定着土壤肥力因子（如水、肥、气、热）的储存和运移，并影响土壤的保水性、保肥性、通气性特征，进而调节其结构稳定性和宏观生产力。不同处理下的土壤总孔隙度、广义土壤结构指数（GSSI）、土壤三相结构距离指数（STPSD）如图 3-5 所示。在初始条件下，随着稳定化材料的添加，土壤的总孔隙度变大，并且生物炭、有机肥、生物炭&有机肥处理条件下土壤总孔隙度相对于对照组分别提升了 4.9%、1.3%、7.4%。伴随着冻融老化作用，土壤孔隙度进一步提升，在−10℃、−20℃和−30℃冻结温度下，对照组土壤总孔隙度分别相对于初始条件增加了 3.6%、6.4%和 8.3%，这主要是因为土壤在低温环境下，土壤中的液态水转化为固态冰，土壤孔隙在冰体膨胀作用下逐渐增大。另外，土壤中微小孔隙在土体冻胀作用下发生联通效应而形成大孔隙，进而导致土壤总孔隙度增加[40]。然而，在生物炭和有机肥的调控作用下，冻融土壤的总孔隙状况出现了提升趋势，在冻结温度为−30℃

时，生物炭、有机肥、生物炭&有机肥处理条件下，土壤总孔隙度分别相对于对照组增加了 2.2%、4.7%、8.8%，这也再次证实了有机改良材料在冻融老化条件下能够有效地改善土壤的孔隙结构。

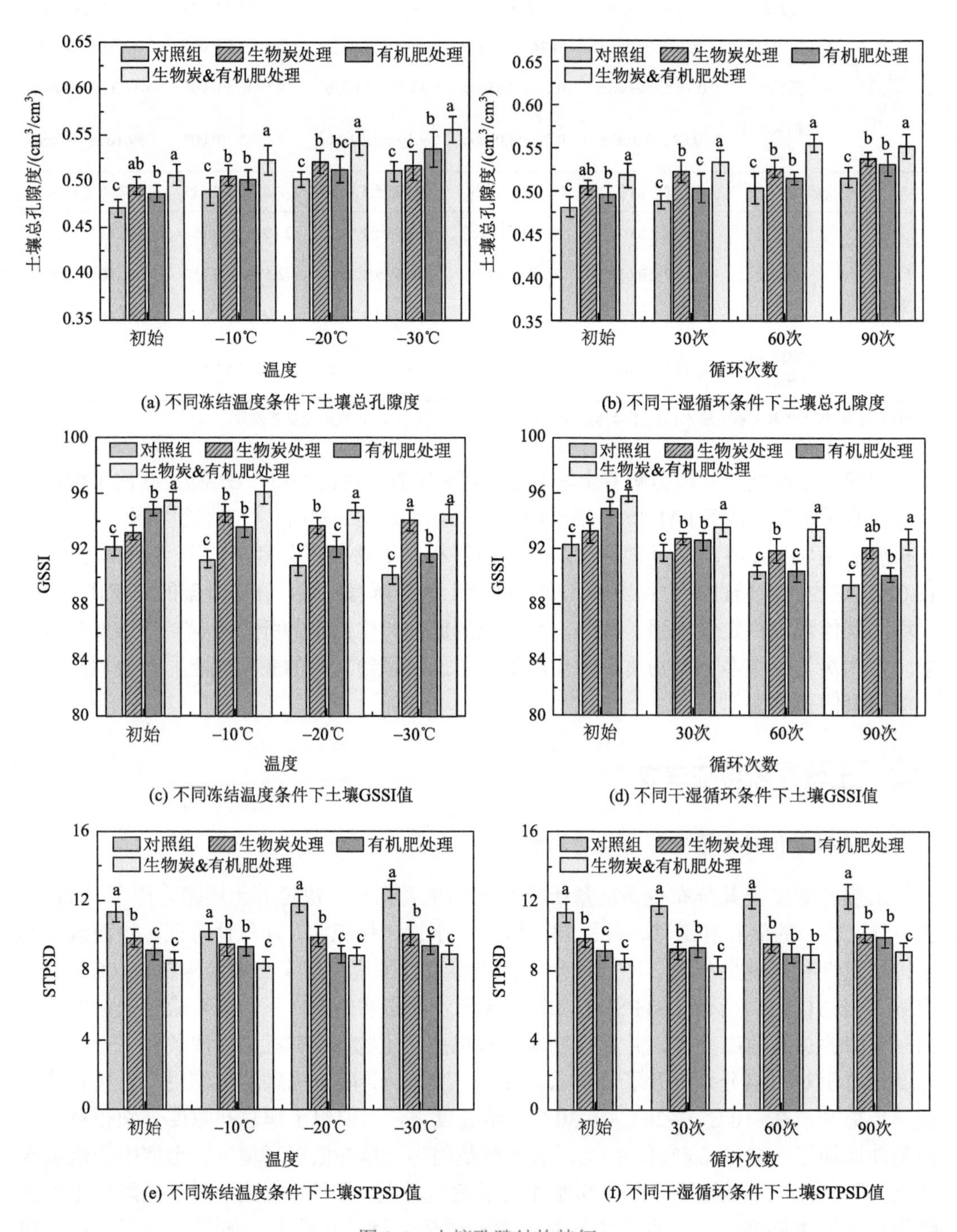

(a) 不同冻结温度条件下土壤总孔隙度

(b) 不同干湿循环条件下土壤总孔隙度

(c) 不同冻结温度条件下土壤GSSI值

(d) 不同干湿循环条件下土壤GSSI值

(e) 不同冻结温度条件下土壤STPSD值

(f) 不同干湿循环条件下土壤STPSD值

图 3-5 土壤孔隙结构特征

对广义土壤结构指数（GSSI）而言，GSSI 值越接近 100，表明土壤结构越接近理想状态。冻融老化作用降低了 GSSI 值，并且当冻结温度为–10℃、–20℃和–30℃时，对照组 GSSI 值分别相对于未冻结处理降低了 1.1%、1.6%和 2.3%，表明随着冻结温度的降低，土壤结构逐渐变差。与此同时，在生物炭和有机肥材料的调控处理下，GSSI 值变化较低，表明稳定化材料有效地抑制了土壤结构的演变，在保障寒区冻融土壤结构稳定性方面具有积极的作用。

同理，土壤三相结构距离指数（STPSD）可以更直观地判别土壤三相结构的趋势变化，并且 STPSD 值越小，土壤结构越接近最佳水平。首先，在初始未冻结土壤中，生物炭、有机肥、生物炭&有机肥处理条件下 STPSD 值相对对照组分别降低了 13.3%、19.5%、24.7%，主要原因可能是生物炭的多孔结构增加土壤的持水能力，改善土壤的通气性特征，确保土壤的三相比例条件趋近理想状态[41]。有机肥的施加可以降低土壤体积质量，增加土壤有机质含量，改善土壤结构，进而提升土壤质量[42]。另外，冻融老化作用改变土壤三相组成，进而影响 STPSD 值。随着冻结温度的降低，STPSD 值呈现出先减小后增加的变化趋势。具体分析可知，在冻结温度为–10℃时，冻融老化导致土壤颗粒发生裂解，大粒径土壤颗粒逐渐向中等颗粒转化，STPSD 值呈现减小趋势，土壤三相组成逐渐向理想状态演变。然而，当冻结温度降低为–30℃时，土体结构破坏程度加剧，土壤颗粒粒径进一步缩小，STPSD 值反而呈现出增加的趋势，土壤结构质量又呈现变差趋势。此外，生物炭和有机肥的调控作用抑制了 STPSD 值的降低，最大限度地减小了冻融老化作用对于土壤结构的负面干扰。

2. 干湿循环对土壤孔隙结构的影响

干湿循环作用调节土壤水热状况，改变着土壤物理结构特征，进而影响土壤孔隙分布状况。首先，在对照组中，干湿循环 30 次的总孔隙度相对于初始样品增加了 1.5%，并且随着干湿循环次数的增加，土壤总孔隙度呈现持续增加的趋势，在干湿循环进行 90 次时，其数值相对于初始样品增加了 7.0%。另外，稳定化处理土壤的孔隙状况进一步增大，并且在干湿循环 90 次之后，生物炭、有机肥、生物炭&有机肥处理条件下，土壤总孔隙度相对于对照组分别增加了 4.0%、2.8%、6.7%，结果表明生物炭施入农田降低了土壤容重，土壤疏松程度增强，并且在干湿循环作用力的驱动作用下，土壤总孔隙度持续增大[43]。与此同时，施用有机肥可以提高土壤的毛管孔隙度，对于土壤板结具有较好的改良效应，而干湿循环作用影响土壤的膨胀、收缩以及裂隙的开阖，促进了土壤大孔隙的重组与生成[44]。

另外，土壤干湿循环作用引发了广义土壤结构指数和土壤三相结构距离指数的差异。随着干湿循环次数的增加，GSSI 值逐渐降低，而 STPSD 值呈现出逐渐增加的趋势，再次证实干湿循环作用改变了土壤结构状况和三相比例，导致土壤质量变差。类似地，生物炭和有机肥的施加同样抑制了干湿循环对于土壤结构的侵蚀效果，GSSI 值和 STPSD 值变化幅度减弱，土体结构在外界环境干扰条件下稳定性有所提升。

3.3.4 重金属化学形态分布

1. 冻融老化对重金属形态转化的影响

生物炭或者有机肥的添加减少了未冻结土壤中 Cd 和 Pb 的不稳定池（图 3-6）。对 Cd 而言，生物炭、有机肥和生物炭&有机肥处理不稳定池比重相对于对照组分别减少了 27.9%、30.8%和 35.1%。进一步分析表明，有机肥处理条件下的潜在不稳定池比重最高，比对照组增加了 19.02%，表明有机肥处理最有效地降低了重金属不稳定池比重，并且促进其转化为潜在不稳定池。同时，与对照组相比，生物炭和生物炭&有机肥处理中的稳定池比重分别增加了 33.46%和 43.88%。说明生物炭以及生物炭&有机肥处理促进不稳定池转化为稳定池。同理，对 Pb 而言，生物炭、有机肥和生物炭&有机肥中的不稳定池比重与对照组相比分别减少了 20.72%、24.25%和 26.6%。而生物炭和生物炭&有机肥处理重金属稳定池比重相对于对照组增加了 10.88%和 15.86%，总体而言，Pb 的形态变化趋势与 Cd 相一致。

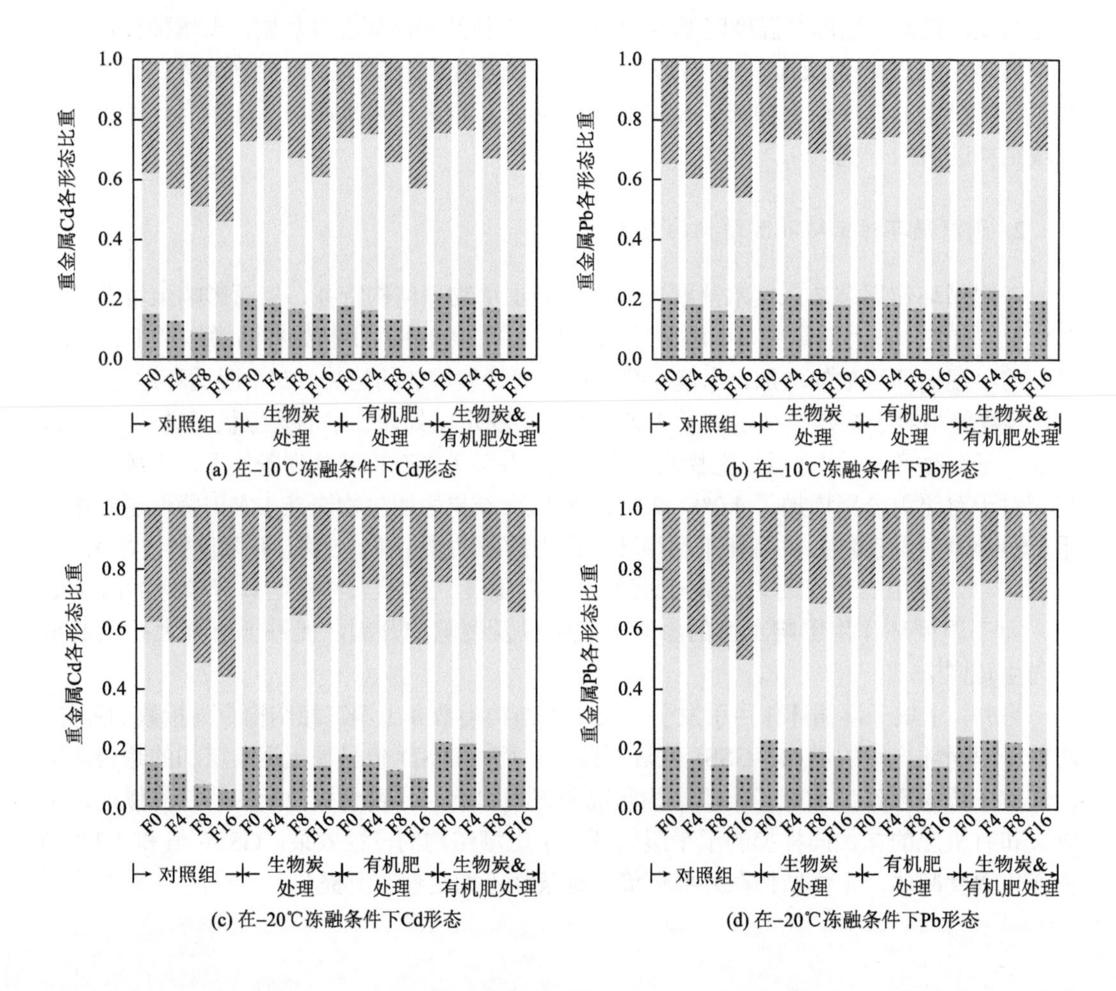

(a) 在−10℃冻融条件下Cd形态
(b) 在−10℃冻融条件下Pb形态
(c) 在−20℃冻融条件下Cd形态
(d) 在−20℃冻融条件下Pb形态

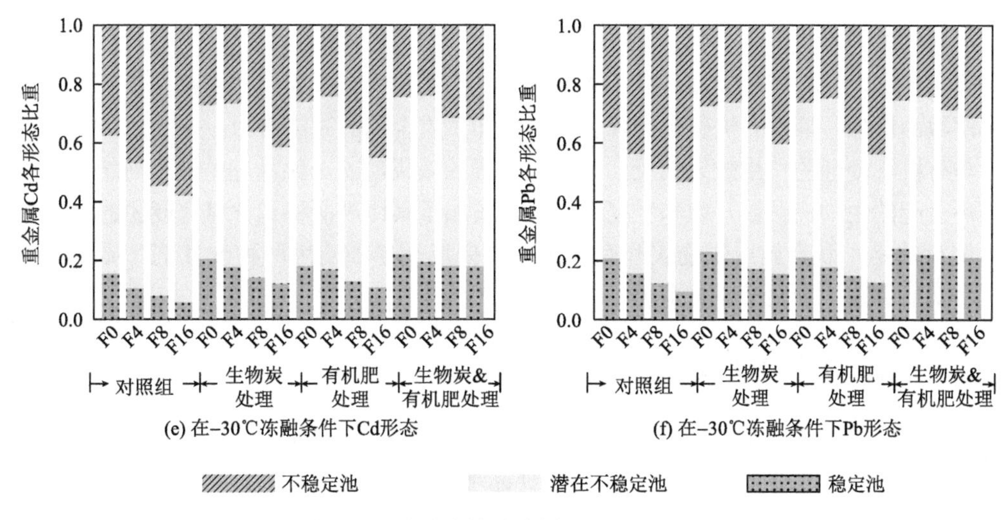

图 3-6　冻融土壤重金属 Cd 和 Pb 形态

注：F0～F16 表示冻融循环 0～16 次，下同。

有机肥含有腐殖质和其他高分子有机物质，通过表面络合和阳离子–π 相互作用固定 Cd 和 Pb[45]。有机改性材料中的阴离子，如 S^{2-}和 PO_4^{3-} 也可能形成稳定的重金属沉淀物，导致可氧化金属转移到残渣态[46]。此外，生物炭表面的含氧官能团可以与 Cd 和 Pb 结合。生物炭是一种富含碳的材料，根据金属分馏的操作定义，它往往会降低金属的不稳定性。在生物炭的生产和自然老化过程中，也可能产生一定量的铁锰氧化物，并且会发生与重金属结合的效应[47]。此外，生物炭中的碱性矿物因为携带表面带负电，通过沉淀反应或静电相互作用也增加了金属的固定化[48]。

值得注意的是，Pb 的不稳定池比重小于 Cd，表明 Pb 的流动性较差。离子的一级水解常数决定了生物炭和有机物的官能团对金属离子的络合能力，并且随着一级水解常数负对数 pKh［Pb（7.8）＞Cd（10.1）］的增加，络合效应减小，因此理论上 Pb 络合能力更强[49]。

冻融过程中，土壤团聚体的分解可能通过释放溶解有机碳激活重金属，从而使金属更具流动性。随着冻融循环次数的增加，Cd 和 Pb 的不稳定池比重逐渐增加，潜在不稳定池和稳定池比重逐渐减少。例如，当冻结温度为–10℃时，冻融循环 16 次后土壤样品与未冻结组相比，对照组中的 Cd 和 Pb 不稳定池比重分别增加了 43.5%和 32.7%。同时，对照组的 Cd 和 Pb 潜在不稳定池分别减少了 17.89%和 11.71%，稳定池分别减少了 51.26%和 29.18%。随着冻结温度的降低，重金属由稳定池向不稳定池转化趋势越发显著，并且当冻结温度为–30℃时，土壤 Cd 和 Pb 的不稳定池比重增加幅度分别变为 54.12%和 54.01%。

除此之外，对于稳定化处理的样品，土壤重金属 Cd 和 Pb 的不稳定池比重在前 4 次冻融循环处理过程中呈现出降低趋势，而在之后的冻融过程中又呈现增加的趋势。当冻结温度为–10℃时，重金属 Cd 的不稳定池在有机肥和生物炭处理条件下分别相对于对照组降低了 20.4%和 27.7%。同时，这两种处理条件下稳定池的比重分别相对于对照组增加了 47.8%

和 105.4%。值得注意的是，在冻融循环条件下，有机肥处理的效率低于生物炭处理的效率。尽管最初的冻融循环产生大量大分子有机物，它们通过络合作用与金属结合[50]，随着冻融循环次数的增加，溶解有机碳也会释放，这增加了重金属的游离潜力。

与有机肥处理的作用效果相反，生物炭处理的效果随着冻融循环的进行而增加。由冻融循环引起的生物炭颗粒开裂和轻度氧化可能增加了其比表面积和含氧官能团的丰度[51]。值得注意的是，联合施用生物炭和有机肥的效果优于单独施用两种改良剂，显然分别获得了有机肥和生物炭处理的短期和长期稳定化效果。

2. 干湿循环对重金属形态转化的影响

干湿循环条件下土壤重金属 Cd 和 Pb 形态转化如图 3-7 所示。对 Cd 而言，经历 90 次干湿循环土壤样品的不稳定池相对于初始样品增加了 26.9%，而稳定池和潜在不稳定池分别减少了 28.9%和 12.0%，表明干湿循环同样降低了重金属 Cd 稳定池比重，并且促使重金属由稳定池向不稳定池转化。分析原因可知，频繁的干湿循环使土壤中负电荷数量减少，土壤颗粒对于重金属固持能力降低。另外，干湿循环作用使得固化土无侧限抗压强度降低，水化产物的破碎分解导致被其吸附包裹的重金属离子重新溶解、浸出[52]。同理，土壤重金属 Pb 形态的变化趋势与 Cd 相一致，同样随着干湿循环次数的增加，重金属不稳定池的比重持续增大。

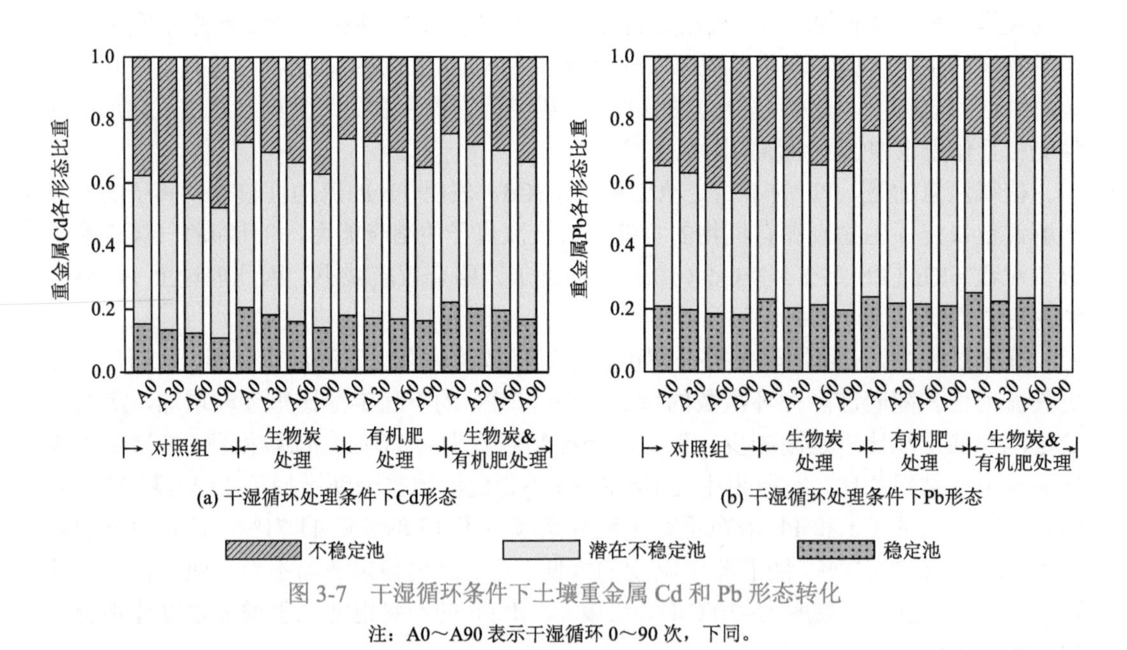

图 3-7 干湿循环条件下土壤重金属 Cd 和 Pb 形态转化

注：A0～A90 表示干湿循环 0～90 次，下同。

上述结果表明，稳定化材料能够在一定程度上阻抗冻融老化对于土壤重金属形态转化的影响，具体分析干湿循环对稳定化样品重金属形态转化效果可知，在经历 90 次干湿循环后，生物炭、有机肥和生物炭&有机肥处理条件下重金属 Cd 不稳定池比重相对于对照组分别减少了 22.2%、26.3%和 30.3%。相同条件下，与对照组相比，生物炭&有机肥和有机肥处理中的稳定池比重分别增加了 53.83%和 48.91%，这可能是因为干湿循环加速了土壤有机肥的裂解，并且在其表面生成大量羟基官能团，与重金属再次发生络合现象[53]。生物炭在土壤膨胀挤压作用下破碎形成小粒径碳颗粒，具有更大的比表面积和吸附能力，阻碍了重金属的游离扩散过程[54]。因此，生物炭和有机肥的协同作用最有效地抑制了干湿循环作用下重金属的形态转化过程。类似地，土壤重金属 Pb 稳定池及不稳定池的转化趋势与 Cd 相一致。

3.3.5　重金属 DTPA 浸提浓度

1. 冻融老化对重金属有效态的影响

冻融循环条件下 DTPA 浸提 Cd 和 Pb 的浓度如图 3-8 所示。首先，单因素方差分析（ANOVA）（$P<0.05$）结果显示，不同处理条件下重金属 DTPA 浸提浓度差异显著。对于未经冻融处理的土壤，生物炭、有机肥、生物炭&有机肥三种处理条件下 Cd 的 DTPA 浸提浓度相比于对照组分别下降了 18.9%、26.3%、31.3%，而对 Pb 的浸提浓度则分别减少了 12.6%、21.1%、16.4%。

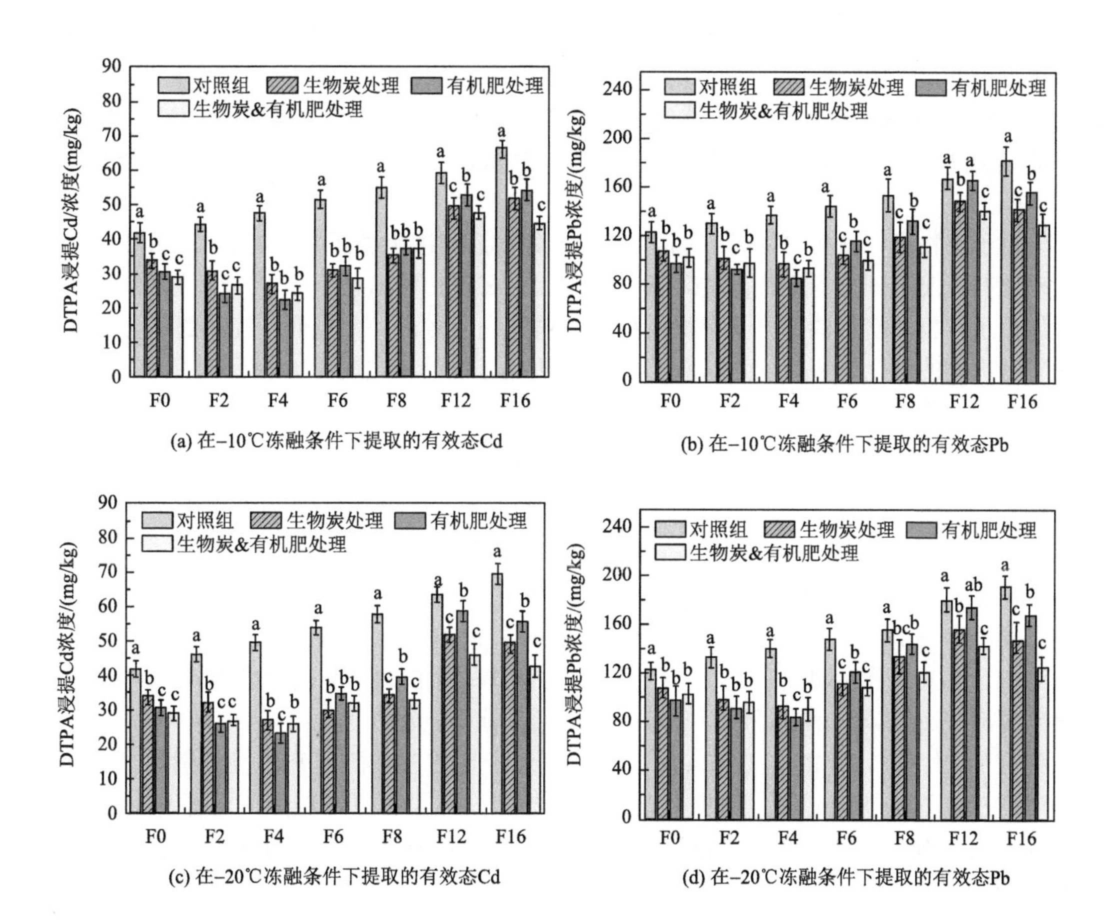

(a) 在−10℃冻融条件下提取的有效态Cd

(b) 在−10℃冻融条件下提取的有效态Pb

(c) 在−20℃冻融条件下提取的有效态Cd

(d) 在−20℃冻融条件下提取的有效态Pb

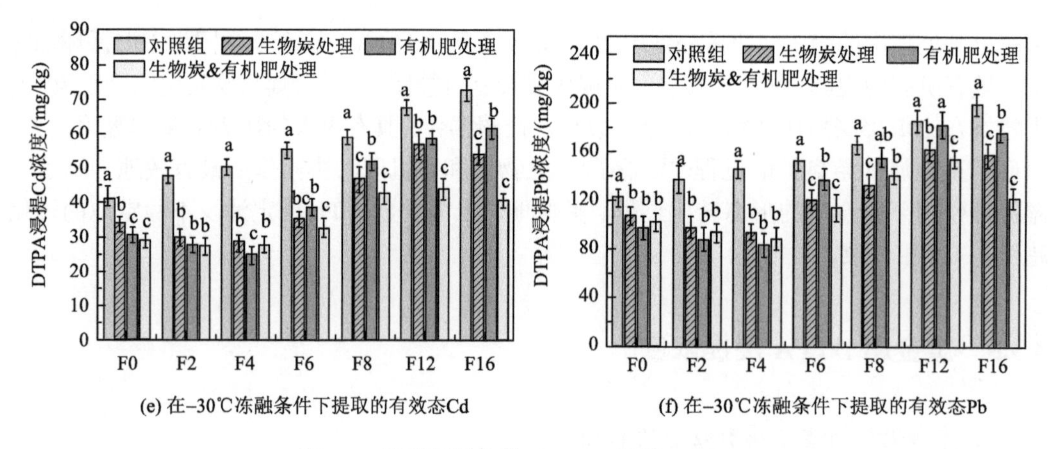

(e) 在–30℃冻融条件下提取的有效态Cd

(f) 在–30℃冻融条件下提取的有效态Pb

图 3-8 冻融循环条件下 DTPA 浸提 Cd 和 Pb

进一步分析可知，DTPA 提取的 Cd 和 Pb 浓度随冻融循环次数的增加而增加。例如，在冻结温度为–10℃时，冻融循环 16 次后对照组处理土壤 Cd 和 Pb 的 DTPA 浸提浓度相对于未冻结处理分别提升 59.6%和 48.3%，土壤重金属有效态在冻融循环过程中呈逐渐增加的变化趋势。然而，在生物炭、有机肥以及生物炭&有机肥调控处理中，土壤中 Cd 和 Pb 的 DTPA 浸提浓度则呈现出先减小后增加的变化趋势。例如，在冻结温度为–10℃时，土壤经历 4 次冻融循环之后，有机肥处理条件下 Cd 和 Pb 的 DTPA 浸提浓度相对于未冻结处理分别降低了 26.8%和 12.0%。然而，当冻融循环次数达到 16 次时，土壤 Cd 和 Pb 的 DTPA 浸提浓度分别相对于未冻结处理提升 61.3%和 53.1%。

对于生物炭处理和生物炭&有机肥处理，经过连续冻融循环后，DTPA 对重金属的提取率比有机肥处理有不同程度的降低。这是因为在最初的冻融循环中，土壤团聚体的分解促进了有机肥携带的大分子有机质和重金属的快速络合[55]。然而，连续的冻融循环加速了有机物的氧化分解，从而降低了金属-有机络合物的稳定性[56]。相反，随着连续的冻融循环破坏生物炭的结构，生物炭的吸附能力可能会增加。此外，生物炭上含氧官能团丰度的增加将促进表面络合反应。

2. 干湿循环对重金属有效态的影响

同理，分析干湿循环对土壤重金属 DTPA 浸提浓度的影响效果，如图 3-9 所示。在干湿循环过程中，土壤 Cd 和 Pb 的 DTPA 浸提浓度整体呈现逐步上升趋势。以对照组为例，当干湿循环进行 15 次后，土壤 Cd 和 Pb 的 DTPA 浸提浓度相对于初始条件分别提升了 6.6%和 9.1%，然而，随着干湿循环次数的继续增加，在经历 90 次干湿循环处理后，土壤 Cd 和 Pb 的 DTPA 浸提浓度相对于初始条件的提升幅度分别达到 64.6%和 49.1%。这与 Shen 等[57]研究发现的结论类似，污染土壤在经历干湿循环加速老化条件下，重金属的 TCLP 浓度呈现增加趋势，并且随着模拟年限的延长，这种效果越发显著。

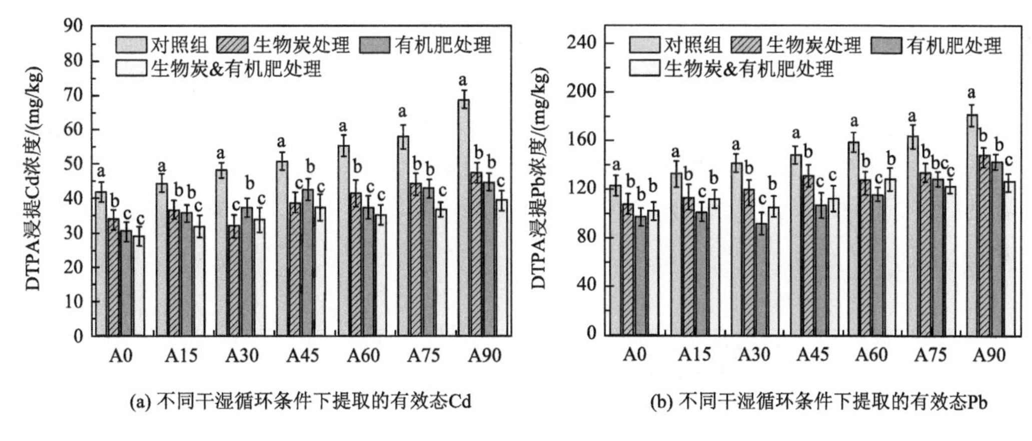

图 3-9 干湿循环条件下 DTPA 浸提 Cd 和 Pb

另外，稳定化材料极大程度上抑制了干湿循环对土壤 DTPA 提取态重金属浓度的影响。在土壤干湿循环进行 90 次之后，生物炭、有机肥以及生物炭&有机肥处理条件下重金属 Cd 的 DTPA 浸提浓度分别相对于对照组降低了 30.8%、35.2%和 42.6%，表明生物炭&有机肥处理对于 Cd 的稳定化效果最优，有机肥处理次之。这主要是归功于有机肥中的腐殖质作为土壤团聚体形成的重要胶结物质，在土壤湿润环境下，促使小粒径土壤颗粒实现再次重组，大颗粒团聚体快速生成，将部分污染物质吸附包裹，有效阻止了重金属的游离释放[58]。而在生物炭与有机肥的联合施加条件下，生物炭材料的碳骨架与有机肥形成结构稳固的复合体，进一步提升了土壤团聚体的稳定性效果。因此，二者协同作用有效地降低了干湿循环条件下土壤 Cd 和 Pb 的 DTPA 浸提浓度。

3.4 土壤重金属稳定化作用机理分析

3.4.1 溶解有机碳分析

1. 冻融循环对土壤溶解有机碳影响

有机肥料和生物炭材料在冻融循环过程中会发生裂解现象，进而释放 DOC。分析图 3-10 可知，在初始未冻结条件下，生物炭和有机肥的施加提升了土壤 DOC 的浓度，并且在生物炭、有机肥、生物炭&有机肥处理条件下，土壤 DOC 浓度相较于对照组分别增加了 8.56%、22.42%和 15.17%。然而，随着冻融循环次数的增加，土壤 DOC 浓度则呈现出先增加后降低的变化趋势。例如，当冻结温度为−10℃时，对照组土壤 DOC 浓度峰值相对于初始未冻结状态提升 38.0%，与此同时，生物炭、有机肥、生物炭&有机肥处理条件下土壤 DOC 浓度的提升幅度分别为 37.9%、48.9%、39.4%，表明冻融循环作用驱动土壤大团聚体颗粒裂解，并且释放大量的溶解有机碳。另外，冻融循环导致微生物细胞裂解和死亡，从而释放小分子糖和氨基酸，从而增加 DOC 的释放[59]。值得注意的是，经过多次冻融循环后，土壤DOC的浓度又呈现出逐渐降低的变化趋势，这可能是在频繁的冻融循环作用下，一些微生物对低温作用产生抵抗力，这些微生物对土壤DOC的矿化和分解中起着至关重要的作用，并伴随着CO_2和水的生成[60]。此外，随着冻结温度的降低，不同处理下土壤DOC浓度的最大值呈上升趋势，具体来说，在对照组，当冻结温度下降到−20℃和−30℃时，土壤DOC浓度的变化峰值相较于−10℃时分别增加了10.39%和20.86%。

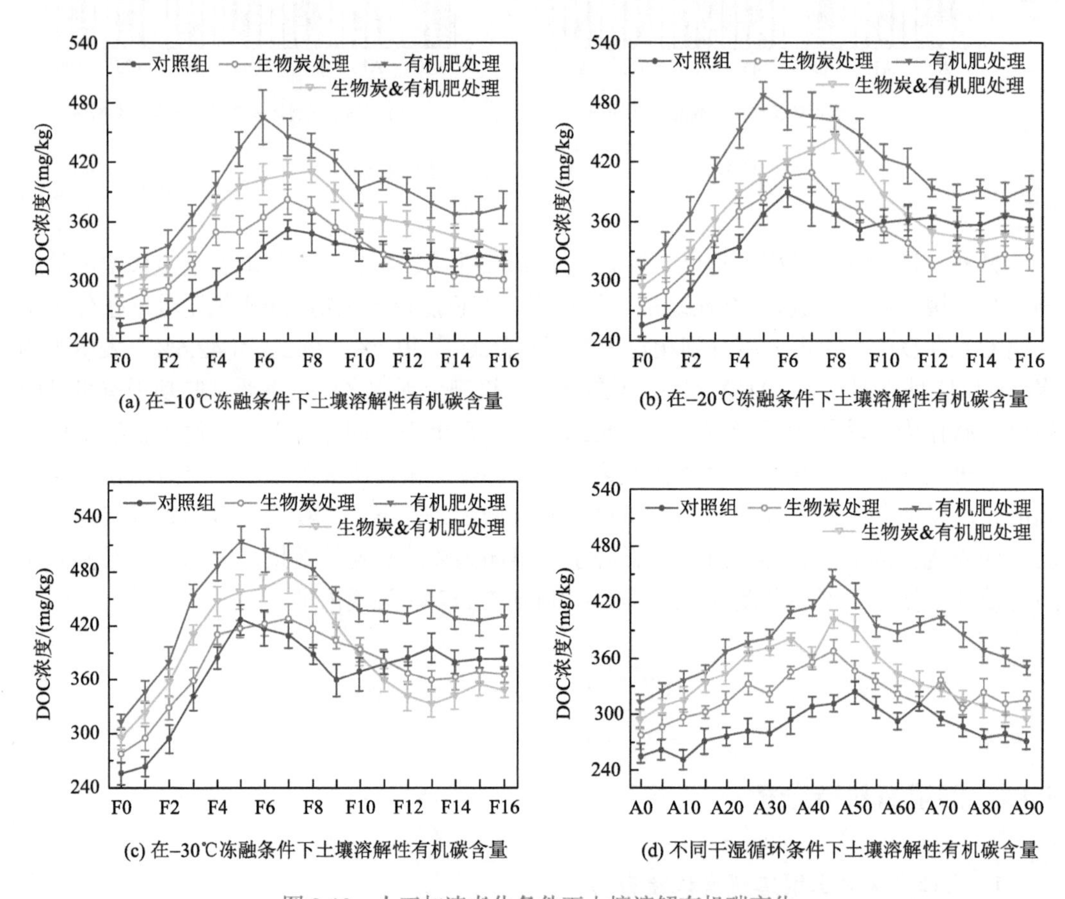

图3-10 人工加速老化条件下土壤溶解有机碳变化

土壤DOC的浓度在一定程度上决定了土壤中金属的形态，土壤重金属形态与DOC的皮尔逊（Pearson）相关系数如表3-6所示。具体分析可知，Cd和Pb的不稳定池与DOC呈正相关，但稳定化材料的应用减弱了这一趋势，其中生物炭&有机肥处理对此相关性减弱效果更明显。这可能是因为生物炭吸附了土壤中游离性碳颗粒，抑制了土壤DOC的生成，以及有机肥料与某些不稳定形式的Cd和Pb形成络合物，从而降低了它们之间的相关性[61]。此外，Cd和Pb的稳定池与DOC呈负相关，并且在生物炭和生物炭&有机肥处理下，负相关效应显著增强，这也证实了生物炭和生物炭&有机肥处理对重金属的钝化作用。

表 3-6　冻融土壤重金属形态与 DOC 的 Pearson 相关系数

冻结温度	形态	Cd				Pb			
		对照组	生物炭处理	有机肥处理	生物炭&有机肥处理	对照组	生物炭处理	有机肥处理	生物炭&有机肥处理
−10℃	不稳定池	0.694*	0.551*	0.567*	0.516	0.771*	0.685*	0.595	0.547
	潜在不稳定池	0.522	0.459	0.564*	0.487*	0.487	0.512	0.619*	0.507
	稳定池	−0.392	−0.473*	−0.549*	−0.473	−0.383	−0.461*	−0.439	−0.518*
−20℃	不稳定池	0.737**	0.656*	0.693	0.567	0.651*	0.512	0.573*	0.549
	潜在不稳定池	0.507	0.571	0.621*	0.549	0.419	0.509	0.481*	0.425*
	稳定池	−0.328	−0.507*	−0.468*	−0.393	−0.371	−0.495*	−0.397	−0.518*
−30℃	不稳定池	0.712*	0.535	0.624*	0.592	0.673*	0.512*	0.567*	0.584
	潜在不稳定池	0.461	0.478*	0.557*	0.512*	0.476	0.425	0.481*	0.542*
	稳定池	−0.371	−0.497*	−0.427	−0.469*	−0.491	−0.389*	−0.482	−0.545*

**表示相关性通过了 $P<0.01$ 的显著性检验；*表示相关性通过 $P<0.05$ 的显著性检验。

2. 干湿循环对土壤溶解有机碳影响

频繁的干湿循环导致土壤结构发生连续的胀缩现象，破坏团聚体稳定性。同时，土壤失水过程会引发大量微生物死亡，进而影响土壤 DOC 浓度。在研究中，我们发现随着干湿循环作用次数的增加，土壤 DOC 浓度同样呈现出先增加后减小的变化趋势。以对照组为例，当干湿循环次数达到 50 次时，土壤 DOC 浓度达到峰值，其相对于初始条件提升了 21.8%。在干湿循环处理前期，土壤中大分子有机质在外界物理、化学及生物作用力下分解为小分子有机碳颗粒，土壤 DOC 浓度显著提升，随着干湿循环次数的增加，土壤浸湿过程激活干燥条件下休眠的微生物，导致土壤 DOC 分解能力增强，因而出现逐渐降低趋势[62]。此外，在生物炭、有机肥和生物炭&有机肥处理条件下，土壤干湿循环过程中土壤 DOC 浓度相对于对照组有所提升，并且当干湿循环 30 次时，土壤 DOC 浓度提升幅度分别为 14.96%、36.78%和 33.22%。结果表明，在干湿循环因素影响作用下，外源修复材料的施加增加土壤 DOC 释放的碳源，修复处理条件下土壤 DOC 浓度处于较高水平。

在干湿循环影响下，土壤中重金属形态与 DOC 的 Pearson 相关系数如表 3-7 所示。分析可知，土壤 DOC 与重金属 Cd 和 Pb 的不稳定池、潜在不稳定池呈正相关关系，而与稳定池呈负相关关系。此外，施加稳定化材料会减弱 Cd 和 Pb 的不稳定池与 DOC 正相关关系，生物炭和有机肥促进了土壤重金属 Cd 和 Pb 的钝化，稳定池比重增加。因此，稳定化材料添加加强了土壤 DOC 与稳定池之间的相关关系。

表 3-7　干湿循环土壤重金属形态与 DOC 的 Pearson 相关系数

干湿循环次数	形态	Cd				Pb			
		对照组	生物炭处理	有机肥处理	生物炭&有机肥处理	对照组	生物炭处理	有机肥处理	生物炭&有机肥处理
30 次	不稳定池	0.712*	0.572*	0.514	0.467	0.693*	0.611*	0.534	0.597*
	潜在不稳定池	0.537*	0.415	0.469	0.451	0.491	0.535	0.582*	0.519
	稳定池	−0.379	−0.524*	−0.473	−0.584*	−0.318	−0.485	−0.591*	−0.552

续表

干湿循环次数	形态	Cd				Pb			
		对照组	生物炭处理	有机肥处理	生物炭&有机肥处理	对照组	生物炭处理	有机肥处理	生物炭&有机肥处理
60 次	不稳定池	0.781**	0.671*	0.645*	0.539*	0.743*	0.561*	0.496	0.532
	潜在不稳定池	0.497*	0.438	0.512*	0.409	0.364	0.439	0.481	0.447
	稳定池	−0.319	−0.469	−0.516*	−0.537*	−0.412	−0.537	−0.585*	−0.487*
90 次	不稳定池	0.695*	0.493*	0.522	0.461	0.637*	0.496	0.524*	0.504
	潜在不稳定池	0.435	0.445	0.583*	0.493*	0.367	0.485	0.546*	0.471
	稳定池	−0.328	−0.551*	−0.497	−0.527*	−0.397	−0.558*	−0.513	−0.569*

**表示相关性通过了 $P<0.01$ 的显著性检验；*表示相关性通过 $P<0.05$ 的显著性检验。

3.4.2 稳定化材料结构特征

生物炭的微观结构在初始条件下完整，生物炭表面光滑，孔隙均匀、清晰（图 3-11）。我们发现，在不同冻结温度条件下，生物炭的形貌发生了变化。连续的冻融循环对生物炭结构造成损害，并导致裂缝形成，这可能增加了可用的吸附位置，也可能有利于生物炭的内部氧化。此外，随着冻结温度的降低，生物炭表面变得更加粗糙，出现更多的裂纹，这表明生物炭在低温作用下加速了生物炭老化与分解过程。

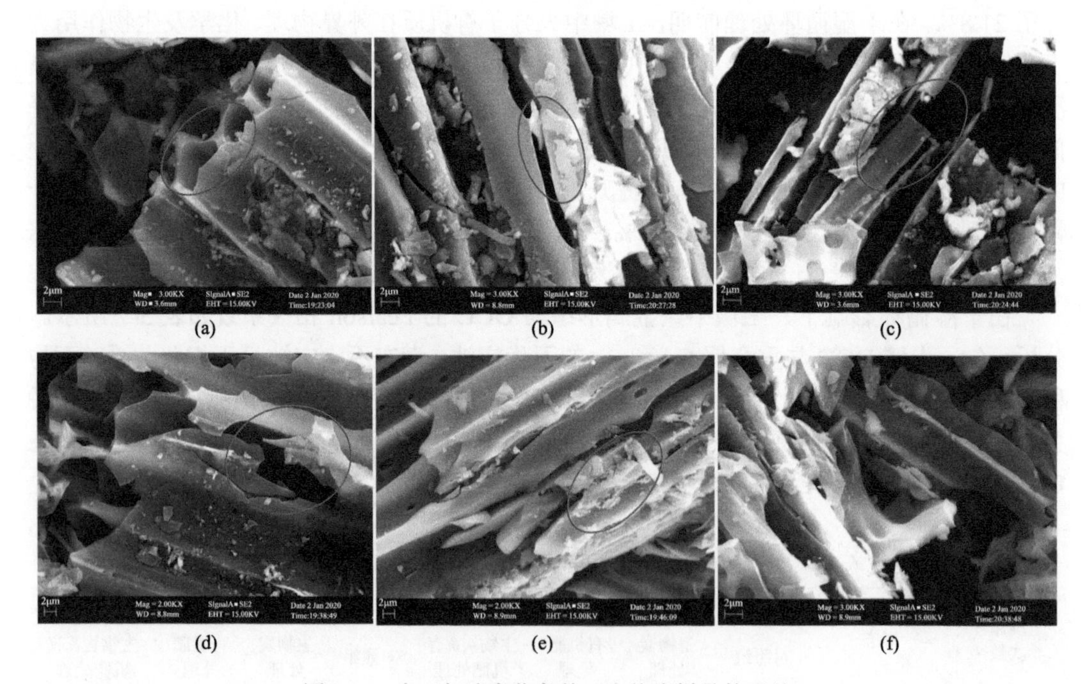

图 3-11 人工加速老化条件下生物炭样品的形貌

（a）代表未冻结样品的形貌；（b）、（c）分别代表冻结温度为−10℃、−30℃时样品的形貌；（d）、（e）、（f）分别代表干湿循环次数为 30 次、60 次、90 次时样品的形貌另外，在经历 30 次干湿循环时，生物炭的管状结构发生部分塌陷、破裂，内部可溶性物质出现流失现象，并且老化的生物炭表面附着物减少，这可能是生物炭中水溶性有机和无机物（如 DOC 和矿物质灰分）在浸湿过程中发生了冲刷、淋洗现象。此外，随着干湿循环次数的增加，生物炭结构发生破碎、断裂与剥离现象越来越严重，微观结构变得混乱无序，生物炭比表面积呈增加趋势。

3.4.3　功能性材料官能团

通过傅里叶变换红外光谱仪分析探究生物炭在冻融循环作用下表面官能团的变化，结果表明冻融老化前后生物炭的功能基团丰度存在差异（图 3-12）。首先，在 3428cm^{-1} 处发现了波动，其代表—OH 伸缩振动。2956cm^{-1} 处的波动显示出不对称的 C—H 伸缩振动，其代表脂肪族基团。1624cm^{-1} 处的谱带是—COOH 的伸缩振动。在 1328cm^{-1} 和 1102cm^{-1} 处，其表示醇和羧酸基团的 C—OH 伸缩振动与酯和醚基团的 C—O—C 伸缩振动的重叠。此外，864～476cm^{-1} 吸收峰代表芳香族化合物—CX 的伸缩振动[63]。当冻结温度为–10℃时，3428cm^{-1} 处的吸收峰强度随着冻融循环次数的增加而降低，表明反复冻融降低了生物炭表面—OH 官能团的丰度。相反，1624cm^{-1}、1328cm^{-1} 和 1102cm^{-1} 吸收峰的幅值和宽度呈增加趋势，表明生物炭表面—COOH、C—OH 和 C—O—C 官能团数量增加，这可能是土壤环境中的微生物加速了有机碳的氧化，导致含氧官能团增加[64]。随着冻结温度的降低，—COOH、C—O—C 和 C—OH 伸缩振动峰的宽度和振幅也增加。

类似地，干湿循环作用同样影响着生物炭的各官能团吸收峰波动效果。对于 3428cm^{-1} 处—OH 伸缩振动峰而言，随着干湿循环次数的增加，吸收峰的幅值和宽度呈减弱趋势。相反地，1662cm^{-1} 处—COOH 官能团吸收峰的幅值和宽度呈增加趋势，与此同时，1324cm^{-1} 和 1102cm^{-1} 处醇和羧酸基团的 C—OH 与酯和醚基团的 C—O—C 伸缩振动强度增大。由此可知，干湿循环作用对于生物炭的官能团演变过程具有重要的影响作用。

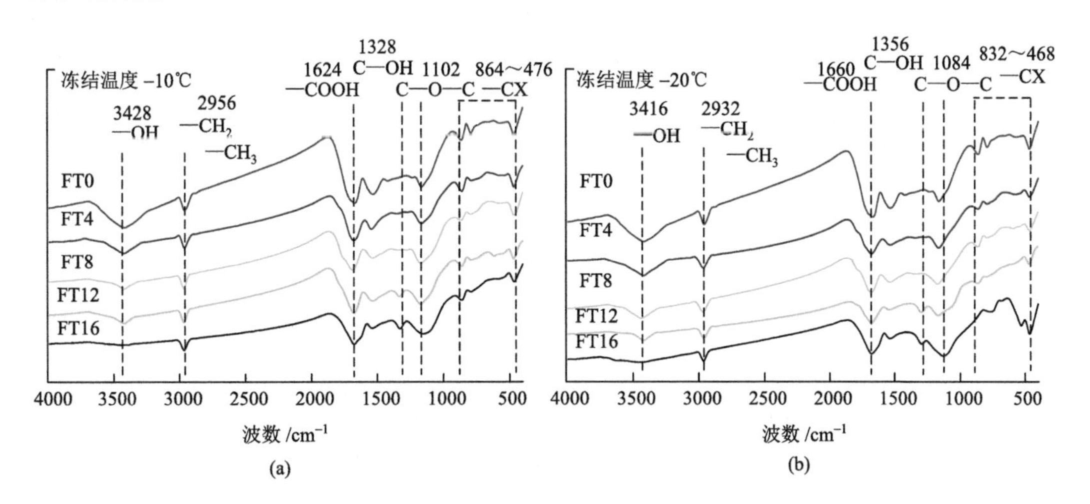

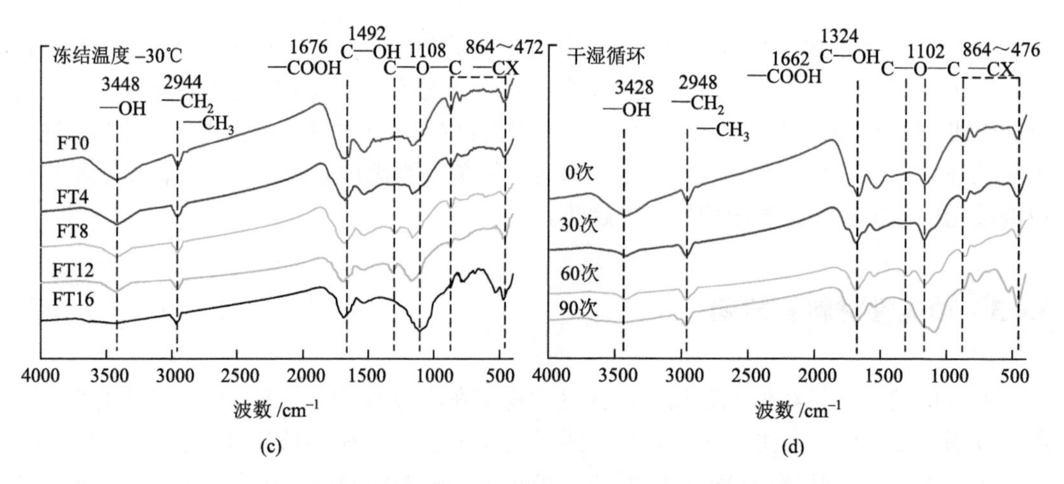

图 3-12 人工加速老化条件下生物炭的红外光谱特征

（a）、（b）、（c）分别代表冻结温度为–10℃、–20℃和–30℃时生物炭的红外光谱特征；（d）代表不同干湿循环条件下生物炭的红外光谱特征

3.5 本章小结

冻融循环处理增加了土壤中 Cd 和 Pb 的不稳定池（即可交换态）含量。有机肥处理短期固定效果较好，DTPA 浸提 Pb 浓度比其他处理低 17.3%～53.3%，而 Cd 则降低 7.2%～31.5%。然而，生物炭在冻融循环下表现出更好的长效性能。这可能是因为生物炭具有较强的吸附性，在冻融老化过程中抑制了溶解有机碳的释放，能够有效固定重金属。此外，当生物炭在冻融循环过程中分解时，会形成额外的吸附位点，并且含氧官能团的丰度增加。总结可知，生物炭和有机肥联合施用的固定效果最好，抑制了土壤团聚体的开裂，降低了不稳定重金属含量，表现出良好的短期和长期的固定效果。

干湿循环影响土壤团聚体的破碎与重组过程，并且通过改变团聚体膨胀和收缩影响土壤的孔隙度。随着干湿循环次数的增加，土壤颗粒 MWD 呈现出逐渐降低的趋势，而生物炭和有机肥的调控处理有效地抑制了土壤颗粒的裂解，提升了土壤团聚体稳定性。与此同时，稳定化材料抑制了土壤中重金属由稳定池向不稳定池转化，并且有效阻碍了干湿循环作用下 Cd 和 Pb 的 DTPA 浸提浓度的大幅度提升。分析原因可知，有机肥处理在土体湿润条件下释放大量黏结性物质，更易促进土壤颗粒发生重组效应，提升土壤团聚体稳定性，降低土壤重金属游离释放能力，并且在有机肥与生物炭联合处理条件下效果最为显著。

参考文献

[1] Hou D Y，Bolan N S，Tsang D C W，et al. Sustainable soil use and management：An interdisciplinary and systematic approach[J]. Science of the Total Environment，2020，729：138961.

[2] Abd El-Halim A A，Omae H. Performance assessment of nanoparticulate lime to accelerate the downward movement of calcium in acid soil[J]. Soil Use and Management，2020，35（4）：683-690.

[3] Andersson K O，Orgill S E. Soil extension needs to be a continuum of learning；soil workshop reflections 10 years on[J]. Soil

Use and Management，2019，35（1）：117-127.

[4] Jia H，Hou D Y，O'Connor D，et al. Exogenous phosphorus treatment facilitates chelation-mediated cadmium detoxification in perennial ryegrass（*Lolium perenne* L.）[J]. Journal of Hazardous Materials，2020，389：121849.

[5] Zeb A，Li S，Wu J N，et al. Insights into the mechanisms underlying the remediation potential of earthworms in contaminated soil：A critical review of research progress and prospects[J]. Science of the Total Environment，2020，740：140145.

[6] Wang L，Chen L，Tsang D C W，et al. The roles of biochar as green admixture for sediment-based construction products[J]. Cement and Concrete Composites，2019，104：103348.

[7] Wang L，Cho D W，Tsang D C W，et al. Green remediation of As and Pb contaminated soil using cement-free clay-based stabilization/solidification[J]. Environment International，2019，126：336-345.

[8] Bolan N，Kunhikrishnan A，Thangarajan R，et al. Remediation of heavy metal (loid)s contaminated soils-To mobilize or to immobilize?[J]. Journal of Hazardous Materials，2014，266：141-166.

[9] Salam A，Shaheen S M，Bashir S，et al. Rice straw-and rapeseed residue-derived biochars affect the geochemical fractions and phytoavailability of Cu and Pb to maize in a contaminated soil under different moisture content[J]. Journal of Environmental Management，2019，237：5-14.

[10] Hu T X，Zhao T J，Zhao K G，et al. A continuous global record of near-surface soil freeze/thaw status from AMSR-E and AMSR2 data[J]. International Journal of Remote Sensing，2019，40（18）：6993-7016.

[11] Araujo E，Strawn D G，Morra M，et al. Association between extracted copper and dissolved organic matter in dairy-manure amended soils[J]. Environmental Pollution，2019，246：1020-1026.

[12] Definition P，Guidelines S. Standardized product definition and product testing guidelines for biochar that is used in soil[S]. 2012.[2025-01-08].https://walkingpointfarms.com//wp-content/uploads/2012/05/Guidelines_for_Biochar_That_Is_Used_in_Soil_Final.pdf.

[13] Lima J Z，Raimondi I M，Schalch V，et al. Assessment of the use of organic composts derived from municipal solid waste for the adsorption of Pb，Zn and Cd[J]. Journal of Environmental Management，2018，226：386-399.

[14] Shen Z T，McMillan O，Jin F，et al. Salisbury biochar did not affect the mobility or speciation of lead in kaolin in a short-term laboratory study[J]. Journal of Hazardous Materials，2016，316：214-220.

[15] Soil，treated biowaste and sludge-Determination of pH[S/OL].[2025-01-08].https://www.doc88.com/p-84687138172036.html.

[16] Wu B，Cheng G L，Jiao K，et al. Mycoextraction by *Clitocybe maxima* combined with metal immobilization by biochar and activated carbon in an aged soil[J]. Science of the Total Environment，2016，562：732-739.

[17] Hou R J，Li T X，Fu Q，et al. Effect of snow-straw collocation on the complexity of soil water and heat variation in the Songnen Plain，China[J]. CATENA，2019，172：190-202.

[18] Elliott E T. Aggregate structure and carbon，nitrogen，and phosphorus in native and cultivated soils[J]. Soil Science Society of America Journal，1986，50（3）：627-633.

[19] Li R R，Kan S S，Zhu M K，et al. Effect of different vegetation restoration types on fundamental parameters，structural characteristics and the soil quality index of artificial soil[J]. Soil and Tillage Research，2018，184：11-23.

[20] Tessier A，Campbell P G C，Bisson M. Sequential extraction procedure for the speciation of particulate trace metals[J]. Analytical Chemistry，1979，51（7）：844-851.

[21] Liu S J，Gao J，Zhang L，et al. Diethylenetriaminepentaacetic acid-thiourea-modified magnetic chitosan for adsorption of hexavalent chromium from aqueous solutions[J]. Carbohydrate Polymers，2021，274：118555.

[22] Juan Y H，Tian L L，Sun W T，et al. Simulation of soil freezing-thawing cycles under typical winter conditions：Implications for nitrogen mineralization[J]. Journal of Soils and Sediments，2020，20：143-152.

[23] Parihar C M，Singh A K，Jat S L，et al. Soil quality and carbon sequestration under conservation agriculture with balanced nutrition in intensive cereal-based system[J]. Soil and Tillage Research，2020，202：104653.

[24] Xu Y L，Li X Y，Cong C，et al. Use of resistant Rhizoctonia cerealis strains to control wheat sharp eyespot using organically developed pig manure fertilizer[J]. Science of the Total Environment，2020，726：138568.

[25] Eden M，Schjønning P，Moldrup P，et al. Compaction and rotovation effects on soil pore characteristics of a loamy sand soil with contrasting organic matter content[J]. Soil Use and Management，2011，27（3）：340-349.

[26] Liu J，Cheng W Y，Yang X Y，et al. Modification of biochar with silicon by one-step sintering and understanding of adsorption mechanism on copper ions[J]. Science of the Total Environment，2020，704：135252.

[27] Sun Z H，Hu Y，Shi L，et al. Effects of biochar on soil chemical properties：A global meta-analysis of agricultural soil[J]. Plant Soil and Environment，2022，68（6）：272-289.

[28] Liang B，Lehmann J，Solomon D，et al. Black carbon increases cation exchange capacity in soils[J]. Soil Science Society of America Journal，2006，70（5）：1719-1730.

[29] Berisso F E，Schjønning P，Keller T，et al. Persistent effects of subsoil compaction on pore size distribution and gas transport in a loamy soil[J]. Soil and Tillage Research，2012，122：42-51.

[30] Shen Y P，Tang T X，Zuo R F，et al. The effect and parameter analysis of stress release holes on decreasing frost heaves in seasonal frost areas[J]. Cold Regions Science and Technology，2020，169：102898.

[31] Wei X，Huang C H，Wei N，et al. The impact of freeze-thaw cycles and soil moisture content at freezing on runoff and soil loss[J]. Land Degradation & Development，2019，30（5）：515-523.

[32] Hagner M，Kemppainen R，Jauhiainen L，et al. The effects of birch（*Betula* spp.）biochar and pyrolysis temperature on soil properties and plant growth[J]. Soil and Tillage Research，2016，163：224-234.

[33] Maggi F. Experimental evidence of how the fractal structure controls the hydrodynamic resistance on granular aggregates moving through water[J]. Journal of Hydrology，2015，528：694-702.

[34] Dai H C，Chen Y Q，Liu K C，et al. Water-stable aggregates and carbon accumulation in barren sandy soil depend on organic amendment method：A three-year field study[J]. Journal of Cleaner Production，2019，212：399-400.

[35] Ojeda G，Mattana S，Avila A，et al. Are soil-water functions affected by biochar application?[J]. Geoderma，2015，249250：1-11.

[36] Singer M J，Southard R J，Warrington D N，et al. Stability of synthetic sand-clay aggregates after wetting and drying cycles[J]. Soil Science Society of America Journal，1992，56（6）：1843-1848.

[37] Or D. Wetting-induced soil structural changes：The theory of liquid phase sintering[J]. Water Resources Research，1996，32（10）：3041-3049.

[38] Abiven S，Menasseri S，Chenu C. The effects of organic inputs over time on soil aggregate stability：A literature analysis[J]. Soil Biology and Biochemistry，2009，41（1）：1-12.

[39] Abiven S，Menasseri S，Angers D A，et al. Dynamics of aggregate stability and biological binding agents during decomposition of organic materials[J]. European Journal of Soil Science，2007（1）：239-247.

[40] Chen Z F，Chen H E，Li J F，et al. Study on the changing rules of silty clay's pore structure under freeze-thaw cycles[J]. Advances in Civil Engineering，2019，2019：1-11.

[41] 安宁，李冬，李娜，等. 长期不同量秸秆炭化还田下水稻土孔隙结构特征[J]. 植物营养与肥料学报，2020，26（12）：2150-2157.

[42] 杨苍玲，李成学，杨鸿，等. 不同施肥处理对红壤坡耕地土壤团聚体的影响[J]. 江苏农业科学，2019，47（5）：256-259.

[43] 王瑞峰，赵立欣，沈玉君，等. 生物炭制备及其对土壤理化性质影响的研究进展[J]. 中国农业科技导报，2015，17（2）：126-133.

[44] 白培勋，余建. 干湿交替对土壤结构、土壤抗蚀性的影响机理述评[J]. 水土保持应用技术，2022（4）：45-48.

[45] Qi Y B，Zhu J，Fu Q L，et al. Sorption of Cu by organic matter from the decomposition of rice straw[J]. Journal of Soils and Sediments，2016，16（9）：2203-2210.

[46] Egene C E，van Poucke R，Ok Y S，et al. Impact of organic amendments（biochar，compost and peat）on Cd and Zn mobility and solubility in contaminated soil of the Campine region after three years[J]. Science of the Total Environment，2018，626：195-202.

[47] Cheng S，Chen T，Xu W B，et al. Application research of biochar for the remediation of soil heavy metals contamination：A review[J]. Molecules，2020，25（14）：3167.

[48] Bolan N，Kunhikrishnan A，Thangarajan R，et al. Remediation of heavy metal(loid)s contaminated soils：To mobilize or to immobilize？[J]. Journal of Hazardous Materials，2014，266：141-166.

[49] Ahmadipour F，Bahramifar N，Ghasempouri S M. Fractionation and mobility of cadmium and lead in soils of Amol area in Iran，using the modified BCR sequential extraction method[J]. Chemical Speciation and Bioavailability，2014，26（1）：31-36.

[50] Shi P，Schulin R. Erosion-induced losses of carbon，nitrogen，phosphorus and heavy metals from agricultural soils of contrasting organic matter management[J]. Science of the Total Environment，2018，618：210-218.

[51] Hale B，Evans L，Lambert R. Effects of cement or lime on Cd，Co，Cu，Ni，Pb，Sb and Zn mobility in field-contaminated and aged soils[J]. Journal of Hazardous Materials，2012，199：119-127.

[52] 陈森，张春雷，徐丽萍，等.不同湿度条件下外源铅、锌在土壤矿物中的形态转化[J]. 科学技术与工程，2017，17（12）：299-303.

[53] 彭港，吕贻锦，丁泽聪，等.干湿交替对土壤 DOM 特性及重金属释放的影响[J]. 环境工程学报，2021，15（8）：2689-2700.

[54] Srinivasan P，Sarmah A K，Smernik R，et al. A feasibility study of agricultural and sewage biomass as biochar，bioenergy and biocomposite feedstock：Production，characterization and potential applications[J]. Science of the Total Environment，2015，512：495-505.

[55] Manasypov R M，Vorobyev S N，Loiko S V，et al. Seasonal dynamics of organic carbon and metals in thermokarst lakes from the discontinuous permafrost zone of western Siberia[J]. Biogeosciences，2015，12：C473-C483.

[56] Yi Y，Kimball J S，Rawlins M A，et al. The role of snow cover affecting boreal-arctic soil freeze-thaw and carbon dynamics[J]. Biogeosciences，2015，12（19）：5811-5829.

[57] Shen Z T，Hou D Y，Xu W D，et al. Assessing long-term stability of cadmium and lead in a soil washing residue amended with MgO-based binders using quantitative accelerated ageing[J]. Science of the Total Environment，2018，643：1571-1578.

[58] 毛霞丽，陆扣萍，何丽芝，等. 长期施肥对浙江稻田土壤团聚体及其有机碳分布的影响[J]. 土壤学报，2015，52（4）：828-838.

[59] Song Y，Zou Y C，Wang G P，et al. Altered soil carbon and nitrogen cycles due to the freeze-thaw effect：A meta-analysis[J]. Soil Biology and Biochemistry，2017，109：35-49.

[60] Walz J，Knoblauch C，Bohme L，et al. Regulation of soil organic matter decomposition in permafrost-affected Siberian tundra soils-Impact of oxygen availability，freezing and thawing，temperature，and labile organic matter[J]. Soil Biology and Biochemistry，2017，110：34-43.

[61] Guo X J，Xie X，Liu Y D，et al. Effects of digestate DOM on chemical behavior of soil heavy metals in an abandoned copper mining areas[J]. Journal of Hazardous Materials，2020，393：122436.

[62] Li H Q，Li H，Zhou X Y，et al. Distinct patterns of abundant and rare subcommunities in paddy soil during wetting-drying cycles[J]. Science of the Total Environment，2021，785：147298.

[63] Wu X F，Ba Y X，Wang X，et al. Evolved gas analysis and slow pyrolysis mechanism of bamboo by thermogravimetric analysis，Fourier transform infrared spectroscopy and gas chromatography-mass spectrometry[J]. Bioresource Technology，2018，266：407-412.

[64] Heitkötter J，Marschner B. Interactive effects of biochar ageing in soils related to feedstock，pyrolysis temperature，and historic charcoal production[J]. Geoderma，2015，245-246：56-64.

第 4 章　农田土壤重金属传输扩散驱动机制探索

4.1　概　　述

六价铬[Cr(Ⅵ)]被美国国家环境保护局（Environmental Protection Agency，EPA）列为 A 类致癌物，其通常以 CrO_4^{2-}、$Cr_2O_7^{2-}$ 和 $HCrO_4^-$ 等形式存在于环境中[1]。当各种工业和农业来源的 Cr(Ⅵ)积累超过土壤的自净能力时，会导致土壤污染，从而破坏土壤的生态功能。由于其高毒性和易迁移特征，土壤 Cr(Ⅵ)被作物和蔬菜吸收，并且在作物器官内富集积累，对植株的生理生长过程产生强烈的阻碍作用[2]。此外，由于其具有较强的流动性，Cr(Ⅵ)很容易被雨水从土壤中滤出，对地下水和包括人类在内的生态系统中的一系列受体构成风险[3]。因此，迫切需要高效、长期有效的修复技术来降低土壤中 Cr(Ⅵ)的环境风险。

原位修复是指将功能材料应用于土壤以还原/固定 Cr(Ⅵ)的技术，它通过将 Cr(Ⅵ)从有毒和可移动的六价状态转变为一般无毒和不可移动的三价状态，降低 Cr(Ⅵ)的环境风险[4]。与化学淋洗相比，该技术具有能耗低、成本低、干扰小、二次污染小等优点，是修复土壤重金属污染的一种可复制方法[5]。前期大量研究证实铁基材料、还原硫化合物和生物炭等具有还原和吸附功能的材料，对于土壤 Cr(Ⅵ)的修复具有良好的应用前景，并且发现它们能快速、高效地固定重金属。

然而，外界环境因素（包括温度变化、降水、阳光照射、大气氧化和碳化在内的自然事件）已被证实对土壤中重金属的长期稳定性有显著影响[6]。在中国，大约有 54%的陆地面积是季节性冻土，冻融循环导致土壤中水分相变，进而导致土壤颗粒的膨胀和变形，影响土壤团聚体的稳定性，从而影响其对 Cr(Ⅵ)的包裹吸附性能[7]。此外，土壤团聚体的裂解导致 Cr(Ⅵ)与土壤颗粒分离，并且土壤中的还原剂与空气接触后发生无效氧化作用，致使土壤中 Cr(Ⅵ)的出现，从而导致“返黄”现象[8]。总结可知，冻融循环会促使土壤中 Cr(Ⅵ)快速游离释放，加剧污染物的环境风险效应。

前人研究了还原剂（如硫酸亚铁、过硫酸钠、零价铁、多硫化钙）对 Cr(Ⅵ)污染土壤的稳定化作用。其中，加入硫酸亚铁可以有效地还原 Cr(Ⅵ)，并生成 $Cr_xFe_{1-x}(OH)_3$ 沉淀物，显著降低 Cr 的迁移率和浸出毒性，多硫化钙可以促进 Cr(Ⅵ)的还原[9, 10]。但是，由于环境因素的干扰，还原效果的长期稳定性难以保证。生物炭作为一种碳化材料，具有发达的多孔结构，对金属有较强的吸附能力，在土壤修复中备受关注。生物炭通过静电相互作用、离子交换、表面络合、沉淀等机制与重金属相互作用[11]。此外，它还可能通过改变土壤理化环境间接影响重金属的生物有效性。尽管一些研究表明生物炭可能适合于 Cr(Ⅵ)的稳定化修复，但其长期有效性尚不清楚。

本章将硫酸亚铁、多硫化钙、生物炭&多硫化钙组合应用于从季节性冰冻地区采集的

Cr(Ⅵ)污染土壤中。研究了稳定化材料对土壤理化性质的影响，并且采用 TCLP 和模拟酸雨浸出法对不同处理下 Cr(Ⅵ)的迁移率进行了研究，进而阐述人工加速老化条件下生物炭与多硫化钙耦合作用对土壤 Cr(Ⅵ)稳定化长效性作用的内在机制。

4.2　材料与方法

4.2.1　试验材料

土壤收集自中国辽宁省沈阳市郊区的一家电镀厂附近，土壤中总铬浓度为 4285.34mg/kg，Cr(Ⅵ)浓度为 1436.72mg/kg。根据世界土壤资源参考标准（world reference base for soil resources，WRB），该土壤被归类为棕壤[12]。对表层土壤（0～20cm）进行取样并风干。干燥后，将其研磨并通过 2mm 的筛子。本节中使用的生物炭是由植物秸秆在 500℃的热解温度下，以 15℃/min 的初始升温速率持续 2h 制备而成的。试验中所使用的多硫化钙为橙黄色晶体，主要成分为 CaS_5，质量分数为 45%，试剂中含有微量 $CaSO_4$、CaO 等杂质，但不会影响 Cr(Ⅵ)的修复效果。采用 HNO_3-HCl 消解法测定土壤样品中金属（即 Cr、Al、Fe、Mn）的总含量，并用 ICP-MS 进行分析[13]。将土壤的固液比设置为 1∶5，用 pH 计测量土壤酸碱度，用电导率仪测量电导率（EC）[14]，用铂电极测定土壤氧化还原电位，土壤有机碳（soil organic carbon，SOC）采用 TOC 分析仪测定。在湿法模式下，利用激光粒度分析仪分析土壤粒度分布。土壤理化特性如表 4-1 所示。

表 4-1　土壤理化特性

指标		处理方式			
		对照组	硫酸亚铁处理	多硫化钙处理	生物炭&多硫化钙处理
机械组成/%	黏粒（粒径＜0.002mm）	32.6±0.74	29.2±0.81	28.7±0.62	26.8±0.88
	粉粒（粒径在 0.002～0.02mm）	36.8±0.65	38.5±0.72	37.9±0.81	34.9±0.79
	砂粒（粒径＞0.02mm）	30.6±0.46	32.3±0.53	33.4±0.69	38.3±0.58
理化特性	EC/(mS/cm)	1.46±0.08	2.53±0.12	2.11±0.09	1.96±0.07
	pH	8.25±0.35	8.08±0.29	8.44±0.21	8.69±0.34
	氧化还原电位/mV	215.62±10.23	−98.24±6.23	−123.32±7.11	−176.47±8.59
	有机碳浓度/(g/kg)	25.89±0.58	24.15±0.79	27.52±0.64	41.62±0.83
	总 Fe 浓度/(g/kg)	21.65±0.46	25.65±0.48	21.79±0.34	22.17±0.53
	总 Mn 浓度/(mg/kg)	984.32±8.6	812.56±9.7	852.13±8.8	891.37±9.3
	总 Al 浓度/(mg/kg)	1798.45±13.2	1813.79±12.8	1723.54±17.4	1887.23±15.3
	总 Cr 浓度/(mg/kg)	4256.47±11.7	4236.54±19.3	4378.32±16.8	4268.67±22.7

4.2.2 稳定化方案

试验过程中共设计了 4 种方案：①硫酸亚铁处理；②多硫化钙处理；③生物炭&多硫化钙处理；④对照组。根据污染土壤 Cr(VI)的初始浓度特征，设置硫酸亚铁与 Cr(VI)的摩尔比为 9∶1，并且参照 Dermatas 等[15]的经验，将该药剂以溶液形式混合到土壤中。同时，参考 Moon 等[16]的经验，多硫化钙处理和生物炭&多硫化钙处理中的多硫化钙与 Cr(VI)的摩尔比均为 3∶1，并将多硫化钙以溶液的形式添加到土壤中。另外，在生物炭&多硫化钙处理中，将质量分数为 5%的生物炭拌和在多硫化钙溶液中，进而协同溶液与污染土壤进行混合搅拌。在此基础之上，结合土壤质地类型和持水性能，将上述 4 种处理分别设置高含水率（33%）和低含水率（18%）两个含水率梯度水平，共计 8 种处理，每种处理制备 3 个平行样品。在冻融老化试验前，将修复剂与土壤充分混合 30min，并且在（25±2）℃和相对湿度为 90%的条件下培养 28d，分别在第 0d、7d、14d、21d 和 28d 进行采样，测试分析土壤理化特性及 Cr(VI)的浸提浓度。

4.2.3 老化方案构建

本章所采用的人工加速老化程序源自修正后 Kumar 等[7]提出的方法。根据采样区气象资料，多年平均气温在冻结期为（−14.6±1.2）℃，非冻结期为（15.3±0.8）℃。因此，试验样品的冻结温度分别设置为−15℃和 15℃。冻融老化模拟装置同样采用自主研发的人工加速老化装置，系统设置 16 次冻融循环，并将冻融循环时间设置为 96h（即冷冻 48h，融化 48h）。冻融老化过程中，同样启动紫外辐射灯管，参考土壤采样区域多年大气辐射值，不断调整冻结期和融化期土壤紫外辐射光强，同样设置光照强度为土壤采样区实际光强的 10 倍，以实现加速老化的作用效果。另外，通过空气阀门对试验仓体进行 CO_2 补给，设置气体浓度为区域实际 CO_2 浓度的 10 倍。将不含土壤的生物炭同时进行冻融老化，以揭示物理化学性质的变化，并将样品设置为 3 次平行试验。

4.2.4 模拟酸雨淋溶

冻融老化后，用模拟酸雨淋洗土壤样品，用以验证土壤 Cr(VI)的稳定性特征。实验装置如图 4-1 所示。模拟装置由蠕动泵、水管和土柱三个模块组成。土柱尺寸为 Φ10cm×30cm，土柱外侧用透明玻璃钢圆筒包裹。在土柱顶部和底部设置厚度为 1cm 的石英砂（100 目）渗透层，同时在玻璃钢圆筒的两端放置尼龙网（1000 目），以防止土壤和石英砂出现流失现象。

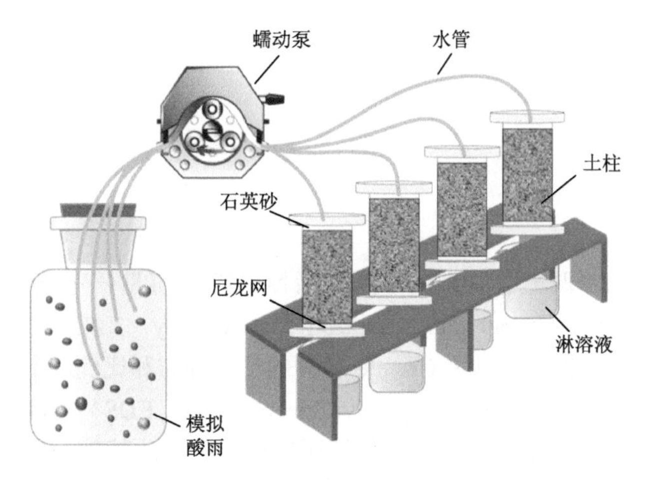

图 4-1 模拟淋溶装置图

模拟酸雨的配制是根据 Fei 等[17]提出的，包括电解质溶液和混合酸溶液。电解质溶液（500mL）中溶解的 KCl、$CaCl_2$和 NaCl 的量分别为 3.70g、1.55g 和 1.40g。混合酸溶液每 400mL 去离子水含有 40mL 硫酸（质量分数为 98%）和 10mL 硝酸（质量分数为 68%）。在制备过程中，向每升去离子水中添加 1mL 电解质溶液，并使用混合酸溶液将溶液的 pH 调节至 3.0～5.4[18]。考虑到土壤取样位置的年平均降水量（772mm）和土柱的大小，模拟降水量设计为 6060.2mL，蠕动泵的流速设置为 50mL/h。为了使各土柱中的水流恒定，将稳定土分层填筑到淋滤斗中，并均匀压实，以确保土壤容重分布相对均匀。由于玻璃钢圆筒密封，模拟酸雨淋溶液稳定地注入每个土柱，以确保收集的渗滤液体积相同。

4.2.5 土壤重金属浸出毒性特征分析

采用 TCLP（浸出毒性）评估土壤中 Cr(Ⅵ)的迁移率。该方法需要根据待测固体介质的 pH 合理选择提取液，方法含有#1 和#2 两种提取液。检测前首先需要对待测土壤样品进行提取液鉴别，鉴定步骤为：称取 5g 的污染土放入 500mL 的烧杯中，加入 96.5g 的去离子水，磁力搅拌 5min 后测量 pH，如果该混合液 pH＜5，直接用提取液#1；如果 pH≥5，向上述混合液中继续加入 3.5mL 1mol/L HCl，将样品加热到 50℃并保持 10min，紧接着冷却至室温，用 pH 酸度计测量此溶液的 pH；如果溶液的 pH＜5，则使用#1 提取液，如果 pH≥5 使用#2 提取液。提取液的详细配制步骤：#1 提取液，1L 容量瓶中加入一半水，添加 5.7mL 冰醋酸和 64.3mL 1mol/L NaOH，稀释至刻度线（pH＝4.93±0.05）；#2 提取液，5.7mL 冰醋酸稀释至 1L（pH＝2.88±0.05）。

TCLP 分析步骤：①收集到的土壤样品自然风干，并研磨筛分通过＜0.85mm 的分样筛；②将预处理过的土壤样品按照固液比为 1∶20 的比例添加提取液（2.5g 土壤样品需要加入 50mL 的提取液）；③将上述混合液体置入 23℃的恒温振荡器中以合适的振荡速率振荡处理（18±1）h；④振荡结束后，将混合液体离心分析 10min，用直径 0.45μm 的过滤头过滤，并滴入 0.25mL 浓 HCl 待测。

4.2.6 样品测试

通过碱性消化法萃取土壤中的 Cr(Ⅵ)，然后使用紫外-可见分光光度计测量浓度[19, 20]。通过 X 射线光电子能谱（X-ray photo-electron spectroscopy，XPS）对土壤进行表征，以深入了解 Cr(Ⅵ)的结合机制，以及 Cr、Fe 和 S 的价态分布和比例。土壤和生物炭的形态通过配备能量色散光谱仪（energy dispersive spectrometer，EDS）检测器的场发射扫描电子显微镜测定。采用湿筛法测定土壤水稳性团聚体，并在此基础上计算土壤平均重量直径（MWD）和团聚体破坏百分比（PAD）[21]。用元素分析仪测定土壤中 C、H、O、N 元素的含量。生物炭的比表面积在 77K 下用 N_2 吸附-解吸法测量。

4.2.7 统计分析

使用 SPSS 22.0 和 Sigmaplot 12.5 软件进行数据处理、绘图和制表。统计并且分析每组实验的平均值和标准差。采用单因素方差分析（ANOVA）在显著性水平 $P<0.05$ 的情况下检验各处理之间的差异（邓肯多重范围检验）。

4.3 重金属毒性浸出特征分析

4.3.1 土壤理化特性分析

1. 土壤 pH

稳定化材料的施加影响土壤酸碱度，养护期内低含水率样品土壤 pH 的变化如图 4-2（a）所示。对于硫酸亚铁处理样品，土壤 pH 在前 7d 从 8.11 显著降低至 7.36，随后保持相对稳定的状态，并且在第 28d 时土壤 pH 为 7.41。这主要是因为硫酸亚铁在氧气和水共存的条件下发生了氧化和水解，从而促进了土壤酸化过程[22, 23]。

$$4Fe^{2+} + 4H_2O + O_2 \rightleftharpoons 4Fe^{3+} + 2H_2O + 4OH^- \tag{4-1}$$

$$Fe^{3+} + 3H_2O \rightleftharpoons Fe(OH)_3 \downarrow + 3H^+ \tag{4-2}$$

相反，在养护初期的 7d 内，多硫化钙及生物炭&多硫化钙处理增加了土壤 pH。这可能是多硫化物和铬酸盐之间的还原反应中消耗了大量的 H^+，导致溶液系统中的 OH^-浓度增加，从而增加了土壤的 pH[24]。

$$2CrO_4^{2-} + 3CaS_5 + 10H^+ \rightleftharpoons 2Cr(OH)_3 \downarrow + 15S \downarrow + 3Ca^{2+} + 2H_2O \tag{4-3}$$

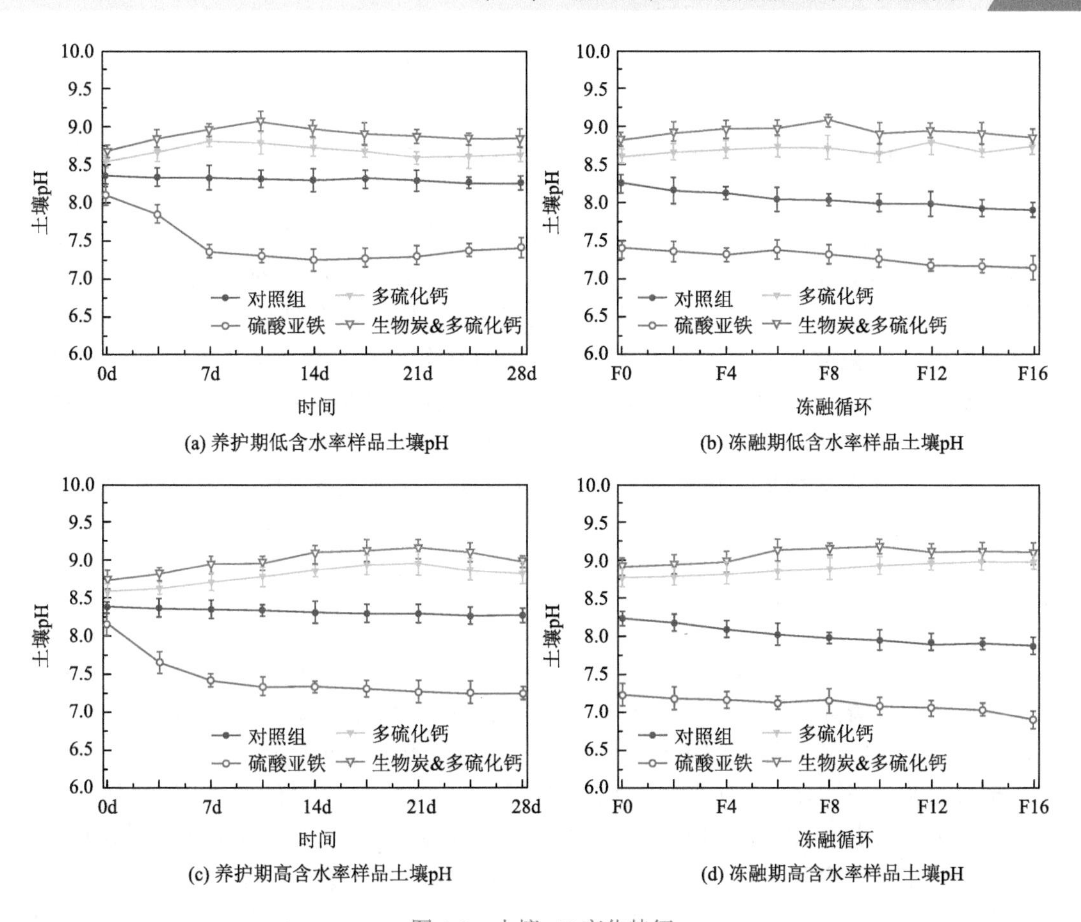

(a) 养护期低含水率样品土壤pH
(b) 冻融期低含水率样品土壤pH
(c) 养护期高含水率样品土壤pH
(d) 冻融期高含水率样品土壤pH

图 4-2 土壤 pH 变化特征

此外，作为一种稳定、高度芳香且富含碳的物质，生物炭在生产过程中会产生大量灰分，导致其呈碱性。生物炭含有脂肪族、羰基和酮基等有机官能团，可吸附土壤中的 H^+并呈现碱性特征[25, 26]。因此，生物炭&多硫化钙处理条件下土壤 pH 相对于单独施加多硫化钙处理有所增加。

随着土壤含水率的增加，高含水率处理土壤样品在硫酸亚铁处理土壤 pH 降低幅度变大，并且多硫化钙及生物炭&多硫化钙处理下土壤 pH 增幅更显著。这可能是由于硫酸亚铁在高含水率土壤样品中 Fe^{2+}水解反应程度加大，进一步促进了土壤酸化。与此同时，随着土壤含水率的增加，土壤中游离态的六价铬含量增加。另外，高含水率有效地激发了稳定化材料的活性，加速了土壤中硫离子和六价铬的反应，促使土壤 pH 增加。

土壤养护完成后，冻融老化对土壤 pH 的影响如图 4-2（b）和（d）所示。首先，随着冻融老化过程的推进，对照组土壤的 pH 略呈下降趋势。这可能是因为土壤中含有硫酸铵和磷酸钙等盐类物质，而冻融老化促进了离子水解并产生 H^+，从而增加了土壤的酸度[27]。类似地，土壤颗粒的开裂增加了硫酸亚铁处理中亚铁离子的释放，这也加剧了水解反应并降低了土壤 pH。相反，随着冻融循环的进行，多硫化钙和生物炭&多硫化钙处理的 pH

呈上升趋势。值得注意的是，生物炭的表面随着老化而开裂，并且逐渐释放出生物炭中的碱性灰分，这进一步增加了生物炭&多硫化钙中的土壤 pH[28]。然而，随着冻融循环次数的增加，生物炭材料氧化程度加剧，老化生成的官能团呈弱酸性，导致冻融后期土壤 pH 降低。

在冻融老化过程中，对照组样品在高含水率和低含水率条件下土壤 pH 之间差异不显著。而在硫酸亚铁处理条件下，高含水率土壤样品的 pH 相对于低含水率样品变化幅度增大。另外，高含水率条件下，生物炭&多硫化钙联合处理土壤 pH 在冻融老化过程中的提升幅度远大于低含水率样品，表明高含水率条件下，土壤水分相变引发的土体膨胀率提升，冻融老化作用对土壤和生物炭结构的破坏程度加剧，土壤团聚体稳定性降低，进而促进生物炭破裂释放更多碱性灰分[29]。类似地，高含水率土壤样品在冻融老化过程中会增加土壤溶质的释放，从而增加多硫化钙对六价铬的还原反应，进一步提升土壤 pH。

2. 土壤氧化还原电位

不同处理条件下土壤氧化还原电位如图 4-3 所示。首先，在土壤养护开始时，稳定化材料的添加显著降低了土壤氧化还原电位。与对照组相比，硫酸亚铁处理后土壤氧化还原电位由 215.6mV 降至–183.1mV。同样，多硫化钙和生物炭&多硫化钙处理分别将其降低至–120.8mV 和–151.6mV。这也恰恰验证了 Chrysochoou 等[30]的发现，还原剂可以通过给出电子降低土壤的氧化还原电位。此外，在生物炭&多硫化钙处理中，生物炭可以通过官能团和芳香结构促进电子转移，提高生物炭与多硫化钙复合体的还原能力[31]。在土壤养护过程中，伴随着还原剂的消耗，土壤氧化还原电位呈逐渐上升趋势，最终在硫酸亚铁、多硫化钙和生物炭&多硫化钙处理中土壤氧化还原电位分别稳定在 62.1mV、42.6mV 和 22.6mV。随着土壤含水率的增加，在土壤养护完成后（第 28d），硫酸亚铁、多硫化钙和生物炭&多硫化钙处理高含水率土壤样品氧化还原电位较低含水率样品分别降低了 13.3mV、8.96mV 和 2.48mV，表明伴随土壤含水率的增加，土壤孔隙被大量液态水填充，氧气含量大幅度降低，土壤中还原材料无效氧化的概率降低。因此，高含水率处理能够有效提升土壤中还原性材料的长效性特征。

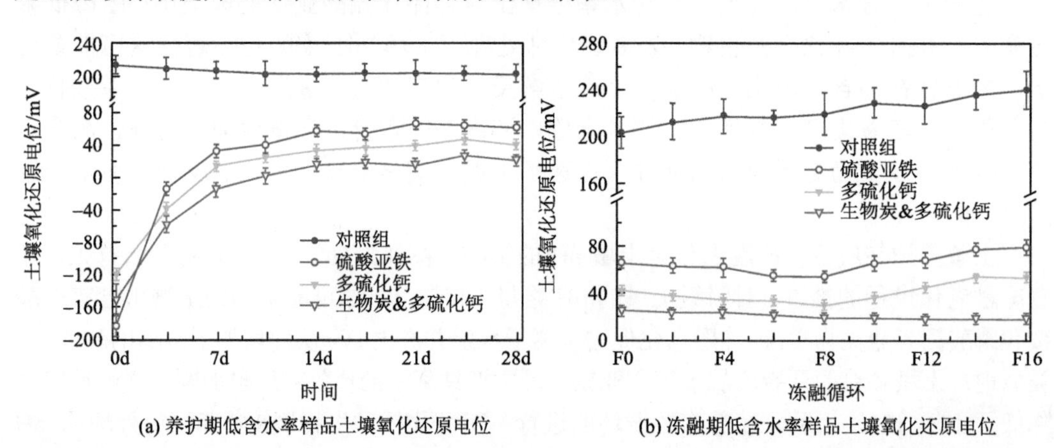

(a) 养护期低含水率样品土壤氧化还原电位　(b) 冻融期低含水率样品土壤氧化还原电位

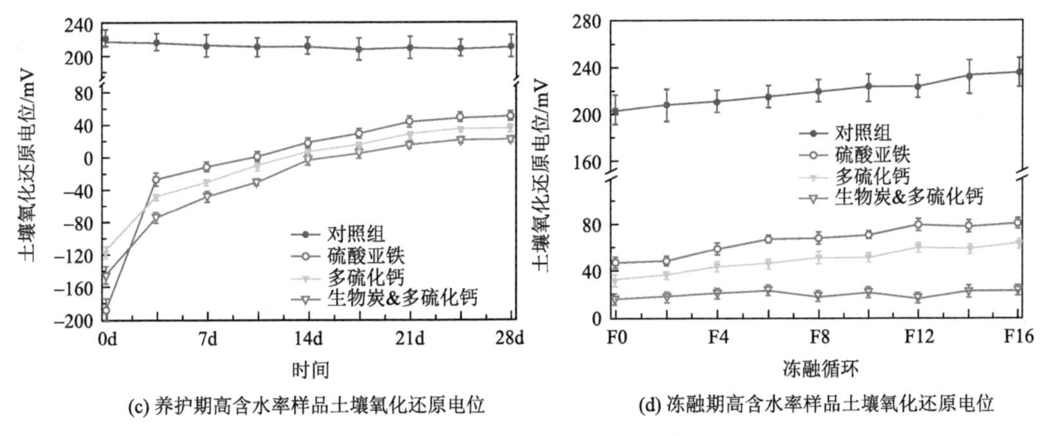

(c) 养护期高含水率样品土壤氧化还原电位　(d) 冻融期高含水率样品土壤氧化还原电位

图 4-3　土壤氧化还原电位变化特征

在土壤冻融循环过程中，不同处理条件下土壤氧化还原电位相对于初始冻结期呈现出不同程度的提升趋势。其中，低含水率土壤样品中，硫酸亚铁和多硫化钙处理条件下冻融老化后土壤氧化还原电位相对于初始冻结期分别增加了 21.16%和 26.84%。首先，冻融老化过程促进了土壤中 Cr(Ⅵ)的释放。另外，硫酸亚铁在氧气和水的存在下会发生氧化，而多硫化钙在潮湿环境中的水解也会增加土壤的氧化还原电位[32, 33]。值得注意的是，在这两种处理中，土壤的氧化还原电位在最初的冻融期降低。这可能是因为土壤初始冻融导致土颗粒中还原剂的释放，从而增强了还原性，并且随着还原剂的消耗，氧化还原电位再次增加。此外，生物炭的应用有效地抑制了土壤团聚体的破碎，土壤中 Cr(Ⅵ)的释放能力减弱，还原剂的长效稳定性得到提升[34]。因此，在生物炭&多硫化钙处理中，冻融老化条件下土壤氧化还原电位的提升幅度相对较低，并且保持在较为稳定的状态。此外，在高含水率处理条件下，冻融老化作用导致土壤氧化还原电位提升幅度高于低含水率土壤样品。具体分析而言，在经历 16 次冻融循环之后，硫酸亚铁、多硫化钙和生物炭&多硫化钙处理高含水率土壤样品氧化还原电位相对于低含水率土壤样品分别增加了 8.91%、34.01%和 56.74%，表明冻融老化处理条件下，高含水率处理不利于土壤还原材料的长效稳定特征。

3. 土壤电导率

分析土壤电导率（EC）的变化特征（图 4-4）可知，在养护初期，硫酸亚铁、多硫化钙和生物炭&多硫化钙处理增加了土壤中可溶性盐的含量，低含水率土壤样品 EC 分别相对于对照组增加了 1.07mS/cm、0.75mS/cm 和 0.51mS/cm。随后呈逐渐降低的趋势，但总体水平仍显著高于对照组，其原因可能是 Fe^{2+}在氧化还原反应中与铬形成 $Cr_xFe_{1-x}(OH)_3$ 沉淀，而 S^{2-}转化为元素 S，土壤中游离态盐分离子浓度降低[35, 36]。此外，土壤中的 Cr(Ⅵ)被还原为 Cr(Ⅲ)并被固定化，这也极大降低了活跃态铬浓度。对于生物炭&多硫化钙处理，生物炭具有吸附碱性离子的能力，从而降低了其在土壤溶液中的浓度和土壤的 EC。随着土壤含水率的增加，高含水率土壤样品 EC 相对于低含水率样品呈现一定程度的降低趋势［图 4-4（c）］。具体分析可知，在养护的第 28d，硫酸亚铁、多硫化钙和生物炭&多硫化钙处理土壤 EC 较低含水率土壤样品分别降低了 7.65%、4.02%和 6.88%。这可能是高含水率促进了土壤中 Cr(Ⅵ)的还原反应，稳定化材料充分消耗，土壤中可溶性离子含量降低所致。

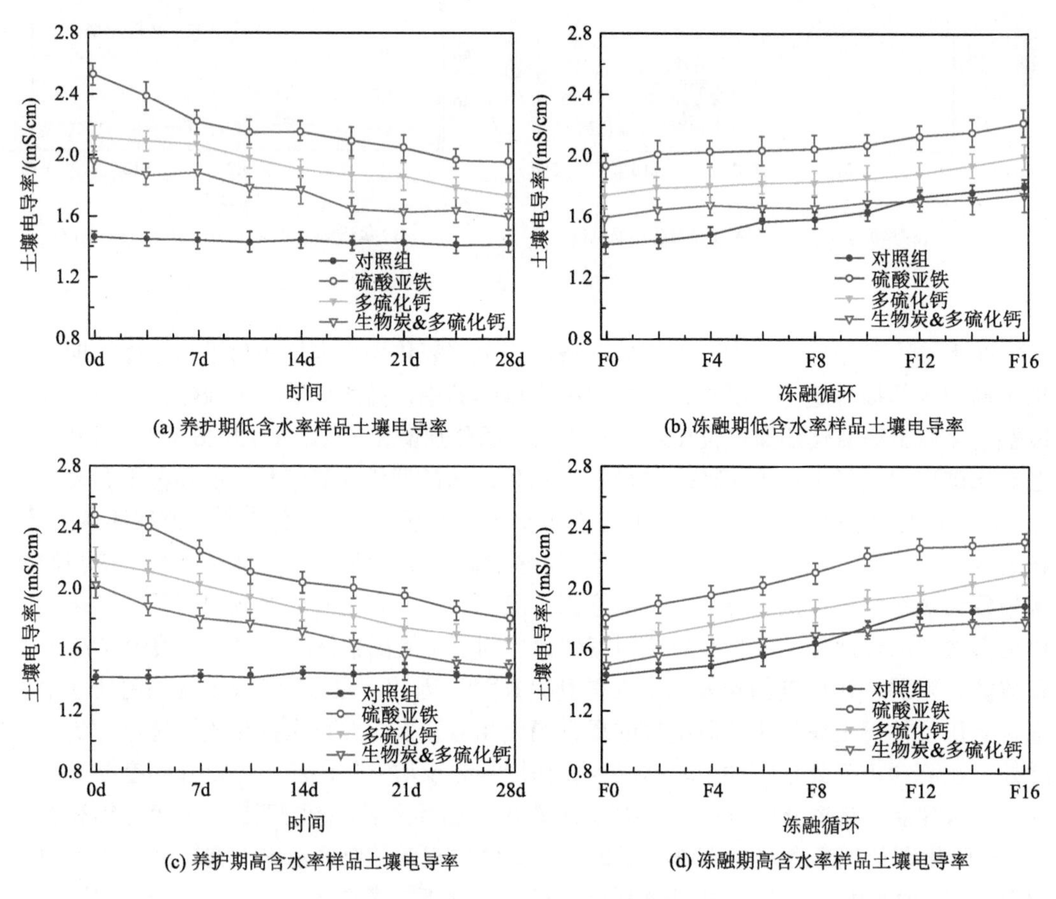

(a) 养护期低含水率样品土壤电导率

(b) 冻融期低含水率样品土壤电导率

(c) 养护期高含水率样品土壤电导率

(d) 冻融期高含水率样品土壤电导率

图 4-4 土壤电导率变化特征

冻融老化作用增加了土壤 EC，并且在低含水率对照组处理样品中，冻融循环 16 次后土壤 EC 相对于初始条件增加了 0.39mS/cm。另外，硫酸亚铁、多硫化钙和生物炭&多硫化钙处理中土壤 EC 同样呈现出不同程度的提升趋势。值得注意的是，生物炭&多硫化钙处理的变化幅度相对较小，这可能是由于初始冻结导致土壤中盐分的快速释放，同时，生物炭结构的断裂增加了比表面积，增强了土壤盐分离析的吸附作用，抑制了土壤电导率的提高[37, 38]。因此，生物炭与多硫化钙联合处理条件下土壤 EC 变化幅度较低，并且在后期冻融循环中缓慢增加。另外，对于高含水率处理土壤样品，经过 16 次冻融循环之后，对照组、硫酸亚铁、多硫化钙和生物炭&多硫化钙处理土壤的 EC 分别相对于低含水率提升了 0.11mS/cm、0.09mS/cm、0.12mS/cm 和 0.06mS/cm，这也再次证实了土壤水分含量较高的情景模式下，冻融老化作用对土壤团聚体稳定性的扰动作用增强，土壤颗粒中包裹的溶解性物质大量释放，不利于重金属污染土壤的长效修复。

4.3.2　重金属浸出毒性效应

1. 土壤总 Cr 浸出浓度变化特征

为了有效验证重金属污染土壤稳定化效果，选择 TCLP 浸出的总 Cr 和 Cr(Ⅵ)浓度来评估重金属的固定化性能。其中，不同稳定化处理低含水率样品养护期内总 Cr 浸出浓度变化特征如图 4-5（a）所示。对于对照组，在养护初期，土壤总 Cr 的 TCLP 浸出浓度为 118.32mg/L，而硫酸亚铁、多硫化钙和生物炭&多硫化钙处理使其浓度大幅降低至 36.45mg/L、49.13mg/L 和 42.28mg/L。值得注意的是，多硫化钙处理的 TCLP 浸出总 Cr 浓度高于硫酸亚铁浓度，这与 Jagupilla 等[39]的研究结果一致，他们认为亚铁离子的氧化速度相对较快，导致硫酸亚铁在氧化还原反应初期表现出较强的优势。相反，多硫化物的氧化速率相对较慢，导致该反应中重金属的还原过程延长。伴随着养护期的推进，稳定化处理的土壤样品中 TCLP 浸出的总 Cr 浓度逐渐减小，并且在 28d 养护完成后，硫酸亚铁、多硫化钙和生物炭&多硫化钙处理的样品总 Cr 的 TCLP 浸出浓度分别降低至 21.97mg/L、12.89mg/L 和 10.54mg/L。对高含水率土壤样品而言，稳定化处理土壤样品

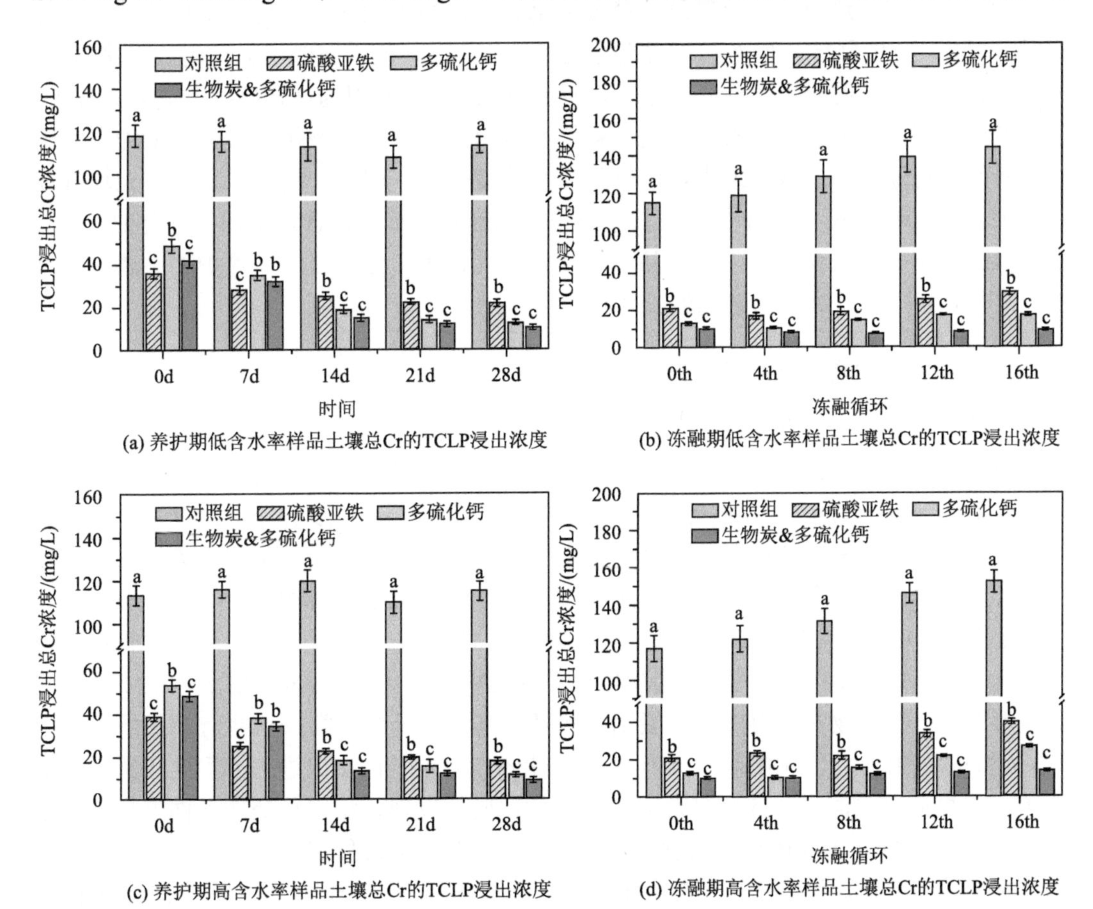

(a) 养护期低含水率样品土壤总Cr的TCLP浸出浓度
(b) 冻融期低含水率样品土壤总Cr的TCLP浸出浓度
(c) 养护期高含水率样品土壤总Cr的TCLP浸出浓度
(d) 冻融期高含水率样品土壤总Cr的TCLP浸出浓度

图 4-5　土壤总 Cr 浓度浸出特征

在养护期内总 Cr 的 TCLP 浸出浓度的整体趋势小于低含水率样品，对于养护完成后的硫酸亚铁处理样品，高含水率土壤总 Cr 的 TCLP 浸出浓度相对于低含水率降低 20.93%。与此同时，多硫化钙和生物炭&多硫化钙处理条件下，高含水率土壤总 Cr 的 TCLP 浸出浓度相对于低含水率分别降低 17.38%和 19.73%，表明养护期内还原性稳定化材料在高含水率环境下对于重金属 Cr 污染土壤的修复效果要优于低含水率，更有助于提升土壤颗粒对于总 Cr 的吸附固持效果。

分析冻融老化对土壤样品总 Cr 的 TCLP 浸出浓度变化特征可知，对照组低含水率土壤样品在初始未冻结时（0 次冻融循环）总 Cr 的 TCLP 浸出浓度为 114.23mg/L，随着冻融循环次数增加，TCLP 浸出的总 Cr 浓度呈逐渐上升趋势，并且在经历 16 次冻融循环后，土壤总 Cr 浸出浓度变为 143.58mg/L，提升幅度为 29.35mg/L。这与王瑶等[40]的研究发现相类似，冻融循环作用能够驱使被土壤颗粒固定的重金属释放到相邻的水体中，使得重金属浸出浓度升高。另外，在稳定化处理样品中，冻融老化作用同样提升了土壤总 Cr 的 TCLP 浸出浓度，硫酸亚铁、多硫化钙和生物炭&多硫化钙处理在冻融老化过程中土壤总 Cr 的 TCLP 浸出浓度提升幅度分别为 2.76mg/L、0.65mg/L 和 0.21mg/L。值得注意的是，生物炭&多硫化钙处理土壤总 Cr 浸出浓度的变化幅度最小，这可能是由于生物炭表面丰富的孔隙结构有效地吸附了土壤裂解释放的重金属，与土壤冻融老化产生拮抗效应，抑制了土壤总 Cr 的释放。另外，在稳定化处理样品中，伴随着冻融老化作用，土壤总 Cr 浓度均先呈现出微弱的降低趋势，随后逐渐升高。这可能是因为在初始冻融循环条件下，土壤颗粒裂解释放的重金属被稳定化材料快速吸附，而随着冻融循环次数的增加，稳定化材料的吸附速率小于释放速率，污染物浸出浓度提升。同理，高含水率处理土壤样品在冻融循环驱动作用下总 Cr 的 TCLP 浸出浓度的变化特征与低含水率样品相类似，但其整体释放水平高于低含水率土壤样品，再次证实高含水率处理有助于养护期土壤重金属的稳定化修复，而不利于冻融期的长效稳定化作用效果。

2. 土壤 Cr(Ⅵ)浸出浓度变化特征

试验期土壤 Cr(Ⅵ)的浸出特征如图 4-6 所示。养护期初期，对照组低含水率土壤样品 Cr(Ⅵ)的 TCLP 浸出浓度为 74.34mg/L，而在硫酸亚铁、多硫化钙和生物炭&多硫化钙处理条件下，土壤 Cr(Ⅵ)的 TCLP 浸出浓度分别降低至 29.15mg/L、37.75mg/L 和 33.12mg/L。这是由于硫酸亚铁和多硫化钙还原材料快速还原 Cr(Ⅵ)，生成物 Cr(Ⅲ)主要以 $Cr(OH)_3$ 沉淀形式存在，还原产物的稳定性较强[41, 42]。在养护 28d 后，多硫化钙和生物炭&多硫化钙处理中，Cr(Ⅵ)的 TCLP 浸出浓度分别降至 3.25mg/L 和 2.04mg/L，均低于管控限值（5mg/L）。生物炭和多硫化钙的联合施用比单独施用多硫化钙对 Cr(Ⅵ)的还原效果更好。原因可能是：①生物炭含有多种官能团，包括羟基、羧基和苯酚，这些官能团能够引发对 Cr(Ⅵ)的吸附[43]；②生物炭的 π 电子和官能团作为电子供体促进 Cr(Ⅵ)的还原，生成的 Cr(Ⅲ)可通过表面络合或沉淀固定[44, 45]。对比同样发现，稳定化处理条件下高含水率土壤样品 Cr(Ⅵ)的 TCLP 浸出浓度相对低含水率样品呈现降低趋势，这也直接表明土壤水分充足的环境下，稳定化材料与土壤中 Cr(Ⅵ)反应更加充分，土壤中游离态的 Cr(Ⅵ)含量进一步降低。

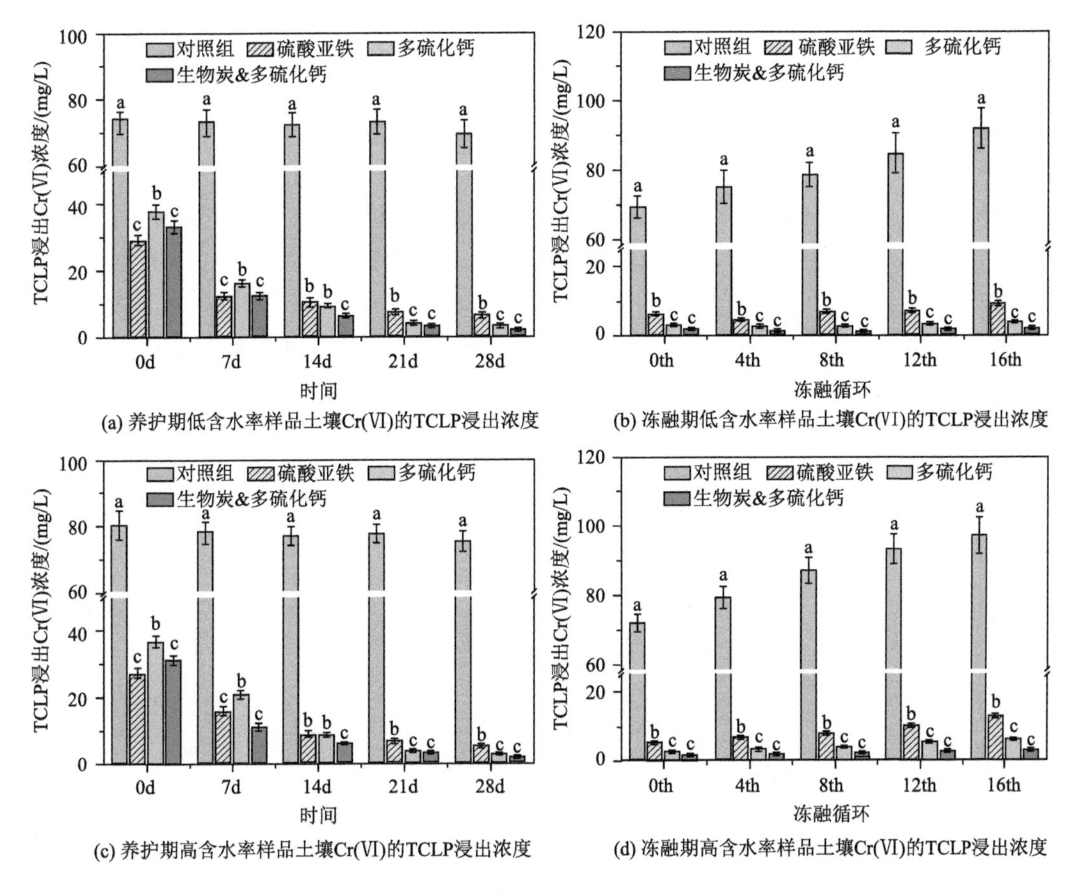

(a) 养护期低含水率样品土壤Cr(VI)的TCLP浸出浓度
(b) 冻融期低含水率样品土壤Cr(VI)的TCLP浸出浓度
(c) 养护期高含水率样品土壤Cr(VI)的TCLP浸出浓度
(d) 冻融期高含水率样品土壤Cr(VI)的TCLP浸出浓度

图 4-6 试验期土壤 Cr(VI)浸出特征

进一步分析冻融老化对土壤 Cr(VI)的 TCLP 浸出浓度影响，冻融老化之后，硫酸亚铁、多硫化钙和生物炭&多硫化钙处理条件下低含水率样品相对于初始阶段分别增加了 43.94%、24.68%和 13.98%，表明稳定化修复的 Cr(VI)污染土壤在冻融老化作用下会出现“返黄”现象。在整个冻融老化过程中，添加稳定化材料的土壤样品 Cr(VI)的 TCLP 浸出浓度同样呈现出先减小后增加的趋势，并且生物炭&多硫化钙处理条件下，冻融老化对土壤 Cr(VI)的 TCLP 浸出浓度变化幅度的影响最小。这可能是生物炭在老化过程中衍生含氧官能团，这些官能团有助于吸附、还原和固定土壤中 Cr(VI)[46]。另外，随着土壤含水率的增加，冻融老化后硫酸亚铁、多硫化钙和生物炭&多硫化钙处理条件下高含水率土壤样品相对于低含水率样品分别提升了 42.15%、58.98%和 57.54%，表明冻融老化条件下高含水率处理提升了土壤中 Cr(III)氧化生成 Cr(VI)的风险。

4.3.3 模拟酸雨淋溶条件下重金属释放特征

1. 土壤总 Cr 释放特征

模拟酸雨淋溶条件下土壤总 Cr 释放特征如图 4-7 所示。首先，对于对照组低含水率土壤样品，酸雨淋溶液中的总 Cr 浓度在前 40h 内从 465.77mg/L 降至 19.11mg/L，在 80～120h 内，浓度稳定在 4.28～5.39mg/L。稳定剂的添加有效降低了酸雨淋溶液中总 Cr 的释放，硫酸亚铁、多硫化钙和生物炭&多硫化钙处理酸雨淋溶液中总 Cr 浓度在前 40h 内分别降低为 6.31mg/L、4.22mg/L 和 1.84mg/L，在 120h 后浓度分别降低至 3.22mg/L、2.07mg/L 和 0.79mg/L。同理，在高含水率土壤样品中，当土壤样品模拟酸雨淋溶液中总 Cr 浓度趋于稳定时（120h），硫酸亚铁、多硫化钙和生物炭&多硫化钙处理条件下酸雨淋溶液总 Cr 浓度分别相对于低含水率样品降低了 24.53%、19.32%和 11.39%，表明高含水率处理促进了稳定化材料对土壤中重金属的固化效果，有效抑制了土柱样品中重金属的垂直方向迁移。

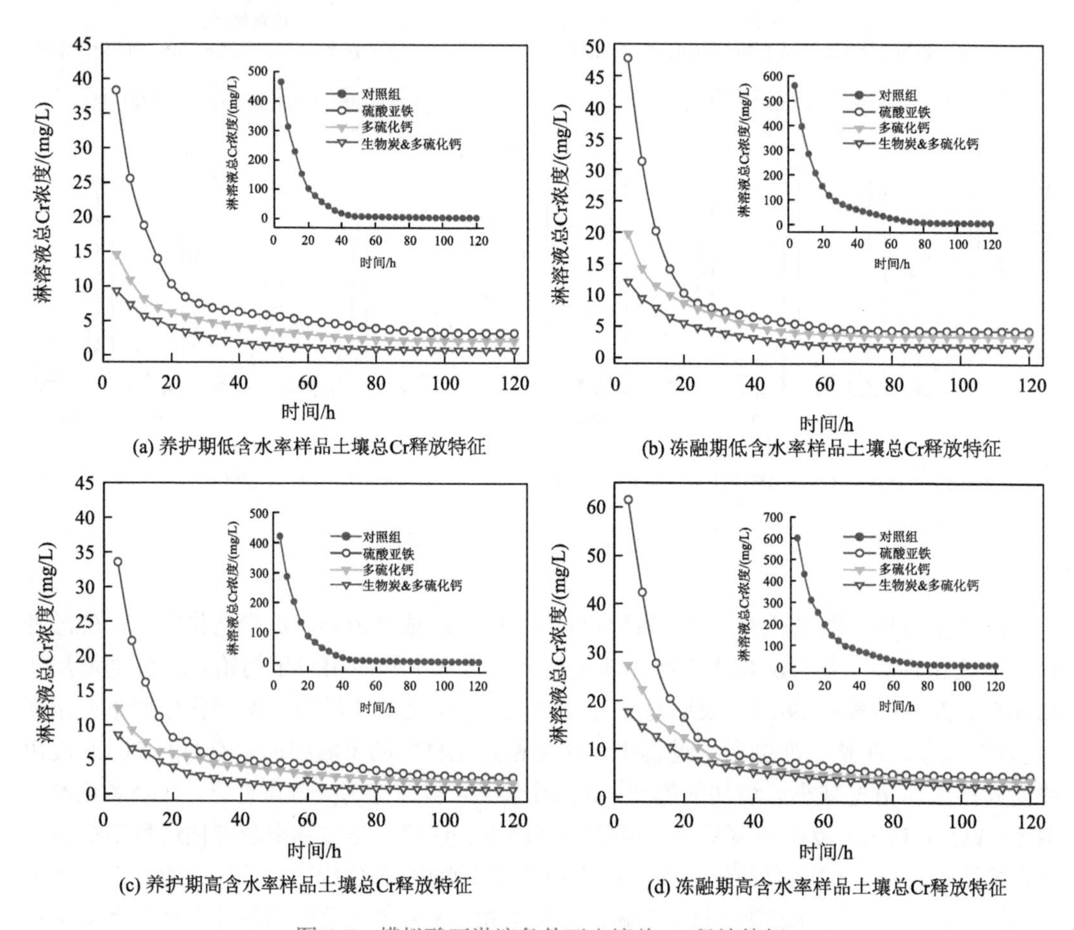

图 4-7 模拟酸雨淋溶条件下土壤总 Cr 释放特征

另外，冻融老化处理对土柱的模拟酸雨淋溶结果具有显著的影响，对照组低含水率处理土壤样品在经历 16 次冻融循环后，淋溶液中总 Cr 的初始浓度为 561.29mg/L，而在 40h 时，淋溶液中总 Cr 的浓度为 62.21mg/L，并且在 120h 时，淋溶液中总 Cr 的浓度变为 6.16mg/L，由此可知，冻融老化后的土壤样品总 Cr 浓度的变化趋势整体高于养护后的样品。另外，硫酸亚铁、多硫化钙和生物炭&多硫化钙调控模式下，冻融老化后土壤样品淋溶液中总 Cr 的初始浓度分别相对于养护完成后淋溶液初始浓度增加了 24.57%、34.91%

和 10.29%，表明生物炭与多硫化钙的联合施加最有效地抑制了冻融循环对重金属释放带来的不利影响。随着土壤含水率的增加，冻融老化处理后的样品模拟酸雨淋溶液中总 Cr 浓度大幅度提升，重金属的迁移能力有所提升。

进一步测算土壤样品淋溶过程中总 Cr 的累积释放量，如表 4-2 所示。对于低含水率处理土壤样品，养护期内对照组总 Cr 的累积释放量保持在 462.32～472.51mg/kg，而在冻融老化过程中，土壤样品总 Cr 的累积释放量呈逐渐增加趋势，在 16 次冻融后，总 Cr 累积释放量达到 513.17mg/kg。同样，养护期内，高含水率条件下总 Cr 累积释放量略高于低含水率，其变化区间为 463.76～479.54mg/kg，而经过 16 次冻融循环后，总 Cr 累积释放量达到 535.79mg/kg。稳定化材料添加后，土柱中总 Cr 累积释放量显著降低。例如，低含水率条件下养护 28d 后，硫酸亚铁、多硫化钙和生物炭&多硫化钙处理土壤总 Cr 累积释放量较对照组分别降低 86.7%、89.9%和 92.9%。而在高含水率处理条件下，3 种稳定化处理条件下土壤总 Cr 累积释放量相对于对照组分别降低 88.2%、91.3%和 94.4%，表明养护期内，适当提升土壤水分含量有助于提升重金属 Cr 的固定效果。另外，冻融老化作用同样增加了稳定化处理土壤样品总 Cr 的累积释放量，在经历 16 次冻融循环之后，硫酸亚铁、多硫化钙和生物炭&多硫化钙处理条件下高含水率土壤样品总 Cr 累积释放量相对于低含水率样品分别提升了 15.45%、13.25%和 8.44%，在生物炭&多硫化钙处理条件下总 Cr 累积释放量的提升幅度最低。

表 4-2　淋溶处理土壤中总 Cr 的累积释放量　（单位：mg/kg）

时段		低含水率				高含水率			
		对照组	硫酸亚铁	多硫化钙	生物炭&多硫化钙	对照组	硫酸亚铁	多硫化钙	生物炭&多硫化钙
土壤养护期	7d	472.51±8.23a	96.58±4.41a	72.58±3.86a	53.47±2.51a	479.32±7.56a	98.15±3.25a	74.68±3.64a	55.13±2.13a
	14d	467.79±7.67a	67.32±4.78b	52.31±4.27b	38.23±2.29b	479.54±6.83a	63.28±3.67b	50.15±2.86b	35.26±2.56b
	21d	466.54±7.81a	63.47±4.41b	49.15±3.16b	33.86±2.45b	469.35±5.91a	58.34±2.86c	45.46±4.21b	30.49±2.28b
	28d/0 次	462.32±11.27a	61.27±3.67b	46.59±2.74b	32.69±1.86b	463.76±5.72a	54.71±2.47c	40.23±4.33b	26.16±3.14b
冻融循环	4 次	475.62±8.56c	50.37±3.21c	31.12±2.11c	20.15±2.32c	489.65±7.86c	61.15±3.29c	35.64±3.76c	28.73±2.87c
	8 次	482.15±7.97b	78.26±2.58b	48.57±2.08b	27.51±1.75b	511.15±6.12b	73.26±3.73b	51.39±3.52c	32.15±2.26b
	12 次	493.58±8.45ab	82.64±3.12b	53.48±2.21b	31.29±1.89ab	524.67±8.33ab	86.98±2.64b	59.62±3.31b	36.78±1.96ab
	16 次	513.17±12.59a	85.18±2.27a	61.21±2.81a	36.51±1.93a	535.79±6.52a	98.34±2.89a	69.32±2.68a	39.59±2.53a

注：同一列不同小写字母表示参数平均值差异显著（$P<0.05$），具有相同字母的参数没有显著差异。

2. 土壤 Cr(Ⅵ)释放特征

模拟酸雨条件下土壤 Cr(Ⅵ)释放特征如图 4-8 所示。在低含水率条件下，养护期对照组模拟酸雨淋溶液中 Cr(Ⅵ)浓度在前 40h 内从 153.59mg/L 下降到 8.82mg/L，并且在 120h

后浓度下降到3.26mg/L并趋于稳定。这与Zheng等[47]的研究结果一致，他们发现土壤表面含有交换性和水溶性重金属，这些重金属很容易随酸雨迁移，并且随着酸雨侵蚀时间的延长，淋溶液中重金属浓度逐渐降低。与此同时，稳定剂的添加显著降低了酸雨淋溶液中Cr(Ⅵ)浓度。在硫酸亚铁、多硫化钙、生物炭&多硫化钙处理条件下，土壤淋溶液中Cr(Ⅵ)初始淋出浓度相对于对照组分别降低了90.52%、97.09%、98.35%，并且在经历120h模拟酸雨淋溶处理后，土壤淋溶液中Cr(Ⅵ)浓度分别降低为1.23mg/L、0.86mg/L、0.42mg/L。这是因为土壤中Cr(Ⅵ)被稳定化材料吸附并且还原，反应产物被螯合或与添加剂原位交换，导致Cr(Ⅵ)的迁移能力大幅度减弱[48, 49]。在高含水率处理条件下，不同处理条件下土壤样品Cr(Ⅵ)淋出浓度随时间变化过程整体趋势相对于低含水率处理有所降低。特别是在外源稳定化材料施加后，硫酸亚铁、多硫化钙以及生物炭&多硫化钙处理条件下，土壤中充足的水分为Cr(Ⅵ)的还原反应提供了适宜的环境，促使土壤样品中Cr(Ⅵ)的含量进一步降低。在模拟酸雨淋溶试验结束后，硫酸亚铁、多硫化钙和生物炭&多硫化钙处理土壤样品淋出液浓度分别变为1.05mg/L、0.64mg/L和0.29mg/L。

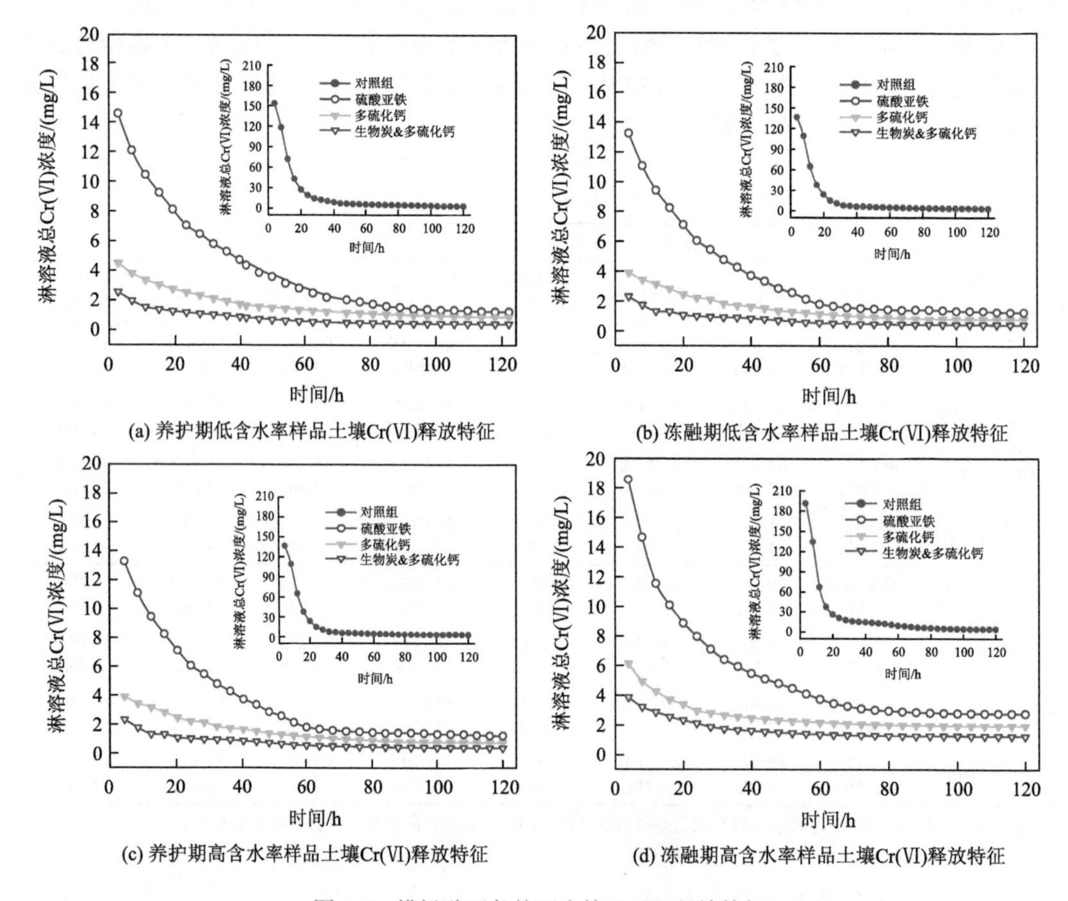

图4-8 模拟酸雨条件下土壤Cr(Ⅵ)释放特征

冻融循环条件下土壤Cr(Ⅵ)的释放与总Cr释放规律类似，对于冻融老化后低含水率土壤样品，对照组土壤模拟酸雨淋溶液中 Cr(Ⅵ)的初始浓度相对于养护后样品提升了 35.86mg/L，并且在硫酸亚铁、多硫化钙和生物炭&多硫化钙处理条件下，冻融老化后土壤样品模拟酸雨淋溶液中 Cr(Ⅵ)初始浓度相对于养护后分别提升了 4.02mg/L、1.87mg/L 和 1.34mg/L。对于高含水率条件下，四种不同处理土壤样品冻融老化后土壤模拟酸雨淋溶液中 Cr(Ⅵ)初始浓度相对于养护完成后土壤样品提升幅度为 3.03～50.79mg/L，其相对于低含水率有了大幅的提升。值得注意的是，对比多硫化钙和生物炭&多硫化钙处理土壤淋溶液中 Cr(Ⅵ)浓度变化特征，发现生物炭的施加有效地提升了土壤抗冻融老化性能，这也再次证实了生物炭作为绿色友好的多孔吸附剂材料，提高了土壤团聚体的稳定性，抑制了土壤中 Cr(Ⅵ)的暴露释放[50]。

土壤样品淋溶过程中 Cr(Ⅵ)的累积释放量如表 4-3 所示。在低含水率条件下，养护期对照组土壤 Cr(Ⅵ)累积释放量为 223.89～228.47mg/kg，与此同时，稳定化材料的施加显著降低了土壤 Cr(Ⅵ)的累积释放量，养护 28d 完成后，硫酸亚铁、多硫化钙和生物炭&多硫化钙处理条件土壤 Cr(Ⅵ)累积释放量相对于对照组降低了 87.3%、92.2%和 93.3%。我们发现生物炭的施加提升了多硫化钙对土壤 Cr(Ⅵ)的固定效果，这也验证了 Qiu 等[51]发现的生物炭可以用作电子穿梭介质，能够催化重金属离子的氧化/还原过程，促进污染物的稳定化效果。随后，伴随着冻融循环过程，土壤 Cr(Ⅵ)累积释放量在经历 16 次冻融循环后提升至 256.43mg/kg，并且三种稳定化处理土壤样品 Cr(Ⅵ)的累积释放量也呈现出不同程度的提升趋势。另外，分析土壤 Cr(Ⅵ)的累积释放效果，我们同样发现随着土壤含水率的提升，养护期内还原材料对 Cr(Ⅵ)的稳定化效果明显提升，而在冻融老化过程中，高含水率反而提升了土壤 Cr(Ⅵ)的二次释放风险。

表 4-3 淋溶处理土壤中 Cr(Ⅵ)的累积释放量 （单位：mg/kg）

时段		低含水率				高含水率			
		对照组	硫酸亚铁	多硫化钙	生物炭&多硫化钙	对照组	硫酸亚铁	多硫化钙	生物炭&多硫化钙
土壤养护期	7d	228.47±7.28a	41.45±2.74a	33.79±2.47a	24.15±1.27a	230.54±5.26a	42.682±2. 23a	32.58±2.13a	25.63±1.15a
	14d	226.45±6.79a	33.41±2.13b	21.46±1.98b	18.98±1.12b	227.41±4.85a	31.52±2.56b	20.44±1.76b	17.46±1.32b
	21d	223.89±6.11a	29.97±1.86b	19.13±1.57b	17.36±1.24b	222.38±0.36a	27.57±2.84b	17.73±1.85b	15.24±0.98b
	28d/0 次	224.59±7.84a	28.46±2.14b	17.47±1.73b	15.13±0.89b	220.69±4.21a	23.15±2.33b	15.69±1.93b	11.49±1.45c
冻融循环	4 次	235.86±6.12b	22.46±1.27c	15.21±1.56b	12.74±1.13c	241.36±3.86c	37.46±3.17c	19.74±1.53b	13.87±1.26b
	8 次	247.51±5.83ab	43.15±1.96b	27.64±2.41a	16.34±1.75b	258.69±3.59b	46.55±1.68b	31.25±1.84a	19.38±1.65ab
	12 次	251.45±4.37a	49.35±2.37a	30.11±2.57a	18.79±1.52ab	268.47±3.24ab	52.18±1.78ab	34.67±2.23a	22.71±1.79a
	16 次	256.43±6.51a	53.15±2.51a	31.15±2.15a	20.18±1.69a	274.38±4.68a	55.37±2.65a	37.86±1.93a	25.89±1.32a

注：同一列不同小写字母表示参数平均值差异显著（$P<0.05$），具有相同字母的参数没有显著差异。

4.4 重金属稳定化长效机制

4.4.1 XPS 分析

1. 冻融老化土壤 Cr(2p)光谱分析

土壤中 Cr 的 XPS 结果反映了冻融老化后稳定化材料对重金属的固化效果（图 4-9 和图 4-10）。Cr(2p)光谱显示 Cr($2p_{3/2}$)在 577.1～577.3eV 和 579.6～579.8eV 处有两个峰，这与 Cr(Ⅲ)和 Cr(Ⅵ)的结合能一致[52, 53]。图 4-9（a）显示，在低含水率处理样品中，经冻融老化后，对照处理中 Cr(Ⅲ)和 Cr(Ⅵ)的相对百分比分别为 58.25%和 41.75%。而在稳定化材料施加后，硫酸亚铁、多硫化钙和生物炭&多硫化钙处理中土壤 Cr(Ⅵ)相对百分比分别降至 14.31%、11.68%和 9.52%。由此可知，稳定化材料的施加有效促使土壤 Cr(Ⅵ)向着 Cr(Ⅲ)转化，并且在生物炭&多硫化钙处理条件下，土壤 Cr(Ⅵ)的长效稳定化修复效果最为显著。

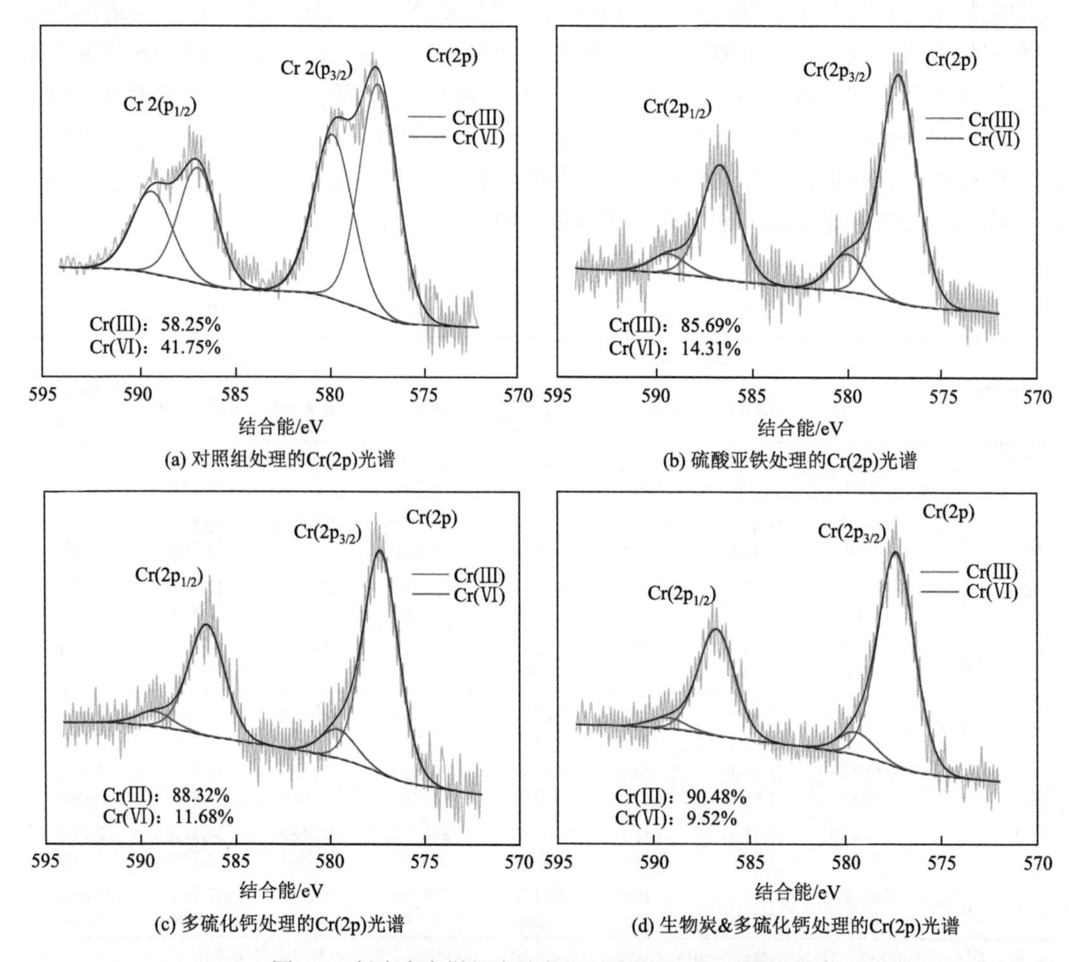

图 4-9 低含水率样品冻融老化后土壤 Cr 的 XPS 光谱

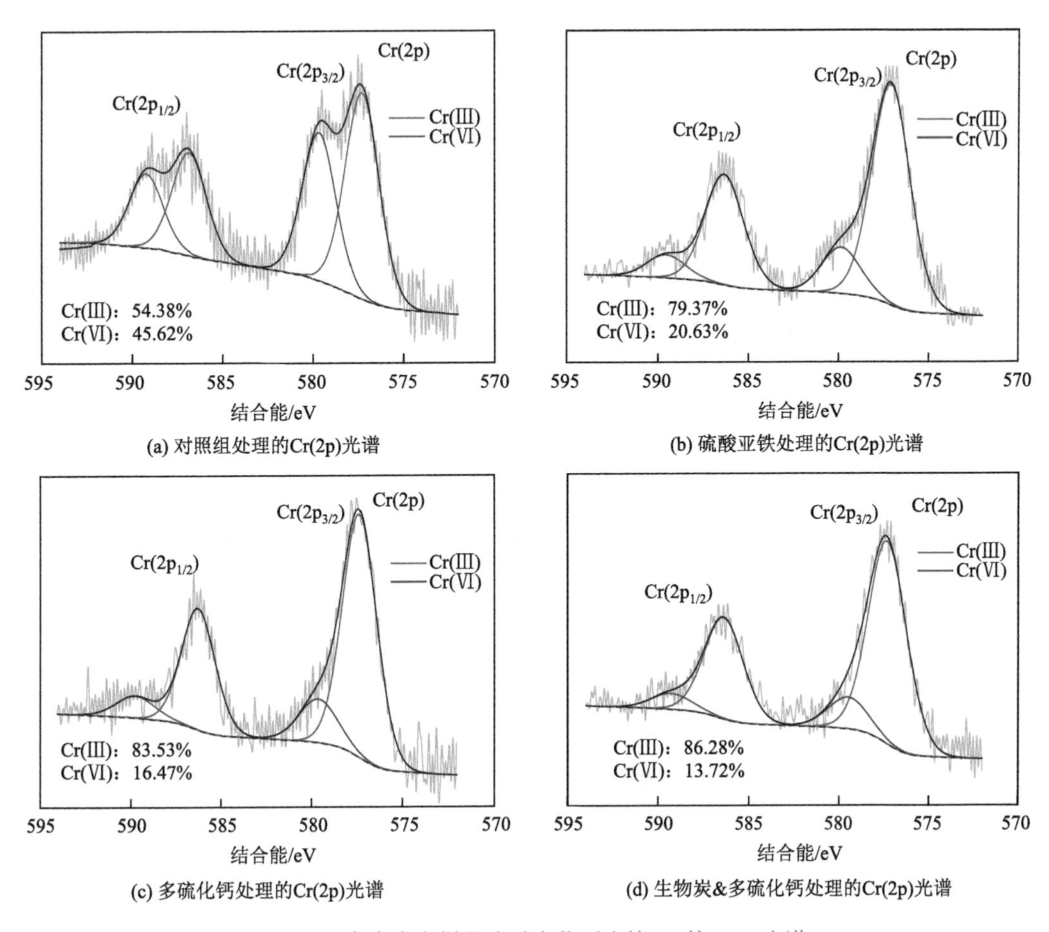

(a) 对照组处理的Cr(2p)光谱

(b) 硫酸亚铁处理的Cr(2p)光谱

(c) 多硫化钙处理的Cr(2p)光谱

(d) 生物炭&多硫化钙处理的Cr(2p)光谱

图 4-10 高含水率样品冻融老化后土壤 Cr 的 XPS 光谱

类似地，不同处理条件下高含水率土壤样品在经历冻融老化后土壤 Cr(2p)光谱分析结果如图 4-10 所示。对照组中土壤 Cr(VI)相对百分比为 45.62%，施加稳定化材料后，硫酸亚铁、多硫化钙和生物炭&多硫化钙处理的改良土壤中 Cr(VI)的相对百分比分别降至 20.63%、16.47%和 13.72%。同样发现，生物炭和多硫化钙的联合应用在冻融老化条件下对 Cr(VI)的还原和固定化方面表现出最佳的结果。另外，在冻融循环条件下，随着土壤含水率的提升，不同处理条件下土壤中 Cr(VI)的相对百分比相对于低含水率样品出现不同程度的增长趋势。其中，对照组高含水率样品土壤 Cr(VI)相对百分比相对于低含水率样品提升了 3.87 个百分点，并且在硫酸亚铁、多硫化钙和生物炭&多硫化钙处理条件下，土壤 Cr(VI)相对百分比均相对于低含水率样品呈现不同幅度的提升。

2. 冻融老化土壤 Fe(2p)和 S(2p)光谱分析

冻融老化后土壤中 Fe 和 S 的 XPS 分析结果反映了稳定化材料的长效稳定化修复效果（图 4-11 和图 4-12）。首先，Fe(2p$_{3/2}$)光谱在 710.9～711.2eV 和 709.2～709.4eV 处显示两个峰，分别应于 Fe(III)和 Fe(II)的结合能[54]。在低含水率样品中，硫酸亚铁处理条件下养护完成后土壤中 Fe(III)和 Fe(II)的相对百分比分别为 80.53%和 19.47%。相比之下，在冻融老化后，Fe(Ⅱ)的相对百分比降低至12.55%，表明冻融老化过程促进了土壤中的Fe(Ⅱ)向Fe(Ⅲ)转化，土壤中的亚铁离子还原剂被无效氧化。这与Xu等[55]的研究结果一致，亚铁离子有助于缺氧环境中Cr(Ⅵ)的减少。冻融老化导致土壤团聚体开裂，增加了Fe(Ⅱ)与环境中氧气的接触机会，进而加剧了氧化铁和亚铁离子的消耗。

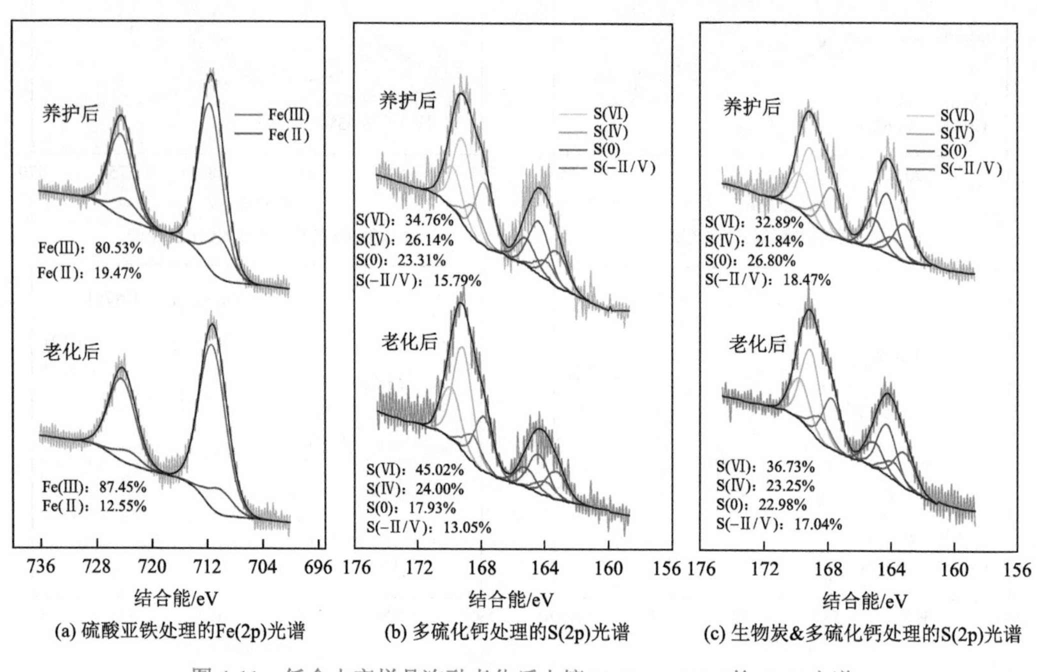

图4-11 低含水率样品冻融老化后土壤Fe(2p)、S(2p)的XPS光谱

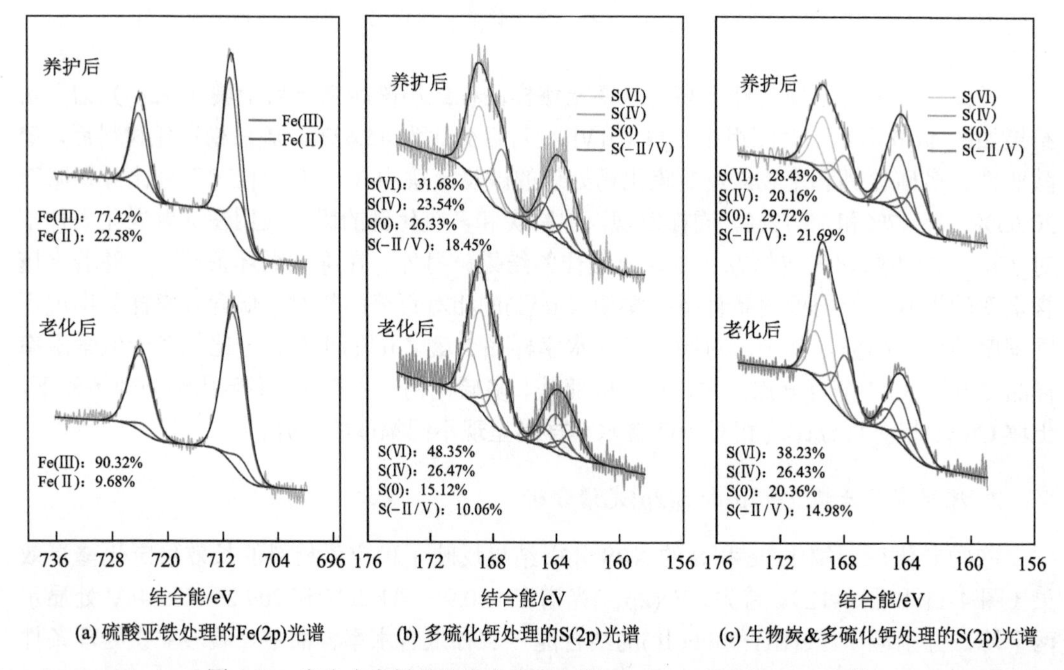

图4-12 高含水率样品冻融老化后土壤Fe(2p)、S(2p)的XPS光谱

此外，在高含水率土壤样品中，养护后 Fe(III)和 Fe(II)的相对百分比分别为 77.42%和 22.58%，土壤中 Fe(II)的相对百分比相对于低含水率有所提升，表明养护期内，土壤高含水率处理降低了土壤孔隙中氧气含量，Fe(II)的氧化反应主要是与土壤中 Cr(VI)发生，无效损耗概率大幅度降低。而经历冻融老化之后，土壤中 Fe(II)的相对百分比降低至 9.68%。这也间接地验证了上述土壤重金属 TCLP 和模拟酸雨淋溶的结果，土体冻融老化过程中，含水率的提升增加了土壤孔隙的伸缩幅度，土壤结构破坏程度增强，大量的空气涌入填充土壤孔隙，进一步氧化土壤中还原性材料[56]。

对于多硫化钙和生物炭&多硫化钙处理，S(2p)光谱用 $S(2p_{3/2})$～$S(2p_{1/2})$自旋轨道双峰拟合。$S(2p_{3/2})$的四个峰值分别出现在 162.9～163.1eV、164.0～164.2eV、167.8～168.0eV 和 168.8～169.0eV，分别对应于 S(−II/V)、S(0)、S(IV)和 S(VI)[57, 58]。对于低含水率样品，多硫化钙处理样品培养 28d 后，S(VI)的相对百分比为 34.76%，在冻融老化后，随着 S(−II/V)、S(0)和 S(IV)比例的降低，S(VI)的相对百分比进一步增加至 45.02%，稳定化材料的还原性能有所降低。另外，对于高含水率样品，养护期完成后，土壤中 S(−II/V)占比为 18.45%，其相对于低含水率样品（15.79%）有所提升。而在冻融老化后，高含水率样品中 S(−II/V)占比反而大幅度下降至 10.06%，低于低含水率样品的 13.05%。结果表明在养护期间，高含水率样品更有效地保护了还原材料，增强了其修复性能，然而冻融老化却降低了性能优势。

此外，与多硫化钙相比，生物炭&多硫化钙处理中的 S(VI)占比在每个时期都有不同程度的下降。例如，在高含水率土壤的养护期完成后，施加多硫化钙处理后 S(VI)百分比为 31.68%，而在生物炭&多硫化钙处理中，S(VI)百分比降为 28.43%。这是因为生物炭在养护过程中有效地提升了土壤团聚体的稳定，抑制了土体中多硫化钙的裸露释放，也进一步支持了生物炭提高了稳定化材料的还原效率，并减少了多硫化物的无效氧化的观点[59]。因此，生物炭&多硫化钙处理更有助于还原材料的保存和长期有效性。

4.4.2　土壤团粒分析

冻融老化过程中不同处理条件下土壤颗粒平均粒径和团聚体破碎度变化特征如图 4-13 所示。首先，在土壤未经历冻融处理时，硫酸亚铁、多硫化钙及生物炭&多硫化钙处理条件下低含水率样品土壤 MWD 分别较对照组提高了 3.8%、5.7%及 24.8%。我们发现硫酸亚铁和多硫化钙处理能小幅度提升土壤颗粒粒径，这可能是还原性材料与土壤 Cr(VI)发生氧化/还原反应，生成物 Cr(III)为絮状沉淀，提升了土壤颗粒之间的黏结性，促进微团聚体发生聚合效应[60]。生物炭作为富碳、高度芳香化和稳定性高的有机物质，其多孔特性和高比表面积有利于土壤团聚体的形成和稳定，有效改良土壤孔隙和结构特性[61]。而伴随着冻融循环次数的增加，土壤团聚体稳定性逐渐降低，土壤 MWD 呈现降低趋势。首先，对照组处理冻融老化（第 16 次）后，土壤 MWD 值降低了 28.57%，而在硫酸亚铁、多硫化钙和生物炭&多硫化钙处理条件下，土壤 MWD 值分别相对于初始条件降低了 26.61%、25.71%和 15.27%，生物炭&多硫化钙处理条件下的土壤 MWD 降低幅度最低。正如 Hagner 等[62]提出的，生物炭中的有机物可以促进冻融循环条件下裂解释放的小团聚体再聚合，这与目前的发现结论一致。另外，在冻融循环中，土壤的PAD值呈上升趋势，并且在生物炭&多硫化钙处理中，生物炭抑制了团聚体的破碎。

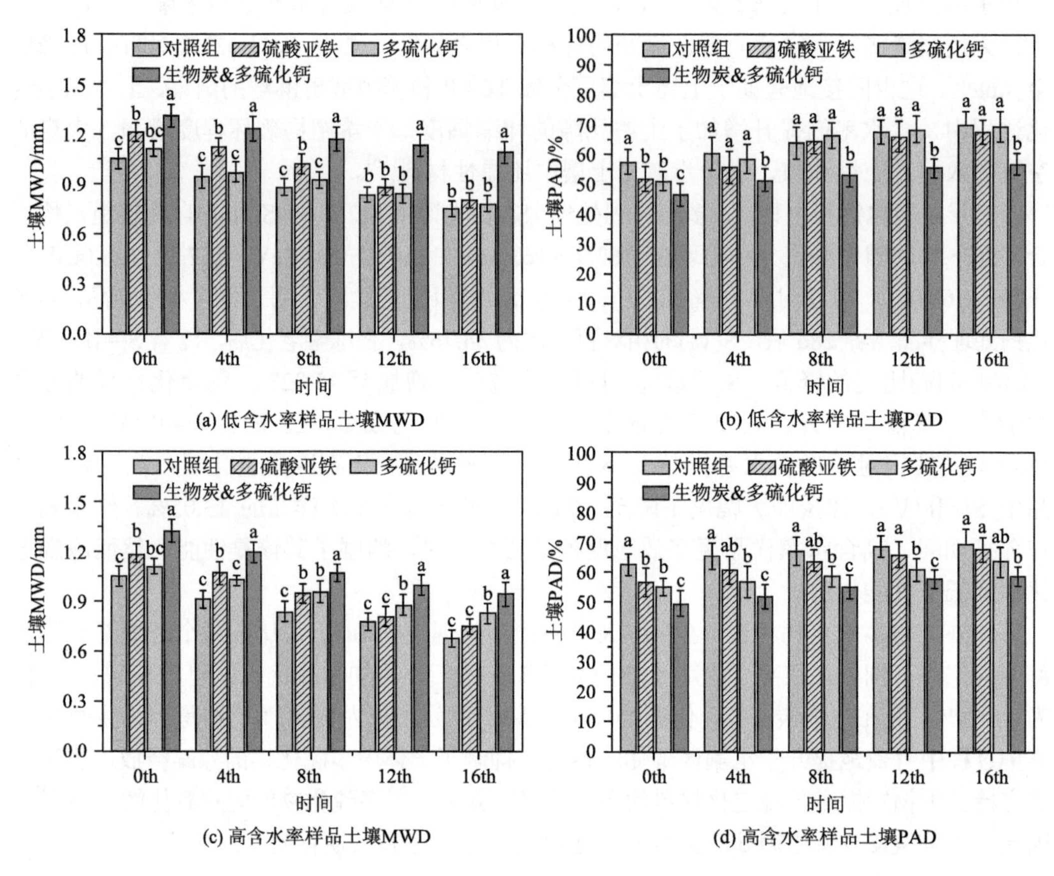

(a) 低含水率样品土壤MWD (b) 低含水率样品土壤PAD

(c) 高含水率样品土壤MWD (d) 高含水率样品土壤PAD

图4-13 土壤团聚体稳定性分析

对于高含水率样品，冻融老化后四种不同处理条件下土壤MWD分别相对于初始条件的降低幅度区间为18.25%～29.68%，其整体降低趋势相对于低含水率有所提升。另外，分析土壤PAD可知，随着土壤含水率的提升，不同处理条件下土壤PAD均呈现出不同程度的提升趋势，这也直接证明了高含水率加剧了冻融老化对土壤结构的破坏效应。

4.4.3 稳定化材料老化分析

冻融老化作用在改变生物炭结构的同时，生物炭材料的元素组成也在发生着变化（表4-4）。比较分析可知，伴随冻融循环次数的增加，生物炭材料中碳含量下降，而氧含量呈上升趋势，氮、氢含量变化不显著。氧含量的增加可能是由于冻融老化加速了生物炭表面的氧化反应[63]。在冻融老化过程中，O/C和(O + N)/C值均增加，表明生物炭的极性、亲水性和阳离子交换能力增加，这可能增加生物炭的吸附能力及其在土壤颗粒之间架桥的功能[64]。此外，经过16次冻融循环后，生物炭的比表面积比老化前增加了39.40%。

这与 Cao 等[65]研究结果一致，冻融老化导致生物炭的裂化加剧，减小其粒径并增加了其表面积。老化也促进了有机物的分解和挥发，从而促进了多孔结构的发展。

表 4-4　生物炭理化特征

冻融循环	元素质量分数/%					原子比例		比表面积/(m^2/g)
	C	H	O	N	S	O/C	(O＋N)/C	
0 次	65.69±2.23a	3.13±0.21c	13.75±0.33c	1.79±0.13a	0.86±0.11b	0.21±0.03c	0.24±0.04b	3.68±0.23c
4 次	63.12±2.41ab	3.22±0.18a	14.29±0.37b	1.75±0.11ab	0.81±0.07c	0.23±0.04b	0.25±0.06b	3.98±0.15b
8 次	62.22±1.82ab	3.35±0.16ab	14.86±0.28b	1.71±0.09b	0.79±0.08c	0.24±0.03ab	0.27±0.05a	4.28±0.23b
12 次	60.29±2.51b	3.41±0.17a	15.19±0.34ab	1.68±0.14c	0.91±0.12a	0.25±0.02ab	0.28±0.04a	4.98±0.18a
16 次	59.37±1.96b	3.38±0.15a	15.76±0.31a	1.66±0.12c	0.85±0.13b	0.27±0.02a	0.29±0.03a	5.13±0.11a

注：同一列不同小写字母表示参数平均值差异显著（$P<0.05$），具有相同字母的参数没有显著差异。

值得注意的是，冻融老化导致生物炭纤维结构的破碎和破裂，并形成纳米生物炭颗粒（粒径<100nm）（图 4-14）。由于尺寸效应，纳米生物炭具有较大的比表面积、微孔和含氧官能团，能够提高对土壤和水环境中污染物的去除效果[66]。对原始生物炭典型样点（即点位 1、2、3）的元素分析表明，O 质量分数在 13.74%～14.35%，并且保持相对均匀和稳定。经过 16 次冻融循环后，纳米生物炭颗粒的 O 质量分数与大块生物炭碎片相比显著增加，EDS 分析获得的半定量结果也验证了老化后生物炭的氧化程度，表明纳米生物炭颗粒氧化大于大颗粒生物炭。增加的表面积和纳米生物炭颗粒的产生可能有助于 Cr(VI)的固定和土壤对冻融老化的抵抗力。

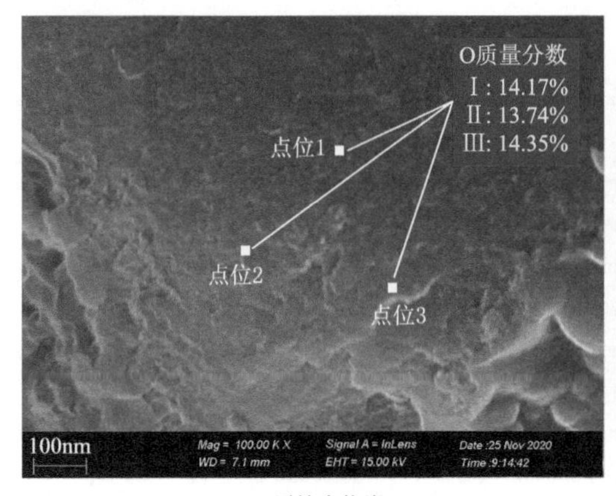

(a) 原始生物炭

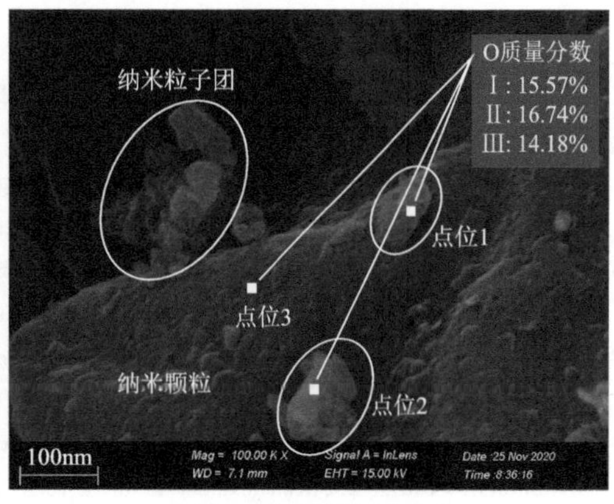

(b) 第16次冻融循环后的形态

图 4-14　冻融循环前后生物炭的元素成分分析

4.5　本 章 小 结

在冻融老化对土壤重金属迁移特性的影响研究中发现，硫酸亚铁和多硫化钙都可以有效地减少土壤中Cr(Ⅵ)的含量，并降低受污染土壤中铬的释放风险。生物炭通过吸附和还原促进多硫化钙对Cr(Ⅵ)的固定，增强聚集体的稳定性，减少Cr(Ⅵ)的释放。与硫酸亚铁和多硫化钙处理相比，生物炭和多硫化钙在28d的培养中更有效抑制了模拟酸雨和Cr(Ⅵ)的TCLP浸出浓度。此外，当单独使用硫酸亚铁和多硫化钙时，冻融循环重新激活了土壤重金属，并降低了修复的长期有效性。冻融老化将生物炭分解成小颗粒，并加速颗粒表面氧化，从而产生有助于从溶液中吸附Cr(Ⅵ)的官能团。生物炭吸附能力的增加可能导致更多的溶解有机碳的固定，从而削弱了Cr(Ⅵ)的协同迁移，并减少了在生物炭和多硫化钙处理冻融老化过程中和模拟酸雨中Cr(Ⅵ)的浸出。生物炭还促进了土壤颗粒的再聚合，这可能会包裹多硫化钙并阻止其作为氧化剂。因此，生物炭和多硫化钙复配处理对土壤中的Cr(Ⅵ)表现出最好的还原和固定效果。

随着土壤含水率的增加，养护期内，稳定化材料对土壤中Cr(Ⅵ)的固定化效果有所提升，硫酸亚铁和多硫化钙与Cr(Ⅵ)的反应程度加强，生物炭作为电子转移的中间介质，促进了土壤复合系统内的氧化还原反应，更有效地提升了土壤中Cr(Ⅵ)向Cr(Ⅲ)的转化效率。另外，高含水率土壤样品处于相对绝氧的状态，土壤中还原材料被无效氧化的概率有所降低，稳定化材料的长效性也得到了提升。而在冻融循环条件下，高含水率样品中土壤水分相变体积膨胀率增大，土壤团聚体的破碎度增强，导致土壤中稳定化重金属二次游离释放的风险提升。此时，生物炭与多硫化钙处理在土体冻胀裂解过程中，再次发挥较强吸附性能，促进微团聚体与污染物质聚合，抑制了稳定化重金属Cr出现“返黄”现象。总结可知，高含水率处理提升了土壤Cr(Ⅵ)的修复效率，而在冻融老化过程中却提升了重金属释放风险。因此，在变化环境模式下开展土壤Cr(Ⅵ)长效修复工作，需要选择适宜的水分调控水平。

参考文献

[1] Saha B，Amine A，Verpoort F.Special issue：Hexavalent chromium：Sources，toxicity，and remediation[J].Chemistry Africa，2022，5：1779-1780.

[2] Deng S W，Yu J，Wang Y T，et al. Distribution，transfer，and time-dependent variation of Cd in soil-rice system：A case study in the Chengdu plain，Southwest China[J]. Soil and Tillage Research，2019，195：104367.

[3] Kazakis N，Kantiranis N，Kalaitzidou K，et al. Environmentally available hexavalent chromium in soils and sediments impacted by dispersed fly ash in Sarigkiol basin（Northern Greece）[J]. Environmental Pollution，2018，235：632-641.

[4] Pan C，Liu H，Catalano J G，et al. Rates of Cr(Ⅵ) generation from $Cr_xFe_{1-x}(OH)_3$ solids upon reaction with manganese oxide[J]. Environmental Science & Technology，2017，51（21）：12416-12423.

[5] Manon K，Mathieu G，Denise B，et al. Leaching behavior of major and trace elements from sludge deposits of a French vertical flow constructed wetland[J]. Science of the Total Environment，2019，649：544-553.

[6] Wang L W，O'Connor D，Rinklebe J，et al. Biochar aging：Mechanisms，physicochemical changes，assessment，and implications for field applications[J]. Environmental Science & Technology，2020，54（23）：14797-14814.

[7] Kumar M，Xiong X N，Sun Y Q，et al. Critical review on biochar-supported catalysts for pollutant degradation and sustainable biorefinery[J]. Advanced Sustainable Systems，2020，4（10）：1900149.

[8] Jo H Y，Min S H，Lee T Y，et al. Environmental feasibility of using coal ash as a fill material to raise the ground level[J]. Journal of Hazardous Materials，2008，154（1-3）：933-945.

[9] Song Y，Li J，Peng M，et al. Identification of Cr(Ⅵ) speciation in ferrous sulfate-reduced chromite ore processing residue

(rCOPR) and impacts of environmental factors erosion on Cr(Ⅵ) leaching[J]. Journal of Hazardous Materials，2019，373：389-396.

[10] Yuan W Y，Xu W T，Wu Z B，et al. Mechanochemical treatment of Cr(Ⅵ) contaminated soil using a sodium sulfide coupled solidification/stabilization process[J]. Chemosphere，2018，212：540-547.

[11] Bandara T，Franks A，Xu J M，et al. Chemical and biological immobilization mechanisms of potentially toxic elements in biochar-amended soils[J]. Critical Reviews in Environmental Science and Technology，2020，50 (9)：903-978.

[12] Nachtergaele F. Soil taxonomy：A basic system of soil classification for making and interpreting soil surveys[J]. Geoderma，2001，99 (3-4)：336-337.

[13] Shen Z T，Pan S Z，Hou D Y，et al. Temporal effect of MgO reactivity on the stabilization of lead contaminated soil[J]. Environment International，2019，131：104990.

[14] Soil quality—Determination of the specific electrical conductivity：ISO 11265：1994[S/OL]. [2025-01-09]. https://www.iso.org/standard/ 19243.html.

[15] Dermatas D，Chrysochoou M，Moon D H，et al. Ettringite-induced heave in chromite ore processing residue (COPR) upon ferrous sulfate treatment[J]. Environmental Science & Technology，2006，40 (18)：5786-5792.

[16] Moon D H，Wazne M，Dermatas D，et al. Long-term treatment issues with chromite ore processing residue (COPR)：Cr^{6+} reduction and heave[J]. Journal of Hazardous Materials，2007，143 (3)：629-635.

[17] Fei J C，Ma J J，Yang J Q，et al. Effect of simulated acid rain on stability of arsenic calcium residue in residue field[J]. Environmental Geochemistry and Health，2020，42 (3)：769-780.

[18] Zhao C C，Ren S X，Zuo Q Q，et al. Effect of nanohydroxyapatite on cadmium leaching and environmental risks under simulated acid rain[J]. Science of the Total Environment，2018，627：553-560.

[19] Zhang W J，Lin M F. Influence of redox potential on leaching behavior of a solidified chromium contaminated soil[J]. Science of the Total Environment，2020，733：139410.

[20] Yanez-Varela J A，Alonzo-Garcia A，Gonzalez-Neria I，et al. Experimental and numerical evaluation of the performance of the electrochemical reactor operated with static and dynamic electrodes in the reduction of hexavalent chromium[J]. Chemical Engineering Journal，2020，390：124575.

[21] Elliott E T. Aggregate structure and carbon，nitrogen，and phosphorus in native and cultivated soils[J]. Soil Science Society of America Journal，1986，50 (3)：627-633.

[22] Tibbett M，Gil-Martínez M，Fraser T，et al. Long-term acidification of pH neutral grasslands affects soil biodiversity，fertility and function in a heathland restoration[J]. CATENA，2019，180：401-415.

[23] Chen Z Y，Lu Z W，Zhang Y P，et al. Effects of biochars combined with ferrous sulfate and pig manure on the bioavailability of Cd and potential phytotoxicity for wheat in an alkaline contaminated soil[J]. Science of Total Environment，2020，753：141832.

[24] Pakzadeh B，Batista J R. Chromium removal from ion-exchange waste brines with calcium polysulfide[J]. Water Research，2011，45 (10)：3055-3064.

[25] Zhao Y，Song M，Cao Q，et al. The superoxide radicals' production *via* persulfate activated with $CuFe_2O_4$@Biochar composites to promote the redox pairs cycling for efficient degradation of *o*-nitrochlorobenzene in soil[J]. Journal of Hazardous Materials，2020，400：122887.

[26] O'Connor D，Peng T Y，Zhang J L，et al. Biochar application for the remediation of heavy metal polluted land：A review of in situ field trials[J]. Science of Total Environment，2018，619：815-826.

[27] Xu Y L，Li X Y，Cong C，et al. Use of resistant Rhizoctonia cerealis strains to control wheat sharp eyespot using organically developed pig manure fertilizer[J]. Science of the Total Environment，2020，726：138568.

[28] de la Rosa J M，Rosado M，Paneque M，et al. Effects of aging under field conditions on biochar structure and composition：Implications for biochar stability in soils[J]. Science of Total Environment，2018，613：969-976.

[29] Kong F S，Nie L，Xu Y，et al. Effects of freeze-thaw cycles on the erodibility and microstructure of soda-saline loessal soil in

Northeastern China[J]. CATENA，2022，209：105812.

[30] Chrysochoou M，Ferreira D R，Johnston C P. Calcium polysulfide treatment of Cr(Ⅵ)-contaminated soil[J]. Journal of Hazardous Materials，2010，179（1-3）：650-657.

[31] Achor S，Aravis C，Heaney N，et al. Response of organic acid-mobilized heavy metals in soils to biochar application[J]. Geoderma，2020，378：114628.

[32] Dahlawi S M. Siddiqui S. Calcium polysulphide，its applications and emerging risk of environmental pollution：A review article[J]. Environmental Science and Pollution Research，2017，24：92-102.

[33] Li T，Dong W Y，Zhang Q，et al. Phosphate removal from industrial wastewater through in-situ Fe^{2+}oxidation induced homogenous precipitation：Different oxidation approaches at wide-ranged pH[J]. Journal of Environmental Management，2020，255：109849.

[34] Hou R J，Wang L W，O'Connor D，et al. Effect of immobilizing reagents on soil Cd and Pb lability under freeze-thaw cycles：Implications for sustainable agricultural management in seasonally frozen land[J]. Environment International，2020，144：106040.

[35] Feng Y，Liu P，Wang Y X，et al. Distribution and speciation of iron in Fe-modified biochars and its application in removal of As(Ⅴ)，As(Ⅲ)，Cr(Ⅵ)，and Hg(Ⅱ)：An X-ray absorption study[J]. Journal of Hazardous Materials，2020，384：121342.

[36] Li Y Y，Liang J L，He X，et al. Kinetics and mechanisms of amorphous FeS_2 induced Cr(Ⅵ)reduction[J]. Journal of Hazardous Materials，2016，320：216-225.

[37] Hou R J，Li T X，Fu Q，et al. Effect of snow-straw collocation on the complexity of soil water and heat variation in the Songnen Plain，China[J]. CATENA，2019，172：190-202.

[38] Tan L S，Ma Z H，Yang K Q，et al. Effect of three artificial aging techniques on physicochemical properties and Pb adsorption capacities of different biochars[J]. Science of the Total Environment，2020，699：134223.

[39] Jagupilla S C，Moon D H，Wazne M，et al. Effects of particle size and acid addition on the remediation of chromite ore processing residue using ferrous sulfate[J]. Journal of Hazardous Materials，2009，168：121-128.

[40] 王瑶，杨忠平，周杨，等. 长期冻融循环下固化铅锌镉复合重金属污染土抗剪强度及浸出特征研究[J].中国环境科学，2022，42（7）：3276-3284.

[41] Liao W J，Ye Z L，Yuan S H，et al. Effect of coexisting Fe(Ⅲ)（oxyhydr）oxides on Cr(Ⅵ) reduction by Fe(Ⅱ)-bearing clay minerals[J]. Environmental Science & Technology，2019，53（23）：13767-13775.

[42] Li X，He X，Wang H，et al. Characteristics and long-term effects of stabilized nanoscale ferrous sulfide immobilized hexavalent chromium in soil[J]. Journal of Hazardous Materials，2020，389：122089.

[43] Rajapaksha A U，Alam M S，Chen N，et al. Removal of hexavalent chromium in aqueous solutions using biochar：Chemical and spectroscopic investigations[J]. Science of the Total Environment，2018，625：1567-1573.

[44] Hassan M，Liu Y，Naidu R，et al. Influences of feedstock sources and pyrolysis temperature on the properties of biochar and functionality as adsorbents：A meta-analysis[J]. Science of the Total Environment，2020，744：140714.

[45] Mandal S，Sarkar B，Bolan N，et al. Enhancement of chromate reduction in soils by surface modified biochar[J]. Journal of Environmental Management，2017，186：277-284.

[46] 鞠文亮，荆延德，刘兴. 生物炭陈化的研究进展[J]. 土壤通报，2016（3）：751-757.

[47] Zheng S A，Zheng X Q，Chen C. Leaching behavior of heavy metals and transformation of their speciation in polluted soil receiving simulated acid rain[J]. PLoS One，2012，7（11）：e49664.

[48] Ding J，Pu L T，Wang Y F，et al. Adsorption and reduction of Cr(Ⅵ) together with Cr(Ⅲ) sequestration by polyaniline confined in pores of polystyrene beads[J]. Science of the Total Environment，2018，52：12602-12611.

[49] Zhou T Z，Li C P，Jin H L，et al. Effective adsorption/reduction of Cr(Ⅵ) oxyanion by halloysite@polyaniline hybrid nanotubes[J]. ACS Applied Materials & Interfaces，2017，9（7）：6030-6043.

[50] Hamid Y，Tang L，Hussain B，et al. Adsorption of Cd and Pb in contaminated gleysol by composite treatment of sepiolite，organic manure and lime in field and batch experiments[J]. Ecotoxicology and Environmental Safety，2020，196：110539.

[51] Qiu Y，Zhang Q，Gao B，et al. Removal mechanisms of Cr(Ⅵ) and Cr(Ⅲ) by biochar supported nanosized zero-valent iron：Synergy of adsorption，reduction and transformation[J]. Environmental Pollution，2020，265：115018.

[52] Mullet M，Demoisson F，Humbert B，et al. Aqueous Cr(Ⅵ) reduction by pyrite：Speciation and characterisation of the solid phases by X-ray photoelectron，Raman and X-ray absorption spectroscopies[J]. Geochimica et Cosmochimica Acta，2007，71（13）：3257-3271.

[53] Wang T，Qian T W，Huo L J，et al. Immobilization of hexavalent chromium in soil and groundwater using synthetic pyrite particles[J]. Environmental Pollution，2019，255（Part 1）：112992.

[54] Zhao Z Q，Sun C，Li Y，et al. Driving microbial sulfur cycle for phenol degradation coupled with Cr(Ⅵ) reduction via Fe(Ⅲ)/Fe(Ⅱ) transformation[J]. Chemical Engineering Journal，2020，393：124801.

[55] Xu F，Liu Y Y，Zachara J，et al. Redox transformation and reductive immobilization of Cr(Ⅵ) in the Columbia River hyporheic zone sediments[J]. Journal of Hydrology，2017，555：278-287.

[56] Zhang L，Ren F P，Li H，et al. The influence mechanism of freeze-thaw on soil erosion：A review[J]. Water，2021，13（8）：1010.

[57] Yang Z W，Kang M L，Ma B，et al. Inhibition of U(Ⅵ) reduction by synthetic and natural pyrite[J]. Environmental Science & Technology，2014，48（18）：10716-10724.

[58] Li Y Y，Liang J L，Yang Z H，et al. Reduction and immobilization of hexavalent chromium in chromite ore processing residue using amorphous FeS_2[J]. Science of the Total Environment，2019，658：315-323.

[59] Fan Z X，Zhang Q，Gao B，et al. Removal of hexavalent chromium by biochar supported nZVI composite：Batch and fixed-bed column evaluations，mechanisms，and secondary contamination prevention[J]. Chemosphere，2019，217：85-94.

[60] 曹阳，刘莉娅，郑杨，等. $FeSO_4$-GFC 胶凝材料固化/稳定 Cr(Ⅵ)污染土的工程结构理化特性[J]. 华中师范大学学报（自然科学版），2022，56（3）：413-420.

[61] 陈红霞，杜章留，郭伟，等. 施用生物炭对华北平原农田土壤容重、阳离子交换量和颗粒有机质含量的影响[J]. 应用生态学报，2011，22（11）：2930-2934.

[62] Hagner M，Kemppainen R，Jauhiainen L，et al. The effects of birch（*Betula* spp.）biochar and pyrolysis temperature on soil properties and plant growth[J]. Soil and Tillage Research，2016，163：224-234.

[63] Sorrenti G，Masiello C A，Dugan B，et al. Biochar physico-chemical properties as affected by environmental exposure[J]. Science of the Total Environment，2016，563：237-246.

[64] Shaaban A，Se S M，Dimin M F，et al. Influence of heating temperature and holding time on biochars derived from rubber wood sawdust via slow pyrolysis[J]. Journal of Analytical and Applied Pyrolysis，2014，107：31-39.

[65] Cao Y Q，Jing Y D，Hao H，et al. Changes in the physicochemical characteristics of peanut straw biochar after freeze-thaw and dry-wet aging treatments of the biomass[J]. BioResources，2019，14（2）：4329-4343.

[66] Mahmoud E，El Baroudy A，Ali N，et al. Spectroscopic studies on the phosphorus adsorption in salt-affected soils with or without nano-biochar additions[J]. Environmental Research，2020，184：109277.

第 5 章 农田土壤重金属富集过程及迁移路径特征

5.1 概 述

土壤冻融循环作用是指在低温条件下，土壤液态水会受到冷空气影响转化为固态，而当温度提升时，土壤中固态水又转化为液态水，导致土壤中水分在凝固点上下波动而出现冻结和融化的现象[1]。土壤冻融现象主要发生在我国东北、西北及华北等高纬度地区，冻土面积达 $2.15 \times 10^6 km^2$，加上季节性冻土深度小于 50cm 的地区（江淮和华北），冻土总面积约占我国陆地面积的 3/4 以上[2-4]。随着土壤冻结—融化过程，在冻结温度梯度影响以及势能差驱动作用下，土壤水分发生着相变和迁移现象[5]，而土壤水分作为运载载体，在扩散的同时也会携带大量的重金属。同时，雪被是气候系统的重要组成部分，且是季节性冻土区至关重要的生态因子[6-8]。季节性冻土区土壤包气带中持有特定的含冰土体，冻土层具有一定透水性、储水性以及抑制水分蒸发性能，致使融雪期融雪水产流入渗异于非冻结土壤[9]。目前，超过一半的地球表面会经历季节性积雪和土壤霜冻，在寒区冬季积雪堆积是正常现象，春季积雪迅速融化几乎总是一年中最主要的水文事件[10]。在冬季降雪过程中，大气悬浮的粉尘粒子、有害气体、重金属离子、有机污染物等会富集在积雪中，并伴随降雪过程降落在土壤、河流表层等；当春季气温回升，土壤、河流解冻时，融雪水携带的污染物会入渗到土壤和河流中，导致土壤和河流的污染[11]。在季节性冻土区，积雪作为一种特殊介质层，在融雪期，融雪水产流导致土壤重金属污染的同时，使土壤中重金属发生迁移和转化[12]。

黑龙江省是农业生产大省，是重要的农业生产基地和工业基地。2019 年黑龙江省粮食总产量达 750 亿公斤，位居全国首位[13]。在农业生态建设过程中，农田土壤的生态健康已成为人们关注的焦点。农田土壤重金属含量是评价土壤质量标准之一，而农田土壤重金属含量的高低直接影响粮食质量，并对人类的身体健康产生间接影响。土壤中过量的重金属是通过许多途径，包括使用农药、化肥，以及工业残渣堆积不当、化学制造业、金属电镀、制革、污水灌溉和大气沉降等，但主要是人为活动积累的[14]。目前，黑龙江省大部分地区没有严格实行垃圾分类处理，多数含重金属生活垃圾被当作普通垃圾送往垃圾处理厂进行简单的处理，在没有经过特殊处理的情况下，重金属污染物随垃圾渗滤液进入土壤，对土壤造成危害，形成二次污染[15]。第一次全国污染源普查结果显示，黑龙江省共有 114 家涉及重金属污染企业，分布在 13 个市（县）。2007 年，黑龙江省工业污染源共产生含重金属废水 18091.5 万 t，全省工业污染源产生含重金属烟气量为 2923321.37 万 m^3，采用类比法计算，共产生重金属污染物约 2.44t，工业污染源产生含汞、镉、铬、铅、砷的危险废物 1875.79t，其中综合利用量 1659.07t，处置量 162.93t，储存量

53.80t[16]。以《土壤环境质量 农用地土壤污染风险管控标准（试行）》（GB 15618—2018）中标准值的二级标准（6.5＜pH＜7.5）为土壤重金属背景值，黑龙江省 6 种土壤重金属污染最为严重的是 Cd，其次是 Zn 和 Cu[17]。2016 年度黑龙江省环境统计年报显示，全省废水排放量 13.83 亿 t，其中，哈尔滨废水排放量超过 1 亿 t，占据全省第一位，全省工业废水占总废水排放量的 17.30%，其中工业废水中重金属污染占万分之一，且总铬排放量最多。同年，国务院正式印发《土壤污染防治行动计划》，对受污染耕地的治理与修复提出严格要求，面对土壤重金属污染治理的严峻形势，开发高效、环保、经济的土壤重金属污染修复的新技术意义重大。

本章选取东北松嫩平原黑土区作为典型研究基地，探究季节性冻土区降雪条件下重金属在大气-土壤复合系统内的富集效应，揭示融雪水所携带的重金属污染物从雪中迁移到农田土壤的过程原理。同时，挖掘生物炭对重金属的吸附/解吸作用机理，并且验证生物炭在冻融老化条件下的长效稳定性，进而解析生物炭材料对融雪过程中 Cu 和 Zn 迁移路径阻控作用的内在机制。该成果有助于指导黑土区农田土壤重金属跨介质迁移过程精准识别，有效降低大气环境污染物沉降效应对农田土壤生态的胁迫效应。

5.2　稳定化材料对铜和锌吸附机理研究

5.2.1　模拟方案设计

生物炭是生物质在完全或部分缺氧、低温或相对低温的条件下（＜700℃）热分解所产生的一种高碳固体残渣[18]。生物炭作为一种有效的土壤改良剂而被广泛应用于温室气体减排、污染土壤修复以及生物有效性调控等方面。许多研究表明，生物炭不仅能够通过提高土壤的 pH 来降低重金属生物有效性，还可以通过阳离子吸附作用降低土壤重金属迁移率，同时，生物炭通过改善和提高土壤肥力降低重金属对植物的毒害[19]。然而，冻融老化等外界环境因素对生物炭的理化特性及其对重金属稳定化的长效性效果却值得进一步探索。

1. 试验装置

依据我国东北地区气候变化特征，结合我国东北地区季节性多年冻土区农业生产需要和当地土壤肥料及养分需求，考虑经济因素和生物炭在当地的长期应用效果，季节性冻土区施用生物炭对土壤和作物影响的文献，从而甄选最优的生物炭施加量和设计较为合理的冻融循环次数及温度，并设计如图 5-1 所示装置。该装置是由亚克力高透明材料制成的圆柱，其上下外直径均是 55mm，内直径均是 45mm，高是 240mm，底端封口，且四周加有保温材料。

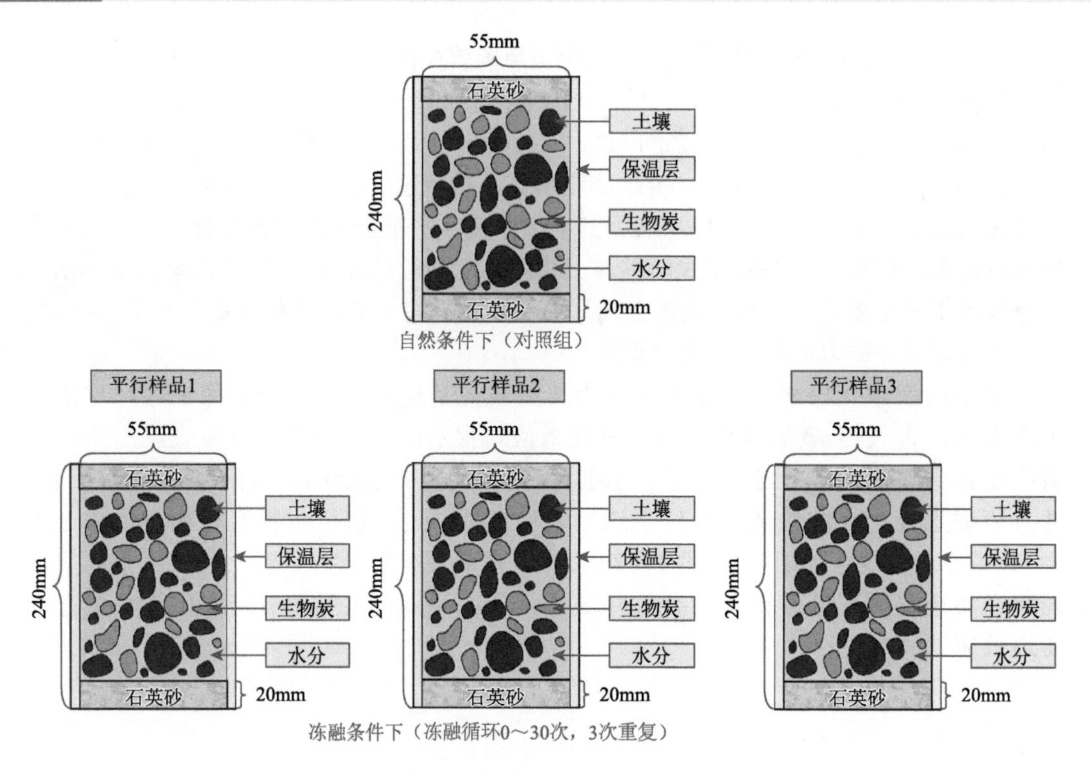

图 5-1　室内试验装置平面图

2. 方案设置

将生物炭装入图 5-1 装置中，装置上端和底端分别用装有 2cm 石英砂的玻璃纱网布隔开，放在人工气候室中进行冻融循环试验。在–20℃条件下冻结 12h，30℃条件下融化 12h，24h 为一次冻融循环，72h 为一个冻融周期，即 1 个周期经历 3 次冻融循环。为保证生物炭完全浸润，生物炭与水比例为 1∶3，试验设置 3 次重复。具体方案设计如表 5-1 所示。

表 5-1　试验方案设计

生物炭冻融周期	试验过程	取样时间
0	生物炭未经过冻融循环处理［对照组］	0d
1	生物炭经过 3 次冻融循环	3d
2	生物炭经过 6 次冻融循环	6d
3	生物炭经过 9 次冻融循环	9d
4	生物炭经过 12 次冻融循环	12d
5	生物炭经过 15 次冻融循环	15d
6	生物炭经过 18 次冻融循环	18d
7	生物炭经过 21 次冻融循环	21d

续表

生物炭冻融周期	试验过程	取样时间
8	生物炭经过24次冻融循环	24d
9	生物炭经过27次冻融循环	27d
10	生物炭经过30次冻融循环	30d

3. 指标测定

1）生物炭pH

称取自然风干的生物炭2.50g（精准至0.01g），放入100mL耐高温试管中，加入不含CO_2的去离子水50mL，加热，温和煮沸大约5min，补加水分，过滤，弃去初滤液5mL，余液冷却到25℃左右后用pH计测生物炭的pH[20]。试验设置三个平行样。

2）生物炭比表面积和孔径分布

比表面积的测定选择吸附比表面测试法[21]，孔径分布的测定采用介孔孔径分布计算模型——BJH（Barret-Joyner-Halenda）法[22]。在液氮温度（77K）条件下，以液态氮为吸附介质，完成氮气吸附/脱附实验。测定前，所有样品均在150℃、真空条件下脱气2h，以清除试样表面已经吸附的物质，99.999%N_2为吸附质，液氮温度77K，饱和蒸汽压为1.0360bar（1 bar = 10^5Pa），P/P_0（相对压力，P表示吸附过程中气体达到平衡时的压力，P_0表示实验温度下气体达到饱和蒸汽压时的压力）设定范围为0.05～0.35。

4. 吸附性能分析

1）等温吸附法

利用平衡等温线可以分析生物炭对重金属的吸附能力，方法如下：用0.01mol/L $NaNO_3$作为背景溶液稀释母液至溶液中重金属储备液浓度为0mg/L、10mg/L、20mg/L、40mg/L、80mg/L、160mg/L；用0.1mol/L HNO_3或NaOH调节pH为5.0±0.05；称取0.1g样品（4g/L，即1L重金属溶液中加入4g生物炭）于50mL离心管中，分别加入25mL浓度为0mg/L、10mg/L、20mg/L、40mg/L、80mg/L、160mg/L的重金属溶液，离心管在恒温振荡箱中（25℃，200r/min）振荡24h，在4000r/min转速条件下离心10min后收集上清液，过0.45μm微孔滤膜，用原子吸收分光光度法测重金属含量，金属吸附量计算公式如下[23]：

$$q=(C_{\mathrm{i}}-C_{\mathrm{e}})\frac{V}{m} \tag{5-1}$$

式中，q为重金属吸附量，mg/g；C_{i}为重金属初始浓度，mg/g；C_{e}为平衡浓度，mg/g；V为样品体积，L；m为生物炭质量，g。

2）朗缪尔和弗罗因德利希方程拟合

较常用的重金属吸附方程是朗缪尔（Langmuir）和弗罗因德利希（Freundlich）方程。朗缪尔方程假设在含有吸附位点均匀和能量等效的表面上进行单层吸附，一旦这些吸附位点被填充，就不会在该吸附位点上发生额外吸附，因此，当达到饱和点时，表面达到最大吸附量，具体表达式如下[24]：

$$Q_e = \frac{Q_m K_L C_e}{1 + K_L C_e} \tag{5-2}$$

式中，C_e为平衡浓度，mg/L；Q_e为平衡吸附量，mg/g；Q_m为最大吸附量，mg/g；K_L为朗缪尔方程特征常数，L/mg。

弗罗因德利希方程适用于具有不同亲和力非均匀表面上的多层吸附，在吸附过程完成之前，吸附位点的能量随着吸附位点增加而降低，吸附位点的结合位点被占据，具体表达式如下：

$$q_e = K_f C_e^{\frac{1}{n}} \tag{5-3}$$

式中，q_e为吸附量；C_e为平衡浓度；n为弗罗因德利希常数；K_f为温度相关常数。

5.2.2　冻融条件下稳定化材料理化性质变化

1. 冻融循环对生物炭孔体积和孔径的影响

依据室内试验获取的生物炭理化性质数据，绘制孔体积（pore volume，PV）、孔径（pore diameter，PD）和冻融循环周期的变化曲线，如图 5-2 所示。由图 5-2（a）可知，生物炭在 10 个冻融循环过程中，PV 整体变化特征呈降低趋势，其中在 0～1、3～5、7～8 周期内 PV 值趋于稳定。未经过冻融循环处理的对照组生物炭初始 PV 是 0.009mL/g，10 周期中生物炭 PV 与对照组相比，分别降低了 0%、11.11%、22.22%、22.22%、22.22%、33.33%、44.44%、44.44%、55.56%和 66.67%。尤其是在第 9～10 周期内，生物炭 PV 相比于对照组降低 50%以上。PV 最大值出现在对照组，为 0.009mL/g。

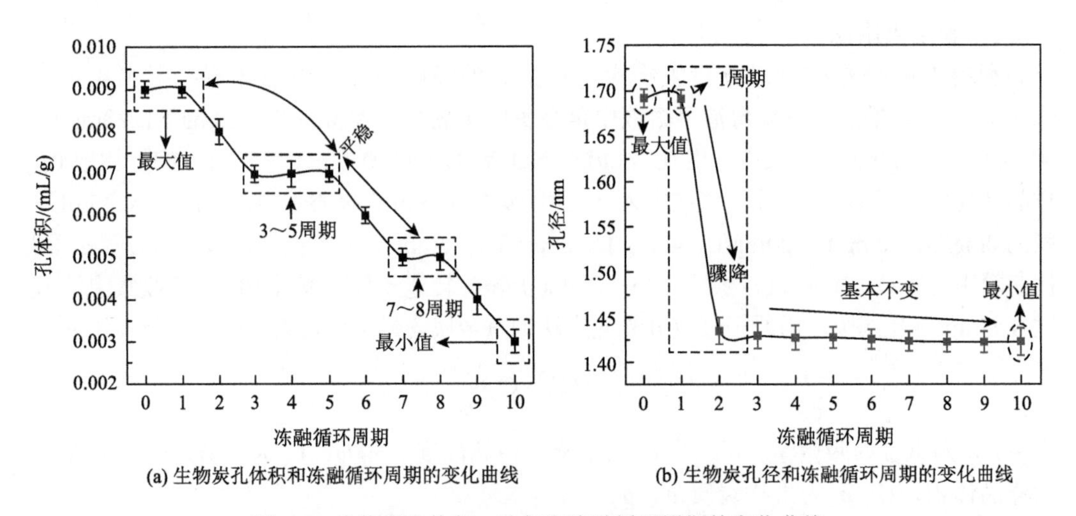

(a) 生物炭孔体积和冻融循环周期的变化曲线　　(b) 生物炭孔径和冻融循环周期的变化曲线

图 5-2　生物炭孔体积、孔径和冻融循环周期的变化曲线

由图 5-2（b）可知，PD 整体变化特征呈下降趋势，其中在第 1～2 个周期内，PD 骤降，而从第 3 周期开始 PD 趋于稳定。对照组的 PD 是 1.692nm，在 10 周期内，生物炭 PD 与对照组相比，分别减小了 0.06%、15.19%、15.48%、15.60%、15.60%、15.72%、15.84%、15.90%、

15.90%、15.90%。但在第1个周期内，生物炭PD相比于对照组降低比例不足0.10%，而第2～10个周期，PD与对照组相比减小15%以上。PD最小值出现在第10周期，为1.423nm。

2. 冻融循环对生物炭比表面积和pH的影响

依据室内试验获取的生物炭理化性质数据，绘制比表面积（specific surface area，SSA）、pH和冻融循环周期的变化曲线，如图5-3所示。由图5-3（a）可知，SSA整体变化特征呈逐渐增大趋势，其中在第5～6周期内，SSA缓慢增加，但第7周期相比于第6周期，SSA略有下降。对照组的SSA是6.28m^2/g，在10周期内，生物炭SSA与对照组相比，分别增加了34.19%、78.25%、85.59%、105.76%、145.73%、147.28%、143.82%、157.36%、214.95%、222.66%。尤其在第4～10周期中，生物炭SSA与对照组相比增加100%以上。SSA最大值出现在第10周期，为20.26m^2/g，且在第5～10周期内，SSA均高于15.00m^2/g。

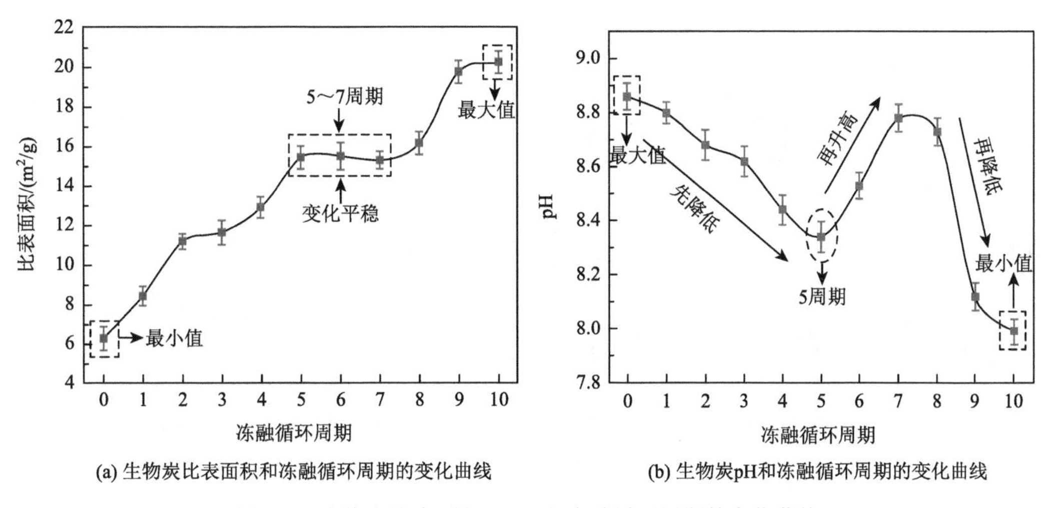

(a) 生物炭比表面积和冻融循环周期的变化曲线
(b) 生物炭pH和冻融循环周期的变化曲线

图5-3 生物炭比表面积、pH和冻融循环周期的变化曲线

由图5-3（b）可知，pH整体变化特征呈先降低后升高再降低趋势。具体表现为在0～7周期内，生物炭pH变化特征呈先降低后升高趋势，但其最大值低于对照组；在7～10周期内，生物炭pH变化特征呈下降趋势，且在第10周期出现最小值。对照组的pH是8.86，在10周期内，生物炭pH与对照组相比，分别降低了0.68%、2.03%、2.71%、4.74%、5.87%、3.72%、0.90%、1.47%、8.35%、9.82%。生物炭经过1个周期后，pH开始降低，直至第5周期结束。在第6～7周期内，生物炭pH开始逐渐升高，但升高的最大值8.78仍低于初始值8.86。在8～10周期内，生物炭pH逐渐降低，且在10个周期结束后，生物炭pH降到最小值7.99。第1～10周期内，生物炭pH降低幅度在0%～10%，且在第0～9周期内，生物炭pH高于8.00。

3. 冻融循环周期对生物炭理化性质的影响

基于上述对生物炭PV、PD、SSA和pH随冻融循环周期的变化特征分析发现，随冻融循环周期增加，生物炭孔径逐渐减小，孔体积逐渐减小，比表面积逐渐增大，且在第 10 周期达到最大值。然而，通过对生物炭 pH 整体变化趋势分析发现，与其他各测定指标不同的是 pH 变化幅度不大，基于平稳缓慢变化，这表明生物炭碱性相对较为稳定，不易发生显著变化。但在第 10 周期，生物炭 pH 低于对照组，这表明随冻融循环周期的增加，生物炭酸性增强，且对应酸性官能团增加。

5.2.3 冻融条件下稳定化材料对重金属吸附性能的影响

1. 冻融循环对生物炭的 Q_e/q_e 和 C_e 拟合度的影响

依据式（5-1）～式（5-3）计算得出的方程拟合参数，绘制重金属吸附量（Q_e/q_e）和重金属平衡浓度（C_e）的变化曲线，如图 5-4 所示。Cu 和 Zn 的 Langmuir 和 Freundlich 方程拟合结果分别如表 5-2 和表 5-3 所示。

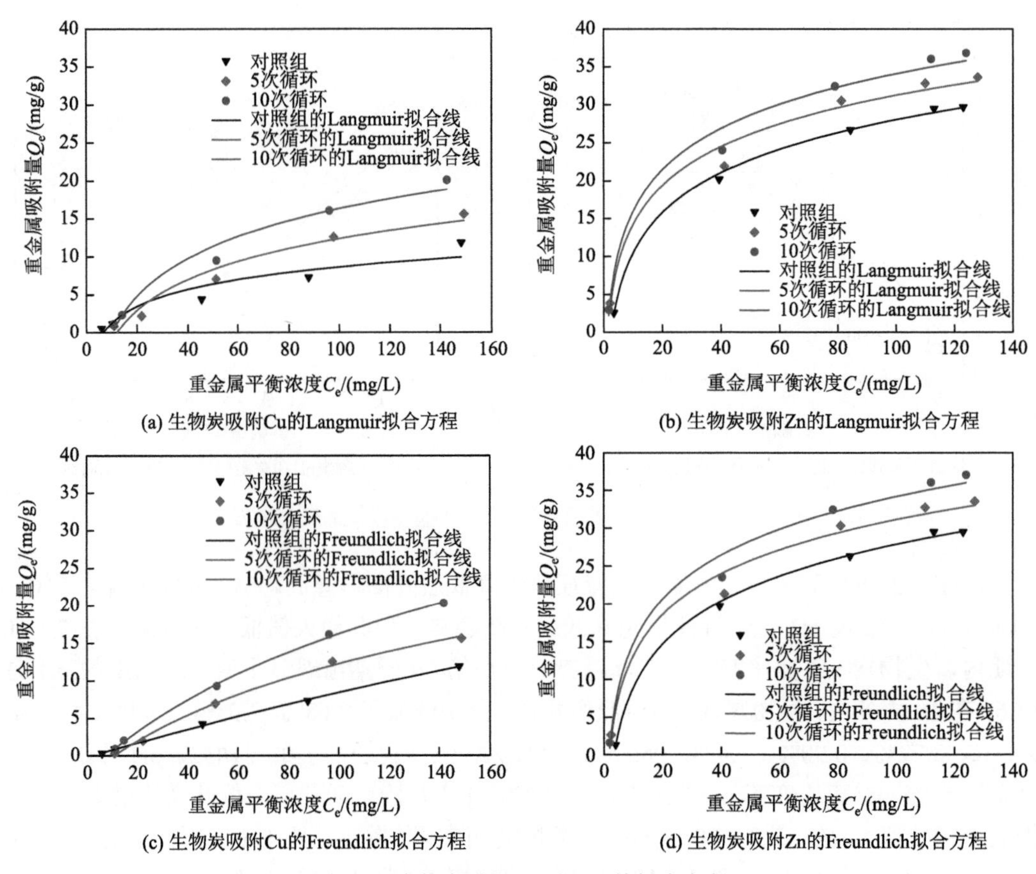

图 5-4 生物炭吸附 Cu 和 Zn 的拟合方程

表 5-2 Cu 和 Zn 的 Langmuir 方程拟合结果

拟合统计	Cu-Langmuir	Zn-Langmuir
点数	5	5
自由度	2	2

续表

拟合统计	Cu-Langmuir	Zn-Langmuir
残差平方和	0.0621	1.3060
R^2	0.9996	0.9980
拟合状态	成功	成功

表 5-3 Cu 和 Zn 的 Freundlich 方程拟合结果

拟合统计	Cu-Freundlich	Zn-Freundlich
点数	5	5
自由度	2	2
残差平方和	0.2260	1.0032
R^2	0.9986	0.9985
拟合状态	成功	成功

由表 5-2 和表 5-3 可知，生物炭吸附 Cu 和 Zn 的 Langmuir 方程拟合度 R^2 分别是 0.9996 和 0.9980，生物炭吸附 Cu 和 Zn 的 Freundlich 方程拟合度 R^2 分别是 0.9986 和 0.9985，由拟合度 R^2 可知，Langmuir 和 Freundlich 方程均可以较好地拟合生物炭对重金属 Cu 和 Zn 的吸附，其中，对于生物炭吸附 Zn，R^2（Freundlich）＞R^2（Langmuir），这表明生物炭经过冻融循环后对 Zn 的吸附多以双分子层不均匀吸附模式为主，而对 Cu 的吸附主要为单分子层吸附。

由图 5-4 可知，生物炭吸附 Cu 和 Zn 的 Langmuir 方程中重金属平衡浓度（C_e）随重金属吸附量（Q_e）增加而增加。且当冻融循环周期增加时，生物炭吸附 Cu 和 Zn 的 Q_e 值增加，具体表现为 10 周期＞5 周期＞对照组。同理分析发现，生物炭吸附 Cu 和 Zn 的 Freundlich 方程中重金属平衡浓度（C_e）和重金属吸附量（Q_e）之间的关系与生物炭吸附 Cu 和 Zn 的 Langmuir 方程中 C_e 和 Q_e 关系的结果一致，且当冻融循环周期增加时，生物炭吸附 Cu 和 Zn 的 Q_e 值也增加。

2. 冻融循环对生物炭吸附重金属最大吸附量的影响

依据 Langmuir 方程拟合结果得出最大吸附量（Q_m）数据，绘制最大吸附量 Q_m 和冻融循环周期的变化曲线，如图 5-5 所示。

由图 5-5 可知，在第 1～10 周期内，生物炭吸附 Cu 和 Zn 的 Q_m 值总体变化特征均呈增加趋势，且在第 0～1 周期和第 8～10 周期内增加较为显著。对照组中，Cu 的 Q_m 值是 11.80mg/g，在 10 个周期内，生物炭 Cu 的 Q_m 值与对照组相比，分别增加了 29.95%、30.02%、40.13%、48.19%、48.22%、48.70%、53.84%、62.04%、65.69%、72.00%。生物炭 Cu 的 Q_m 值增加幅度在 29.95%～72.00%，生物炭吸附 Cu 的 Q_m 最大值出现在第 10 周期，为 20.29mg/g，且在第 7～10 周期内，生物炭 Cu 的 Q_m 值高于对照组 50.00%以上。同理，在对照组中，Zn 的 Q_m 值是 30.62mg/g，在 10 个周期内，生物炭 Zn 的 Q_m 值与对照组相比，分别增加了 26.13%、31.27%、31.41%、31.59%、34.64%、34.78%、35.41%、36.00%、39.18%、44.55%。生物炭 Zn 的 Q_m 值增加幅度在 26.13%～44.55%，生物炭

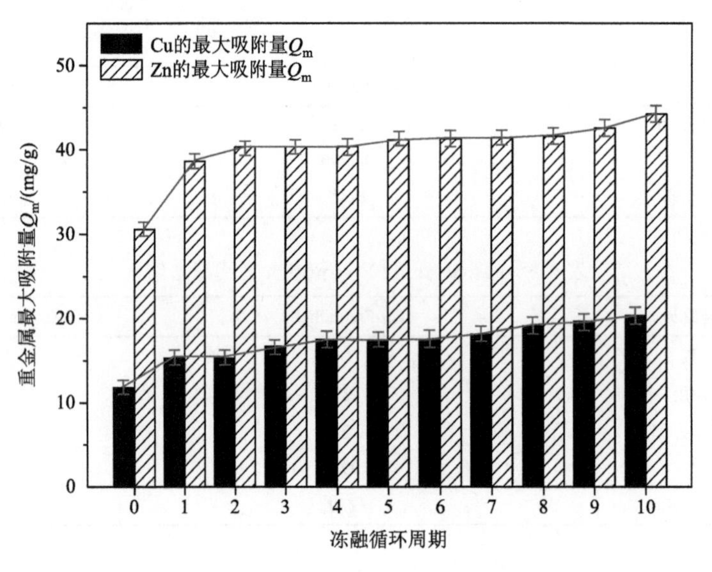

图 5-5 生物炭最大吸附量 Q_m 的变化特征

纵坐标最大吸附量 Q_m 的值是依据 Langmuir 方程计算得出

吸附 Zn 的 Q_m 最大值出现在第 10 周期，为 44.55mg/g，且在第 1～10 周期内，生物炭 Q_m 值与对照组相比，增加幅度均低于 50.00%。

基于对照组、第 5 周期和第 10 周期的最大吸附量 Q_m 值变化特征的分析发现，在 10 个周期内，随冻融循环次数逐渐增加，生物炭吸附重金属 Cu 和 Zn 的能力也逐渐增强。因此，生物炭经历频繁的冻融循环后吸附效果的增强与其表面结构和化学性质的变化有显著关系。

5.2.4 稳定化材料各指标对生物炭吸附性能的影响

1. 生物炭理化性质之间的相关关系

基于以上生物炭各指标数值随冻融循环周期的变化规律，我们利用统计学分析冻融生物炭理化性质（pH、SSA、PV、PD）之间的相关关系和显著水平，分析结果如表 5-4 所示。

表 5-4 生物炭理化性质的统计分析

生物炭理化性质	r	P	显著水平	结果
生物炭比表面积和孔体积	−0.949	0.000	极显著	极显著负相关
生物炭比表面积和孔径	−0.765	0.006	极显著	极显著负相关
生物炭 pH 和比表面积	−0.793	0.004	极显著	极显著负相关
生物炭的孔体积和孔径	0.686	0.020	显著	显著正相关
生物炭的孔体积和 pH	0.690	0.019	显著	显著正相关
生物炭的孔径和 pH	0.519	0.101	不显著	正相关

注：当显著性水平为 1%时，$P<0.01$（极显著水平）；当显著性水平为 5%时，$P<0.05$（显著水平）。

由表 5-4 可知，生物炭的比表面积与孔体积、孔径和 pH 之间的相关系数分别是–0.949、–0.765 和–0.793，显著性水平 P 分别是 0.000、0.006 和 0.004，由此可知，生物炭的比表面积与孔体积、孔径和 pH 均呈负相关，且当冻融生物炭比表面积增加时，生物炭的孔体积、孔径和 pH 均极显著降低；生物炭的孔体积与 pH 和孔径之间的相关系数分别是 0.690 和 0.686，显著性水平别是 0.019 和 0.020，由此可知，生物炭的孔体积与 pH 和孔径呈正相关，且当冻融生物炭孔体积增加时，生物炭的 pH 和孔径均显著增加。生物炭的孔径和 pH 之间的相关系数是 0.519，显著性水平 P 是 0.101，由此可知，生物炭的孔径和 pH 呈正相关，且当冻融生物炭孔体积增加时，生物炭的孔径增加，但增加不显著。

2. 生物炭理化性质与生物炭吸附性能之间的相关关系

依据生物炭各指标数值与生物炭吸附重金属量的数据，我们利用统计学分析冻融生物炭理化性质（pH、SSA、PV、PD）与生物炭吸附重金属铜和锌总量之间的相关性和显著水平，分析结果如表 5-5 和表 5-6 所示。

表 5-5　生物炭理化性质与生物炭吸附重金属 Cu 的统计分析

Cu 的 Q_m 和生物炭理化性质	r	P	显著水平	相关性
Cu 的 Q_m 和生物炭比表面积	0.948	0.000	极显著	极显著正相关
Cu 的 Q_m 和生物炭孔体积	–0.906	0.000	极显著	极显著负相关
Cu 的 Q_m 和生物炭孔径	–0.764	0.006	极显著	极显著负相关
Cu 的 Q_m 和生物炭 pH	–0.693	0.018	显著	显著负相关

注：当显著性水平为 1%时，$P<0.01$（极显著水平）；当显著性水平为 5%时，$P<0.05$（显著水平）。Cu（Q_m）是生物炭吸附铜的最大吸附量。

表 5-6　生物炭理化性质与生物炭吸附重金属 Zn 的统计分析

Zn 的 Q_m 和生物炭理化性质	r	P	显著水平	相关性
Zn 的 Q_m 和生物炭比表面积	0.855	0.001	极显著	极显著正相关
Zn 的 Q_m 和生物炭孔体积	–0.795	0.007	极显著	极显著负相关
Zn 的 Q_m 和生物炭孔径	–0.800	0.003	极显著	极显著负相关
Zn 的 Q_m 和生物炭 pH	–0.636	0.035	显著	显著负相关

注：当显著性水平为 1%时，$P<0.01$（极显著水平）；当显著性水平为 5%时，$P<0.05$（显著水平）。Zn（Q_m）是生物炭吸附锌的最大吸附量。

由表 5-5 可知，冻融生物炭吸附重金属 Cu 总量与生物炭孔体积、孔径和 pH 之间的相关系数分别是–0.906、–0.764 和–0.693，显著水平 P 分别是 0.000、0.006 和 0.018，由此可知，冻融生物炭吸附重金属 Cu 总量与生物炭孔体积、孔径和 pH 均呈负相关，且当冻融生物炭孔体积、孔径或 pH 降低时，其吸附重金属 Cu 总量显著增加。冻融生物炭吸附重金属 Cu 总量和比表面积之间的相关系数是 0.948，显著水平 P 为 0.000。由此可知，冻融生物炭吸附重金属 Cu 总量和比表面积呈正相关，且当生物炭比表面积增大时，其吸附重金属 Cu 的总量极显著增大。

由表 5-6 可知，冻融生物炭吸附重金属 Zn 总量与生物炭孔体积、孔径和 pH 之间的相关系数分别是–0.795、–0.800 和–0.636，显著水平 P 分别是 0.007、0.003 和 0.035，由此可知，冻融生物炭吸附重金属 Zn 总量与生物炭孔体积、孔径和 pH 均呈负相关，且当冻融生物炭孔体积、孔径或 pH 降低时，其吸附重金属 Zn 总量显著增加。冻融生物炭吸附重金属 Zn 总量和比表面积之间的相关系数是 0.855，显著水平 P 为 0.001。由此可知，冻融生物炭吸附重金属 Zn 总量和比表面积呈正相关，且当生物炭比表面积增大时，其吸附重金属 Zn 总量极显著增大。

5.2.5 稳定化材料吸附机理解析

在生物炭众多特性中，PV、PD、SSA、官能团基团特征及 pH 变化对其吸附重金属的影响较为直接和显著。其中，孔体积直接影响生物炭的比表面积，pH 直接影响生物炭的酸碱性，从而影响生物炭官能团的种类和数量，进而影响生物炭吸附重金属 Cu 和 Zn 的能力。依据生物炭理化性质与重金属吸附量的相关关系，绘制冻融生物炭吸附重金属 Cu 和 Zn 的机理分析图，如图 5-6 所示。

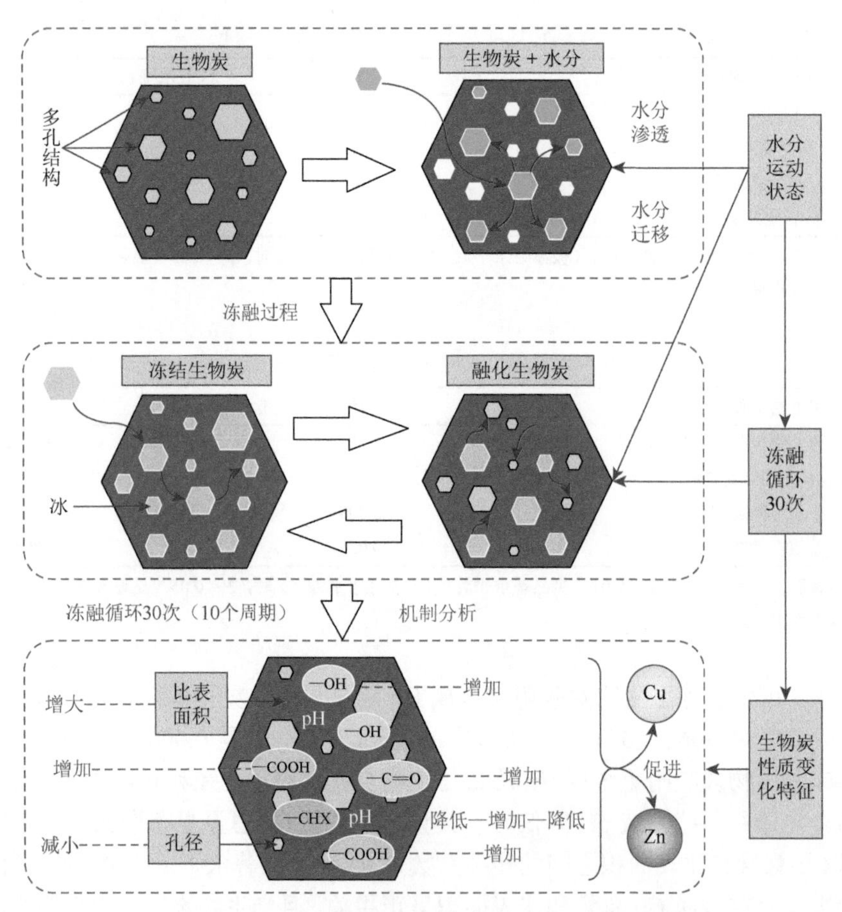

图 5-6　冻融生物炭吸附重金属 Cu 和 Zn 的机理分析图

图中包括冻融循环次数、水分子运动方向和生物炭性质的变化情况通过分析冻融循环周期对生物炭理化性质的影响发现，随冻融循环周期增加，生物炭 pH 降低，随之酸性基团，如—OH 和—COOH 等含氧官能团逐渐增加，从而引起生物炭对重金属 Cu 和 Zn 的最大吸附量增加。根据以往的研究分析，这可能是因为生物炭的有机官能团，特别是生物炭的含氧官能团能通过静电和表面络合作用吸附重金属 Cu 和 Zn；而冻融循环条件下，生物炭 pH 降低的原因之一可能是其表面含氧官能团羟基化和羧基化。因此，冻融循环条件下，生物炭 pH 的变化与官能团之间存在关系，且会直接影响其吸附重金属 Cu 和 Zn 的能力。

由图 5-6 可知，随冻融循环周期增加，生物炭孔径逐渐减小，随之孔体积逐渐减小，比表面积增加，吸附位点增多，从而引起生物炭对重金属 Cu 和 Zn 的最大吸附量 Q_m 增加。而 Zhang 等[25]的研究发现，随冻融循环周期增加，虽然生物炭 pH 降低的同时表面酸性官能团—OH 增加，但比表面积却基本不变，这与本节结果存在一定差异。通过进一步分析发现，本研究与 Zhang 等试验条件（−15℃放置 19h，室温放置 5h，保持 40%的持水力）不仅冻结温度不同，更重要的是生物炭含水率也不同。本试验生物炭与水的比例是 1∶3。本试验开始之前，为了确定生物炭实际应用过程中的吸水效果，采用同样的试验仪器和条件做了一次预实验。在预实验过程中生物炭与水的比例是 1∶4，但经过冻融后发现，生物炭与水出现明显的分层现象，且从装置底部到顶部依次是生物炭—水—生物炭，显然含水率过大。因此，在本试验过程中，生物炭与水的比例改为 1∶3。生物炭在冻融过程中，水分子作为运载载体，会直接影响冻融效果，进而影响生物炭性质，这正是本试验与 Zhang 等研究结果存在差异的原因之一。

Tan 等[26]的研究发现，冻融处理后生物炭比表面积减小。这与本试验结果和大多数试验结果（如 Zhang 等）存在一定的差异。通过进一步分析发现，Tan 等的研究条件是冻融循环 5 个周期，每周期 5d，且冻结温度为−20～40℃，与本试验条件存在差异，且使用的生物炭原材料和制备时的热解温度也不同，因此最终结果存在差异。故不同的原材料、冻融循环周期、冻融循环时间以及冻融循环温度下生物炭性质的变化特征会存在较大差异，甚至出现相反结果。再如 Guo 等[27]的研究表明，生物炭对 Cu 的最大吸附量从老化后的 5.56mg/g 下降到 3.68mg/g，这与本书的结果也不同。但通过进一步分析发现，Guo 等的试验条件为："生物炭样品在恒温（30±1℃）、持水性 60%的暗箱中培养"。而在本书中，温度变化范围为−20～30℃，生物炭含水率为 75%，这导致本试验研究结果与 Guo 等的结果存在差异。

由此可以发现，冻融对生物炭理化性质和吸附能力的影响不仅表现为与某一条件或某一个单一指标有相关关系，还表现为多重因素（冻结温度、冻融时间、生物炭含水率、原材料制备等）和几个指标（孔径、孔体积、比表面积、官能团基团特征以及 pH 等）之间的相互作用共同对其产生重要的影响。

5.3　稳定化材料对土壤理化性质及重金属富集的影响

5.3.1　野外场地布置与研究方法

1. 试验场地设置

选择黑龙江省松嫩平原黑土区作为研究对象，将研究场地划分为四个试验区，每个试验区设置 2m×2m 的规格，根据生物炭的理化性质和当地农业生产需求，四个试验区分别设置为 S1（裸土）、B3（施加 3kg/m^2 生物炭）、B6（施加 6kg/m^2 生物炭）、B9（施加 9kg/m^2 生物炭）四个处理。生物炭施用时间是 2017 年 9 月，雪样和土样采集时间是 2018 年 10 月～2019 年 4 月和 2018 年 9 月～2019 年 5 月。本试验使用的土壤理化性质见表 5-7。本试验使用的生物炭委托辽宁金和福农业开发有限公司代加工，是在 500℃无氧条件下由玉米秸秆烧制而成的。其粒径范围在 1.5～2.0mm。用微量元素分析仪测定总碳、氮、硫、氢和氧，试验条件为：炉温 1150℃；氮氢混合物，95%氮气和 5%氢气；压力 0.2MPa。灰分质量分数依据《木质活性炭试验方法 灰分含量的测定》（GB/T 12496.3—1999），计算方法是在 650±20℃下将试样灰化数小时，灰分含量用所得灰分质量与原试样质量的百分比表示。总 C 质量分数为 70.38%，总 N 质量分数为 1.53%，总 H 质量分数为 1.68%，总 S 质量分数为 0.78%，灰分为 31.80%，pH 为 9.14。生物炭中含有羧基、羰基、羟基等大量含氧官能团。

表 5-7 土壤理化性质

土层深度/cm	干容重/(g/cm^3)	含水率/%	有机质/%	孔隙度/%	土壤类型	pH
0～10	1.62	19.30	4.02	32.45	壤土	6.48
10～30	1.70	25.45	3.78	35.62	壤土	6.56
30～60	1.79	28.13	3.45	37.74	壤土	7.37

2. 土样的采集和处理

土样采集时间为 2018 年 10 月～2019 年 6 月，试验过程中土样采集深度为 1m，用取土工具分别在 10cm、20cm、30cm、…、100cm 土层采集土壤样本，每个样本设置三个平行样本。将采集的土壤样品混合，用四分法分为 100g，自然空气干燥后，除去样品中石块，用木棒研磨，分别过 2mm 和 0.149mm 尼龙筛，混合并保留。精确称取 0.2～0.4g（精确至 0.0001g）样品，并放入消煮管中，加水湿润后，加入 10mL 盐酸，将消煮管放在通风柜内散热，煮沸约至 3mL，取出冷却；添加 5mL 硝酸、5mL 氢氟酸和 3mL 高氯酸，将样品放回消煮炉进行高温加热，1h 后打开盖子，继续加热以除硅。为了达到良好的除硅效果，应经常摇动消煮管。当加热到白烟溢出时，盖上盖子，以分解黑色有机碳化物，再打开盖子驱走高氯酸白烟，蒸发至形成黏性物质后转移至 50mL 容量瓶中，加入 5mL 硝酸镧溶液，样品冷却至恒温[28]。消化液过 0.45μm 聚四氟乙烯膜，依据《土壤质量 铜、锌的测定 火焰原子吸收分光光度法》（GB/T 17138—1997）利用原子吸收光谱法测土壤中重金属含量。

3. 雪样的采集和处理

雪样采集时间为 2018 年 10 月 29 日～2019 年 4 月 5 日，总降雪次数为 7 次。每次降雪后，雪样被收集并带回实验室测定其理化性质，并依据《水质 铜、锌、铅、镉的测定 原子吸收分光光度法》（GB 7475—1987），使用原子吸收光谱法测雪样中重金属 Cu 和 Zn 的浓度。

4. 大气环境中 $PM_{2.5}$ 的采集和处理

大气环境中 $PM_{2.5}$ 采集时间为 2018 年 10 月 29 日～2019 年 4 月 5 日，收集频率与降雪频率一致，总计 7 次。试验期间将采样器放置在试验场中间位置，设置采样器参数，并根据每次采样的周期更换滤膜，一次采样周期为 24h。试验过程中记录 $PM_{2.5}$ 浓度和 $PM_{2.5}$ 中重金属浓度，其中 $PM_{2.5}$ 浓度使用 TRM-ZS2 型自动气象站（锦州阳光气象科技有限公司）实时监测，$PM_{2.5}$ 中重金属的浓度首先使用 KB-1000 型微电脑大流量采样器采集 $PM_{2.5}$，经过处理后利用原子吸收光谱法测定重金属浓度。大气环境中采集的 $PM_{2.5}$ 处理（滤膜处理）如下：取试样滤膜，剪碎放入消煮管中，依次加入 5mL 硝酸、3mL 氢氟酸、1mL 高氯酸后用封口膜封口，置于 180℃烘箱内消解 2h，冷却后取出置于 138℃消煮炉上赶酸，直到剩余少量液体且澄清后取下消煮管，冷却，将溶液转移至 50mL 容器瓶中，再用去离子水稀释至标线，即为试样溶液，用于吸光度的测定[29]。

5. 重金属形态提取方法

由于不同提取方法的研究结果难以进行比较，1993 年欧洲共同体标准局（European Community Bureau of Reference，BCR）在综合已有的重金属元素形态提取方法的基础上，提出了 BCR 顺序萃取法[30]。应用该法所提取的重金属元素形态包括：可交换态及碳酸盐结合态（酸溶态）、Fe/Mn 氧化物结合态（可还原态）、有机物及硫化物结合态（可氧化态）以及残渣态，前 3 种结合态为可提取态（有效结合态）。研究表明，该方法稳定性和重现性好，提取精度较高，且不同研究结果具有可比性[31]。

研究人员采用 BCR 顺序萃取法，将土壤中重金属形态分为酸溶态、可还原态、可氧化态和残渣态四个组分。乙酸（0.11mol/L）、0.1mol/L 羟胺盐酸盐（pH = 2）、30%H_2O_2 和 1mol/L NH_4OAc（pH = 2）以及 HNO_3-HF-$HClO_4$ 分别用于提取金属的酸溶态、还原态、氧化态和残渣态[32]。

6. 重金属污染评价方法

（1）地累积指数（I_{geo}）。I_{geo} 由德国学者 Muller（穆勒）提出，能反映土壤中重金属污染程度，被广泛应用于重金属污染程度定量评价中，其计算公式如下[33]：

$$I_{geo} = \log_2\left(\frac{C_n}{KB_n}\right) \tag{5-4}$$

式中，I_{geo} 为地累积指数；C_n 为沉积物中第 n 种元素实测含量，mg/kg；B_n 为第 n 种元素背景值，mg/kg；常数 K 为考虑成土母岩差异可能引起的背景值变动系数，本次取值 1.5。

（2）富集因子（enrichment factor，EF）。EF 可用于判断土壤重金属来源，确定人为影响程度[34]。Sc、Zr、Ti 和 Al 这 4 种元素在土壤中含量变化较小，在风化及成土过程中较稳定，故一般被选为参比元素[35]。本章选取 Sc 作为参比元素，黑龙江省土壤背景值作为背景值，样品值与背景值标准化处理结果的比值大小反映了土壤受人为活动干扰程度[36]，计算公式如下：

$$\mathrm{EF}=\frac{\left(\dfrac{C_i}{C_n}\right)_{\text{样品}}}{\left(\dfrac{C_i}{C_n}\right)_{\text{背景}}} \tag{5-5}$$

式中，EF 为元素富集因子；C_i为元素 i 含量；C_n为参比元素含量。

（3）迁移系数（T_j）。元素的迁移系数是评价重金属迁移能力指标之一，其计算公式如下[37]：

$$T_j=\frac{\dfrac{C_{j,\mathrm{s}}}{C_{j,\mathrm{b}}}}{\dfrac{C_{\mathrm{Sc,s}}}{C_{\mathrm{Sc,b}}}}-1 \tag{5-6}$$

式中，T_j为 j 元素迁移系数；$C_{j,\mathrm{s}}$为土样 j 元素含量；$C_{j,\mathrm{b}}$为 j 元素背景值；$C_{\mathrm{Sc,s}}$为样品 Sc 含量，$C_{\mathrm{Sc,b}}$为 Sc 背景值。当 $T_j=0$ 时，表明 j 元素相对于 Sc 没有富集或丢失；$T_j=-1$ 时，表明 j 元素完全丢失；$T_j>0$ 时，表明 j 元素富集；$T_j<0$ 时，表明 j 元素丢失。

（4）淋失比率（C_{ij}）。研究土壤中重金属淋滤迁移规律有助于评价土壤环境质量，了解重金属对地下水带来的污染趋势，淋失比率计算公式如下[38]：

$$C_{ij}=\frac{M_{(i-1)j}}{M_{ij}} \tag{5-7}$$

式中，C_{ij}为 i 层中 j 元素淋失比率；$M_{(i-1)j}$为$(i-1)$层中 j 元素含量；M_{ij}为 i 层中 j 元素含量。

5.3.2 稳定化材料对土壤理化性质影响分析

1. 生物炭对土壤含水率的影响

由图 5-7 可知，在 S1 条件下，0～100cm 土层土壤含水率变化范围是 19.30%～28.13%，其中，在 0～50cm 土层中土壤含水率呈先下降后上升的趋势，在 50～100cm 土层中土壤含水率呈下降趋势，土壤含水率表现为 0～10cm 最大和 90～100cm 最小的规律。在 B3 条件下，0～100cm 土层土壤含水率变化范围是 19.89%～28.16%，其中在 0～100cm 土层中土壤含水率总体变化趋势与 S1 一致，土壤含水率表现为 0～10cm 最大和 90～100cm 最小，相比于 S1 条件下，B3 条件下 0～100cm 各土层含水率分别增加了 0.03%、0.09%、0.80%、0.66%、0.62%、1.15%、0.85%、0.27%、0.19%、0.59%，且 50～60cm 增加显著，为 1.15%。在 B6 条件下，0～100cm 土层土壤含水率变化区间是 22.24%～28.68%，其中 0～30cm 土层土壤含水率呈先下降后上升的趋势，30～100cm 土层土壤含水率呈下降趋势，土壤含水率表现为 0～10cm 最大和 80～90cm 最小，相比于 S1 条件，B6 条件下 0～100cm 各土层含水率分别增加了 0.55%、1.63%、3.83%、1.13%、1.12%、2.63%、2.49%、3.10%、2.42%、3.23%，且 20～30cm 增加显著，为 3.83%。在 B9 条件下，0～100cm 土层土壤含水率变化范围是 20.31%～28.58%，其中 0～30cm 土层土壤含水率呈先下降后上升趋势，30～

100cm 土层土壤含水率呈下降趋势，土壤含水率表现为 0～10cm 最大和 80～90cm 最小，相比于 S1 条件，B9 条件下 0～100cm 各土层含水率分别增加了 0.45%、1.18%、2.52%、0.72%、0.80%、1.99%、1.00%、1.13%、1.74%、1.01%，且 50～60cm 增加显著，为 1.99%。

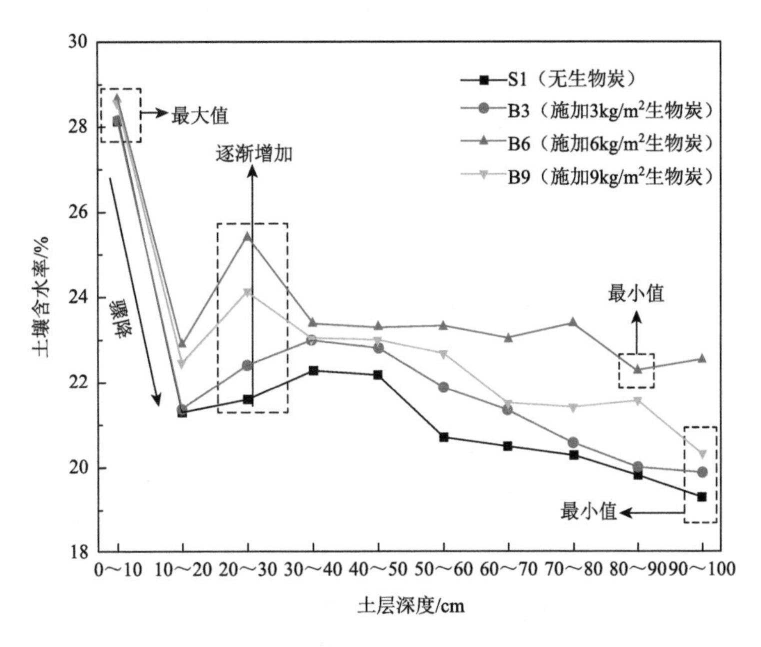

图 5-7　土壤垂直剖面上含水率变化特征

通过分析发现，B3、B6、B9 条件下各土层土壤含水率相比于 S1 条件均有增加，且表层增加显著，表现为 B6＞B9＞B3＞S1。因此，施加生物炭能有效提高土壤含水率，且生物炭添加量 6kg/m² 时效果最佳。

2. 生物炭对土壤干容重的影响

由图 5-8 可知，在 S1 条件下，0～100cm 土层土壤干容重变化区间是 1.65～1.77g/cm³，其中在 0～50cm 土层土壤干容重呈先下降后上升趋势，在 50～100cm 土层呈先下降后上升趋势，土壤干容重表现为 40～50cm 土层最大和 50～60cm 土层最小。在 B3 条件下，0～100cm 土层土壤干容重变化范围是 1.60～1.72g/cm³，其中 0～100cm 土层土壤干容重总体变化趋势与 S1 一致，土壤干容重呈 90～100cm 土层最大和 50～70cm 土层最小，相比于 S1 条件，0～100cm 各土层土壤干容重分别降低了 0.09g/cm³、0.07g/cm³、0g/cm³、0.07g/cm³、0.12g/cm³、0.05g/cm³、0.09g/cm³、0.01g/cm³、0.02g/cm³、0/cm³，且 40～50cm 降低显著，为 0.12g/cm³。在 B6 条件下，0～100cm 土层土壤干容重变化区间是 1.50～1.69g/cm³，其中 0～100cm 土层土壤干容重呈先下降后上升趋势，土壤干容重表现为 90～100cm 土层最大和 50～60cm 土层最小，相比于 S1 条件，0～100cm 各土层土壤干容重分别降低了 0.17g/cm³、0.17g/cm³、0.14g/cm³、0.22g/cm³、0.26g/cm³、0.15g/cm³、0.10/cm³、0.03g/cm³、0.03g/cm³、0.03g/cm³，且 40～50cm 降低显著，为 0.26g/cm³。在 B9 条件下，0～100cm

土层土壤干容重变化区间是 1.55～1.71g/cm^3，0～100cm 土层土壤干容重呈先下降后上升趋势，土壤干容重表现为 90～100cm 土层最大和 50～60cm 土层最小，相比于 S1 条件，0～100cm 各土层土壤干容重分别降低了 0.16g/cm^3、0.16g/cm^3、0.12g/cm^3、0.07g/cm^3、0.13g/cm^3、0.10g/cm^3、0.08g/cm^3、0g/cm^3、0.01g/cm^3、0.01g/cm^3，且 0～10cm 降低显著，为 0.16g/cm^3。

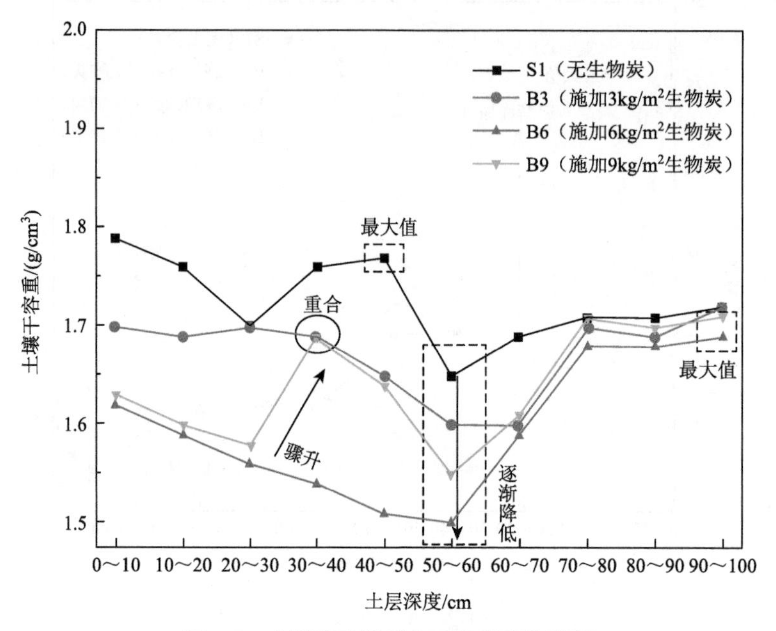

图 5-8 土壤垂直剖面上干容重变化特征

通过分析发现，B3、B6、B9 条件下各土层土壤干容重相比于 S1 条件均有所降低，表现为 B6＜B9＜B3＜S1。因此，施加生物炭能有效降低土壤干容重，且生物炭添加量 6kg/m^2 时效果最佳。

3. 生物炭对土壤孔隙度的影响

由图 5-9 可知，在 S1 条件下，0～100cm 土层土壤孔隙度变化区间是 32.45%～37.74%，其中在 0～50cm 土层土壤孔隙度呈上升趋势，在 50～100cm 土层呈下降趋势，土壤孔隙度表现为 50～60cm 最大和表层 0～10cm 最小。在 B3 条件下，0～100cm 土层土壤孔隙度变化范围是 34.45%～37.86%，其中在 0～100cm 土层中土壤孔隙度总体变化趋势与 S1 一致，土壤孔隙度表现为 50～60cm 最大和表层 0～10cm 最小，相比于 S1 条件，0～100cm 各土层土壤孔隙分别增加了 2.00%、0.98%、1.65%、1.40%、0.05%、0.12%、1.37%、0.78%、0.76%、0.93%，且表层 0～10cm 增加显著，为 2.00%。在 B6 条件下，0～100cm 土层土壤孔隙度变化区间是 36.23%～43.40%，在 0～100cm 土层中土壤孔隙度总体变化趋势与 S1 和 B3 一致，土壤孔隙度表现为 50～60cm 最大和底层 90～100cm 最小，相比于 S1 条件，0～100cm 各土层土壤孔隙分别增加了 6.42%、6.42%、7.92%、8.31%、7.17%、5.66%、3.77%、1.13%、1.13%、1.14%，且 30～40cm 增加显著，为 8.31%。在 B9 条件下，0～100cm 土层土壤孔隙度变化区间是 36.65%～40.56%，在 0～100cm 土层中土壤孔隙度总体变化趋势与 S1、B3、B6 一致，且土壤孔隙度表现为 50～60cm 最大和表层 0～10cm 最小，相比于 S1 条件，0～100cm 各土层土壤孔隙分别增加了 4.20%、3.98%、4.68%、4.40%、4.38%、2.82%、2.78%、4.12%、3.91%、3.37%，且 30～40cm 增加显著，为 4.68%。

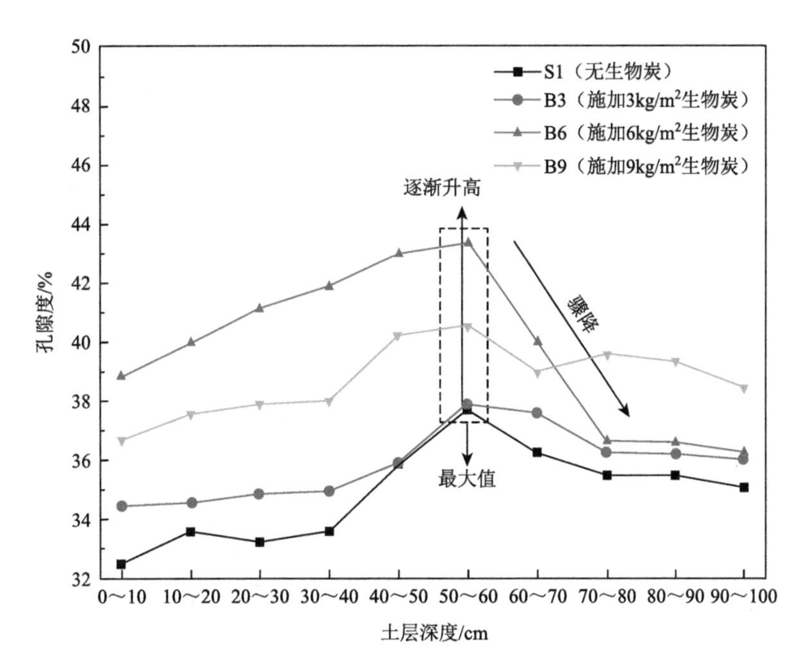

图 5-9　土壤垂直剖面上孔隙度变化特征

通过分析发现，B3、B6、B9 条件下各土层土壤孔隙度相比于 S1 条件均有所增加，表现为 B6＞B9＞B3＞S1，但 B6 处理组在 70～80cm 及以下的孔隙度低于 B9 处理组的孔隙度。因此，施加生物炭能有效增加土壤孔隙度，且同样在生物炭添加量为 6kg/m^2 时效果最佳。

4. 生物炭对土壤 pH 的影响

由图 5-10 可知，在 S1 条件下，0～100cm 土层土壤 pH 变化区间是 6.48～7.37，其中在 0～70cm 土层土壤 pH 呈上升趋势，在 70～100cm 呈下降趋势，土壤 pH 表现为 60～70cm 最大和表层 0～10cm 最小。在 B3 条件下，0～100cm 土层土壤 pH 变化范围是 6.81～7.42，其中在 0～100cm 土层中土壤 pH 总体变化趋势与 S1 一致，土壤 pH 表现为 60～70cm 最大和表层 0～10cm 最小，相比于 S1 条件，0～100cm 各土层 pH 分别增加了 0.33、0.23、0.23、0.25、0.30、0.04、0.05、0.03、0.06、0.02，且 40～50cm 增加显著，为 0.30。在 B6 条件下，0～100cm 土层土壤 pH 变化区间是 7.10～7.87，其中在 0～40cm 土层中土壤 pH 呈上升趋势，在 40～100cm 土层中土壤 pH 呈下降趋势，土壤 pH 表现为 20～30cm 最大和表层 0～10cm 最小，相比于 S1 条件，0～100cm 各土层 pH 分别增加了 0.62、0.92、0.98、0.87、0.85、0.29、0.03、0.19、0.21、0.14，且 20～30cm 增加显著，为 0.98。在 B9 条件下，0～100cm 土层土壤 pH 变化区间是 7.20～7.61，0～100cm 土层土壤 pH 总体

变化趋势与B6一致，且土壤pH表现为40～50cm最大和表层0～10cm最小，相比于S1条件，0～100cm各土层pH分别增加了0.72、0.73、0.69、0.63、0.63、0.28、0.13、0.01、0.04、0.04，且10～20cm增加显著，为0.73。

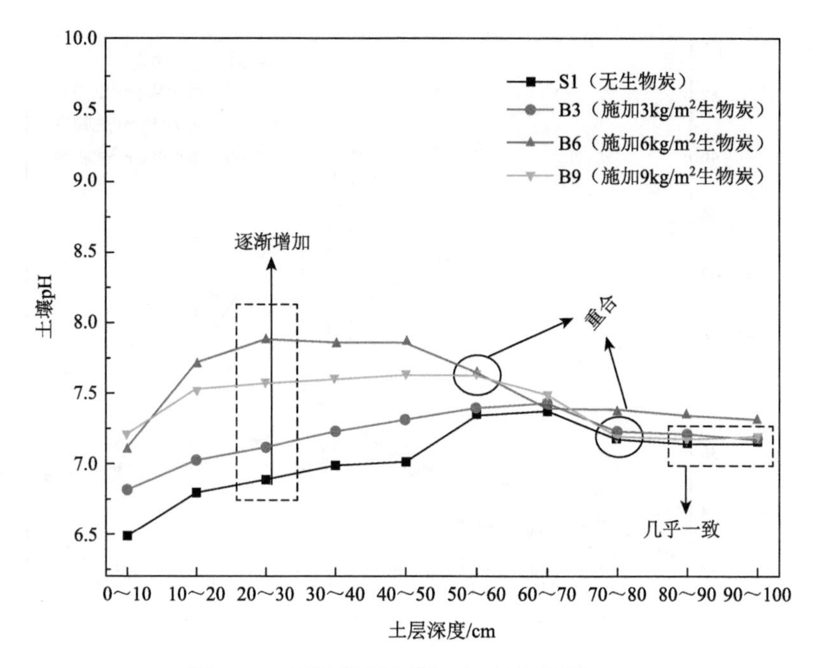

图 5-10　土壤垂直剖面上pH变化特征

通过分析发现，B3、B6、B9条件下各土层土壤pH相比于S1条件均有所增加，除在B9条件下0～10cm和60～70cm pH比B6高以外，其他土层均表现为B6＞B9＞B3＞S1，因此，施加生物炭能有效提高土壤pH，且从总体土层分析，仍然是在生物炭添加量为6kg/m^{2}时效果最佳。

5.3.3　土壤理化特性与重金属富集效应分析

1. 土壤理化性质之间的相关关系分析

根据室外试验数据，利用统计学分析了土壤理化性质之间的相关关系和显著性水平，分析结果如表5-8所示。土壤含水率与孔隙度、pH和干容重之间的相关系数分别是–0.608、–0.815和0.651，显著水平P分别是0.062、0.004和0.042，由此可知，土壤含水率与孔隙度和pH负相关，与土壤干容重正相关；且当土壤含水率增加时，土壤pH显著降低，但土壤孔隙度降低不显著，而土壤干容重显著增加。土壤干容重与孔隙度和pH之间的相关系数分别是–0.706和–0.805，显著水平P分别是0.022和0.005，由此可知，土壤干容重与孔隙度和pH负相关；且当土壤干容重降低时，土壤孔隙度显著增加，pH极显著增加。土壤孔隙度和土壤pH之间的相关系数是0.885，显著水平P是0.001，由此可知，土壤孔隙度和土壤pH正相关；且当土壤孔隙度降低时，土壤pH极显著降低。

表 5-8　土壤理化性质之间的相关关系和显著性水平

土壤理化性质	r	P	结果
土壤含水率和土壤干容重	0.651	0.042	显著正相关
土壤含水率和土壤孔隙度	−0.608	0.062	不显著负相关
土壤 pH 和土壤含水率	−0.815	0.004	极显著负相关
土壤干容重和土壤孔隙度	−0.706	0.022	显著负相关
土壤干容重和土壤 pH	−0.805	0.005	极显著负相关
土壤孔隙度和土壤 pH	0.885	0.001	极显著正相关

注：当显著性水平为 1%时，$P<0.01$（极显著水平）；当显著性水平为 5%时，$P<0.05$（显著水平）。

2. 土壤理化性质与土壤中 Cu 富集程度相关关系分析

依据土壤理化性质与重金属 Cu 富集程度的相关性数据，我们绘制土壤理化性质与重金属 Cu 富集程度的线性拟合曲线，如图 5-11 所示。进一步分析了土壤理化性质与土壤中重金属 Cu 富集程度的相关性和显著水平，分析结果如表 5-9 所示。土壤理化性质与土壤中重金属 Cu 的 Pearson 方程参数如表 5-10 所示。随土壤含水率和干容重增加，土壤中重金属 Cu 浓度呈增加趋势，而随 pH 增加，土壤中重金属 Cu 浓度呈降低趋势。

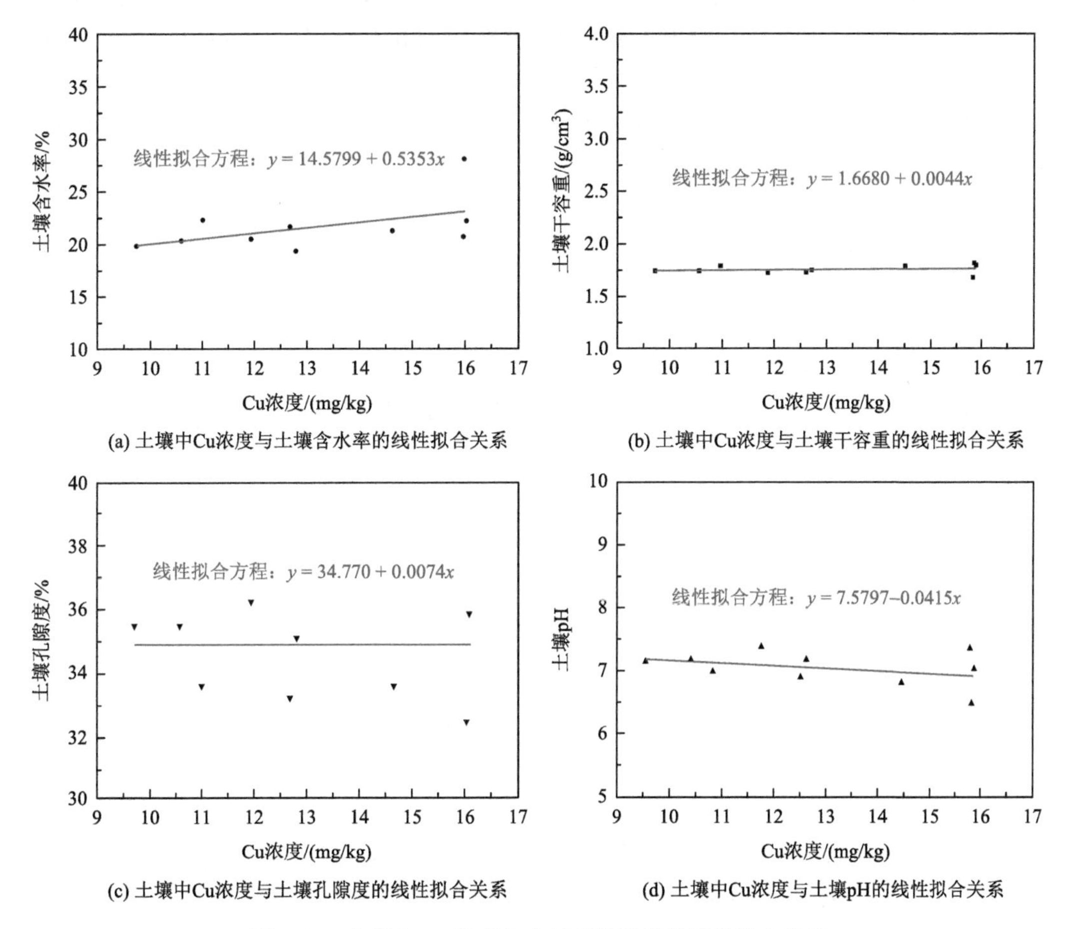

图 5-11　土壤中 Cu 浓度与土壤理化性质的线性拟合关系

表 5-9 土壤理化性质与重金属 Cu 富集程度相关关系的统计分析

土壤中 Cu 和土壤理化性质	相关系数	显著性	结果
土壤中 Cu 和土壤含水率	0.511	0.131	不显著正相关
土壤中 Cu 和土壤干容重	0.244	0.496	不显著正相关
土壤中 Cu 和土壤孔隙度	0.011	0.976	不显著正相关
土壤中 Cu 和土壤 pH	–0.367	0.298	不显著负相关

表 5-10 Cu 的 Pearson 方程拟合参数结果

Cu-土壤理化性质	r	截距	斜率	点数	自由度
Cu-土壤含水率	0.5113	14.5799	0.5353	10	8
Cu-土壤干容重	0.2443	1.6680	0.0044	10	8
Cu-土壤孔隙度	0.0108	34.770	0.0074	10	8
Cu-土壤 pH	–0.3665	7.5797	–0.0415	1	8

由表 5-9 可知，土壤中重金属 Cu 与土壤含水率、干容重、孔隙度和 pH 之间的相关系数分别是 0.511、0.244、0.011 和–0.367，显著水平 P 分别是 0.131、0.496、0.976 和 0.298，由此可知，土壤中重金属 Cu 与土壤含水率和干容重正相关，与土壤 pH 负相关，而与土壤孔隙度基本不相关。当土壤含水率、干容重降低或 pH 增加时，土壤中重金属 Cu 浓度降低，但降低不显著。

3. 土壤理化性质与土壤中 Zn 富集程度相关关系分析

依据土壤理化性质与重金属 Zn 富集程度的相关性数据，绘制土壤理化性质与重金属 Zn 富集程度的线性拟合曲线，如图 5-12 所示；进一步分析了土壤理化性质与土壤中重金属 Zn 富集程度的相关性和显著水平，分析结果如表 5-11 所示；土壤理化性质与土壤中重金属 Zn 的 Pearson 方程参数如表 5-12 所示。随土壤 pH 和孔隙度增加，土壤中重金属 Zn 浓度呈增加趋势，而随含水率增加，土壤中重金属 Zn 浓度呈降低趋势。

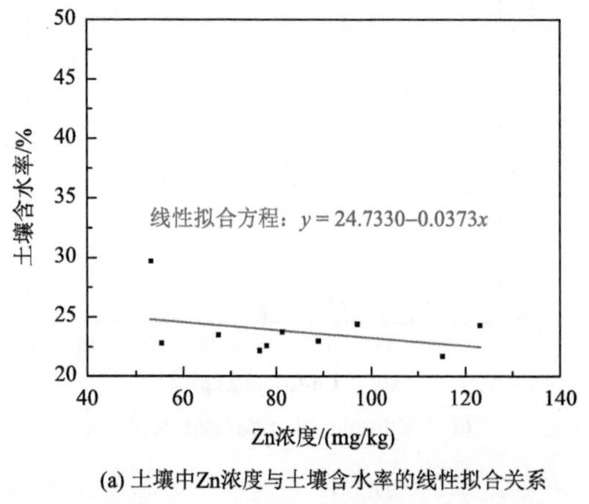

(a) 土壤中Zn浓度与土壤含水率的线性拟合关系

(b) 土壤中Zn浓度与土壤干容重的线性拟合关系

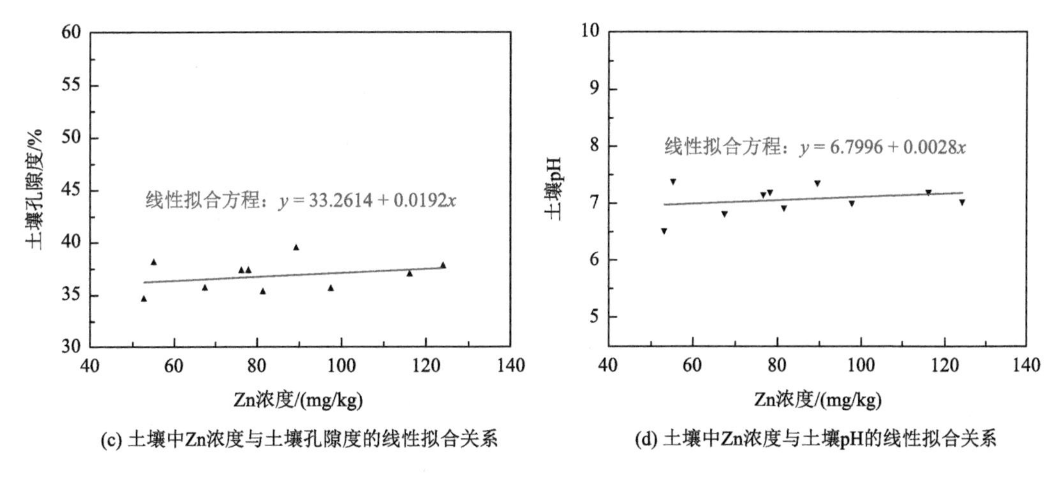

(c) 土壤中Zn浓度与土壤孔隙度的线性拟合关系　(d) 土壤中Zn浓度与土壤pH的线性拟合关系

图 5-12　土壤中 Zn 浓度与土壤理化性质的线性拟合关系

表 5-11　土壤理化性质与重金属 Zn 富集程度的统计分析

土壤中 Zn 和土壤理化性质	相关系数	显著性	结果
土壤中 Zn 和土壤含水率	−0.361	0.306	不显著负相关
土壤中 Zn 和土壤干容重	0.042	0.909	不显著正相关
土壤中 Zn 和土壤孔隙度	0.284	0.427	不显著正相关
土壤中 Zn 和土壤 pH	0.251	0.484	不显著正相关

表 5-12　Zn 的 Pearson 方程拟合参数结果

Zn-土壤理化性质	r	截距	斜率	点数	自由度
Zn-土壤含水率	−0.3606	24.7330	−0.0373	10	8
Zn-土壤干容重	0.04186	1.7197	7.4755×10^{-5}	10	8
Zn-土壤孔隙度	0.28386	33.2614	0.0192	10	8
Zn-土壤 pH	0.2513	6.7996	0.0028	10	8

由表 5-11 可知，土壤中重金属 Zn 与土壤含水率、干容重、孔隙度和 pH 之间的相关系数分别是−0.361、0.042、0.284 和 0.251，显著水平 P 分别是 0.306、0.909、0.427 和 0.484，由此可知，土壤中重金属 Zn 与土壤 pH 和孔隙度正相关，与土壤含水率负相关，而与土壤干容重基本不相关。当土壤 pH、孔隙度降低或含水率增加时，土壤中重金属 Zn 浓度降低，但降低不显著。

5.4　融雪期土壤 Cu 和 Zn 迁移特征及阻控机制研究

5.4.1　大气 $PM_{2.5}$ 中 Cu 和 Zn 浓度变化特征

本节分别选取第一次降雪、第二次降雪直至第七次降雪当天大气 $PM_{2.5}$ 浓度及 $PM_{2.5}$

中重金属 Cu 和 Zn 浓度作为典型代表，不同降雪时期粉尘颗粒物 $PM_{2.5}$ 浓度和 $PM_{2.5}$ 中重金属浓度如表 5-13 所示。

表 5-13 不同降雪时期粉尘颗粒物浓度与其中重金属含量的关系

降雪时间（年-月-日）	$PM_{2.5}$ 浓度/(μg/L)	$PM_{2.5}$ 中 Cu 的浓度/(ng/L)	$PM_{2.5}$ 中 Zn 的浓度/(ng/L)
2018-10-29	5.00	13.12±3.15	122.63±36.89
2018-12-13	36.00	36.72±2.16	196.89±83.06
2018-12-21	28.00	30.20±12.11	174.69±46.25
2019-01-25	1.00	7.35±2.12	89.63±26.39
2019-03-12	1.00	7.02±2.68	80.71±20.45
2019-03-21	19.00	18.68±9.63	150.93±50.89
2019-04-05	3.00	8.98±3.10	102.38±36.59

在第一次降雪至第五次降雪过程中，$PM_{2.5}$ 浓度的总体变化特征呈现先上升后下降的趋势，$PM_{2.5}$ 中 Cu 和 Zn 浓度的总体变化特征也呈现先上升后下降的趋势。此外，在第五次至第七次降雪过程中，$PM_{2.5}$ 浓度的总体变化特征呈现先上升后下降的趋势，$PM_{2.5}$ 中 Cu 和 Zn 浓度的变化特征也呈现先上升后下降的趋势。由此可以发现，$PM_{2.5}$ 中 Cu 和 Zn 的浓度随着 $PM_{2.5}$ 浓度的变化而变化。第一次降雪过程中 $PM_{2.5}$ 浓度为 5.00μg/L，第二次降雪过程中 $PM_{2.5}$ 浓度显著提升为 36.00μg/L，相对应的，第一次降雪过程中 $PM_{2.5}$ 中 Cu 和 Zn 浓度分别是 13.12±3.15ng/L 和 122.63±36.89ng/L，第二次降雪过程中 $PM_{2.5}$ 中 Cu 和 Zn 浓度有显著提升，分别是 36.72±2.16ng/L 和 196.89±83.06ng/L。由此说明，随大气中 $PM_{2.5}$ 浓度的增加，大气悬浮物中 Cu 和 Zn 浓度升高。同理，第四次和第五次降雪过程中 $PM_{2.5}$ 的浓度相比于其他几次降雪较低，其数值均是 1μg/L，则与之对应的 $PM_{2.5}$ 中 Cu 和 Zn 浓度相比于其他几次降雪也较低，分别是 7.35±2.12ng/L、89.63±26.39ng/L 和 7.02±2.68ng/L、80.71±20.45ng/L。

5.4.2 雪被中 Cu 和 Zn 浓度变化特征

依据测定的七次降雪过程中积雪富集的 Cu 浓度数据，绘制降雪深度、雪被富集重金属浓度和降雪次数的柱状图，如图 5-13 所示。在第一次降雪至第三次降雪过程中，降雪深度呈上升趋势，雪被中 Cu 和 Zn 的浓度也呈上升趋势；在第三次降雪至第四次降雪过程中，降雪深度呈下降趋势，雪中 Cu 和 Zn 浓度也呈下降趋势。在第一次降雪至第七次降雪过程中，积雪中 Cu 和 Zn 的总累积量呈逐渐增加的趋势。

在第一次降雪过程中，降雪深度是 3mm，而在第二次和第三次降雪过程中，降雪深度分别增加至 9mm 和 20mm，与此同时，与之对应的三次降雪过程中积雪中重金属 Cu 浓度分别是 1.91μg/L、3.62μg/L、17.69μg/L，由此可以说明，随降雪量增加，积雪中重金属 Cu 的浓度也增加，并且在第七次降雪过程中降雪量达到最大值，同时积雪中 Cu 浓度也最大。对积雪中 Cu 累积量分析可知，随降雪次数增加，积雪中 Cu 累积量也增加，并且截至第七次降雪结束后，Cu 的累积量为 112.47μg。

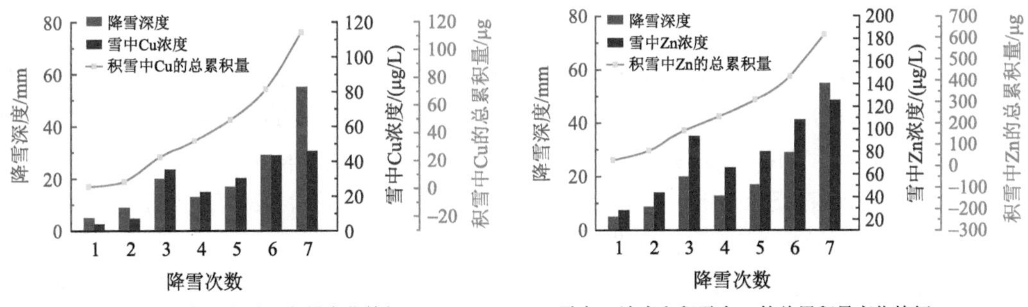

(a) 雪中Cu浓度和积雪中Cu的总累积量变化特征　(b) 雪中Zn浓度和积雪中Zn的总累积量变化特征

图 5-13　雪中重金属浓度和积雪中重金属的总累积量变化特征

同理，在前三次降雪过程中，积雪中重金属 Zn 的浓度分别是 27.70μg/L、43.23μg/L、93.12μg/L，由此可以说明，随降雪量增加，积雪中重金属 Zn 的浓度也逐渐增加，并且在第七次降雪过程中，降雪量达到最大值，同时积雪中 Zn 的浓度也最大。对积雪中 Zn 累积量分析可知，随降雪次数增加，积雪中 Zn 累积量也增加，并且截至第七次降雪结束后，Zn 的累积量为 615.13μg。因此，随降雪量的增加，雪中重金属 Cu 和 Zn 的含量也增加，且通过分析累积量发现，Zn 的累积量相对于 Cu 多，说明降雪过程中富集在积雪中的 Zn 浓度相对于 Cu 大。

5.4.3　融雪期生物炭对土壤中重金属浓度分布特征的影响

1. 融雪期生物炭对土壤中 Cu 浓度特征的影响

在冻结期内积雪中富集了大量的重金属 Cu，然而在融雪期时，融雪水所携带的 Cu 入渗到土壤中，进而影响了土壤中 Cu 的分布，因此依据各土层中重金属含量数据，我们绘制土层深度和对应土层中重金属 Cu 浓度的三维柱状图，如图 5-14 所示。

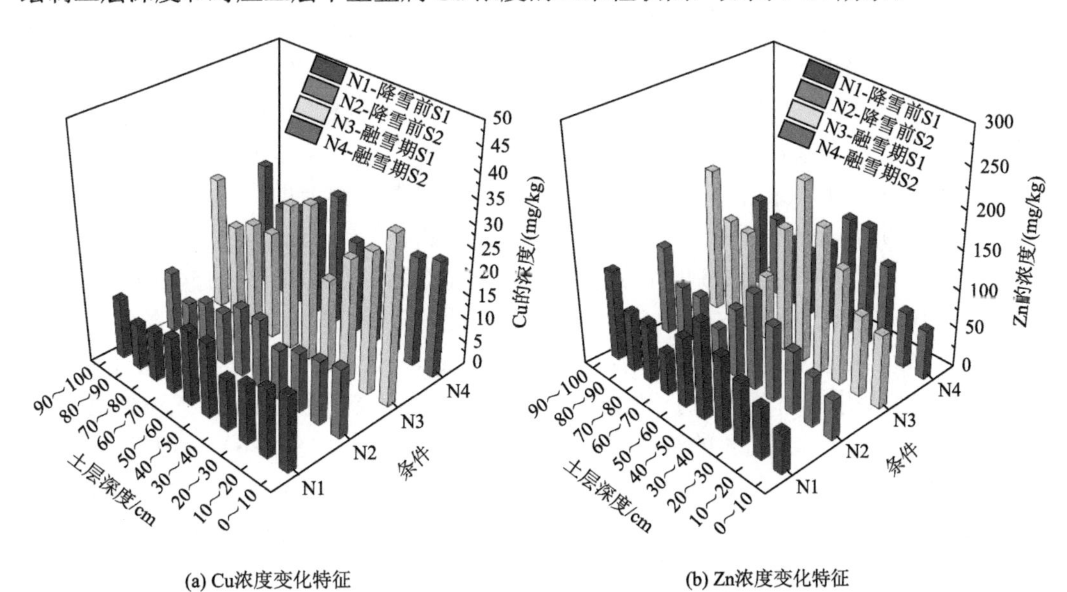

(a) Cu浓度变化特征　(b) Zn浓度变化特征

图 5-14　土壤垂直剖面上重金属 Cu、Zn 的浓度变化特征

降雪前，S1 处理条件下，土壤中 Cu 的浓度在垂直剖面上的变化范围是 9.74～16.02mg/kg，并且具体分析 0～10cm 土层发现，Cu 的浓度是 13.97mg/kg，Cu 的浓度最大值出现在 40～50cm 土层。然而在 S2（B6）处理条件下，Cu 的浓度在垂直剖面上的变化区间是 8.44～14.73mg/kg，并且在表层 0～10cm 土层 Cu 的浓度是 13.65mg/kg，且 Cu 的浓度最大值出现在 50～60cm 土层。由此发现，降雪前 S1 和 S2（B6）处理条件下 Cu 和 Zn 浓度变化差异极小，基本一致。

融雪期，S1 处理条件下，土壤中 Cu 浓度在垂直剖面上的变化范围是 19.46～35.81mg/kg，并且具体分析 0～10cm 土层发现，Cu 的浓度是 35.81mg/kg。而分析 S2(B6) 处理条件下土壤垂直剖面 Cu 的浓度可知，其变化区间降低至 17.92～27.72mg/kg，且在表层 0～10cm 土层 Cu 的浓度是 24.76mg/kg。由此发现，融雪期，S1 处理条件下，0～10cm 土层 Cu 的浓度相对于降雪前增加了 21.84mg/kg，S2（B6）处理条件下，0～10cm 土层 Cu 的浓度相对于降雪前增加了 11.11mg/kg，由于融雪水所携带的重金属 Cu 入渗到土壤中，融雪期土壤中重金属 Cu 的浓度相对于降雪前增加，经过 S2（B6）处理后，土壤中 Cu 浓度的增加幅度相对于 S1 处理条件下有所降低。与此同时，相对于 S1 处理条件，S2（B6）处理条件下各个土层 Cu 的浓度均降低，由此可以得出，施加生物炭后能有效地减少融雪水携带的重金属 Cu 入渗到土壤中的浓度。

2. 融雪期生物炭对土壤中 Zn 浓度特征的影响

依据各土层中重金属浓度数据，绘制土层深度和对应土层中重金属 Zn 浓度的三维柱状图，如图 5-14（b）所示。

降雪前，S1 处理条件下，土壤中 Zn 浓度在垂直剖面上的变化范围是 52.22～124.74mg/kg，并且具体分析 0～10cm 土层发现，Zn 的浓度为 52.22mg/kg，Zn 的浓度最大值出现在 40～50cm 土层。然而在 S2（B6）处理条件下，Zn 浓度在垂直剖面上的变化区间是 49.37～124.74mg/kg，并且在表层 0～10cm 土层 Zn 的浓度为 49.37mg/kg，Zn 的浓度最大值出现在 40～50cm 土层。由此发现，降雪前 S1 和 S2（B6）处理条件下 Zn 的浓度变化差异极小，基本一致。

融雪期，S1 处理条件下，土壤中 Zn 浓度在垂直剖面上的变化范围是 83.46～185.79mg/kg，并且具体分析 0～10cm 土层发现，Zn 浓度为 94.21mg/kg。而分析 S2（B6）处理条件下，土壤垂直剖面 Zn 的浓度可知，其变化区间降低至 63.52～154.68mg/kg，且在表层 0～10cm 土层 Zn 的浓度为 63.52mg/kg。由此发现，融雪期，S1 处理条件下，0～10cm 土层 Zn 的浓度相对于降雪前增加了 41.99mg/kg，S2（B6）处理条件下，0～10cm 土层 Zn 浓度相对于降雪前增加了 13.15mg/kg，融雪水所携带的重金属 Zn 入渗到土壤中，致使融雪期土壤中重金属 Zn 的浓度相对于降雪前增加，经过 S2（B6）处理后，土壤中 Zn 浓度的增加幅度相对于 S1 处理条件下有所降低。与此同时，S2（B6）处理条件下各个土层 Zn 的浓度相对于 S1 处理条件下均降低，由此可以得出，施加生物炭后能有效地截留融雪水携带的重金属 Zn 入渗到土壤中。

综上分析，融雪期生物炭对土壤中重金属 Cu 和 Zn 浓度特征的影响发现，在 S1 和

S2（B6）条件下，0～90cm 垂直剖面土壤 Cu 浓度总体变化趋势是先下降后上升再下降，而 Zn 浓度在 0～90cm 垂直剖面变化趋势则相反。尽管在 S1 和 S2（B6）的条件下，Cu 的总体变化趋势是一致的，但总体变化速率的数据分析表明，S2（B6）条件相比于 S1 条件 Cu 的变化速率更慢，Zn 有相似的结果，表明在 S2（B6）条件下，土壤中 Cu 和 Zn 的迁移速率减慢。基于上述分析发现，降雪前 0～10cm 土层和融雪期 40～50cm 土层中 Cu 浓度丰富，这是由于哈尔滨 1～3 月在冻融循环作用的影响下，融雪水携带的重金属在表层土壤“融化—冻结”循环后首先在表层积累。随着 4～5 月气温的升高，土壤完全融化，水中携带的重金属逐渐迁移到下层土壤。

5.4.4　稳定化材料对土壤重金属形态转化的影响

1. 生物炭对土壤中 Cu 各形态转化的影响

依据土壤中 Cu 各个形态的浓度及其转化情况的数据，绘制不同处理条件下 BCR 顺序萃取法提取 Cu 各形态浓度的三线表，如表 5-14 所示。

表 5-14　不同处理条件下土壤中 Cu 各形态浓度　（单位：mg/kg）

重金属 Cu 形态	S1	B3	S2（B6）	B9
酸溶态	1.07	0.85	0.72	0.83
可还原态	2.15	2.85	3.56	2.78
可氧化态	3.58	4.21	5.26	3.98
残渣态	25.10	24.00	24.46	24.41

在 S1 条件下，酸溶态 Cu 的浓度是 1.07mg/kg，相比于对照组，土壤经过生物炭处理后，在 B3、S2（B6）、B9 条件下其可提取的酸溶态 Cu 分别降低了 20.56%、32.71%、22.43%；在 S1 条件下，可还原态 Cu 的浓度是 2.15mg/kg，相比于 S1 组，土壤经过生物炭处理后，在 B3、S2（B6）、B9 条件下其可提取的可还原态 Cu 分别增加了 32.56%、65.58%、29.30%；在 S1 条件下，可氧化态 Cu 的浓度是 3.58mg/kg，相比于 S1 组，土壤经过生物炭处理后，在 B3、S2（B6）、B9 条件下其可提取的可氧化态 Cu 分别增加了 17.60%、46.93%、11.17%；在 S1 条件下，残渣态 Cu 的浓度是 25.10mg/kg，相比于 S1 组，土壤经过生物炭处理后，在 B3、S2（B6）、B9 条件下其可提取的残渣态 Cu 分别降低了 4.38%、2.55%、2.75%。

2. 生物炭对土壤中 Zn 各形态转化的影响

依据土壤中 Zn 各个形态的浓度及其转化情况的数据，绘制不同处理条件下 BCR 顺序萃取法提取 Zn 各形态浓度的三线表，如表 5-15 所示。

表 5-15　不同处理条件下土壤中 Zn 各形态浓度　（单位：mg/kg）

重金属 Zn 形态	S1	B3	S2（B6）	B9
酸溶态	6.59	6.29	5.72	6.31
可还原态	8.48	9.21	10.56	9.05
可氧化态	5.65	6.02	6.92	6.31
残渣态	65.00	64.53	62.55	64.08

在 S1 条件下，酸溶态 Zn 的浓度是 6.59mg/kg，相比于 S1 组，土壤经过生物炭处理后，在 B3、S2（B6）、B9 条件下其可提取的酸溶态 Zn 分别降低了 4.55%、13.20%、4.25%；在 S1 条件下，可还原态 Zn 的浓度是 8.48mg/kg，相比于 S1 组，土壤经过生物炭处理后，在 B3、S2（B6）、B9 条件下其可提取的可还原态 Zn 分别增加了 8.61%、24.53%、6.72%；在 S1 条件下，可氧化态 Zn 的浓度是 5.65mg/kg，相比于 S1 组，土壤经过生物炭处理后，在 B3、S2（B6）、B9 条件下其可提取的可氧化态 Zn 分别增加了 6.55%、22.48%、11.68%；在 S1 条件下，残渣态 Zn 的浓度是 65.00mg/kg，相比于 S1 组，土壤经过生物炭处理后，在 B3、S2（B6）、B9 条件下其可提取的残渣态 Zn 分别降低了 0.72%、3.77%、1.42%。

综上，分析生物炭对土壤中重金属 Cu 和 Zn 各形态转化的影响发现，S1 条件下，土壤中 Zn 和 Cu 的残渣态浓度占据各组分总浓度的比重较大，分别为 75.83%和 78.68%，而酸溶态组分中 Zn 和 Cu 的浓度分别为 7.69%和 3.35%，Cu 和 Zn 的前三组分浓度之和占比分别为 21.32%和 24.17%，这表明 Zn 比 Cu 更易迁移。在土壤中添加 3kg/m^2、6kg/m^2 和 9kg/m^2 生物炭时可还原态 Cu 的比例分别从对照组的 6.74%提高到 8.93%、10.47%和 8.69%；可氧化态 Cu 的比例分别从对照组的 11.22%提高到 13.19%、15.47%和 12.44%。此外，残渣态 Cu 的比例保持稳定或变化不大。在 S1、B3、S2（B6）和 B9 条件下，可还原态 Cu 加可氧化态 Cu 总量分别为 5.73mg/kg、7.06mg/kg、8.82mg/kg 和 6.76mg/kg，其顺序为 S2（B6）＞B3＞B9＞S1。一般而言，可还原态和可氧化态重金属在正常土壤条件下是稳定的，固定化金属主要转化为还原态和氧化态。由此发现，当生物炭加入量为 6kg/m^2 时，Cu 的固定效果最好，与 Zn 的固定效果相似，因此，重金属在土壤中的迁移不仅受总量的影响，还受重金属形态比例的影响。

5.4.5 稳定化材料对土壤重金属淋滤特征的影响

1. 融雪期生物炭对 Cu 淋滤特征的影响

在上述土壤重金属空间分布特征分析的基础上，依据式（5-6）得出了土壤中重金属 Cu 的迁移系数（T_j）数据，绘制了土层深度和土壤垂直剖面上重金属 Cu 迁移系数（T_j）的变化曲线，如图 5-15 所示；依据式（5-7）得出了土壤中重金属 Cu 的淋失比率（C_{ij}）数据，绘制了土层深度和土壤垂直剖面上重金属 Cu 淋失比率（C_{ij}）的变化曲线，如图 5-16 所示。

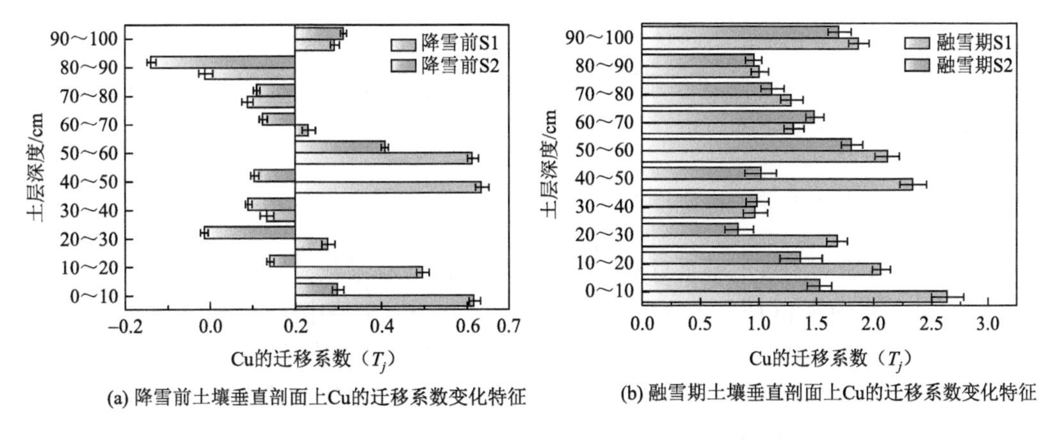

(a) 降雪前土壤垂直剖面上Cu的迁移系数变化特征　(b) 融雪期土壤垂直剖面上Cu的迁移系数变化特征

图 5-15　土壤垂直剖面上重金属 Cu 的迁移系数变化特征

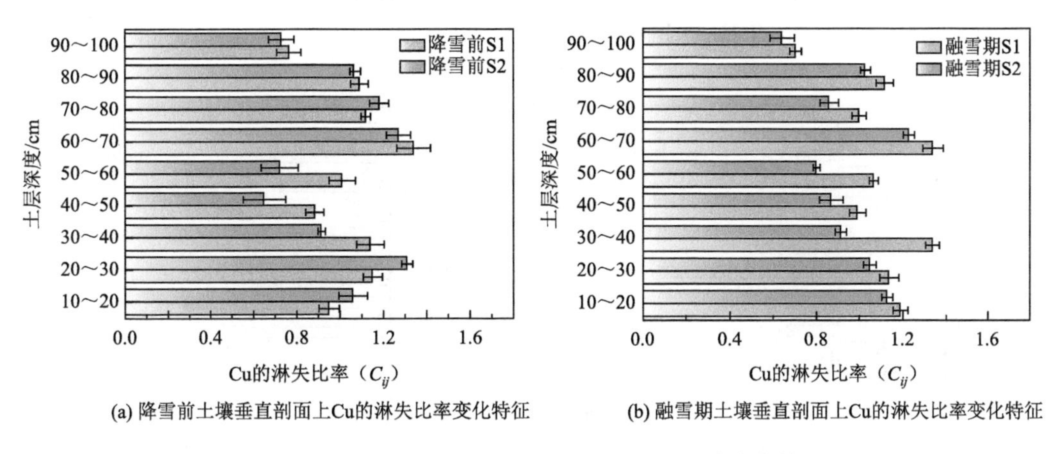

(a) 降雪前土壤垂直剖面上Cu的淋失比率变化特征　(b) 融雪期土壤垂直剖面上Cu的淋失比率变化特征

图 5-16　土壤垂直剖面上重金属 Cu 的淋失比率变化特征

降雪前，S1 处理条件下，土壤中 Cu 的淋失比率在垂直剖面上的变化范围是 0.763～1.339，并且具体分析 10～20cm 土层可知，Cu 的淋失比率是 0.952，而在 60～70cm 处淋失比率达到最大值。然而在 S2（B6）处理条件下，Cu 的淋失比率在垂直剖面上的变化区间是 0.654～1.296，并且在表层 10～20cm 土层 Cu 的淋失比率是 1.069，在 80～90cm 处淋失比率达到最大值。由此发现，降雪前 S1 和 S2（B6）处理条件下 Cu 的淋失比率基本一致。

融雪期，S1 处理条件下，土壤中 Cu 的淋失比率在垂直剖面上的变化范围是 0.822～1.352，并且具体分析 10～20cm 土层可知，Cu 的淋失比率变为 1.192。而 S2（B6）处理条件下，Cu 的淋失比率在垂直剖面上的变化区间降为 0.802～1.311，并且在表层 10～20cm 土层 Cu 的淋失比率是 1.138。由此可知，融雪期，S1 处理条件下，10～20cm 土层 Cu 的淋失比率相对于降雪前增加了 0.240，S2（B6）处理条件下，10～20cm 土层 Cu 的淋失比率相对于降雪前提升了 0.069，表明施加生物炭能有效降低融雪水所携带的重金属 Cu 入渗到土壤中的淋滤能力。同时，通过计算土壤迁移系数发现，融雪期，S1 处理条件下，0～10cm 土层 Cu 的迁移系数相对于降雪前增加了 2.022，S2（B6）处理条件下，0～10cm 土层 Cu 的迁移系数相对于降雪前增加了 1.221，表明 S2（B6）处理条件下 0～10cm 土层 Cu 的迁移系数的增加幅度相对于 S1 处理条件有所降低，此结果与上述淋失比率一致。

2. 融雪期生物炭对 Zn 淋滤特征的影响

参考上述方法，测算土壤垂直剖面上重金属 Zn 迁移系数（T_j）和淋失比率（C_{ij}），分别如图 5-17 和图 5-18 所示。降雪前，S1 处理条件下，土壤中 Zn 的淋失比率在垂直剖面上的变化范围是 0.654～1.618，并且具体分析 10～20cm 土层可知，Zn 的淋失比率是 0.772，并且最大值出现在 60～70cm 土层；然而在 S2（B6）处理条件下，Zn 的淋失比率在垂直剖面上的变化区间是 0.691～1.587，并且在表层 10～20cm 土层 Zn 的淋失比率是 0.913，最大值出现在 50～60cm 土层。由此发现，降雪前 S1 和 S2（B6）处理条件下 Zn 的淋失比率在垂直剖面上的变化趋势基本一致。

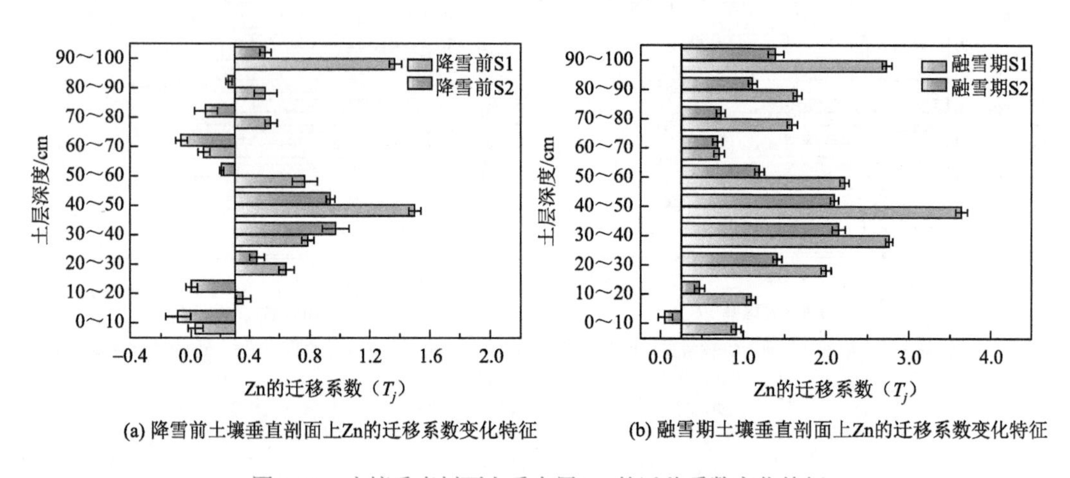

图 5-17 土壤垂直剖面上重金属 Zn 的迁移系数变化特征

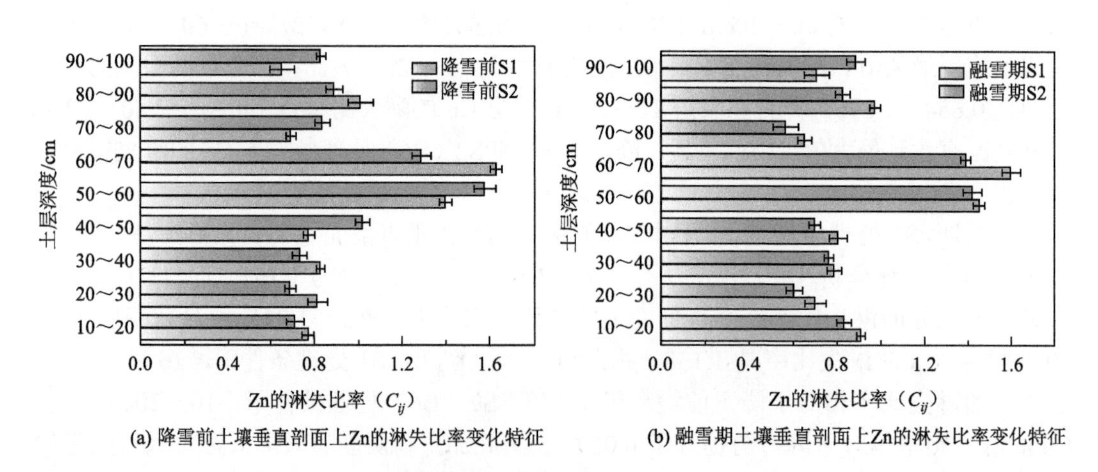

图 5-18 土壤垂直剖面上重金属 Zn 的淋失比率变化特征

融雪期，S1 处理条件下，土壤中 Zn 的淋失比率在垂直剖面上的变化范围是 0.653～1.658，并且具体分析 10～20cm 土层可知，Zn 的淋失比率变为 0.911。而 S2（B6）处理条件下，Zn 的淋失比率在垂直剖面上的变化区间降为 0.609～1.424，并且在表层 10～20cm 土层 Zn 的淋失比率是 0.835。由此可知，融雪期，S1 处理条件下，10～20cm 土层 Zn 的淋失比率相对于降雪前增加了 0.139，S2（B6）处理条件下，10～20cm 土层 Zn 的淋失比率相对于降雪前增加了 0.122，S2（B6）处理条件下 10～20cm 土层 Zn 的淋失比率的增加幅度相对于 S1 处理条件下有所降低，由此可以得出，施加生物炭能有效降低融雪水所携带重金属 Zn 入渗到土壤中的淋滤能力。同时，由图 5-17 可知，通过计算土壤迁移系数发现，融雪期，S1 处理条件下，0～10cm 土层 Zn 的迁移系数相对于降雪前增加了 0.882，S2（B6）处理条件下，0～10cm 土层 Zn 的迁移系数相对于降雪前增加了 0.122，且 S2（B6）处理条件下 0～10cm 土层 Zn 的迁移系数的增加幅度相对于 S1 处理条件下有所降低，此结果与上述淋失比率一致。

综上分析，降雪前，在 S1 条件下，10～40cm 土层土壤 Cu 淋失比率呈上升趋势；融雪期，10～30cm 土层土壤 Zn 淋失比率呈下降趋势，20～70cm 土层土壤 Zn 淋失比率呈逐渐上升趋势，说明降雪前表层土壤 Cu 浓度较高，融雪期表层土壤 Zn 浓度较高。

5.4.6　稳定化材料对土壤重金属污染程度的影响

1. 生物炭对土壤中 Cu 污染程度的影响

在上述关于重金属迁移系数和淋失比率测算的基础之上，进一步依据式（5-4）得出了土壤中重金属 Cu 的地累积指数（I_{geo}）的数据，绘制土层深度和土壤垂直剖面上重金属 Cu 的地累积指数（I_{geo}）的变化曲线，如图 5-19 所示。依据式（5-5）得出了土壤中重金属 Cu 的富集因子（EF）的数据，绘制土层深度和土壤垂直剖面上重金属 Cu 富集因子（EF）的变化曲线，如图 5-20 所示。

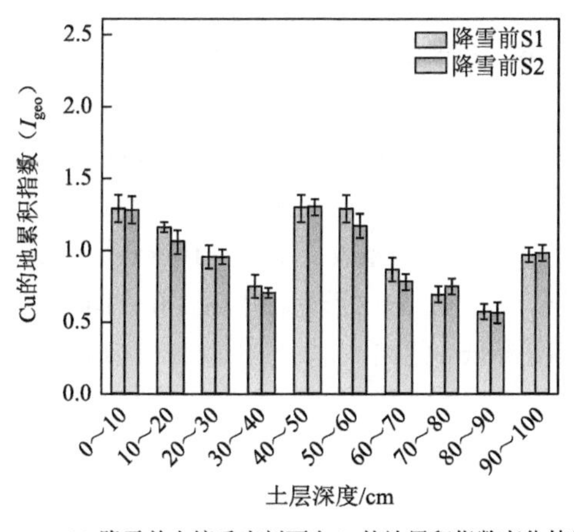

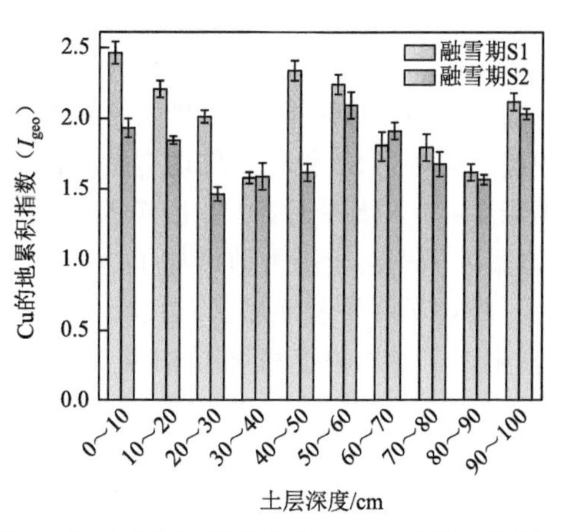

(a) 降雪前土壤垂直剖面上Cu的地累积指数变化特征　(b) 融雪期土壤垂直剖面上Cu的地累积指数变化特征

图 5-19　土壤垂直剖面上重金属 Cu 的地累积指数变化特征

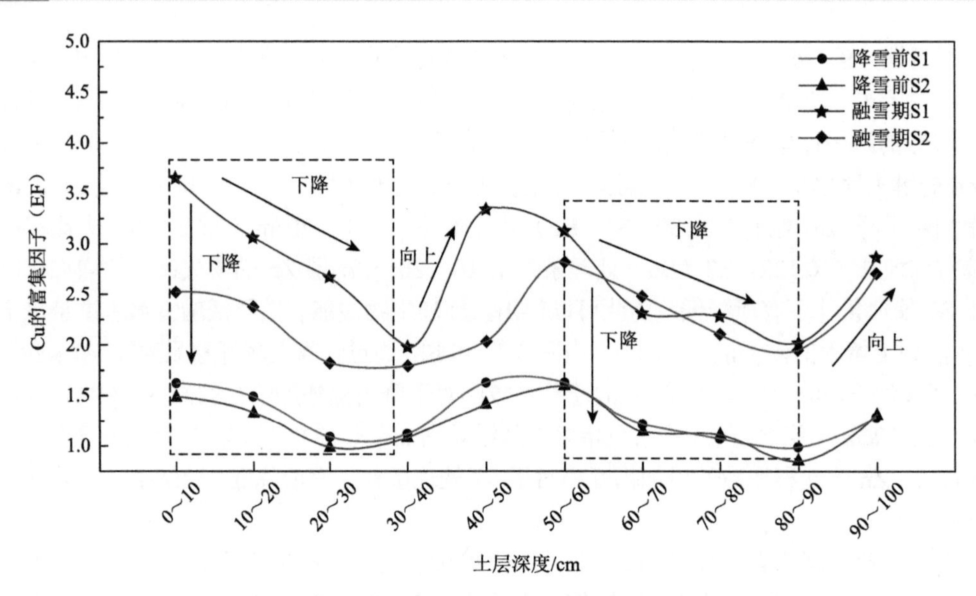

图 5-20 土壤垂直剖面上重金属 Cu 的富集因子变化特征

降雪前，S1 处理条件下，土壤中 Cu 的地累积指数在垂直剖面上的变化范围是 0.574～1.292，并且具体分析 0～10cm 土层可知，Cu 的地累积指数是 1.288，Cu 的地累积指数最大值出现在 40～50cm 土层；然而在 S2（B6）处理条件下，Cu 的地累积指数在垂直剖面上的变化区间是 0.567～1.299，并且在表层 0～10cm 土层 Cu 的地累积指数是 1.279，Cu 的地累积指数最大值出现在 40～50cm 土层。由此发现，降雪前 S1 和 S2（B6）处理条件下 Cu 的淋失比率基本一致。

融雪期，S1 处理条件下，土壤中 Cu 的地累积指数在垂直剖面上的变化范围是 1.573～2.453，并且具体分析 0～10cm 土层可知，Cu 的地累积指数为 2.453。而 S2（B6）处理条件下，Cu 的地累积指数在垂直剖面上的变化区间降为 1.454～2.083，并且在表层 0～10cm 土层 Cu 的地累积指数是 1.920。由此可知，融雪期，S1 处理条件下，0～10cm 土层 Cu 的地累积指数相对于降雪前增加了 1.165，S2（B6）处理条件下，0～10cm 土层 Cu 的地累积指数相对于降雪前增加了 0.641，S2（B6）处理条件下 0～10cm 土层 Cu 的地累积指数的增加幅度相对于 S1 处理条件有所降低，且 S2（B6）处理条件下各个土层 Cu 的地累积指数相对于 S1 处理条件均有所降低，再次证实施加生物炭能有效降低融雪水所携带的重金属 Cu 入渗到土壤中。由图 5-20 可知，融雪期，S1 处理条件下，0～10cm 土层 Cu 的富集因子相对于降雪前增加了 2.322，S2（B6）处理条件下，0～10cm 土层 Cu 的富集因子相对于降雪前增加了 1.124，由此发现，S2（B6）处理条件下，0～10cm 土层 Cu 的富集因子增加幅度相对于 S1 处理条件有所降低，此结果与上述地累积指数分析结果一致。

2. 生物炭对土壤中 Zn 污染程度的影响

参考上述方法，测算土壤垂直剖面上重金属 Zn 的地累积指数（I_{geo}）和富集因子（EF），分别如图 5-21 和图 5-22 所示。降雪前，S1 处理条件下，土壤中 Zn 的地累积指数在垂直剖面上的变化范围是 0.668～1.924，并且具体分析 0～10cm 土层可知，Zn 的地累积指数是 0.668，Zn 的地累积指数最大值出现在 40～50cm 土层；然而在 S2（B6）处理条件下，Zn 的地累积指数在垂直剖面上的变化区间是 0.665～1.986，并且在表层 0～10cm 土层 Zn 的地累积指数是 0.665，Zn 的地累积指数最大值出现在 40～50cm 土层。由此发现，降雪前 S1 和 S2（B6）处理条件下 Zn 的地累积指数基本一致。

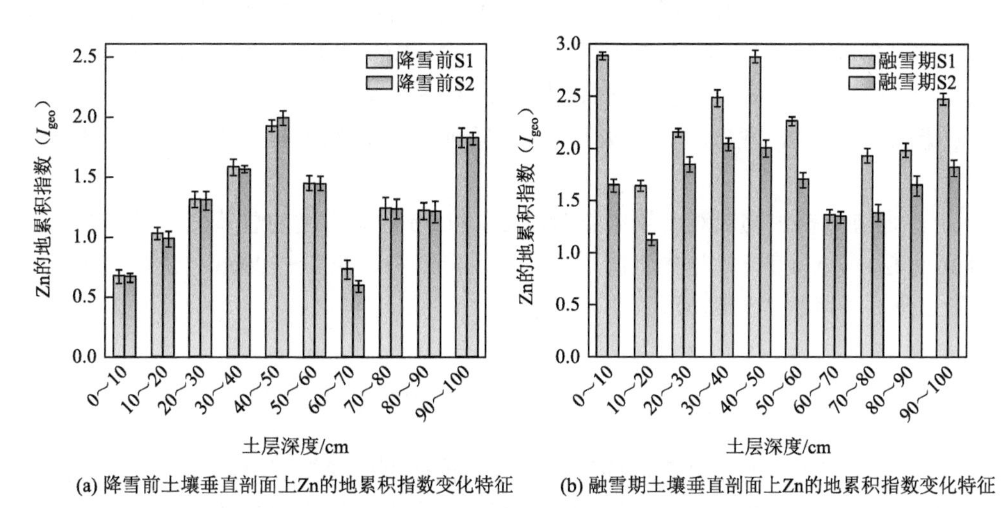

(a) 降雪前土壤垂直剖面上Zn的地累积指数变化特征　(b) 融雪期土壤垂直剖面上Zn的地累积指数变化特征

图 5-21　土壤垂直剖面上重金属 Zn 的地累积指数变化特征

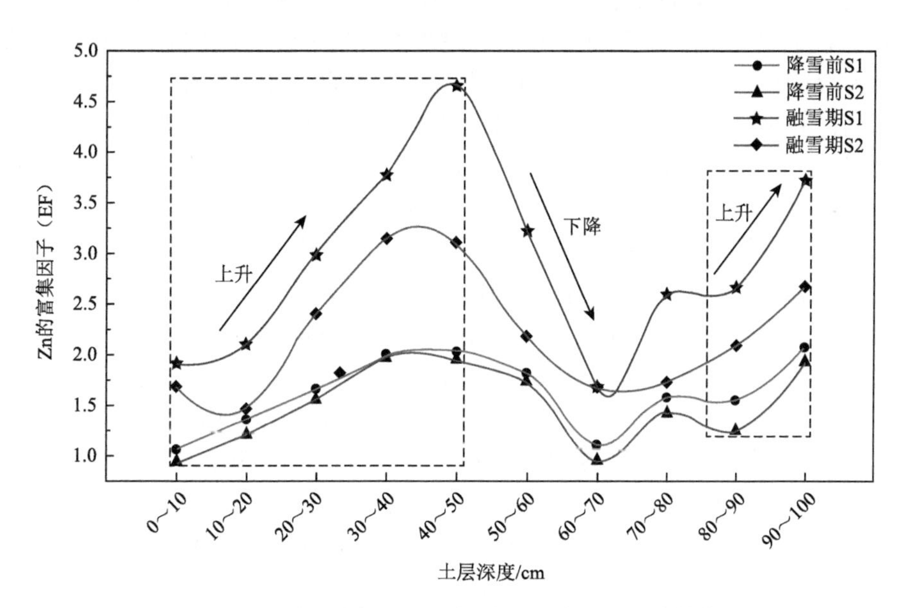

图 5-22　土壤垂直剖面上重金属 Zn 的富集因子变化特征

融雪期，S1 处理条件下，土壤中 Zn 的地累积指数在垂直剖面上的变化范围是 1.519～2.883，并且具体分析 0～10cm 土层可知，Zn 的地累积指数变为 2.867。而 S2（B6）处理条件下 Zn 的地累积指数在垂直剖面上的变化区间降为 1.088～2.035，并且在表层 0～10cm

土层 Zn 的地累积指数是 1.635。由此可知，融雪期，S1 处理条件下，0～10cm 土层 Zn 的地累积指数相对于降雪前增加了 2.199，S2（B6）处理条件下，0～10cm 土层 Zn 的地累积指数相对于降雪前增加了 0.970，S2（B6）处理条件下 0～10cm 土层 Zn 的地累积指数的增加幅度相对于 S1 处理条件有所降低，且 S2（B6）处理条件下各个土层 Zn 的地累积指数相对于 S1 处理条件均有所降低，同样证实施加生物炭能有效降低融雪水所携带的重金属 Zn 入渗到土壤中的淋滤能力。由图 5-22 可知，融雪期，S1 处理条件下，0～10cm 土层 Zn 的富集因子相对于降雪前增加了 0.852，S2（B6）处理条件下，0～10cm 土层 Zn 的富集因子相对于降雪前增加了 0.759，由此发现，S2（B6）处理条件下，0～10cm 土层 Zn 的富集因子增加幅度相对于 S1 处理条件有所降低，此结果与上述地累积指数分析结果一致。

综上，通过分析生物炭对土壤中重金属 Cu 和 Zn 污染程度的总体变化趋势发现，在 0～90cm 土层中，Cu 的 I_{geo} 呈先下降后上升再下降趋势。在 0～100cm 土层土壤中 Zn 的 EF 呈先上升后下降再上升趋势。

5.5 本章小结

本章立足于我国主要粮食产区的松嫩平原，依托室内模拟试验，分析了冻融循环作用对生物炭理化性质和吸附性能的影响，旨在揭示在季节性冻融循环作用的影响下生物炭理化性质与其吸附性之间的相关关系。之后，通过重金属拟合方程计算生物炭吸附重金属 Cu 和 Zn 的最大吸附量 Q_m 值，揭示冻融生物炭吸附重金属的机制。在此基础之上，开展野外大田试验，分析生物炭对土壤基本理化性质的影响，揭示生物炭改善土壤性质的响应机制；并研究生物炭对融雪水产流所携带的重金属入渗到土壤中的截留作用，通过探究融雪期生物炭对土壤中重金属 Cu 和 Zn 迁移调控作用的影响，揭示融雪期生物炭对土壤和积雪中重金属迁移转化的阻控作用机制。本章获得的主要结论如下。

（1）冻融循环能显著改变生物炭化学性质和表面结构，具体表现为：冻融生物炭经过 10 个周期（30 次）冻融循环后，其 pH 从 8.86 下降到 7.99，比表面积从 6.28m^2/g 增加到 20.26m^2/g，孔体积和孔径分别从 0.009mL/g 和 1.692nm 下降到 0.003mL/g 和 1.423nm。10 个周期中生物炭吸附 Cu 和 Zn 的最大吸附量 Q_m 相比于对照组分别增加了 72.00%和 44.55%，同时含氧官能团—OH、—COOH、—C＝O 数量显著增加。

（2）不同生物炭施加量对土壤理化性质的影响。在 B3、B6、B9 处理条件下，各土层土壤干容重相比于 S1 条件下均有所降低，表现为 S1＞B3＞B9＞B6；B3、B6、B9 各土层土壤含水率、孔隙度和 pH 相比于 S1 条件均增加，其效果表现为 B6＞B9＞B3＞S1。因此，当生物炭添加量为 6kg/m^2 时对有效改善土壤理化性质贡献最大，且对表层土壤含水率相对于其他层影响较为显著。

（3）土壤理化性质和土壤中重金属含量的相关关系分析。相关性分析表明，土壤中重金属 Cu 与土壤含水率和干容重均正相关，与土壤 pH 负相关；土壤中重金属 Zn 与土壤 pH 和孔隙度均正相关，与土壤含水率负相关。垂直剖面土壤中重金属 Cu 富集程度与土壤孔隙度基本不相关，Zn 与土壤干容重基本不相关。Cu 和 Zn 在土壤中的富集程度与土壤理化性质的相关关系并不完全一致，这与 Cu 和 Zn 自身被土壤吸附的能力、土壤类型、气候条件和样品处理方式等密切相关。显著水平分析表明，当土壤含水率和干容重降低或 pH 增加时，土壤中重金属 Cu 的浓度降低，但降低不显著；当土壤 pH 和孔隙度增加或含水率降低时，土壤中重金属 Zn 的浓度增加，且增加不显著。

（4）融雪期生物炭对土壤中重金属迁移调控特征分析。融雪期，S1 处理条件下，0～10cm 土层 Cu 和 Zn 浓度相对于降雪前增加了 21.84mg/kg 和 41.99mg/kg，S2（B6）处理条件下，0～10cm 土层 Cu 和 Zn 浓度相对于降雪前增加了 11.11mg/kg 和 13.15mg/kg。经过 S2（B6）处理后，表层 0～10cm 土层中 Cu 和 Zn 浓度的增加值相对于 S1 处理条件分别减少了 10.73mg/kg 和 28.84mg/kg。融雪期，与 S1 相比，添加生物炭后，表层土壤中 Cu 和 Zn 的淋失比率、地累积指数和富集因子均呈下降趋势。融雪期，S2（B6）处理条件下，在 10～20cm 土层中 Cu 和 Zn 的淋失比率分别比 S1 处理条件下降低 0.06 和 0.076，地累积指数分别降低 0.53 和 1.24，富集因子分别降低 1.20 和 0.09。

综上所述，通过研究生物炭吸附机理和不同生物炭施加量对重金属 Cu 和 Zn 吸附效果的影响，结合研究区域的典型气候因素，针对该区域土壤所具备的典型问题和现状，本书认为在降雪前期施加生物炭对降雪期积雪中重金属有截留作用，有效抑制了融雪水产流所携带的重金属入渗到土壤中，且土壤理化性质有较好的改良效果。考虑到季节性冻融循环作用对降雪-生物炭-土壤混合体的综合影响，建议生物炭施加量应控制在 $6kg/m^2$ 左右，这对于寒区黑土农田重金属污染防控及农业生态可持续发展具有重要的指导意义。

参考文献

[1] 隽英华，田路路，刘艳，等. 冻融作用对农田黑土有机氮组分的调控效应[J]. 土壤，2020，52（2）：262-270.

[2] 胡列群，武鹏飞，梁凤超，等. 新疆冬春季积雪及温度对冻土深度的影响分析[J]. 冰川冻土，2014，36（1）：48-54.

[3] 房世峰，裴欢，刘志辉，等. 遥感和 GIS 支持下的分布式融雪径流过程模拟研究[J]. 遥感学报，2008（4）：655-662.

[4] Niu G Y，Yang Z L. Effects of frozen soil on snowmelt runoff and soil water storage at a continental scale[J]. Journal of Hydrometeorology，2006，7（5）：937-952.

[5] 侯仁杰. 冻融土壤水热互作机理及环境响应研究[D]. 哈尔滨：东北农业大学，2016.

[6] 樊贵盛，郑秀清，贾宏骥. 季节性冻融土壤的冻融特点和减渗特性的研究[J]. 土壤学报，2000，37（1）：24-32.

[7] 李瑞平，史海滨，付小军，等. 干旱寒冷地区冻融期土壤水分和盐分的时空变异分析[J]. 灌溉排水学报，2012，31（1）：88-92.

[8] 陈军锋，郑秀清，邢述彦，等. 地表覆膜对季节性冻融土壤入渗规律的影响[J]. 农业工程学报，2006，22（7）：18-21.

[9] Iwata Y，Yanai Y，Yazaki T，et al. Effects of a snow-compaction treatment on soil freezing，snowmelt runoff，and soil nitrate movement：A field-scale paired-plot experiment[J]. Journal of Hydrology，2018，567：280-289.

[10] 陶娜，张馨月，曾辉，等. 积雪和冻结土壤系统中的微生物碳排放和碳氮循环的季节性特征[J]. 微生物学通报，2013，40（1）：146-157.

[11] 王镜然，帕丽达·牙合甫. 降雪和积雪中重金属的污染状况与来源解析：以乌鲁木齐市 2017 年初数据为例[J]. 环境保护科学，2020，46（1）：147-154.

[12] 米艳娇. 和田河流域融雪径流模拟及其对未来气候变化的响应[D]. 北京：北京师范大学，2009.

[13] 闫文义. 本世纪以来黑龙江省粮食地位[J]. 黑龙江粮食，2020（7）：4-5.

[14] Gómez-Sagasti M T，Alkorta I，Becerril J M，et al. Microbial monitoring of the recovery of soil quality during heavy metal phytoremediation[J]. Water Air and Soil Pollution，2012，223：3249-3262.

[15] 张颖. 浅析黑龙江省重金属污染现状及防控思路[J]. 生物技术世界，2012，10（7）：40.

[16] 王粟，孙彬，汪潮柱，等. 东北典型黑土区土壤重金属污染现状评价与分析[J]. 安徽农业科学，2013，41（10）：4350-4352.

[17] 孟昭虹，高玉娟. 黑龙江生态省土壤重金属分布特征及其生态风险评价[J]. 安徽农业科学，2008，36（31）：13819-13821.

[18] Cao X D，Harris W. Properties of dairy-manure-derived biochar pertinent to its potential use in remediation[J]. Bioresource Technology，2021，101（14）：5222-5228.

[19] van Zwieten L，Kimber S，Morris S，et al. Effects of biochar from slow pyrolysis of papermill waste on agronomic performance and soil fertility[J]. Plant and Soil，2010，327（1-2）：235-246.

[20] 国家质量技术监督局. 木质活性炭试验方法 pH 值的测定：GB/T 12496.7—1999[S]. 北京：国家质量技术监督局，1999.

[21] 任刚，余燕，彭素芬，等. 沸石和改性沸石对孔雀绿（MG）和磺化若丹明（LR）的吸附特性[J]. 环境化学，2015，34（2）：367-376.

[22] 简敏菲，高凯芳，余厚平，等. 不同温度生物炭酸化前后的表面特性及镉溶液吸附能力比较[J]. 生态环境学报，2015，24（8）：1375-1380.

[23] Lee M E，Park J H，Chung J W. Comparison of the lead and copper adsorption capacities of plant source materials and their biochars[J]. Journal of Environmental Management，2019，236：118-124.

[24] Abdallah M M，Ahmad M N，Walker G，et al. Batch and continuous systems for Zn，Cu，and Pb metal ions adsorption on spent mushroom compost biochar[J]. Industrial & Engineering Chemistry Research，2019，58（17）：7296-7307.

[25] Zhang S Q，Yang X，Ju M T，et al. Mercury adsorption to aged biochar and its management in China[J]. Environmental Science and Pollution Research，2018，26：4867-4877.

[26] Tan L S，Ma Z H，Yang K Q，et al. Effect of three artificial aging techniques on physicochemical properties and Pb adsorption capacities of different biochars[J]. Science of the Total Environment，2020，699：134223.

[27] Guo Y，Tang W，Wu J G，et al. Mechanism of Cu(Ⅱ)adsorption inhibition on biochar by its aging process[J]. Journal of Environmental Sciences，2014，26：2123-2130.

[28] 国家环境保护局. 土壤质量 铜、锌的测定 火焰原子吸收分光光度法：GB/T 17138—1997[S]. 北京：国家环境保护总局，1997.

[29] 周雅. 城市大气 $PM_{2.5}$ 中重金属污染特征、来源及其健康风险[D]. 上海：华东师范大学，2018.

[30] Quevauviller P H，Rauret G，López-Sánchez J F，et al. Certification of trace metal extractable contents in a sediment reference material（CRM 601）following a three-step sequential extraction procedure[J]. Science of the Total Environment，1997，205：223-234.

[31] 刘恩峰，沈吉，朱育新. 重金属元素 BCR 提取法及在太湖沉积物研究中的应用[J]. 环境科学研究，2005，18（2）：57-60.

[32] Sungur A，Soylak M，Yilmaz S，et al. Determination of heavy metals in sediments of the Ergene River by BCR sequential extraction method[J]. Environmental Earth Sciences，2014，72（9）：3293-3305.

[33] Su Q L，Zhou S L，Yi H M，et al. A comparative study of different assessment methods of regional heavy metal pollution[J]. Acta Scientiarum-Technology，2016，36（4）：1309-1316.

[34] Parzych A. Accumulation of heavy metals in moss species Pleurozium Schreberi（Brid.）Mitt. and Hylocomium Splendens（Hedw.）B. S. G. in Słowiński National Park[J]. Journal of Elementology，2014，19（2）：471-482.

[35] Zhang H H，Chen J J，Zhu L，et al. Anthropogenic mercury enrichment factors and contributions in soils of Guangdong Province，South China[J]. Journal of Geochemical Exploration，2014，144：312-319.

[36] Reimann C，Caritat P D. Distinguishing between natural and anthropogenic sources for elements in the environment：Regional geochemical surveys versus enrichment factors[J]. Science of the Total Environment，2005，337（1-3）：91-107.

[37] 徐淑新，于光金. 山东省主要类型土壤重金属的径流迁移系数研究[J]. 资源环境与发展，2010（3）：24-27.

[38] Nan Z R，Li J J. Study on the distribution and behavior of selected metals（Cd，Ni，Pb）in cultivated soil profile in arid zone[J]. Arid Zone Research，2000，4：39-45.

第6章　污染农田作物生理胁迫及土壤环境演变研究

6.1　概　　述

镉（Cd）是一种有毒的持久性土壤污染物，镉污染主要与采矿、冶金和电镀等人为活动有关[1]。植物根系吸收土壤污染会导致“镉胁迫”效应，这与植物光合作用和代谢行为受到干扰以及酶抗氧化活性降低有关[2, 3]。土壤 Cd 污染对作物的影响体现在对粮食和食品安全构成的威胁，人类食用受污染的食品会引发肺气肿、痛痛病和肾脏损害等重大疾病[4]。

水稻作物养活了世界上大约一半的人口，其中近 90%的水稻种植在东亚和南亚[5]。与其他谷物相比，水稻更容易吸收和积累重金属 Cd，特别是在酸性污染的土壤中[6]。农田土壤 Cd 污染现象非常严重，在全国土壤污染调查中，有高达 7%的调查采样点 Cd 含量超过了相关国家标准[7]。例如，在湖南省 Cd 污染地区进行的一项研究显示，有 73%的稻米样品 Cd 浓度超过了中国国家食品标准（0.2mg/kg），这也极大程度地增加了人类健康危害风险[8]。

土壤中 Cd 在植物组织中的积累量与重金属的“生物有效性”有关[9]。近年来，污染农田的修复工作主要集中在降低土壤中 Cd 生物有效性的措施上，并且天然或废弃的生物质基材料（如天然矿物或生物炭）作为原位固定 Cd 的绿色可持续修复材料引发了广泛的关注[10]。例如，Sun 等[11]在 2016 年发现，以 2.4%的比例联合施加海泡石和膨润土能够促使土壤可交换态 Cd 浓度降低 25.6%～23.8%，同时，糙米中 Cd 的生物累积量降低 62.1%～73.6%，为受污农业土壤的安全利用提供了一种简单而有效的方法。Ran 等[12]在 2019 年研究证实，黏土矿物、动物粪便和钙镁磷肥的混合物有效降低有效态 Cd（DTPA 浸提态）达 44.2%～51.1%，同时增强了土壤酶活性特征，从而恢复了土壤健康[13]。然而，由于以往研究缺乏大田试验验证，人们对土壤改良剂的长期有效性能还不是十分了解。另外，自然界中物理、化学和生物老化过程能够提升稳定化处理土壤中重金属的生物利用水平，而季节性冻土区的冻融循环作用可加剧这一过程[14]。

近年来，生物炭受到环境修复行业的广泛关注[15, 16]。这种材料的典型特征是富含碱性矿物，可增加酸性土壤的 pH，从而降低土壤中 Cd 的溶解度[17]。同时，其具有较高的比表面积和丰富的表面官能团，对土壤 Cd 也有直接吸附作用。除了生物炭之外，黏土矿物材料，如坡缕石和海泡石，也显示出了作为土壤改良剂固定金属的良好前景[18]。海泡石由两个四面体二氧化硅片夹着一个八面体氧化镁/氢氧化镁片的块体组成，由于其具有较高的比表面积、阳离子交换量和丰富的表面羟基，对污染物表现出较高的吸附能力[19]。此外，含磷酸盐的化合物，如过磷酸钙、磷酸氢二铵、羟基磷灰石和磷灰石，也可以通过沉淀固定重金属，同时增加作物产量[20]。然而，从长远角度来看，单独施加某种稳定化材料可能会导致其长期性能迅速衰退。对黏土矿物而言，离子交换是一种较弱的稳定化作用机制。虽然这些改良剂的比表面积较大，初期可观察到较高的固定率，但在降水情况下，松散结合的金属可能会从黏土矿物中释放出来[21]。对于生物炭而言，冻融、干湿循环和化学氧化会导致溶解的黑炭裂解、释放，成为重金属游离扩散的载体[22]。对于磷肥，可溶性磷的淋溶损失表明，该类改良剂材料需要周期性地施加到土壤中，以确保土壤养分水平长期稳定[23]。

为了提升寒区重金属 Cd 污染农田的长期稳定化作用效果，构建冻融土壤作物生境绿色、健康、低碳的调控模式，我们在中国东北选取了典型 Cd 污染农田，设置黏土矿物材料、磷基材料、生物炭以及生物炭复配材料等调控处理，致力于探索炭基复合材料对于降低自然老化过程中重金属生物有效性的作用机制及农田水土环境协同效应。值得注意的是，通过对生物炭-矿物相互作用固定土壤重金属的研究，认为炭基复合材料理论上可以实现重金属长期固定，该研究有望为生物炭和过磷酸钙的田间联合应用设计提供参考。

6.2 材料与方法

6.2.1 试验材料选取

试验中，分别选取海泡石、过磷酸钙和生物炭作为土壤绿色改良剂施用于土壤。海泡石是一种具层链状结构的含水富镁硅酸盐黏土矿物，其理论化学式为 $(Si_{12})(Mg_8)O_{30}(OH)_4(OH_2)_4 \cdot 8H_2O$，在电子显微镜下可以看到它们由无数细丝聚在一起排成片状。海泡石有一个奇怪的特点，当它们遇到水时会吸收很多水从而变得柔软起来，而一旦干燥就会变硬。过磷酸钙是一种水溶性磷肥，由硫酸钙（$CaSO_4$）、磷酸二氢钙[$Ca(H_2PO_4)_2$]和少量磷酸（H_3PO_4）组成，有效磷含量在 18%以上，过磷酸钙具有改良碱性土壤作用，可以通过土壤基肥、根外追肥、叶面喷洒等方式对植株进行磷素补给。生物炭以水稻壳作为原材料，借助马弗炉对材料进行高温绝氧处理，热解温度为 500℃，热解时间 2h。另外，将生物炭原料与过磷酸钙在搅拌器中充分混合，并且搅拌 30min，确保过磷酸钙材料与生物炭材料有机融合。

借助激光粒度分析仪，将大田采集的土壤样品在湿筛模式下测试土壤粒径的分布状况。电导率（EC）通常反映土壤浸出液中阴阳离子的浓度，将风干土壤样品按照 1∶5（土壤质量∶水的体积）的比例进行溶解，经过恒温（20±1）℃水浴振荡萃取，然后将提取液体进行离心分离，进而采用电导率仪测定提取液的电导率。土壤有机碳含量用总有机碳分析仪测量。土壤饱和导水率采用张力入渗仪测量，土壤田间持水量参照传统威尔科科斯法[24]。土壤样品经过 HNO_3—HCl—HF 消解后，通过 ICP-MS 测定金属（即 Fe、Mn、Al、Cd）的总含量。此外，用 DTPA 溶液提取有效态 Cd，并且恒温振荡 2h，测试滤液重金属 Cd 浓度[25]。不同改良剂处理后的土壤理化性质见表 6-1。

表 6-1　土壤理化特性

指标		处理				
		对照组	海泡石	过磷酸钙	生物炭	生物炭&过磷酸钙
机械组成/%	黏粒（粒径<0.002mm）	31.7±1.87	27.7±1.34	31.4±1.56	30.3±1.35	29.8±1.43
	粉粒（粒径在 0.002～0.02mm）	36.9±1.56	35.5±1.54	37.9±1.79	37.2±1.81	37.9±1.54
	砂粒（粒径>0.02mm）	31.4±1.34	36.8±1.21	30.7±1.42	32.5±1.37	32.3±1.27
理化特性	pH	7.31±0.35	8.21±0.23	6.88±0.28	7.87±0.32	7.52±0.42
	电导率/(mS/cm)	1.61±0.12	1.52±0.14	1.84±0.17	1.69±0.19	1.78±0.24
	有机碳/(g/kg)	24.45±0.73	22.81±0.68	25.69±0.91	34.74±0.67	31.27±0.81
	饱和导水率/(cm/d)	4.25±0.11	3.75±0.13	4.68±0.15	3.22±0.12	3.49±0.15
	田间持水量/(cm^3/cm^3)	28.16±1.56	31.13±1.32	27.11±1.65	34.19±1.84	32.24±2.12
	总 Fe/(g/kg)	22.56±1.12	23.43±1.19	25.12±0.97	23.33±1.34	24.69±0.85
	总 Mn/(mg/kg)	958.34±14.56	879.45±15.64	923.45±17.56	887.57±19.35	925.45±18.41
	总 Al/(mg/kg)	1874.57±21.13	1782.31±24.57	1832.12±17.68	1833.12±23.46	1851.23±24.15
	总 Cd/(mg/kg)	2.04±0.15	1.89±0.09	1.86±0.11	1.93±0.14	1.97±0.12

6.2.2　试验方案设置

试验的持续时间为 2020 年 5 月 18 日～2023 年 4 月 9 日，共计 3 年的研究周期。试验设置了 5 种处理：①对照组（土壤未添加任何稳定化材料）；②海泡石；③过磷酸钙；④生物炭；⑤生物炭&过磷酸钙。根据稳定化材料的理化特性及当地农业生产的需要，稳定化材料的施用量为 2%（按重量计），其中，生物炭与过磷酸钙联合处理中两种材料的施用量分别为 1%。为了确保农田污染物及养分空间分布的均匀性，在泡田期前采用翻地机对土壤进行深松翻耕处理。每个试验微区的面积为 1m×1m，种植密度为 25 株/m^2，为了防止稳定化材料的外溢，采用 1m×1m 的不锈钢铁皮围栏对其进行围挡。稳定化材料施加到土壤中后，对围挡内的土壤进行二次旋耕处理，促使土壤与稳定化材料充分混合。所有处理进行 3 次重复（$n=3$）。试验期分为生长期（5 月 18 日～10 月 15 日）和非生长期（11 月 10 日～4 月 9 日）。其中，作物生长期又细化为插秧期、返青期、分蘖期、拔节期、抽穗期、乳熟期、黄熟期，根据区域气候特征及作物生长发育状况，设定土壤和植株样品的采样时间间隔为 25d，确保采样时间节点与作物各个生育期相对应。

水稻品种为“辽精 433”，每年 5 月 16 日移栽，10 月 7 日收获。在水稻幼苗移栽前一周，以 500kg/hm^2 的比例向土壤中施用基础 N、P、K 复合肥（N、P_2O_5、K_2O 的质量比为 11∶6∶8）[26]。移栽后 15d 再施 200kg/hm^2 分蘖肥。在试验过程中，通过土钻（采样深度 0～20cm）手动采集土壤样本，采样时间间隔为 25d。在每个地块中选择 5 个采样点，以避免空间异质性的影响。每个地块中采样点的采集模式遵循“S”形形式，并计算每个采样点的测试结果平均值。同时，采集土壤植株样品，用于根系特征、干物质量、各器官污染物富集量分析。

6.2.3 样品测试

1. 土壤酶活性测试分析

土壤蔗糖酶活性采用 3, 5-二硝基水杨酸比色法测定[27]。向 5.0g 风干土壤中依次加入 15mL 蔗糖溶液（8%）、10mL 磷酸盐缓冲溶液（pH = 5.6，$Na_2HPO_4 + K_2HPO_4$）和 5 滴甲苯，在 37℃条件下培养 24h。取培养后的土壤上清滤液，加入 2mL 3, 5-二硝基水杨酸溶液，水浴加热 5min，待冷却后定容至 50mL，利用分光光度计（508nm）进行比色测定。

土壤脲酶活性采用靛酚蓝比色法测定[28]。向 5.0g 风干土壤中加入 1mL 甲苯，静置 15min。随后依次加入 10mL 尿素（10%）和 20mL 柠檬酸缓冲液（pH = 6.7），将土壤混合液置于 38℃条件下培养 24h。将培养后的混合液定容至 100mL 并过滤，取 1mL 滤液并将其稀释 10 倍，再加入 4mL 苯酚钠和 3mL 次氯酸钠溶液，静置 20min 后定容至 50mL，使用分光光度计在 578nm 比色测定。

土壤过氧化氢酶采用 $KMnO_4$ 液滴定法测定[29]。向 2.0g 风干土样中加入 40mL 去离子水和 5mL H_2O_2 溶液（0.3%），振荡 20min。随后加入 5mL H_2SO_4 溶液（1.5mol/L），过滤后用 $KMnO_4$ 溶液（0.02mol/L）对滤液（25mL）进行滴定。

2. 土壤微生物群落结构测定

采用 MO BIO 型强力土壤 DNA 提取试剂盒分别对不同稳定化处理条件下的土壤样品进行 DNA 提取。稀释后的基因组脱氧核糖核酸（DNA）引物 340FCCTACGGGNBGCASCAG 以及 805R：GACTACNVGGGTATCTAATCC 对 16S rRNA 基因的 V3～V4 区进行扩增[30]。扩增程序如下：95℃预变性 3min；30 个循环包括 95℃、30s，50℃、30s，72℃、60s，72℃、7min。使用 1.5%（质量分数）的琼脂糖凝胶对聚合酶链式反应（polymerase chain reaction，PCR）产物进行电泳检测；根据 PCR 产物浓度进行等浓度混样，充分混匀后将 1.5%的三羟甲基氨基甲烷-硼酸-乙二胺四乙酸溶液稀释至原来的 0.5 倍，进而制成琼脂糖胶用于电泳纯化 PCR 产物，割胶回收目标条带。产物纯化试剂盒使用 QIAGEN 品牌的 MinElute 凝胶回收试剂盒。最后使用 HiSeq2500 高通量测序仪进行双端测序，读长设置为 250bp。

基于有效数据进行运算分类单元（operational taxonomic unit，OTU）聚类和物种分类分析，并将 OTU 和物种注释结合，从而得到每个样品的 OTU 和分类谱系的基本分析结果。再对 OTU 进行丰度、多样性指数等分析，同时对物种注释在各个分类水平上进行群落结构的统计分析[31]。最后在以上分析的基础上，进行一系列的基于 OUT 和物种组成的聚类分析、主坐标分析（principal co-ordinates analysis，PCoA）和主成分分析（principal component analysis，PCA），挖掘样品之间的物种组成差异，并结合环境因素进行关联分析。

3. 土壤碳氮循环指标

试验中，土壤无机氮（NH_4^+-N，NO_3^--N）提取：称 10g（精确到 0.01g）过 2mm 筛

孔新鲜土样于250mL广口瓶内，加入100mL 1mol/L的KCl溶液，塞紧瓶塞，置于振荡器上室温振荡1h，然后用定性滤纸对其进行过滤，其含量采用流动化学分析仪（BRAN+LUEBBE）测定[32]。土壤溶解有机碳采用冷水浸提法[33]：在试验过程中，称取10g过2mm筛子的鲜土，并且将土壤置于50mL的离心管中，加入40mL的超纯水，放置于振荡器上，以250r/min的速度振荡30min后，在离心机上以4000r/min离心30min，取上清液过0.45μm的过滤膜进行过滤处理；随后，将过滤液放置于总有机碳分析仪（TOC-VCPH）进行测定。

对于土壤氮矿化的探究，结合试验区非生育期和生育期内环境温度的变化区间，培养试验分别设置−15～15℃的冻融循环和20℃恒温培养模式。其中，冻融循环模式是先将样品放入−15℃人工加速老化装置中冻结12h，后将温度调节至15℃，如此为一个循环，共进行28个循环处理。恒温培养是将土壤样品置于20℃条件下培养。土壤含水率统一设置为70%田间持水量。试验中每隔4天进行一次样品采集，用于测定土壤NH_4^+-N和NO_3^--N浓度，进而计算土壤氮矿化速率[34]：

$$M = [(C_n + C_a) - (C'_n + C'_a)] / t \tag{6-1}$$

式中，C_n为培养后土壤硝态氮浓度，mg/kg；C_a为培养后土壤铵态氮浓度，mg/kg；C'_n为培养前土壤硝态氮浓度，mg/kg；C'_a为培养前土壤铵态氮浓度，mg/kg；t为培养时间，d。

对于土壤碳矿化速率，同样设置−15～15℃的冻融循环和20℃恒温培养模式，并且采用碱液吸收的方式来测定[35]。称取20g过2mm筛子的土壤，置于广口瓶中，瓶内吊有一个10mL装有0.2mol/L溶液的塑料杯，用于吸收土壤释放的CO_2气体，并且确保其处于密封的状态。在试验过程中，分别在培养的第2d、6d、10d、14d、18d和30d时取出烧杯，将其溶液完全洗入三角瓶中，然后加过量1mol/L的$BaCl_2$溶液及酚酞试剂。同时，用0.11mol/L的HCl滴定至红色消失。每组做3次重复试验，并且设置空白对照组，根据CO_2的排放量来计算培养期内土壤有机碳的矿化速率。

4. 作物根系形态指标

作物的根系形态指标采用破坏性取样的方式进行测定。在取样过程中，借助铁锹挖掘水稻植株周围约25cm深的土壤使其变得松动，后用手将水稻植株轻轻提起，并采取轻微抖动的方式将根系附近的土壤抖落，以保证水稻根系的完整性。进入实验室后，借助剪刀将水稻的冠层部分与根系部分分开，将各个器官进行拆分，随后将待处理的根系放入200目尼龙网中，用流动水小心冲洗干净，待清洗完成后，将完整的根系放在扫描仪（EPSON 12000XL）上，借助WinRHIZO根系分析软件对根系进行测量和描述。最终得出作物总根长、作物总根表面积、根系平均直径等指标。待根系指标测量完毕后，将作物根系与冠层烘干至恒重，进行作物植株的各器官干物质重量的测定。

5. 植株农艺性状测定

在水稻各个生育期内，在各种处理试验小区内部随机选取3株水稻植株，以直尺量取植株根颈部至顶部的距离作为株高；利用植物养分速测仪（TYS-3N）测量水稻植株叶片的SPAD值［SPAD是soil and plant analyzer development（土壤、作物仪器开发）的缩写，SPAD 值与叶绿素含量有较高的相关性，常用于表征叶绿素含量］进而记录叶绿素含量的变化；使用便携式光合作用测定仪（LI-6400XT）测定水稻植株叶片光合速率。为避免伤害植株幼苗，待所标记的植株生长到一定高度后开始对作物农艺性状指标进行测量。

6. 重金属植物富集系数

从每个区域取样的植物被分为根、茎、叶和籽粒。清洗各器官，然后进行杀青处理（在 65℃条件下干燥 96h）[36]。烘干后的样品用植物粉碎机进行粉碎处理，粉末状样品用于消解和重金属含量测量。重金属的转移系数（translocation factor，TF）、分布系数（distribution factor，DF）和生物富集系数（bioconcentration factor，BCF）的计算公式如下[37]：

$$\mathrm{TF}_{\text{organ1-organ2}} = C_{\text{organ2}} / C_{\text{organ1}} \tag{6-2}$$

$$\mathrm{DF}_{\text{organ}} = T_{\text{organ}} / T_{\text{total}} \tag{6-3}$$

$$\mathrm{BCF}_{\text{organ}} = C_{\text{organ}} / C_{\text{soil}} \tag{6-4}$$

式中，C_{organ1} 为根中的 Cd 浓度；C_{organ2} 为地上的某一特定器官（即水稻茎、叶和谷物）中 Cd 浓度；C_{organ} 为植物各器官（即水稻根、茎、叶和谷物）中 Cd 浓度；C_{soil} 为土壤中的 Cd 浓度；T_{organ} 为 Cd 在各种器官中的积累；T_{total} 为植物中 Cd 的总积累量。

6.2.4 统计分析

使用 SPSS 22.0 和 Sigmaplot 12.5 软件对数据进行统计分析、绘图和制表。同时，借助 LSD 法检验用于分析不同处理之间土壤和植物指标的差异（显著性水平 $P<0.05$）。在此基础之上，通过 R 软件开展土壤环境因子与不同稳定化处理之间的冗余分析，并且采用 AMOS 7.0 求解结构方程模型，进而揭示污染农田土壤环境-生物-化学之间协同效应关系。

6.3 灌溉条件下农田土壤镉运移及累积过程

6.3.1 穿透试验设计

1. 土柱填装

从 6.2.2 节中设置的 5 种处理中（对照组、海泡石、过磷酸钙、生物炭、生物炭&过磷酸钙）分别采集土壤样品，采样深度为 0～18cm，土壤样品自然风干处理，去除草根、石块等杂物，并且过 2mm 筛子。将过筛后的土壤铺平，首先采用喷壶加少量水，将风干土壤进行浸湿处理，并且对土样进行反复搅拌，确保土壤水分分布均匀。试验土柱外围的套筒选用亚克力材质（耐酸、耐腐蚀），套筒的内径为 5cm，高 22cm，壁厚 0.5cm。然后，将土壤分层填充到套筒中，每层高度控制在 5cm 左右，在每层土壤之间再洒一层水，土样填充完成后，将土柱进行密封保存，防止土壤水分蒸发，并且促使土壤中水分分布均匀。土柱填充过程中，土壤的含水率和干容重参考采样时土壤的初始干容重和含水率，进而推算拌和土壤所需的耗水量。为了保证土壤淋溶过程中水分迁移扩散的均匀稳定性，在土柱的顶部和底部分别填充 2cm 厚的石英砂（事先用酸浸泡，去离子水冲洗）作为反滤层，并且在土壤和石英砂之间以及套筒的顶部和底部放置一层滤纸，防止石英砂的扩散流失。

2. 淋溶液浓度及淋溶量设定

我国《污水综合排放标准》（GB 8978—1996）中重金属 Cd 的最高允许排放浓度为 0.1mg/L，考虑到试验过程中污染物浓度较低时，在模拟农田土壤短期灌溉条件下重金属的迁移效果不显著，因此，在试验过程中模拟污水排放超标的情景模式，将重金属的污染浓度分别人为设置为最高排放标准的 20 倍、40 倍、60 倍、80 倍，因此，短期淋溶模拟试验中灌溉污水中 Cd 的浓度分别为 2mg/L、4mg/L、6mg/L、8mg/L，进而探究重金属的迁移效果以及淋溶特征。

另外，为了有效模拟研究区灌溉条件下的土壤淋溶过程，参考《农田灌溉水质标准》（GB 5084—2021）规定以及当地农业生产的灌溉习惯，设定每亩水田农作物生长过程中每年灌溉水量为 $700m^3$。因此，按照该灌水标准折算到横截面直径为 5cm 的试验土柱，则每个土柱的模拟灌溉用水量为 4.64L，因此，设定土柱试验淋溶量为 18L，相当于大概 4 年的水稻田灌溉用水量，以实现灌溉过程中土壤污染物的显著运移。

3. 污水淋溶试验

在污水淋溶试验中，首先将蠕动泵的输水管道连接到土柱底部的进水口处，促使去离子水自下而上进入土柱中，确保土壤处于饱和状态，并且将土柱中的空气排出。然后，调转水流运动方向，将蠕动泵的进水口连接到土柱的顶部，当土柱中形成稳定流场时，将去离子水更换为人工配制的重金属淋溶液，污水中的背景阴离子为硝酸根离子。在污水淋溶试验过程中，定期采集土柱底部的淋出液，并且测定淋溶液中重金属的浓度，直到土体的淋出总量达到 18L 为止。

4. 示踪离子 Cl^-的穿透试验

为了精准有效地获取土柱中重金属迁移扩散的运动参数，借助 Cl^-作为示踪离子进行淋溶试验。由于土壤中 Cl^-的背景值相对较低，因此，采用 Cl^-的置换试验来开展土壤示踪穿透研究。与上述污水淋溶试验相类似，首先将蠕动泵的输水管道连接到土柱底部的进水口，让去离子水浸满土柱，随后调换进水口方向，自上而下将水流注入土柱中，当土柱内形成稳定流场后，将 0.2mol/L 的 Cl^-溶液（采用 $CaCl_2$ 溶液）替换去离子水，从土柱顶部缓慢均匀地注入土柱中，定期收集土壤出流液，并且分析出流液中 Cl^-的浓度，直到出流液中 Cl^-的浓度接近于入流液时停止示踪实验。另外，土壤出流液中 Cl^-的浓度用 $AgNO_3$ 溶液滴定法进行测定。土柱中 Cl^-穿透试验的基础条件如表 6-2 所示。

表 6-2 土壤 Cl^- 置换试验的基础条件

处理类型	土壤容重 ρ_b/(g/cm^3)	土壤饱和体积含水率 θ/(cm^3/cm^3)	达西流速 J_w/(cm/min)	平均孔隙流速 v/(cm/min)
对照组	1.32	0.549	0.032	0.058
海泡石	1.37	0.523	0.024	0.046
过磷酸钙	1.28	0.569	0.029	0.051
生物炭	1.19	0.602	0.019	0.032
生物炭&过磷酸钙	1.24	0.585	0.022	0.038

注：达西流速 J_w = 体积流量/土柱横截面积；平均孔隙流速 $v = J_w/\theta$。

6.3.2 土壤溶质运移理论

1. 确定性平衡模型

土壤中重金属永久留存，通常情况下不会发生降解现象，只会在变化环境下从一种形态向着另外一种形态转化，并且与土壤颗粒发生频繁的吸附/解吸过程。稳定流的驱动作用下，土壤中重金属的运移迁移过程可以通过均质土壤的对流-扩散方程（convection-diffusion equation，CDE）描述[38]：

$$\rho_b \frac{\partial S}{\partial t} + \theta \frac{\partial C}{\partial t} = \theta D \frac{\partial^2 C}{\partial x^2} - J_w \frac{\partial C}{\partial x} \quad (6\text{-}5)$$

式中，t 为时间，d；x 为纵向迁移距离，cm，坐标原点位于实验土柱的上表面，向下为正；θ 为土壤饱和体积含水率，cm^3/cm^3；D 为水动力弥散系数，cm^2/d；C 为土壤溶液中重金属的浓度，mg/L；S 为土壤对重金属的吸附量，mg/kg；J_w 为达西流速，cm/d；ρ_b 为土壤容重，g/cm^3。

若土壤对重金属的吸附满足线性模式，即

$$S = K_d C \quad (6\text{-}6)$$

式中，K_d 为线性分配系数；C 为土壤溶液中重金属浓度，mg/L。

$$v = J_w / \theta \quad (6\text{-}7)$$

式中，J_w 为达西流速，cm/d；θ 为土壤饱和体积含水率，cm^3/cm^3；v 为平均孔隙流速，cm/d。

确定性平衡模型（deterministic equilibrium model，DEM）可以简化为

$$R \frac{\partial C}{\partial t} = D \frac{\partial^2 C}{\partial x^2} - v \frac{\partial C}{\partial x} \quad (6\text{-}8)$$

式中，R 为延迟因子。定义为

$$R = 1 + \frac{\rho_b}{\theta} K_d \quad (6\text{-}9)$$

若重金属的吸附是以非线性吸附的形式被考虑，则必须通过偏微分方程的数值解法进行计算。当溶质为惰性保守试剂时，$K_d = 0$，$R = 1$，确定性平衡模型可进一步简化为

$$\frac{\partial C}{\partial t}=D\frac{\partial^2 C}{\partial x^2}-v\frac{\partial C}{\partial x} \tag{6-10}$$

在本实验条件下，定解条件如下。

初始条件为

$$C(x,t)=0 \qquad x\geqslant 0,t=0 \tag{6-11}$$

上边界条件为

$$C(x,t)=C_0 \qquad x=0,t>0 \tag{6-12}$$

下边界条件为

$$\frac{\partial c}{\partial x}(x,t)=0 \qquad x=L,t>0 \tag{6-13}$$

式中，L 为土柱长度，cm。

以上定解问题可用下述公式解析求得

$$\frac{C_e(t)}{C_0}=\frac{1}{2}\mathrm{erfc}\left[\frac{L-vt}{2(Dt)^{1/2}}\right]+\frac{1}{2}\exp\left(\frac{vL}{D}\right)\mathrm{erfc}\left[\frac{L+vt}{2(Dt)^{1/2}}\right] \tag{6-14}$$

式中，$C_e(t)$为土柱底部的出流溶液浓度，mg/L；C_0 为输入浓度，mg/L；L 为土柱长度，cm；erfc(·)为互补误差函数。

经过变换，式（6-8）的无量纲形式为

$$R\frac{\partial C}{\partial t}=\frac{1}{P}\frac{\partial^2 C}{\partial Z^2}-\frac{\partial C}{\partial Z} \tag{6-15}$$

式中，R 为延迟因子；C 为相对浓度，$C=C_e(t)/C_0$，$C_e(t)$为土柱底部的出流溶液浓度，C_0 为输入浓度；$P=\frac{vL}{D}$，为 Peclet（佩克莱）数，表征溶质的轴向扩散程度，其值越大，轴向扩散的程度越小；L 为土柱长度，cm；$Z=\frac{x}{L}$，为无量纲的空间常数。

2. 确定性非平衡模型

对吸附性溶质的物理非平衡运移的控制方程为

$$\theta_m\frac{\partial C_m}{\partial t}+f\rho\frac{\partial C_m}{\partial t}+\theta_{im}\frac{\partial S_m}{\partial t}+\rho(1-f)\frac{\partial S_{im}}{\partial t}=\theta_m\frac{\partial^2 C_m}{\partial x^2}-\theta_m v_m\frac{\partial C_m}{\partial x} \tag{6-16}$$

$$\rho(1-f)\frac{\partial S_{im}}{\partial t}+\theta_{im}\frac{\partial C_{im}}{\partial t}=a_\rho(C_m-C_{im}) \tag{6-17}$$

式中，S_m 为可动区域土壤对重金属的吸附量；S_{im} 为不可动区域土壤对重金属的吸附量；下脚标 m 和 im 分别为可动和不可动区域；$\theta_m+\theta_{im}=\theta$，$\theta$ 为土壤饱和体积含水率，cm^3/cm^3；a_ρ 为描述在可动和不可动区域间溶质交换速率的一阶质量传递系数，1/d；f 为与可动区域（液相）瞬时平衡时所占的比例；$1-f$ 为与不可动区域（液相）平衡时所占的比例；ρ 为土壤干容重，g/cm^3。

描述化学非平衡的模型为两点模型（two-site model, TSM），TSM 的控制方程为

$$(1+\frac{f\rho K_d}{\theta})\frac{\partial C}{\partial t}+\frac{\rho}{\theta}\frac{\partial S}{\partial t}=D\frac{\partial^2 C}{\partial x^2}-v\frac{\partial C}{\partial x} \tag{6-18}$$

$$\frac{\partial S}{\partial t}=a[(1-f)K_dC-S] \quad (6\text{-}19)$$

式中，K_d为线性分配系数；S为类型 2 吸附位点上的吸附量，mg/kg；f为在平衡时发生瞬时吸附的交换点所占的比例；a 为一阶动力学速率系数，1/d。在这个模型中吸附在类型 1、2 的吸附位点上都被假设为线性。

使用一些无量纲的参数，可将两点模型和两区模型简化为相同的无量纲形式：

$$\beta R\frac{\partial C_1}{\partial T}=\frac{1}{P}\frac{\partial^2 C_1}{\partial Z^2}-\frac{\partial C_1}{\partial Z}-\omega(C_1-C_2) \quad (6\text{-}20)$$

$$(1-\beta)R\frac{\partial C_1}{\partial T}=\omega(C_1-C_2) \quad (6\text{-}21)$$

式中，R为延迟因子，具体见式（6-9）；$P=\frac{vL}{D}$；$T=\frac{vt}{L}$；$Z=\frac{x}{L}$；下脚标 1 和 2 分别为平衡和非平衡吸附位点。

对于两区模型，$\beta=\frac{\theta_m+f\rho K_d}{\theta+\rho K_d}$，为土壤可动水所占比例；$\omega_1=aL/q$，为水动力驻留时间与溶质在不可动区域运动的特征时间的比例，q为流量，cm^3/s。

对于两点模型，$\beta=\frac{\theta+f\rho K_d}{\theta+\rho K_d}$，为吸附位点在瞬时和速率受限区域的分布；$\omega_2=[a(1-\beta)RL]/v$，为 Damkohler（达姆科勒）数，表示水动力驻留时间与吸附特征时间的比例[39]。

3. 拟合所用软件

CXTFIT 2.1 是由美国盐土实验室研制的用于探究土体溶质运移过程的计算机软件，该软件是在 Levenberg-Marquardt（利文贝格-马夸特）算法基础上发展起来的，主要采用非线性最小二乘的函数优化方法，对土壤溶质一维尺度穿透曲线进行拟合，进而获取土壤溶质运移参数[40]。HYDRUS-1D 由美国加州大学河滨分校创建，用于模拟饱和-非饱和多孔介质中水、热、盐分迁移过程。上述提到，土壤中重金属属于较为稳定的土壤溶质，并且已有研究证实，HYDRUS-1D 模型能够较好地模拟变化情景模式下土壤重金属的迁移累积过程[41]。本章中，基于示踪离子 Cl^-穿透曲线，借助 CXTFIT 2.1 软件对土壤溶质运移参数进行拟合，如土壤水动力弥散系数 D、平均孔隙流速 v 等。将土壤已知理化参数和软件拟合参数代入 HYDRUS-1D 模型，即可以实现水稻田灌溉模式下重金属迁移累积行为过程。

6.3.3 保守离子在土柱中的穿透曲线

通常情况下，Cl^-作为稳定性阴离子，不易与其他土壤溶质发生反应，常被用来作为示踪元素。本章开展了 Cl^-土柱穿透试验，并且基于穿透曲线的拟合结果获取土壤溶质运移的动力学参数，研究中相对浓度随孔隙体积变化的穿透曲线以及拟合结果如图 6-1 和表 6-3 所示。首先，对照组处理条件下土壤 Cl^-穿透过程曲线显示，当曲线出现拐点后迅速上升，而在稳定化处理条件下，穿透曲线在出现拐点后上升趋势变得缓慢。特别是在生物炭和生物炭&过磷酸钙处理条件下，土壤 Cl^-穿透曲线的拐点出现较早，但是曲线上升过程变化速率最低，表明随着土柱出流量的增加，出流浓度变化速率最为缓慢，这可能是因为生物炭较强的吸附性能提升了土壤中盐分离子的弥散系数，离子穿透土壤所需的时间明显提升。

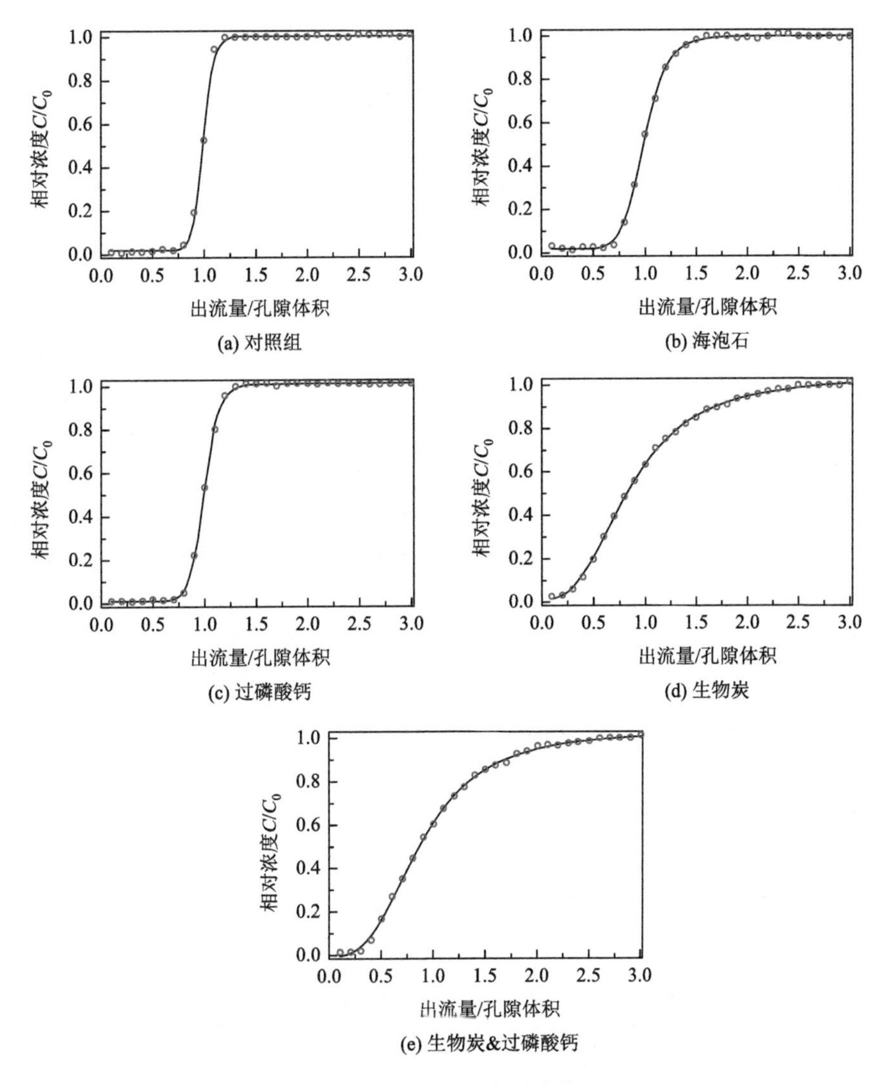

图 6-1　土壤 Cl^-穿透曲线

表 6-3　平衡模型拟合 Cl^-穿透曲线参数

处理类型	平均孔隙流速 v/(cm/min)	弥散系数 D/(cm^2/min)	相关系数 r	均方差
对照组	0.056	0.117	0.998	0.001
海泡石	0.045	0.132	0.995	0.001
过磷酸钙	0.051	0.128	0.991	0.002

续表

处理类型	平均孔隙流速 v/(cm/min)	弥散系数 D/(cm^2/min)	相关系数 r	均方差
生物炭	0.033	0.169	0.991	0.005
生物炭&过磷酸钙	0.038	0.154	0.993	0.003

另外，在对土壤 Cl^-穿透曲线的拟合过程中，首先忽略土壤复合系统中阴离子对 Cl^-迁移过程的作用力，假设 Cl^-迁移不受周围盐分离子协同/拮抗效应，因此，可以认定模型中参数 $K_d = 0$，$R = 0$，并且借助确定性平衡 CDE 来拟合估算土壤水动力弥散系数 D 和平均孔隙流速 v。为了验证拟合参数的准确性与实用性，固定平均孔隙流速 v 的值，分别采用平衡模型和非平衡模型来估算参数 D、R 与 β。根据两区模型 β 的定义可知，$\beta = \dfrac{\theta_m + f\rho K_d}{\theta + \rho K_d}$，因此，可以将该公式简化为 $\beta = \theta_m / \theta$，通过土壤中可动水所占比例来解释。依托所得参数来预测 Cl^-的穿透过程曲线，将所得的结果与实测值进行误差分析，验证所得参数的准确性，进而开展污水灌溉条件下土壤重金属迁移过程的有效模拟。

综合比较土壤参数拟合效果可知，确定性平衡模型拟合获得的平均孔隙流速与实测值之间的均方差较低，并且在对照组处理条件下，土壤平均孔隙流速为 0.056cm/min，在海泡石、过磷酸钙、生物炭以及生物炭&过磷酸钙处理条件下，土壤平均孔隙流速相对于对照组分别呈现不同程度降低趋势，并且拟合结果与实际情况相吻合，证明确定性平衡模型能够更好地拟合 Cl^-在土壤中的迁移过程。另外，当采用确定性非平衡模型的两区模型进行拟合时，β 值超过了 99%，这与 β 值所代表的含义“土壤可动水所占比例”不相符，并且 Damkohler 数接近于 0，建议使用确定性平衡模型进行拟合。

6.3.4 重金属在土柱中的穿透过程

不同 Cd 浓度污水灌溉条件下土壤柱体出流液中重金属 Cd 浓度变化特征如图 6-2 所示。首先，在对照组处理条件下，当灌溉水重金属 Cd 浓度为 2mg/L 时，出流液初始 Cd 浓度为 0.24μg/L，随着淋溶时间的推移，出流液中重金属浓度趋于稳定，其浓度变为 0.13μg/L，随着灌溉水中重金属 Cd 浓度的增加，在浓度为 4mg/L、6mg/L、8mg/L 时，土壤出流液初始 Cd 浓度分别相对于 2mg/L 灌溉浓度下的出流液初始 Cd 浓度提升了 0.09μg/L、0.18μg/L 和 0.27μg/L，表明随着灌溉水 Cd 浓度的增加，出流液的 Cd 浓度也呈现逐渐增加的趋势。然而，在海泡石和过磷酸钙处理条件下，当灌溉水重金属 Cd 浓度为 2mg/L 时，出流液初始 Cd 浓度相对于对照组分别降低了 25.0%和 12.5%，表明海泡石和过磷酸钙的施加能够有效地固持灌溉污水中的重金属，抑制重金属的渗漏效应。而在生物炭处理条件下，碳表面的含氧官能团与重金属发生络合效应，降低了重金属在土壤多孔介质中的迁移能力，并且在不同浓度污水灌溉条件下，重金属在土柱中的穿透能力相对于对照组分别呈现不同程度的降低趋势。

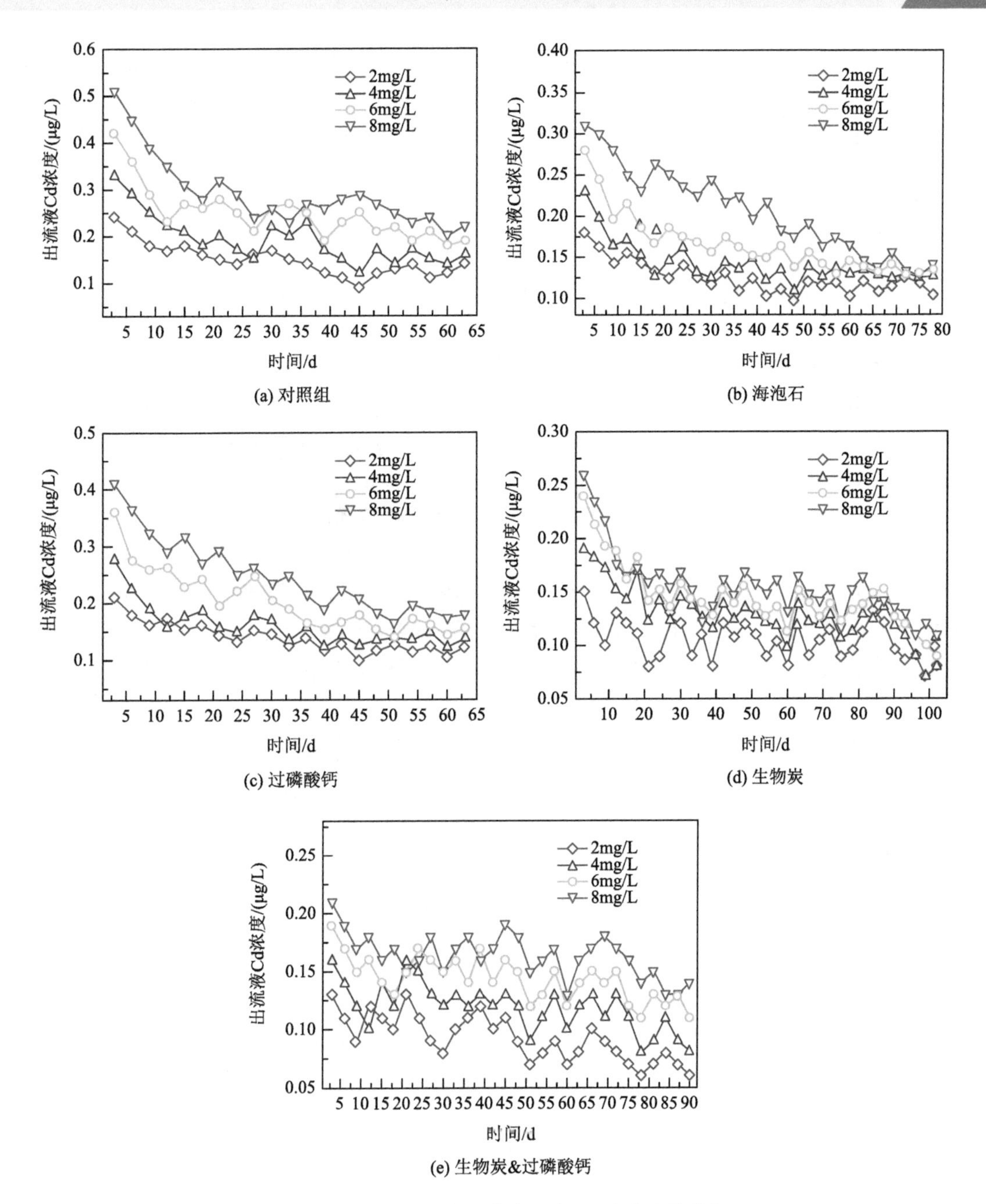

(a) 对照组　(b) 海泡石　(c) 过磷酸钙　(d) 生物炭　(e) 生物炭&过磷酸钙

图 6-2　污水灌溉条件下淋溶液中 Cd 浓度变化特征

特别值得注意的是，当生物炭与过磷酸钙复合施加时，当灌溉水重金属 Cd 浓度为 2mg/L 时，出流液初始 Cd 浓度为 0.132μg/L，随着淋溶时间的推移，土壤出流液的 Cd 浓度相对稳定，并且在淋溶末期，土壤出流液中 Cd 的浓度保持在 0.07μg/L；随着灌溉水中 Cd 浓度的提升，当灌溉水重金属 Cd 浓度为 8mg/L 时，土壤出流液 Cd 浓度仍然呈现相对稳定的变化趋势，并且在淋溶末期，土壤出流液中 Cd 的浓度为 0.22μg/L。对比整体趋势可知，生物炭与过磷酸钙复合修复处理条件下，土壤中重金属的穿透能力最弱，土壤出流液中 Cd 浓度相对于对照组和其他 3 种修复处理出现了不同程度的降低趋势，这可能是因为在农田污灌生态系统中，磷酸钙离子能够与重金属 Cd 相互吸附，并且形成稳定沉淀。另外，生物炭具有丰富的孔隙结构，为磷酸根提供了吸附位点，对重金属实现了双重固持效应。

6.3.5 污水灌溉条件下重金属积累特征

在农田污水灌溉条件下，深层土壤重金属 Cd 的浓度相对较低，短期内主要富集在土壤表层（图 6-3）。具体比较分析可知，在对照组处理条件下，当灌溉水重金属 Cd 浓度为 2mg/L 时，土壤表层（0cm）重金属 Cd 浓度为 1867mg/kg，随着土层深度的增加，土壤重金属 Cd 浓度呈现骤然降低的趋势，并且在 2cm、4cm、6cm 和 8cm 土层处分别变为 547mg/kg、146mg/kg、22mg/kg 和 5.1mg/kg。同理，随着灌溉水中 Cd 浓度的增加，在重金属 Cd 浓度为 4mg/L、6mg/L 和 8mg/L 时，土壤表层重金属 Cd 浓度分别变为 2812mg/kg、3752mg/kg 和 4865mg/kg，表层土壤污染物富集浓度逐渐提升。与此同时，随着土层深度的增加，土壤 2cm 层位重金属 Cd 的浓度分别变为 675mg/kg、826mg/kg 和 1023mg/kg，表明随着灌溉水中重金属 Cd 浓度的增加，污染物向下运移的趋势越发明显。

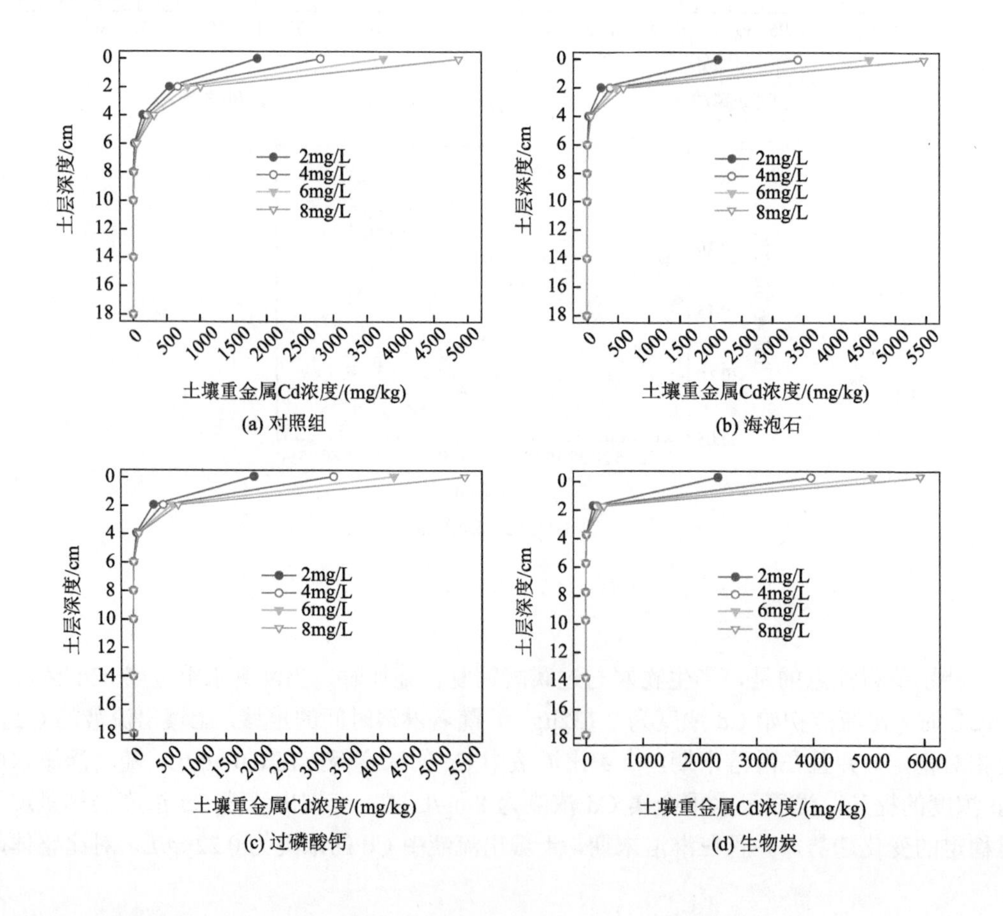

(a) 对照组　(b) 海泡石

(c) 过磷酸钙　(d) 生物炭

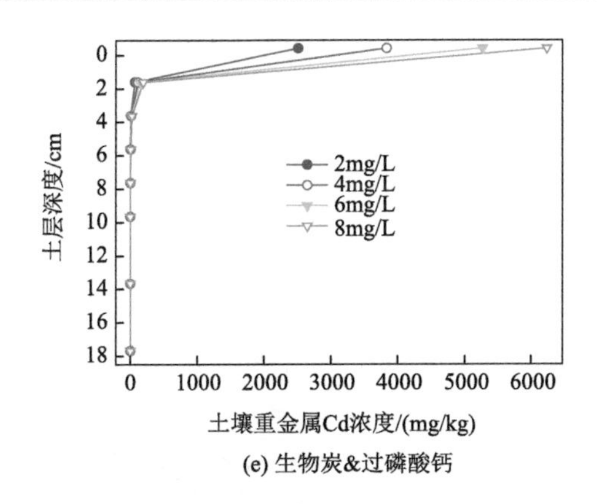

图 6-3　污水淋溶后土壤重金属 Cd 空间分布特征

同理，在海泡石处理条件下，当灌溉水重金属 Cd 浓度为 2mg/L 时，土壤表层（0cm）重金属 Cd 浓度为 2095mg/kg，其相对于对照组处理增加了 12.2%，另外，在过磷酸钙、生物炭以及生物炭&过磷酸钙处理条件下，土壤表层重金属 Cd 浓度分别相对于对照组增加了 3.53%、28.78%和 19.71%，整体表现为稳定化材料增强了土壤颗粒对重金属的吸附能力，有效抑制了土壤重金属迁移。另外，随着土层深度的增加，在 2cm、4cm、6cm、8cm 土层处，4 种稳定化处理条件下土壤重金属 Cd 浓度相对于对照组则呈现出不同程度的降低趋势，同样证实了稳定化材料有效地阻控了重金属的扩散，并且生物炭材料的作用效果最为显著。类似地，当灌溉水重金属 Cd 浓度提升至 4mg/L、6mg/L、8mg/L 时，土壤重金属 Cd 在不同处理条件下迁移特征与上述低浓度污染灌溉情景模式相类似，各土层处重金属 Cd 浓度整体浓度水平相对于低浓度污染灌溉有所提升。

6.3.6　污水灌溉条件下重金属运移模拟及预测分析

结合上述 Cl^-示踪试验获取的土壤参数，采用 HYDRUS-1D 模型对污水灌溉条件下重金属的迁移过程进行模拟。在土壤重金属垂直方向模拟时，模型涉及的关键参数主要有土壤饱和导水率（K_s）、土壤弥散度以及吸附参数。首先，对于土壤饱和导水率，应用饱和导水率仪器在被测土样上下端保持一定的压力差，使水流自下而上流经土样，测定一定时间间隔流经土样的水量，根据达西定律即可计算出土壤饱和导水率。土壤弥散度通过描述示踪试验的穿透曲线，并且借助 CXTFIT 软件进行拟合获取。另外，土壤吸附参数的获取方式相对较为复杂，在本书中，尝试采用吸附模型 Langmuir 方程或者 Freundlich 方程的非线性参数来代替，经过反复的验证比较，发现 Langmuir 方程的吸附参数输入 HYDRUS-1D 模型中时，其对于土壤重金属迁移过程的拟合效果较好。因此，模型中所选取的土壤水分参数和溶质运移特征参数具体情况如表 6-4 和表 6-5 所示。

表 6-4 土壤水分特征参数

处理类型	Q_r/(cm³/cm³)	Q_s/(cm³/cm³)	a/(1/cm)	n	K_s/(cm/d)	l
对照组	0.107	0.549	0.653	1.343	4.25	0.5
海泡石	0.115	0.533	0.612	1.379	3.75	0.5
过磷酸钙	0.098	0.569	0.689	1.315	4.68	0.5
生物炭	0.073	0.602	0.751	1.225	3.22	0.5
生物炭&过磷酸钙	0.082	0.585	0.732	1.286	3.49	0.5

注：Q_r（土壤水分特征曲线的下限）、Q_s、a、n、K_s、l 为土壤水分运动参数，这些参数基于土壤质地状况，借助 HYDRUS-1D 模型预测获取。其中，土壤饱和含水率（Q_s）、土壤饱和导水率（K_s）为实测值。

表 6-5 土壤溶质运移特征参数

处理类型	土壤容重 ρ_b/(g/cm³)	弥散度/(cm)	线性分配系数 K_d/(L/kg)	β
对照组	1.32	2.59	332	0.36
海泡石	1.37	3.87	379	0.42
过磷酸钙	1.28	3.21	358	0.39
生物炭	1.19	4.35	415	0.44
生物炭&过磷酸钙	1.24	4.72	437	0.46

注：弥散度 = D/v，D 为水动力弥散系数，v 为平均孔隙流速，分别由 Cl^- 穿透曲线和实测获得；K_d 为线性分配系数，$K_d = q_m \times k_L$，$\beta = k_L$，q_m 和 k_L 均为 Langmuir 方程中的吸附参数，由吸附试验得到。

由于本试验中污染灌溉水中重金属在 5 种不同处理土壤中未出现穿透现象，因此，采用 HYDRUS-1D 模型对不同处理条件下重金属 Cd 在土柱剖面的分布进行拟合。经检验分析可知，应用 DEM 对重金属 Cd 的模拟效果高于确定性非平衡模型，重金属在土柱中分布的模拟值与实测值之间的相对误差较低，具体拟合效果如表 6-6 所示。

表 6-6 污水淋溶后重金属 Cd 在土柱中分布拟合效果

处理类型	土层深度/cm	淋溶后不同土层的 Cd 浓度/(mg/kg)							
		灌溉污水中 Cd 浓度为 2mg/L		灌溉污水中 Cd 浓度为 4mg/L		灌溉污水中 Cd 浓度为 6mg/L		灌溉污水中 Cd 浓度为 8mg/L	
		实测值	模拟值	实测值	模拟值	实测值	模拟值	实测值	模拟值
对照组	0	1867	1905	2812	2865	3752	4023	4865	5079
	2	547	581	675	689	826	965	1023	1098
	4	146	172	208	201	266	305	317	341
	6	22	16	35	27	46	52	58	52
	8	3.1	2.3	10.3	12.5	13.6	16.3	16.8	15.1
海泡石	0	2095	2227	3379	3561	4526	4832	5412	5567
	2	221	245	369	397	461	513	583	623

续表

处理类型	土层深度/cm	淋溶后不同土层的Cd浓度/(mg/kg)							
		灌溉污水中Cd浓度为2mg/L		灌溉污水中Cd浓度为4mg/L		灌溉污水中Cd浓度为6mg/L		灌溉污水中Cd浓度为8mg/L	
		实测值	模拟值	实测值	模拟值	实测值	模拟值	实测值	模拟值
海泡石	4	23	29	43	52	59	68	62	57
	6	3.1	4.3	4.6	6.2	7.3	9.1	8.4	6.9
	8	1.3	0.9	1.5	1.9	1.8	1.3	2.1	1.7
过磷酸钙	0	1933	2107	3185	3351	4137	4415	5258	5479
	2	325	356	478	412	625	687	717	742
	4	52	64	76	85	82	89	93	101
	6	6.2	7.9	7.5	8.3	8.1	6.9	9.3	8.6
	8	2.3	1.4	3.1	1.8	2.5	3.3	3.6	3.1
生物炭	0	2235	2516	3815	3641	4863	5145	5679	5869
	2	127	158	189	212	237	289	308	354
	4	11	15	13.5	18.7	16.8	18.6	19.1	21.2
	6	3.5	4.1	4.6	3.8	5.8	6.7	7.9	8.7
	8	1.5	2.6	1.6	2.1	1.8	2.5	1.9	1.7
生物炭&过磷酸钙	0	2403	2643	3668	3895	5034	5249	5963	6122
	2	69	95	108	125	142	163	186	172
	4	8.5	16.3	12.1	16.4	17.9	18.7	23.6	26.8
	6	2.8	4.2	3.6	4.6	4.8	5.6	6.5	7.8
	8	0.7	1.2	1.3	0.9	1.7	1.4	2.1	1.9

对照组，在重金属Cd浓度为2mg/L、4mg/L、6mg/L和8mg/L灌溉条件下，土壤表层（0cm）处重金属Cd浓度模拟值分别为1905mg/kg、2865mg/kg、4023mg/kg和5079mg/kg，重金属Cd浓度模拟值相对于实测值呈现出微弱增加的趋势，并且相对误差保持在较小的水平范围（相对误差<5%），符合模拟精度要求。这可能是因为HYDRUS-1D模型是根据土壤对重金属平衡吸附模型拟合获得的，考虑土壤质地处于理想状况。然而，在现实条件下，灌溉农田中重金属淋溶过程并不一定与土壤颗粒完全接触，导致土壤胶体与重金属之间吸附不够充分，重金属的迁移能力有所提升。此外，在海泡石、过磷酸钙、生物炭以及生物炭&过磷酸钙处理条件下，土壤重金属空间分布的模拟值与实测值之间的相对误差均符合模拟精度要求，并且伴随着稳定化材料的施加，土壤表层重金属的富集浓度有所提升，并且随着土层深度的增加，重金属浓度相对于对照组有所降低，同样证实重金属的迁移能力减弱。

在拟合的基础上，应用HYDRUS-1D模型的预测功能对5种不同处理条件下农田土壤淋溶液中重金属Cd浓度超过地下水水质V类限值［《地下水质量标准》（GB/T 14848—2017）中规定V类水质的Cd限值为Cd浓度>0.01mg/L］所需时间进行预测分析，具体结果如表6-7所示。

表 6-7 污水淋溶出流液 Cd 浓度达到地下水水质Ⅴ类标准所需时间 （单位：年）

处理类型	所需时间			
	灌溉污水中 Cd 浓度为 2mg/L	灌溉污水中 Cd 浓度为 4mg/L	灌溉污水中 Cd 浓度为 6mg/L	灌溉污水中 Cd 浓度为 8mg/L
对照组	19.2	13.6	8.6	5.9
海泡石	41.5	32.2	21.6	14.2
过磷酸钙	33.4	25.2	16.3	9.6
生物炭	54.9	41.8	33.7	23.6
生物炭&过磷酸钙	66.3	57.7	43.7	31.7

实验过程设置的污水浓度是污水最高排放标准的 20～80 倍，因此，在实际农田污水灌溉条件下，土壤中重金属穿透土层所需的时间更长。结合土壤污水淋溶出流液达到地下水水质Ⅴ类标准所需时间结果可知，相同污水灌溉浓度处理条件下，生物炭&过磷酸钙处理对地下水的污染风险最小，即使在现实生活中排放到农田中的污水浓度超过了排放标准，经过稳定化处理后的土壤也会对灌溉水中的重金属起到过滤吸附的作用，确保重金属富集的土壤表层。此外，稳定化材料促使重金属由活跃态向稳定态过渡转化，降低了重金属对土壤生态环境的胁迫效应。而在海泡石、过磷酸钙和生物炭处理条件下，土壤污水淋溶出流液达到地下水水质Ⅴ类标准所需时间相对于生物炭&过磷酸钙处理缩短，但仍能有效地抑制重金属的淋溶扩散效应。而对于对照组处理，伴随着灌溉水中重金属浓度的提升，土壤污水淋溶出流液达到地下水水质Ⅴ类标准所需时间进一步缩短，并且当灌溉水中重金属 Cd 浓度为 8mg/L 时，淋溶液浓度达到地下水Ⅴ类标准所需时间仅为 5.9 年，污水灌溉对于地下水的污染风险显著增强。

6.3.7 污染农田重金属在土壤剖面积累趋势预测

基于上述试验结果优选的水分参数和溶质运移参数，利用 HYDRUS-1D 模型预测了《城镇污水处理厂污染物排放标准》（GB 18918—2002）（重金属 Cd 最高允许排放浓度为 0.01mg/L）和《污水综合排放标准》（GB 8978—1996）（重金属 Cd 最高允许排放浓度为 0.1mg/L）情景模式下重金属在典型农田土壤中的分布和积累特征，预测年限分别设定为 10 年、50 年、100 年、200 年，预测深度为 0～10cm、10～20cm、20～30cm、30～40cm、40～50cm。

首先，按照《城镇污水处理厂污染物排放标准》（GB 18918—2002）模拟不同年份重金属 Cd 在土壤垂直剖面的分布特征，如图 6-4 所示。在灌溉的前 10 年里，重金属 Cd 主要积累在 0～10cm 土层处，而随着时间推移，在 50 年、100 年和 200 年的模拟时间内，重金属 Cd 由表层向深层迁移的趋势越发明显。以模拟时间周期为 200 年为例，对照组表层（0cm）土壤重金属 Cd 浓度为 14.98mg/kg，而在海泡石、过磷酸钙、生物炭以及生物炭&过磷酸钙处理条件下，土壤重金属 Cd 浓度分别相对于对照组提升了 8.59mg/kg、6.77mg/kg、11.7mg/kg 和 14.95mg/kg。随着土层深度的增加，不同层位土壤重金属 Cd 浓度呈现依次降低的变化趋势，并且对照组处理条件下土壤重金属 Cd 浓度相对于 4 种不同稳定化处理表现出增加趋势，模拟结果同样表现为稳定化修复处理促使重金属 Cd 在农田土壤表层富集的特征，验证了稳定化处理的土壤对于重金属 Cd 具有较强的吸附性能。

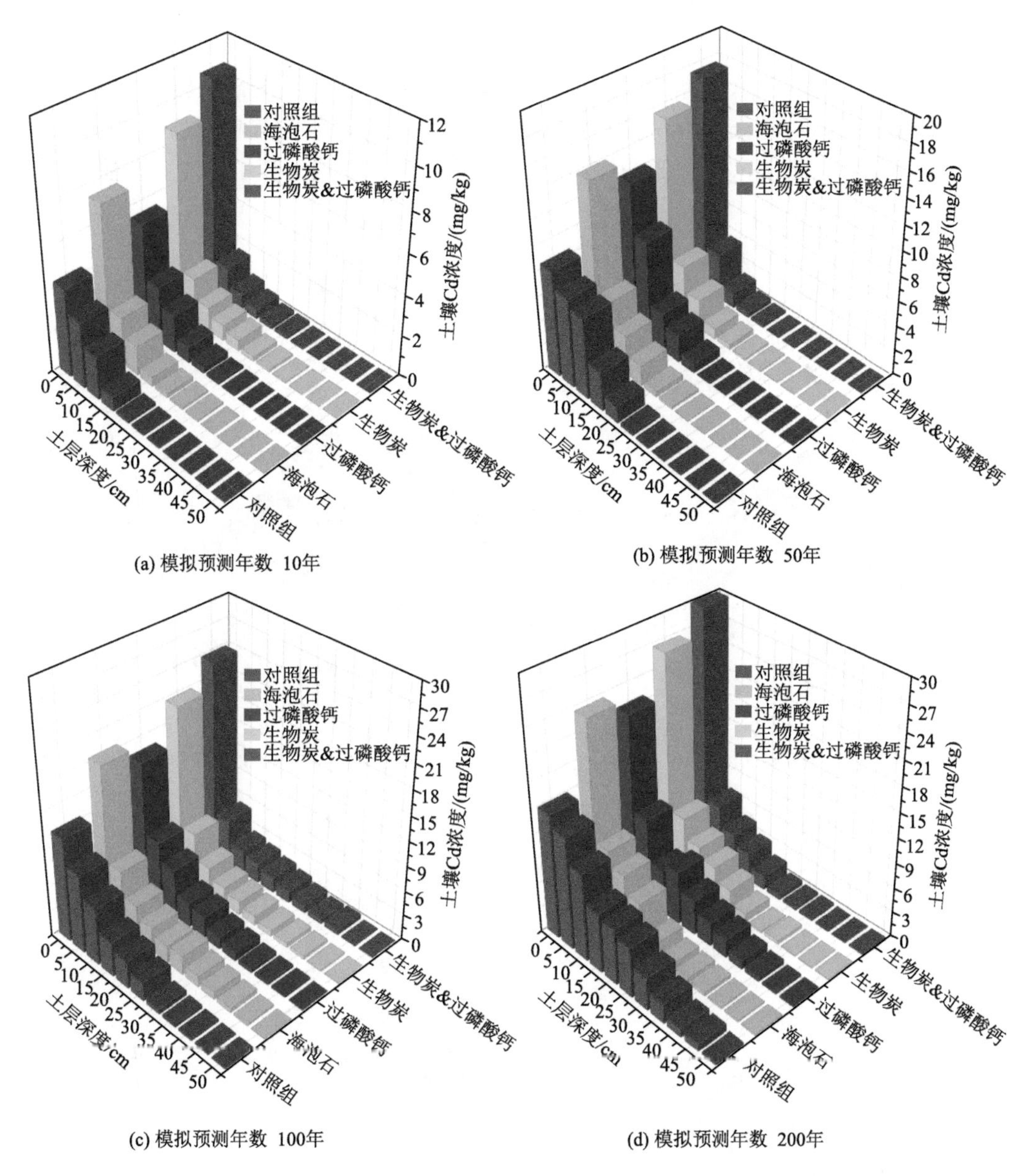

图 6-4　《城镇污水处理厂污染物排放标准》（GB 18918—2002）模式下土壤重金属迁移过程模拟

另外，在《污水综合排放标准》（GB 8978—1996）模式下模拟不同年份重金属 Cd 在土壤垂直剖面的分布特征，如图 6-5 所示。可以看出，污染综合排放标准中重金属 Cd 的浓度较高，重金属 Cd 在土壤垂直剖面的迁移速率有所提升，当污水灌溉年限为 50 年时，土壤 10～20cm 土层范围重金属 Cd 浓度达到 26.34mg/kg，出现较高浓度的重金属

Cd 累积现象。而当污水灌溉年限为 200 年时，海泡石、过磷酸钙、生物炭以及生物炭&过磷酸钙处理条件下土壤重金属 Cd 积累效应出现了向下迁移的趋势，并且在 10～20cm 土层处，土壤重金属 Cd 浓度分别变为 47.52mg/kg、51.67mg/kg、39.33mg/kg 和 32.54mg/kg。综合上述模拟结果可知，随着灌溉水中重金属浓度的提升，土壤中重金属浓度迁移效应显著，并且海泡石、生物炭以及生物炭&过磷酸钙处理均有效地抑制了重金属的扩散效应。此外，在农业生产过程中，低浓度的重金属污染进入农田生态系统情况较为常见，由于水中重金属浓度相对较低，容易被人们忽略。然而，随着时间的累积延长，重金属在土壤中的迁移极易造成地下水污染，在农田土壤绿色可持续发展进程中需高度重视。

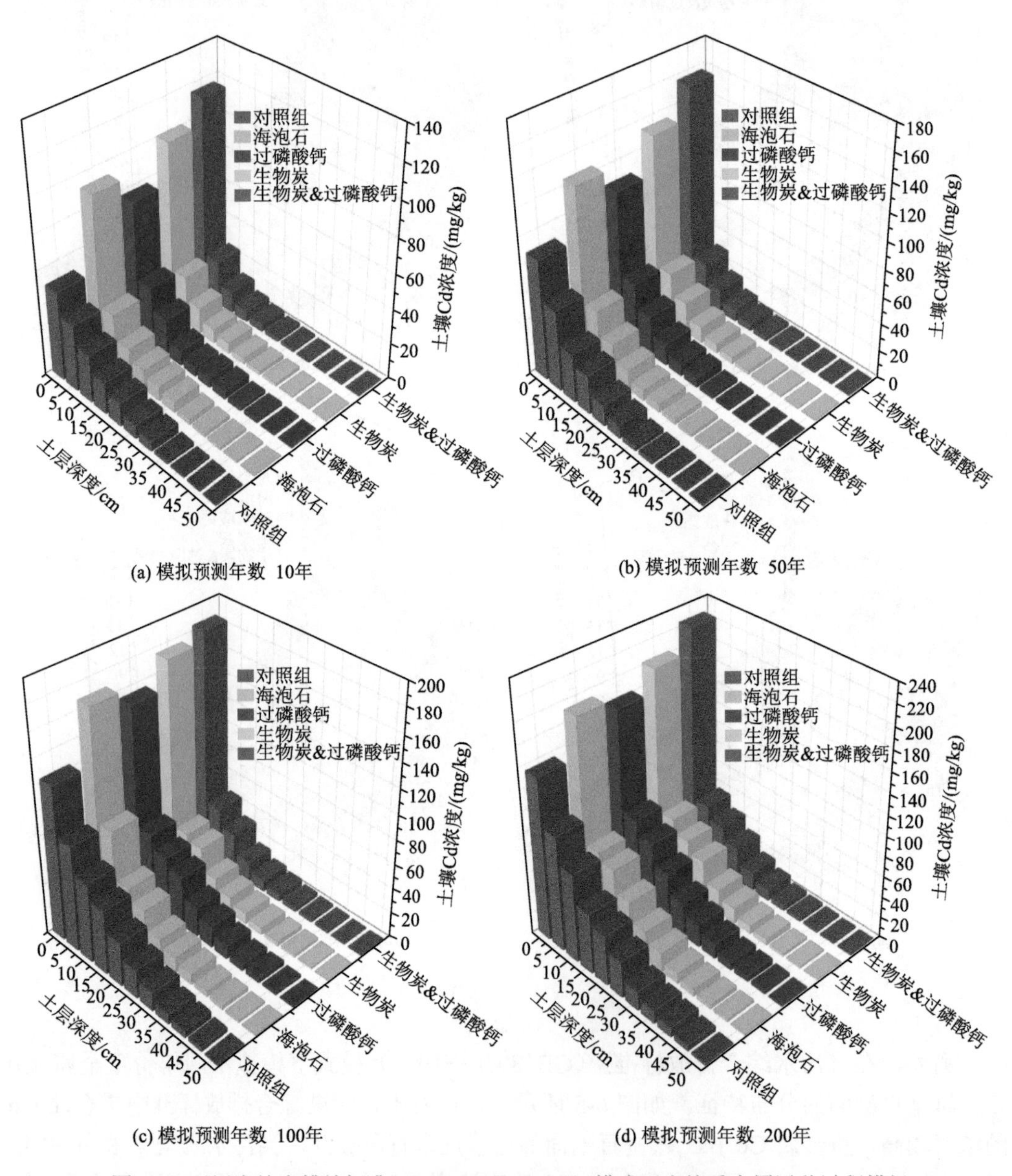

(a) 模拟预测年数 10年

(b) 模拟预测年数 50年

(c) 模拟预测年数 100年

(d) 模拟预测年数 200年

图 6-5 《污水综合排放标准》(GB 8978—1996）模式下土壤重金属迁移过程模拟

6.4　污染农田镉有效形态及土壤环境演变特征

6.4.1　土壤理化特性分析

土壤颗粒平均粒径调节饱和导水性能，进而影响重金属在土壤中的迁移转化、分布和累积状况。在 2020～2021 年生育期，对照组处理土壤的平均粒径为 1.12mm［图 6-6（a）］。土壤平均粒径伴随着不同种类稳定化材料的施加而呈现一定差异。其中，海泡石处理土壤平均粒径相比于对照组降低 13.39%，这主要是因为海泡石属于黏土矿物，材料粒径相对较细，不利于土壤大团聚的形成[42]。过磷酸钙处理土壤平均粒径较对照组降低 1.79%，其变化幅度不显著（$P>0.05$）。与对照组相比，生物炭和生物炭&过磷酸钙处理土壤平均粒径分别增加了 15.18%和 8.93%，生物炭作为富碳、高度芳香化和稳定性高的有机物质，其多孔特性和高比表面积有利于土壤团聚体的形成和稳定，进而促进了土壤平均粒径的提升[43]。同理分析可知，在 2021～2022 年及 2022～2023 年作物生育期，海泡石和过磷酸钙处理条件下土壤平均粒径相对于对照组的降低幅度分别为 3.67%～12.84%及 2.63%～13.16%，而生物炭及生物炭&过磷酸钙处理的提升幅度分别为 9.17%～15.60%及 3.51%～7.02%，表明炭基材料对土壤团聚体稳定性影响较为明显。

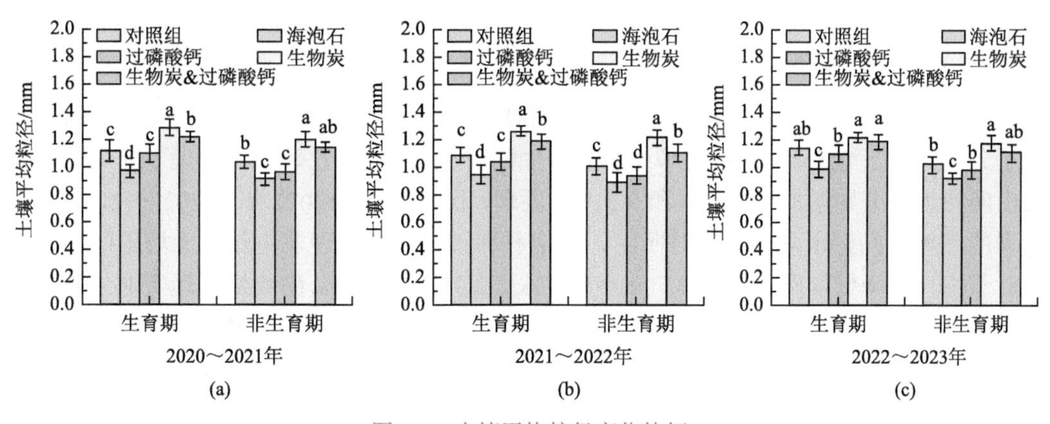

图 6-6　土壤平均粒径变化特征

非生育期，冻融循环破坏了土壤团聚体稳定性，各处理土壤平均粒径较生育期有不同程度的下降趋势[44]。具体分析可知，对照组、海泡石、过磷酸钙、生物炭及生物炭&过磷酸钙处理土壤平均粒径相对于生长期分别降低了 7.14%、6.19%、11.82%、6.20%及 5.74%。同理，比较 2021～2022 年及 2022～2023 年作物非生育期各处理的土壤平均粒径可知，各处理条件下土壤平均粒径相对于生育期的降低幅度分别为 3.17%～10.48%及 3.28%～10.81%。值得注意的是，生物炭施加处理条件下，土壤平均粒径在非生育期降低幅度较小。这主要归因于生物炭促进土壤团聚体分解的土壤颗粒重新聚合为中型团聚体，抑制了冻融循环对土壤团聚体的破坏效应[45]。

不同稳定化处理条件下土壤田间持水量如图 6-7 所示。在 2020～2021 年生育期，对照组处理的土壤田间持水量为 28.36%，而海泡石处理田间持水量相对于对照组降低 6.73%，这可能是海泡石作为黏土矿物材料，施入土壤后增加了土壤紧实度，降低了土壤孔隙率，减弱了土壤的持水性[46]。过磷酸钙处理下土壤田间持水量增加不显著（$P>0.05$）。生物炭及生物炭&过磷酸钙处理土壤田间持水量显著增加，分别比对照组增加了 20.56%及 13.68%，该现象归因于生物炭具有高比表面积和多孔性结构，有利于提高土壤持水力[47]。同理分析可知，在 2021～2022 年及 2022～2023 年作物生育期，海泡石处理条件下土壤田间持水量相对于对照组的降低幅度分别为 5.83%和 6.29%，而生物炭及生物炭&过磷酸钙处理的提升幅度分别为 7.75%～16.29%和 17.93%～21.63%。

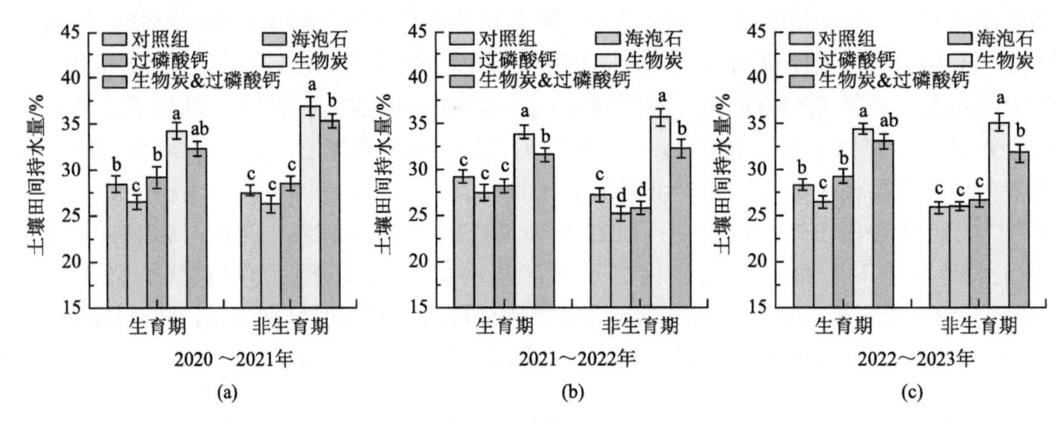

图 6-7 土壤田间持水量变化特征

与生育期土壤持水状况相比，非生育期对照组、海泡石和过磷酸钙处理土壤田间持水量分别降低了 3.56%、1.02%和 2.47%，生物炭及生物炭&过磷酸钙处理下非生长期土壤田间持水量分别增加了 7.81%和 9.21%。同理，比较 2021～2022 年及 2022～2023 年各处理的土壤田间持水量可知，对照组、海泡石和过磷酸钙处理非生长期土壤田间持水量相对于生长期降低幅度分别为 3.50%～8.77%及 2.31%～9.30%，生物炭处理下非生长期土壤田间持水量分别增加了 5.10%和 2.65%。对于对照组、海泡石和过磷酸钙处理，非生育期冻融循环作用导致土壤结构崩解，土壤团聚体和孔隙度下降，土壤持水性能降低[48]。值得注意的是，生物炭及生物炭&过磷酸钙处理非生育期土壤田间持水量相较于生育期有所增加。这可能是因为冻融循环作用对生物炭结构的破坏，增加了生物炭孔隙度和比表面积，进而提高了土壤蓄水保水能力[49]。

土壤 pH 是控制重金属吸附-解析、沉淀-溶解的决定性因素，与重金属有效性密切相关。在 2020～2021 年生育期，对照组处理的土壤 pH 为 7.44（图 6-8）。而在海泡石处理条件下，土壤 pH 增至 8.67，这可能是海泡石中含有大量的 $CaCO_3$ 和 $MgCO_3$ 与土壤胶体中的 H^+反应，导致土壤 pH 升高[50]。生物炭及生物炭&过磷酸钙处理土壤 pH 分别相对于对照组提升了 0.41 和 0.18。相反，过磷酸钙处理将土壤 pH 从对照组的 7.44 降至 6.77。这可能是该材料是用浓硫酸酸化制备而成，施用过磷酸钙可能导致土壤有机酸的形成和积累，进而增加土壤中 H^+浓度。另外，在 2021～2022 年及 2022～2023 年，不同处理条件下土壤 pH 变化趋势与 2020～2021 年相类似。

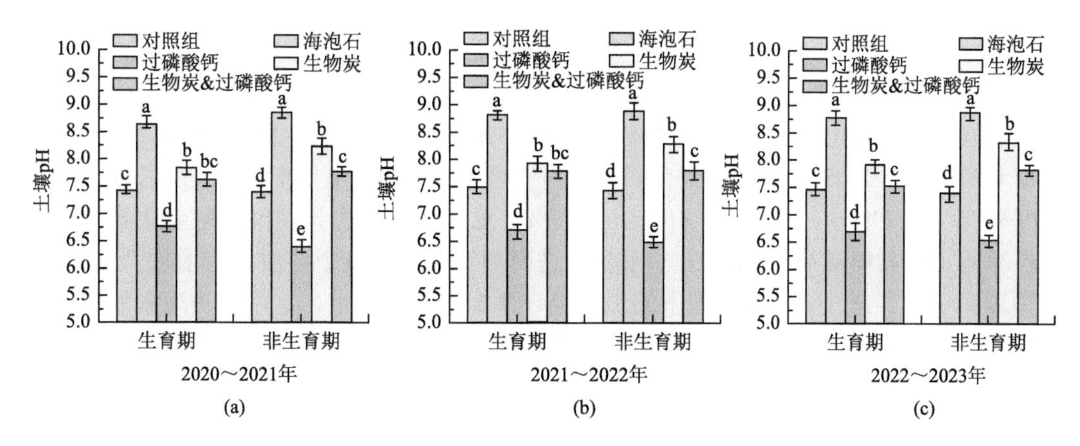

图 6-8　土壤酸碱度变化特征

非生育期内，土壤经历季节性冻融循环作用，2020～2021 年对照组和过磷酸钙处理非生长期土壤 pH 相对于生长期分别下降了 0.03 和 0.37，这可能是因为过磷酸钙携带部分游离酸，而冻融循环促使土壤颗粒裂解，并且释放酸性物质，增加重金属迁移的风险[51]。反之，生物炭在冻融交替中增加了土壤的碱度，这可能是由于生物炭中的碱灰成分逐渐释放，进而提升土壤 pH[52]。

稳定化材料的施用在一定程度上增加了土壤电导率（图 6-9）。2020～2021 年作物生育期内，不同稳定化处理条件下土壤电导率相对于对照组显著增加（$P<0.05$）。具体分析可知，海泡石、过磷酸钙、生物炭及生物炭&过磷酸钙处理条件下土壤电导率分别相对于对照组增加了 3.14%、13.84%、7.55%及 11.32%。首先，过磷酸钙富含 Ca^{2+}、SO_4^{2-}、$H_2PO_4^-$ 等可溶性酸离子，增强了土壤溶液的电导率[53]。生物炭中的灰分为土壤提供碱性碳酸盐、二氧化硅、有机和无机氮，但它具有很强的吸附能力和阳离子交换能力，从而抑制了土壤盐分的失控释放[54]。海泡石施入土壤后会产生 Ca^{2+}、Mg^{2+}等阳离子，但层状海泡石黏土的高吸附能力也阻止了它快速释放盐分[55]。因此，海泡石和生物炭处理下的土壤电导率增幅小于施加过磷酸钙处理。

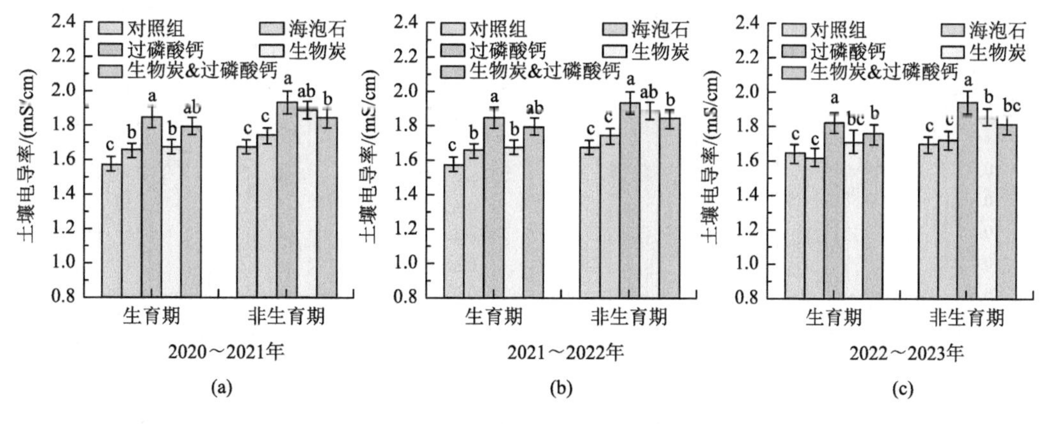

图 6-9　土壤电导率变化特征

作物非生育期内，各处理土壤电导率较生长期均有不同程度的增加。具体分析可知，在2020～2021年非生育期，对照组、海泡石、过磷酸钙、生物炭及生物炭&过磷酸钙处理土壤电导率相对于生长期分别提升了7.02%、6.78%、5.67%、11.60%及4.28%。同理，在2021～2022年和2022～2023年作物非生育期内，各处理条件下土壤电导率相对于生长期的提升幅度分别为 2.79%～11.90%和 3.05%～8.77%。这可能是非生长期间冻融老化导致土壤颗粒和稳定化材料破裂，释放DOC和氮，进而导致土壤溶液中溶质浓度增加[56]。另外，生物炭及生物炭&过磷酸钙处理下的土壤电导率增幅相对较小。这可能是冻胀作用破坏了生物炭的稳定结构，增加了碳颗粒的比表面积，提供了更多的离子吸附位点，抑制了土壤中游离离子浓度的增加[57]。

6.4.2 土壤有效态重金属含量

在2020～2021年作物生育期内，对照组处理条件下作物生育初期（5月18日）表层土壤DTPA浸提Cd的浓度为1.315mg/kg（图6-10），伴随着生育期的推进，在作物生育中期（8月1日），土壤DTPA浸提Cd的浓度降低至1.181mg/kg。此外，在作物生育末期（10月15日），土壤DTPA浸提Cd浓度则再次增加至1.391mg/kg，在整个作物生育过程中呈现出先减小后增加的变化趋势。同理，对比2021～2022年及2022～2023年作物生育期表层土壤有效态重金属浓度变化趋势可知，在作物生育中期，表层土壤DTPA浸提Cd浓度分别相对于初期降低了6.15%和7.21%，而在生育末期又呈现一定程度的提升趋势，这与许仙菊等[58]研究结果相类似，在水稻孕穗期和灌浆期生长速率相对较快，植株根系对土壤养分元素汲取的同时，会协同运输重金属进入植株各器官。另外，在作物生育苗期和分蘖期，灌溉水水头压力驱使土壤中可交换态Cd沿着孔隙通道向下迁移[59]，而在作物生育的中后期，在土壤水分蒸发和植物蒸腾作用下，土壤可溶性盐分随孔隙水向上迁移，并且在土壤表层聚集。这一结果再次证实了灌溉农田的水文循环影响可溶性金属离子迁移的假设[60]。

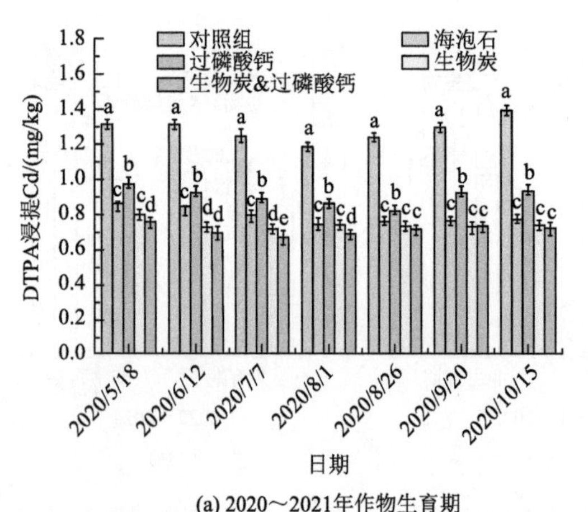

(a) 2020～2021年作物生育期

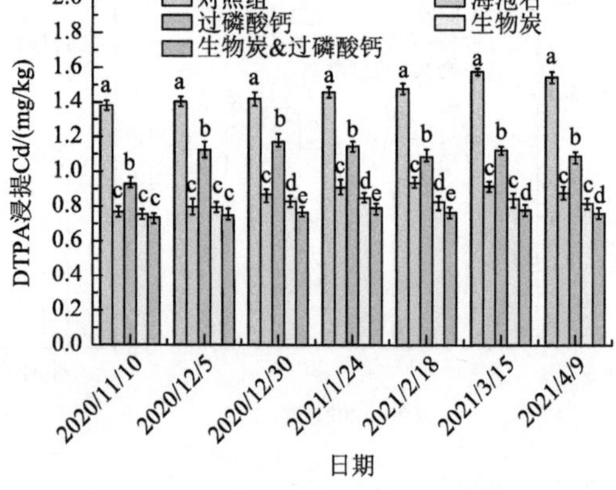

(b) 2020～2021年作物非生育期

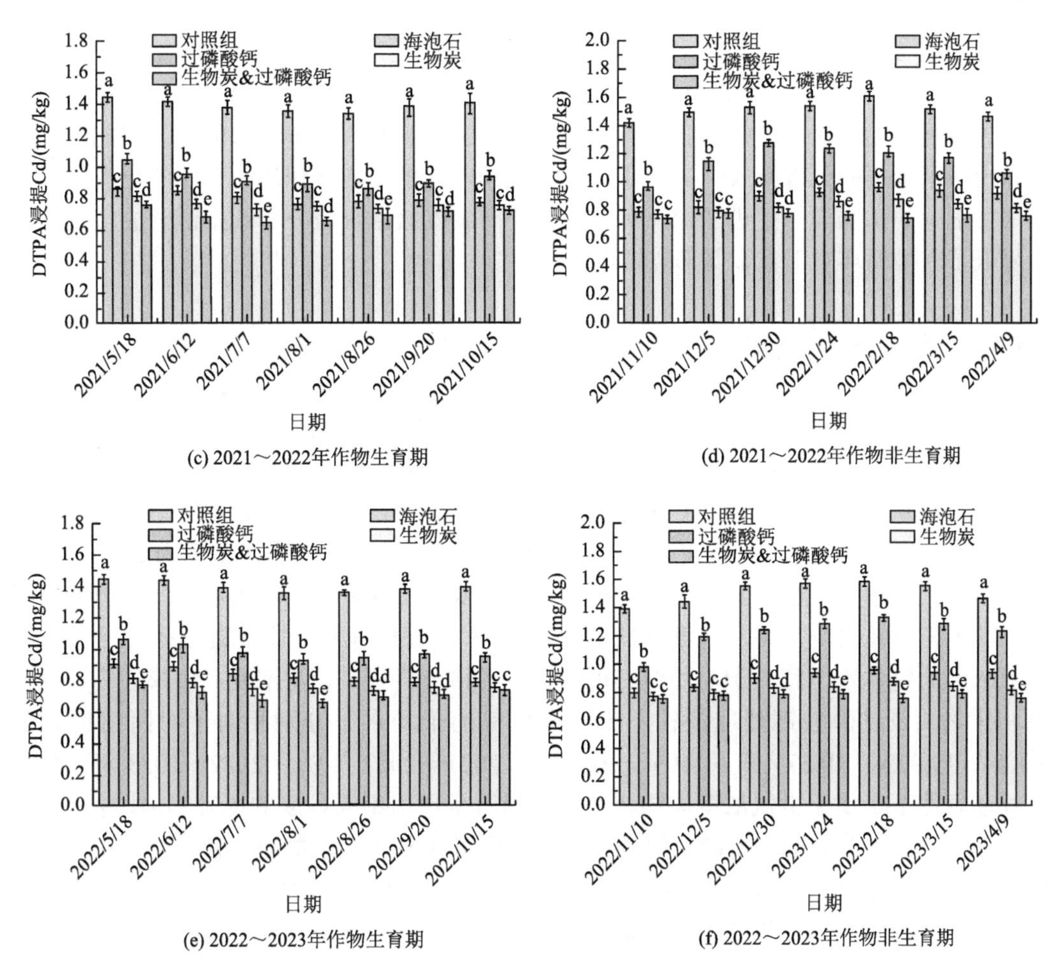

(c) 2021～2022年作物生育期

(d) 2021～2022年作物非生育期

(e) 2022～2023年作物生育期

(f) 2022～2023年作物非生育期

图 6-10 土壤有效态 Cd 含量

进一步分析可知，改良剂的添加可以有效降低重金属浸提浓度，以 2020～2021 年作物生育期为例，海泡石、过磷酸钙、生物炭和生物炭&过磷酸钙处理下作物生育初期 DTPA 浸提 Cd 浓度相对于对照组分别下降 35.97%、25.7%、39.62%和 43.04%。生物炭含有羟基、羧基和羰基等多种官能团，通过表面络合和固定化直接固定 Cd[61]。此外，由于更多的负电荷附着在土壤颗粒表面，生物炭的碱性通过静电吸引间接减少了金属的离解[62]。在过磷酸钙处理中，通过表面聚合或固定机制形成磷酸 Cd，这与 da Rocha 等[63]报道的结果一致。同样，正如 Kumpiene 等[64]发现的，Cd 的生物有效性对土壤 pH 有明显的反应。与此同时，海泡石提高了土壤碱度，增加了土壤的净负电荷，这可能导致镉与羟基结合，形成氢氧化物和碳酸盐等金属沉淀，从而降低 Cd 在土壤中的溶解度和生物有效性[65]。

非生育期内，土壤 DTPA 浸提 Cd 的浓度呈现出“先升高后降低”的趋势。以 2020～2021 年为例，对照组非生育初期土壤表层 DTPA 浸提 Cd 的浓度为 1.381mg/kg，并且随着时间的推移，可提取态重金属浓度提升至 1.547mg/kg。与此同时，海泡石、过磷酸钙、生物炭和生物炭&过磷酸钙处理的土壤表层 DTPA 浸提 Cd 浓度相较于非生育初期提升幅度分别为 10.9%、14.4%、7.6%和 5.0%，并且过磷酸钙处理条件下最为显著。而生物炭与生物炭&过磷酸钙处理提升幅度较低。先前研究也有证实，自然老化驱使生物炭颗粒裂解，影响了生物炭的粒径、孔径和吸附容量，并且诱发其表面衍生出大量的含氧官能团，抑制了土壤重金属的无效释放[66]。对于海泡石处理，镉的固定化作用随自然老化而减弱，但添加剂中的矿物成分促进了镉从可交换组分向碳酸盐结合组分和残余组分的转化，从而降低了冻融循环对于重金属形态转化的影响。

6.4.3 土壤氮矿化过程

作物生育期和非生育期土壤中无机氮（NO_3^--N + NH_4^+-N）浓度变化过程如图 6-11 所示。由于土壤中有效氮作为植物生长的必须元素，在作物生育期，土壤无机氮浓度呈现逐渐降低的变化趋势。首先，在 2020～2021 年生育期内，对照组处理作物生育初期土壤无机氮浓度为 85.4mg/kg，而在生育末期则降低至 63.8mg/kg，其下降幅度为 25.29%。与此同时，在海泡石、过磷酸钙、生物炭以及生物炭&过磷酸钙处理条件下，作物生育期内土壤无机氮浓度均呈现出逐渐降低的变化趋势。然而，4 种稳定化处理条件下土壤无机氮浓度的整体水平相对于对照组有所提升。具体分析可知，海泡石、过磷酸钙、生物炭和生物炭&过磷酸钙处理条件下土壤无机氮的平均水平分别相对于对照组提升了 6.30%、19.92%、30.37%和 41.10%。另外，在 2021～2022 年以及 2022～2023 年，稳定化处理条件下土壤无机氮浓度同样相对于对照组呈现出不同程度的提升趋势，并且生物炭处理条件下最为显著。生物炭的多孔结构特征可显著改善土壤通气性，抑制氮素微生物的反硝化作用，从而减少了 NO_x 的形成和排放[67]。此外，生物炭具有较大的比表面积和较强的离子吸附交换能力，进而提升了土壤电荷密度，降低了土壤氮的淋失[68]。生物炭作为生物质材料，本身含有一部分氮，对土壤无机氮具有一定的补给作用[69]。除此之外，生物炭和过磷酸钙的协同施加提升了土壤有效 C 和有效 P 的浓度，进而增强了土壤中植物和微生物对于有效 N 的需求，土壤无机氮浓度也呈现大幅度提升现象[70]。

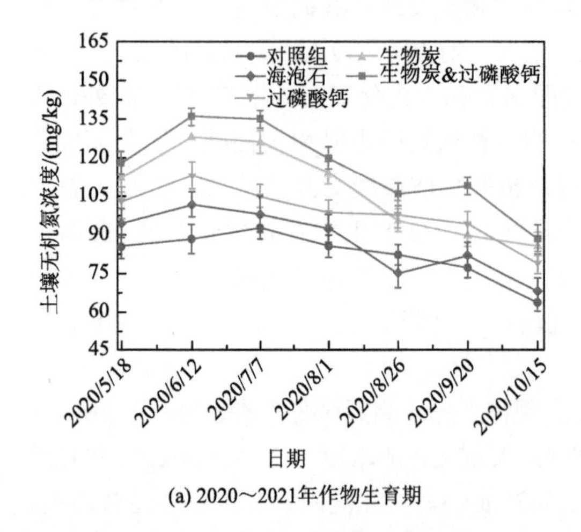

(a) 2020～2021年作物生育期

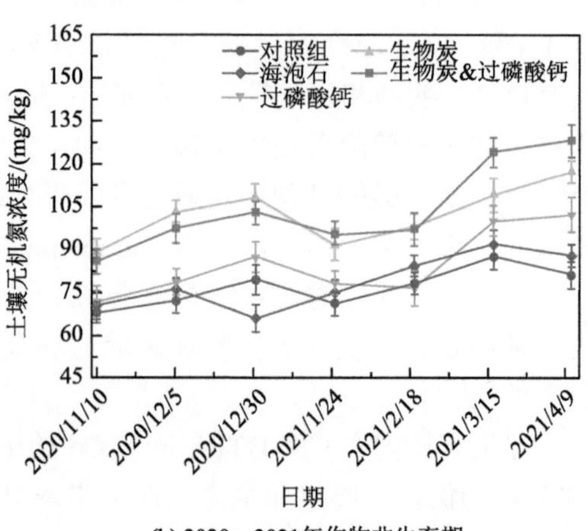

(b) 2020～2021年作物非生育期

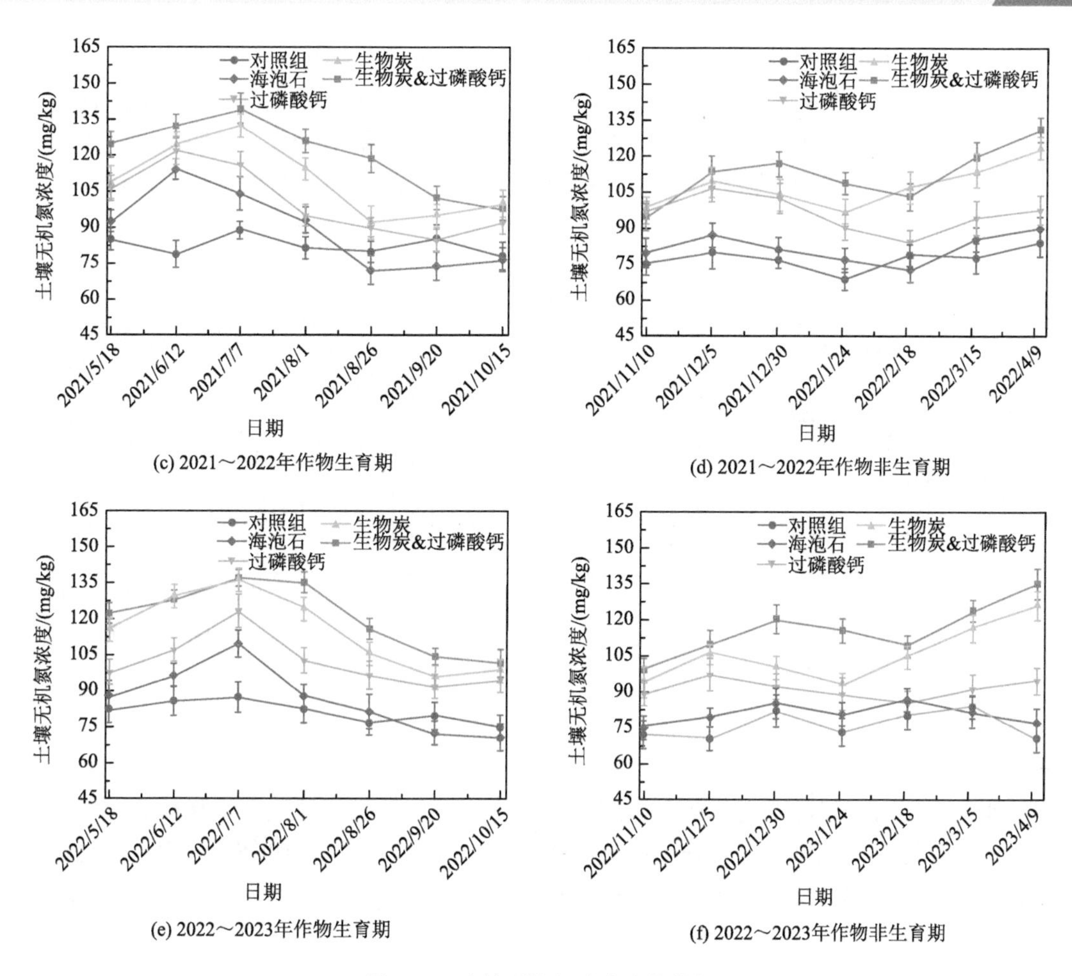

图 6-11　土壤无机氮浓度变化特征

在非生育期冻结时段，受环境低温效应的影响，土壤中无机氮浓度相对较低。然而，在融化时段，无机氮浓度则呈现出大幅度提升趋势。以 2020～2021 年为例，冻结初期土壤无机氮浓度为 67.65mg/kg，而在融化末期则提升至 86.72mg/kg。这可能是融化期内土壤经历了频繁的“冻结—融化”的现象，促进了土壤中有机氮的矿化分解。同时，受低温驱动作用的影响，部分微生物细胞胀裂死亡，又释放一定量的无机氮[71]。此外，稳定化处理条件下土壤无机氮浓度水平均呈现不同程度的提升。具体分析可知，海泡石、过磷酸钙、生物炭和生物炭&过磷酸钙处理条件下土壤无机氮平均值相对于对照组分别提升了 2.51%、10.25%、32.78%和 35.72%，并且在生物炭和生物炭&过磷酸钙处理条件下最为显著。

氮矿化是指土壤有机碎屑中的氮素在土壤微生物的作用下由难以被植物利用的有机态转化为可被植物利用的无机态（主要为氨态氮）的过程，作物生育期和非生育期土壤氮矿化速率如图 6-12 所示。2020～2021 年，作物生育期对照组处理土壤氮矿化速率为 1.72mg/(kg·d)，过磷酸钙处理下土壤氮矿化速率相对于对照组增加 25.58%，表明高磷输入可能提高了土壤异养微生物（如参与硝化反应的异养硝化细菌）的活性，加速了净氮矿化速率，增加了土壤 NO_3^--N 及矿质氮的浓度[72]。而在生物炭和生物炭&过磷酸钙处理条件下，土壤氮矿化速率分别相对于对照组提升了 37.79%和 44.19%，表明土壤中添加生物炭后，提高了土壤微生物赖以生存的可溶性碳浓度，从而加速微生物活动，致使氮矿化作用显著增强[73]。

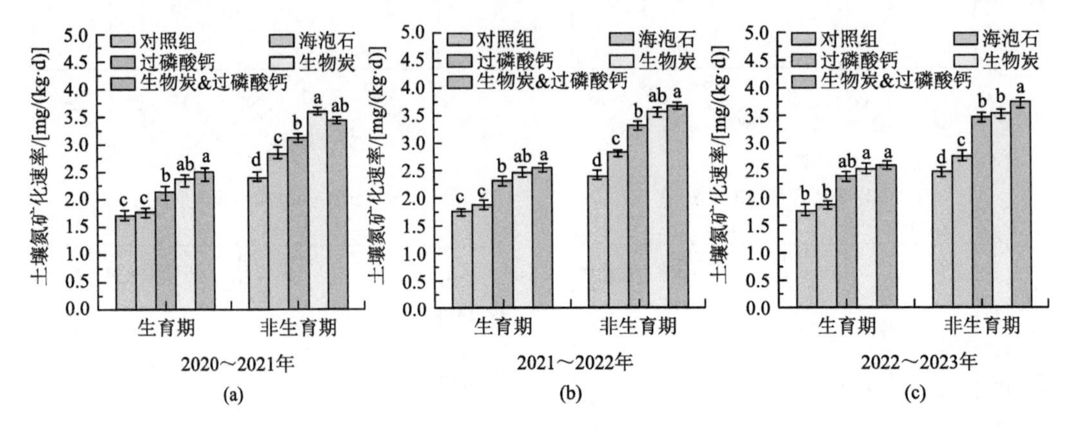

图 6-12　土壤氮矿化速率

非生育期内，在冻融老化驱动作用下，土壤团聚体裂解，导致游离释放的有机氮被快速分解转化为无机氮，各处理土壤氮矿化速率均有不同程度增加[74]。海泡石、过磷酸钙、生物炭和生物炭&过磷酸钙处理土壤氮矿化速率分别较对照组增加了 18.18%、29.34%、49.59%和 42.56%，研究结果同样显示出生物炭及生物炭&过磷酸钙处理显著提升了土壤氮矿化速率。

6.4.4　土壤碳矿化过程

溶解有机碳是土壤中活跃的化学组分，具有移动快、不稳定、易矿化等特点，可维持土壤与大气之间的碳元素平衡，作物生育期和非生育期土壤中溶解有机碳浓度如图 6-13 所示。2020～2021 年，作物生育期内对照组中土壤溶解有机碳浓度在 118.72～137.34mg/kg，平均值为 126.28mg/kg，而过磷酸钙处理条件下土壤溶解有机碳浓度平均值相对于对照组提升了 6.96%，而在生物炭和生物炭&过磷酸钙处理条件下，土壤溶解有机碳浓度平均值与对照组差异较小。然而，海泡石处理条件下土壤溶解有机碳浓度平均值相对于对照组则降低了 17.23%。研究结果证实施加磷肥直接增加根系生物量及根系分泌物，促进了微生物生长，土壤微生物可利用碳、氮含量得到提升[75]。另外，海泡石作为黏土矿物材料，通过范德瓦耳斯力、Ca^{2+}架桥和配体交换等作用机制对溶解有机碳进行吸附，有助于土壤固碳减排效应[76]。与此同时，在 2021～2022 年以及 2022～2023 年，过磷酸钙和海泡石对土壤溶解有机碳表现出相同的作用效果。

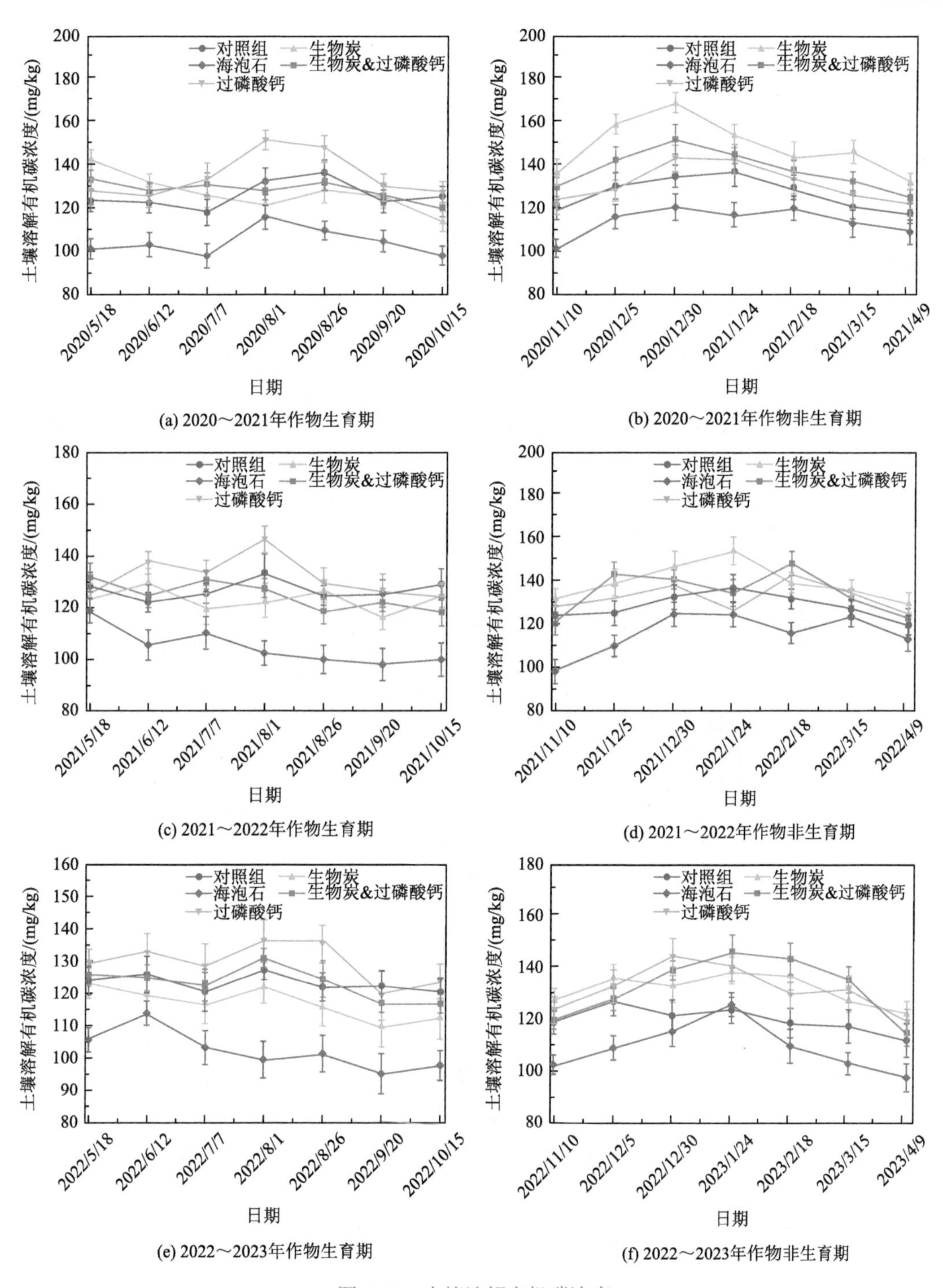

图 6-13　土壤溶解有机碳浓度

非生育期内，土壤溶解有机碳浓度呈现出先增加后降低的变化趋势（图 6-13）。具体分析可知，2020～2021 年，非生育初期对照组处理土壤溶解有机碳浓度为 119.35mg/kg，伴随着冻融期的推进，土壤溶解有机碳浓度提升至 136.65mg/kg，而在非生育末期，土壤溶解有机碳浓度则又降低至 117.3mg/kg。研究表明，季节性冻融循环加速土壤团聚体裂解，释放溶解有机碳。环境温度的提升促使土壤中微生物活性恢复，对溶解有机碳的分解能力逐渐增强[77]。特别值得注意的是，生物炭和生物炭&过磷酸钙处理条件下，冻融循环条件下土壤溶解有机碳浓度出现了大幅度的提升趋势，非生育期内土壤溶解有机碳浓度的最大值分别变为 167.72mg/kg 和 151.63mg/kg，生物炭的施用增加了可利用碳源的含量，这可能是低温作用引发土壤和生物炭结构失稳，诱发了土壤溶解有机碳的游离扩散[78]。此外，2021～2022 年和 2022～2023 年作物非生育期内，土壤中溶解有机碳浓度也呈现类似的变化趋势。

作物生育期和非生育期土壤碳矿化速率如图 6-14 所示。2020～2021 年生育期内，对照组中土壤碳矿化速率为 20.60mg/(kg·d)，而在生物炭和海泡石处理条件下，土壤碳矿化速率相比于对照组分别降低了 11.17%和 20.39%，表明该时期生物炭和海泡石均呈现出较强的固碳效应，有效抑制了土壤碳矿化反应。相反，在过磷酸钙处理下，土壤碳矿化速率明显提升，相比于对照组升高了 16.99%，这可能是因为，无机磷肥提升了土壤微生物活性，促进了土壤中有机碳的分解，从而产生显著的正激发效应[79]。

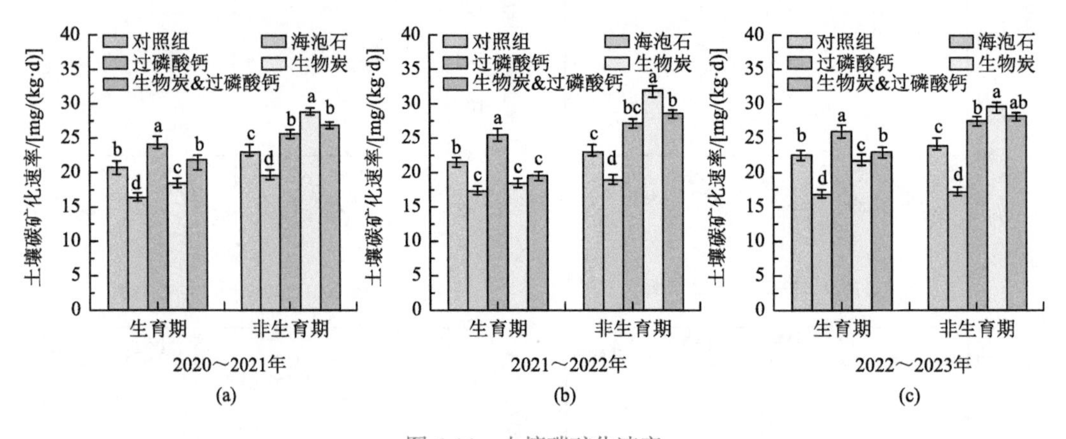

图 6-14 土壤碳矿化速率

非生育期内，冻融循环作用下土壤颗粒裂解释放可利用碳源，为土壤微生物的活动提供能量补给。尽管低温条件下微生物活性降低，甚至裂解死亡，但融化期内残余微生物活性迅速恢复，产生“激发效应”，土壤碳的矿化能力相对于生育期显著提升[80]。另外，以 2020～2021 年为例，生物炭和生物炭&过磷酸钙两种处理条件下土壤氮矿化速率相对于对照组分别提升了 22.84%和 15.09%，再次证实了冻融老化的驱动作用下，生物炭调控模式土壤可利用碳源含量大幅度提升，土壤碳矿化效应有所增强。

6.4.5 土壤酶活性特征

在农田土壤生态系统中，土壤酶是具有生物催化活性的特殊物质，其参与了土壤中许多重要的生化过程[81]。其中，土壤脲酶作为一种酰胺酶，能够促进土壤有机分子中酰胺键的水解，催化尿素生成 NH_3，与土壤氮循环有关，其活性可以反映土壤供氮能力，作物生育期和非生育期内土壤脲酶活性变化过程如图 6-15 所示。首先，在 2020～2021 年，对照组土壤脲酶活性在整个生育期内变化幅度相对较小，脲酶活性平均值为 1.131mg/(g·d)。

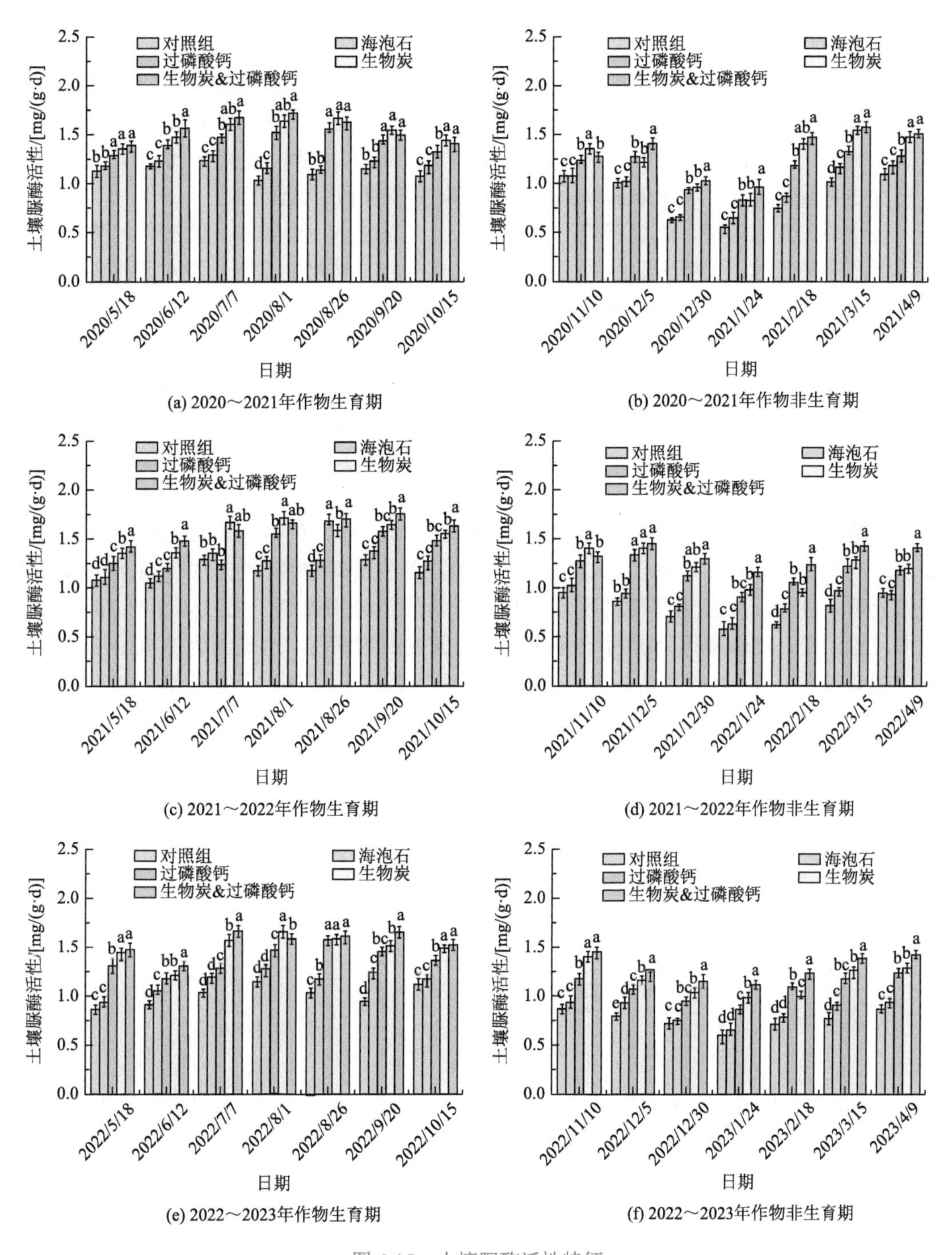

(a) 2020～2021年作物生育期

(b) 2020～2021年作物非生育期

(c) 2021～2022年作物生育期

(d) 2021～2022年作物非生育期

(e) 2022～2023年作物生育期

(f) 2022～2023年作物非生育期

图 6-15　土壤脲酶活性特征

而在海泡石、过磷酸钙、生物炭及生物炭&过磷酸钙处理条件下，土壤脲酶活性相对于对照组分别增加了4.8%、15.2%、20.2%和23.1%，农田污染土壤稳定化处理后，土壤脲酶活性呈现不同程度的提升趋势。同理，在2021～2022年和2022～2023年作物生育期内，4种处理条件下土壤脲酶活性相对于对照组呈现出不同的提升趋势。值得注意的是，生物炭&过磷酸钙处理对于脲酶活性具有较强的激发效应，这可能是因为生物炭还田后，可通过改善土壤理化性质提高土壤酶活性。此外，生物炭自身具有多孔结构和吸附性能，可以吸附酶促反应底物，为土壤酶提供更多的结合位点，提升土壤酶活性[82]。与此同时，土壤中施加过磷酸盐后土壤的C∶P和N∶P降低，此时，C和N的有效性不足，促使微生物通过增强脲酶活性加速尿素分解，进而获取更多可利用氮源[83]。

此外，在非生育期，土壤脲酶活性则呈现出“先减小、后增加”的变化趋势，并且在环境温度最低时，土壤酶活性最弱。2020～2021年，作物非生育初期对照组中土壤脲酶活性为1.092mg/(g·d)，随着环境温度的降低，土壤脲酶活性降低至0.538mg/(g·d)，而在非生育末期，伴随着环境温度的提升，土壤脲酶活性则再次升高至1.104mg/(g·d)。另外，我们发现生物炭和过磷酸钙材料能够有效恢复土壤脲酶活性，在过磷酸钙、生物炭和生物炭&过磷酸钙处理条件下，非生育末期土壤脲酶活性分别相对于对照组高出17.2%、34.6%和37.4%，这也证实了生物炭与过磷酸钙复配在寒区农田污染土壤健康修复的可持续性。

土壤蔗糖酶活性特征如图6-16所示，2020～2021年，生育期内对照组中土壤蔗糖酶活性波动幅度较小，平均值为22.38mg/(g·d)，而在过磷酸钙、生物炭和生物炭&过磷酸钙处理条件下土壤蔗糖酶活性平均值相对于对照组分别提高了22.5%、9.3%和18.8%。值得注意的是，过磷酸钙处理对于蔗糖酶活性激发效应最强，这是因为蔗糖酶活性与土壤中的有机质、N、P等密切相关，过磷酸钙施加后，土壤中P元素含量增加，进而促进了蔗糖酶活性提升[84]。相反地，海泡石处理抑制了土壤蔗糖酶活性，相较于对照组降低了17.6%。同理，2021～2022年以及2022～2023年土壤蔗糖酶活性呈现出相同的变化趋势。

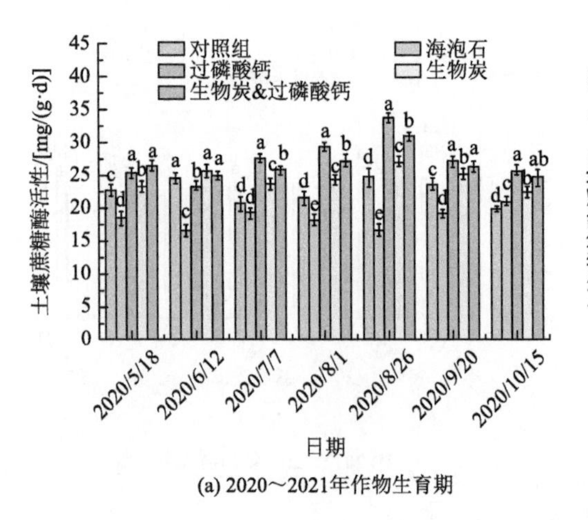

(a) 2020～2021年作物生育期

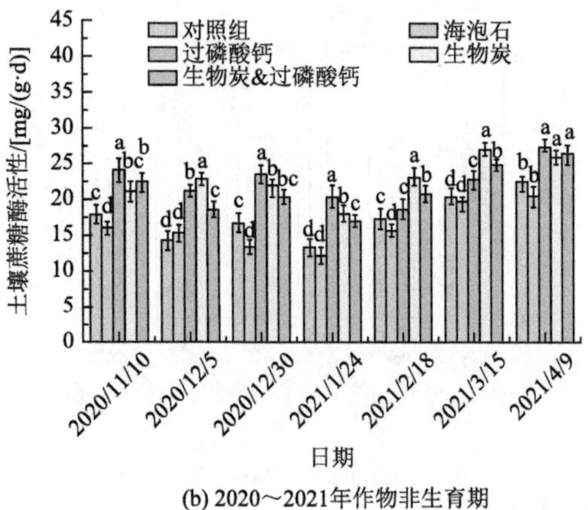

(b) 2020～2021年作物非生育期

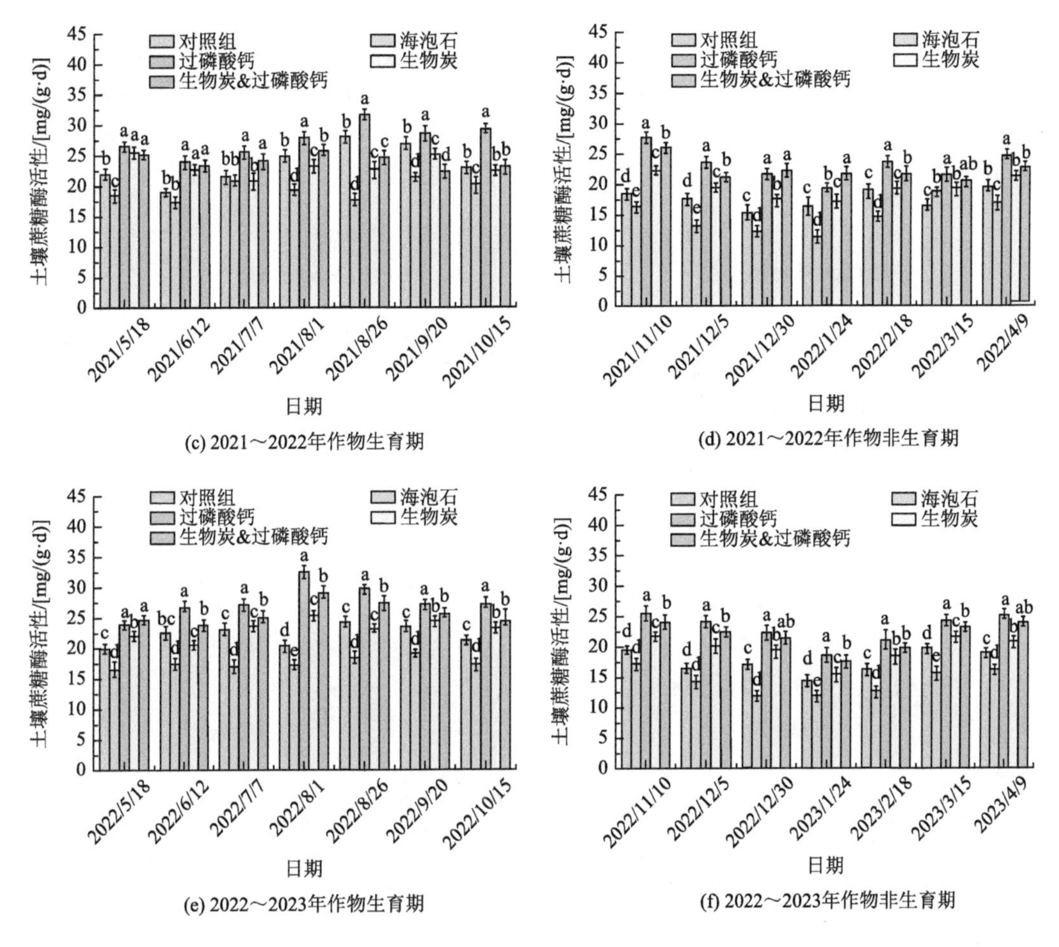

(c) 2021～2022年作物生育期

(d) 2021～2022年作物非生育期

(e) 2022～2023年作物生育期

(f) 2022～2023年作物非生育期

图 6-16　土壤蔗糖酶活性特征

而在非生育期内，土壤蔗糖酶活性呈现出“先减小、后增加”的变化趋势。其中，对照组处理条件下冻融初期土壤蔗糖酶活性为 17.86mg/(g·d)，伴随着冻结温度的降低，土壤蔗糖酶活性降至 13.23mg/(g·d)，而到了冻融末期，土壤蔗糖酶活性再次提升至 22.19mg/(g·d)。土壤冻融末期酶活性相对于初期有所提升，这可能是因为冻融循环作用促使土壤团聚体裂解，土壤颗粒释放大量溶解有机碳，这增强了酶促反应中底物浓度，进一步激发了蔗糖酶活性的提升[85]。另外，过磷酸钙、生物炭、生物炭&过磷酸钙处理对于土壤蔗糖酶活性的恢复效果有所提升，并且在 2020～2021 年非生育末期，3 种处理条件下土壤蔗糖酶活性相对于对照组分别提高了 22.9%、16.8%和 17.3%。相反地，海泡石处理下土壤蔗糖酶活性则低于处理组 8.0%。

土壤过氧化氢酶活性特征如图 6-17 所示。在 2020～2021 年，作物生育期内对照组处理土壤过氧化氢酶活性平均值为 2.45mg/(g·d)，而在海泡石、生物炭和生物炭&过磷酸钙处理条件下，土壤过氧化氢酶活性平均值相对于对照组分别提升了 27.8%、37.6%和 28.2%。相反地，过磷酸钙处理土壤过氧化氢酶活性相较于对照组降低了 9.4%。同理，在 2021～2022 年和 2022～2023 年，土壤过氧化氢酶活性在不同处理之间表现出相同的差异性特征。土壤过氧化氢酶活性与 pH 呈极显著正相关，而过磷酸钙呈现弱酸性，进而抑制了土壤过氧化氢酶活性[86]。另外，土壤过氧化氢酶活性提高可能与微生物量和活性增加有关，生物炭的多孔结构提供了微生物更多的庇护所，同时也提供了更多易于利用的碳源和氮源，这有利于微生物生长发育，进而影响土壤过氧化氢酶活性[87]。

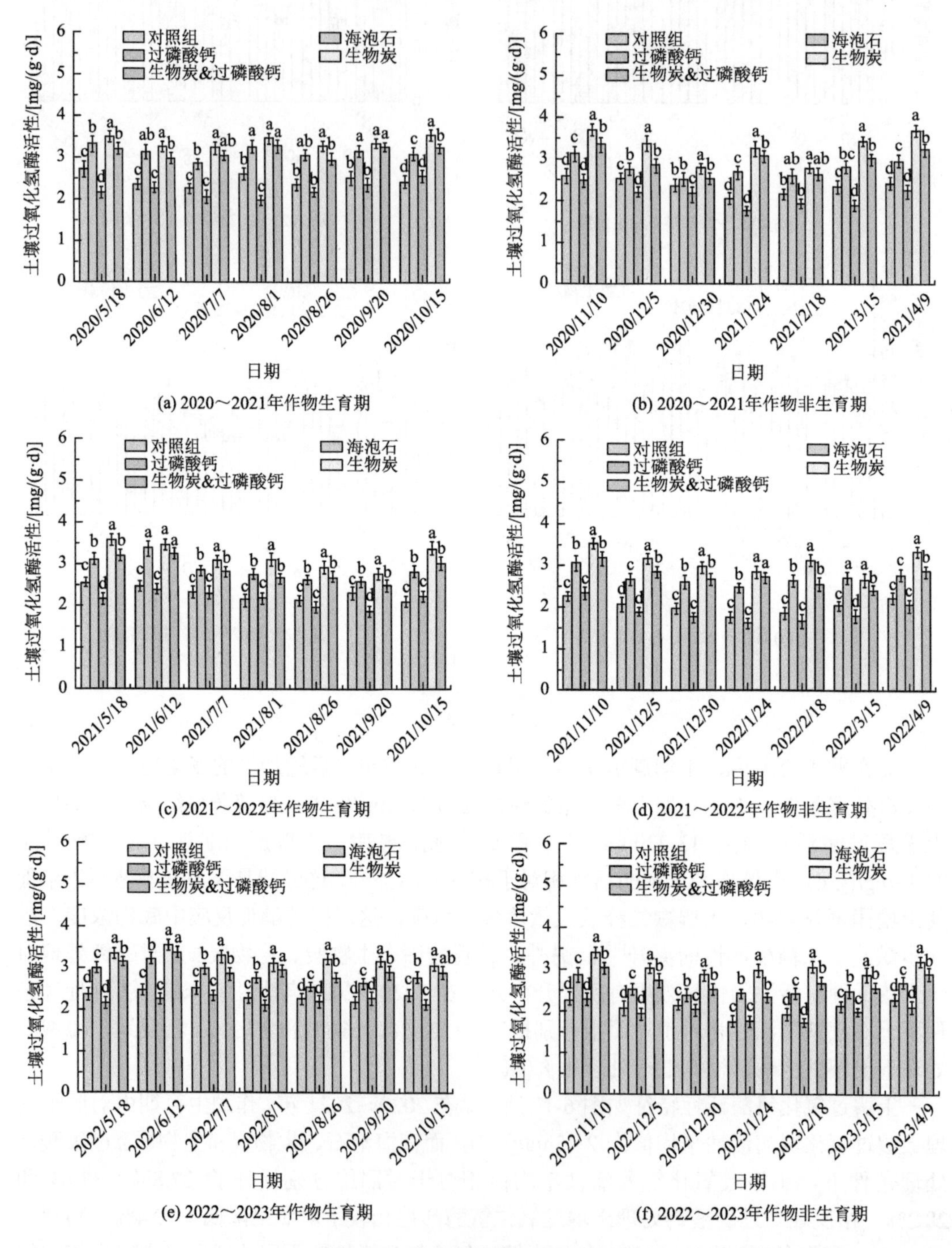

(a) 2020～2021年作物生育期

(b) 2020～2021年作物非生育期

(c) 2021～2022年作物生育期

(d) 2021～2022年作物非生育期

(e) 2022～2023年作物生育期

(f) 2022～2023年作物非生育期

图 6-17 土壤过氧化氢酶活性特征

类似地，2020～2021 年非生育期内，对照组过氧化氢酶活性平均值为 2.36mg/(g·d)，而在海泡石、生物炭和生物炭&过磷酸钙处理条件下土壤过氧化氢酶活性相对于对照组同样呈现出不同程度的提升趋势，过磷酸钙同样对其活性产生抑制效果。

6.4.6　土壤微生物多样性

不同时期土壤微生物多样性指数如表 6-8 所示。首先，作物生育期内稳定化材料提升了微生物多样性指数，以 2020～2021 年为例，海泡石、过磷酸钙、生物炭和生物炭&过磷酸钙处理条件下的香农-维纳多样性指数相对于对照组分别提升了 4.0%、26.8%、31.8% 和 41.7%。另外，在 2021～2022 年和 2022～2023 年，稳定化处理条件下土壤香农-维纳多样性指数相对于对照组提升幅度为 14.5%～43.0%和 12.3%～65.3%，这可能是由于生物炭的施加提升了土壤的 pH 和 C/N，降低了土壤容重，增加了土壤孔隙度，为土壤微生物的生长和繁殖营造了良好的生存条件[88]。此外，生物炭的添加还会引起植物根系分泌吲哚乙酸、激活植物防御系统等，这都促进了土壤微生物活性和多样性的增加[89]。而土壤中充足的有效磷丰富了土壤微生物活动所需的营养物质来源，有利于土壤微生物群落功能多样性和较强的碳源利用能力[90]。

表 6-8　土壤微生物多样性指数

年份	处理方式	生育期				非生育期			
		香农-维纳多样性指数	丰富度	Chao1 指数	覆盖率	香农-维纳多样性指数	丰富度	Chao1 指数	覆盖率
2020～2021 年	对照组	7.46±0.34	4355±41	6768.4±13.2	99.3±2.2	7.34±0.53	3833±34	5227.8±16.2	99.3±1.8
	海泡石	7.76±0.27	5267±36	6131.2±11.7	99.4±2.7	6.89±0.43	4348±54	5787.4±24.7	99.2±2.4
	过磷酸钙	9.46±0.48	5423±35	7454.2±21.2	99.5±1.9	7.97±0.37	4562±51	5572.5±20.4	99.4±2.6
	生物炭	9.83±0.61	6236±48	7781.1±21.4	99.7±1.6	8.56±0.56	5594±47	6353.6±19.5	99.6±1.8
	生物炭&过磷酸钙	10.57±0.58	6557±67	8134.5±17.3	99.8±2.3	8.24±0.51	5271±38	6104.2±27.2	99.5±1.9
2021～2022 年	对照组	6.82±0.35	4623±42	6554.1±12.5	99.2±2.4	6.85±0.43	3752±45	5367.2±18.3	98.9±1.8
	海泡石	7.81±0.43	4863±51	6251.5±14.7	99.5±2.1	6.61±0.38	4213±57	5023.6±17.1	99.3±2.1
	过磷酸钙	8.56±0.61	5521±58	7246.7±15.1	99.7±2.5	7.68±0.56	4537±52	5437.1±16.8	99.6±2.7
	生物炭	9.21±0.53	5963±63	7749.6±16.8	99.6±1.8	8.54±0.48	4655±48	5937.8±24.9	99.5±2.3
	生物炭&过磷酸钙	9.75±0.71	6459±46	7963.8±17.2	99.8±1.9	8.23±0.64	4438±57	6125.7±21.3	99.8±2.5
2022～2023 年	对照组	6.57±0.35	4652±52	6237.4±14.2	99.1±2.4	6.23±0.43	3912±64	4863.9±22.7	99.2±2.7
	海泡石	7.38±0.48	5632±68	6751.5±13.1	99.3±2.2	6.56±0.51	4251±72	5153.4±18.5	99.3±1.8
	过磷酸钙	8.59±0.52	6386±53	7324.8±18.5	99.5±1.7	7.86±0.39	4463±48	5563.7±21.4	99.7±1.9
	生物炭	10.21±0.61	6739±71	7952.9±15.7	99.8±2.3	8.42±0.62	4649±58	6249.8±19.3	99.6±2.6
	生物炭&过磷酸钙	10.86±0.48	6553±57	7686.4±16.3	99.7±2.7	8.85±0.76	4857±69	5973.6±24.5	99.7±1.9

注：Chao1 指数是衡量群落物种多样性的指标。

此外，非生育期受环境低温驱动影响，微生物多样性各项指标相对于生育期均有所下降。2020～2021 年，非生育期对照组土壤香农-维纳多样性指数、丰富度和 Chao1 指数相对于生育期分别降低了 1.6%、12.0%和 22.8%。进一步分析不同处理条件下土壤生物多样性指数差异可知，过磷酸钙、生物炭、生物炭&过磷酸钙处理下香农-维纳多样性指数同样相对于对照组有所提升，而此时海泡石处理则低于对照组。

基于上述土壤生物多样性指数分析，进一步探索土壤中细菌门水平群落组成(图 6-18)。总体而言，土壤中变形菌门（Proteobacteria）、拟杆菌门（Bacteroidota）、酸杆菌门（Acidobacteriota）以及放线菌门（Actinomycetota）的相对丰度较高。作物生育期内，炭基材料和磷酸盐有效提高了微生物各门类的相对丰度，例如，2020～2021 年生育期内，海泡石、过磷酸钙、生物炭及生物炭&过磷酸钙处理下变形菌门相对丰度相对于对照组分别增加了 16.3%、40.3%、46.4%和 58.8%。同理，在 2021～2022 年以及 2022～2023 年不同处

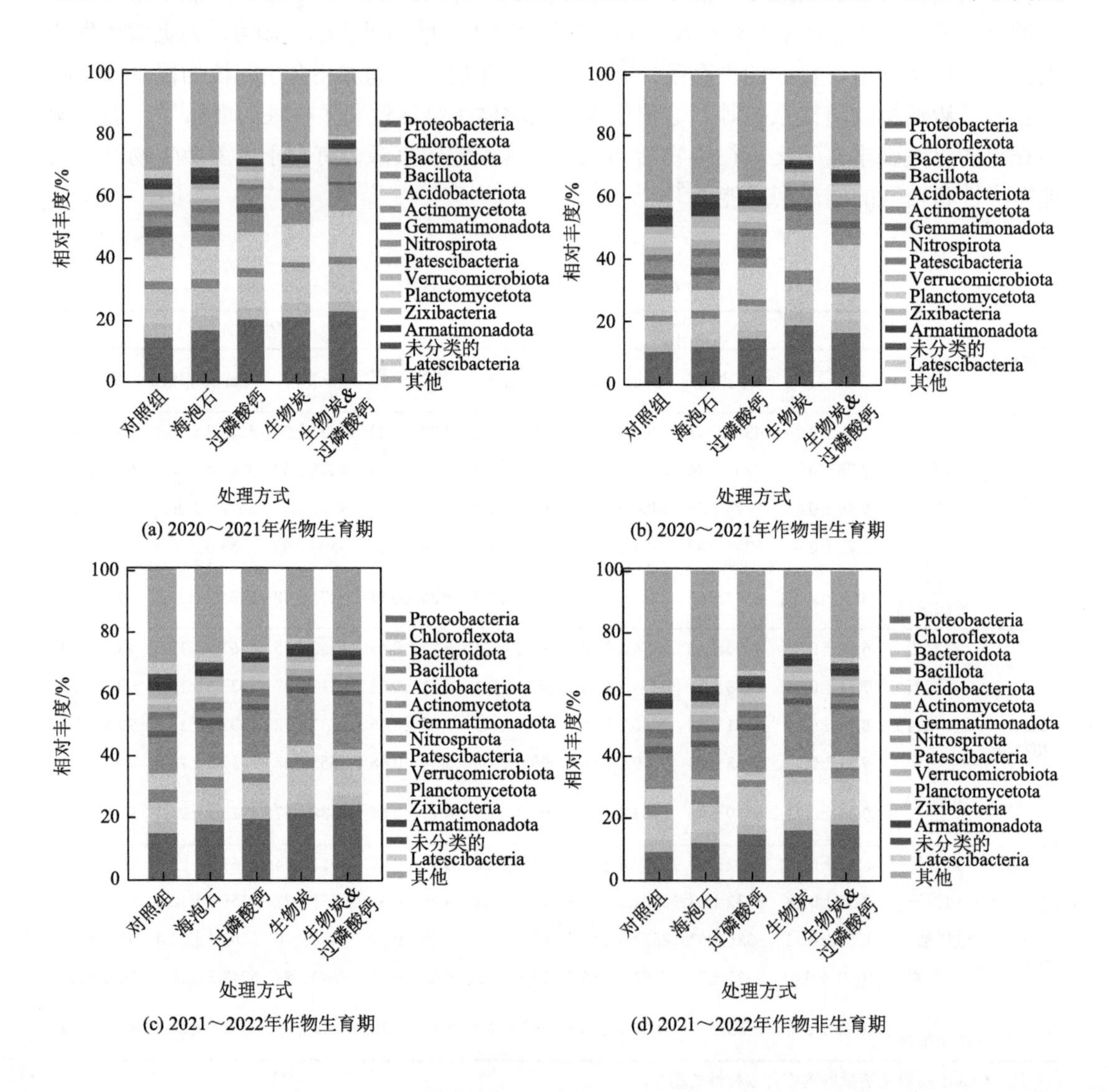

(a) 2020～2021年作物生育期
(b) 2020～2021年作物非生育期
(c) 2021～2022年作物生育期
(d) 2021～2022年作物非生育期

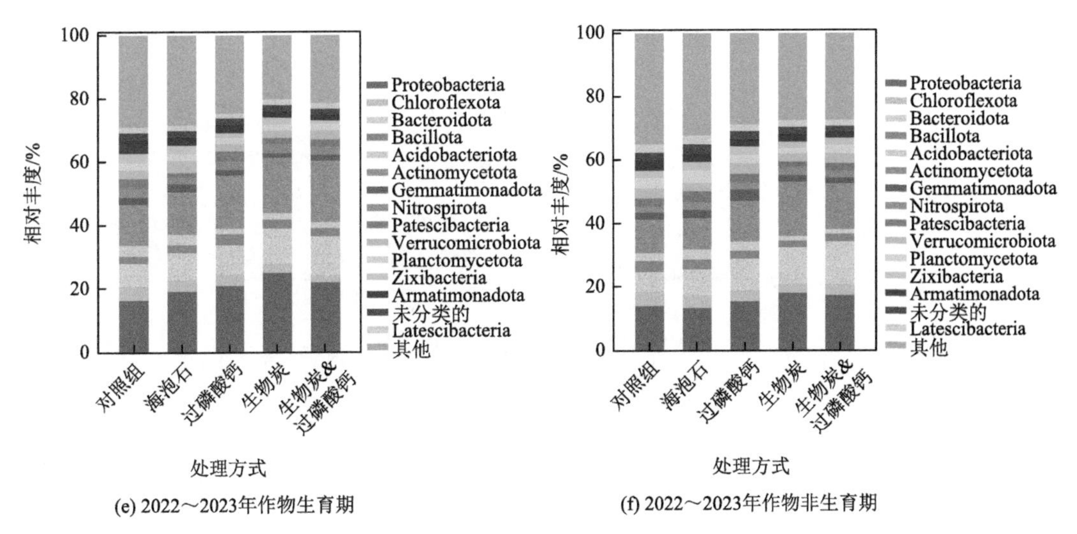

图 6-18　土壤细菌群落门水平相对丰度分析

Chloroflexota（绿屈挠菌门），Bacillota（厚壁菌门），Actinomycetota（放线菌门），Gemmatimonadota（出芽单胞菌门），Nitrospirota（硝化螺菌门），Patescibacteria（髌骨菌门），Verrucomicrobiota（疣微菌门），Planctomycetota（浮霉状菌门），Zixibacteria（紫细菌门），Armatimonadota（硬单胞菌门），Latescibacteria（暗细菌门）

理对微生物群落分布特征的影响作用相似，并且生物炭处理对于微生物特定群落（变形菌门）相对丰度的提升具有较强的激发效应。分析其原因可知，生物炭增加了土壤孔隙度，并且带来了大量易于利用的有机质，创造了微生物生存的良好环境。同时，变形菌门是 R 型生存策略的代表，在碳源补给充足的条件下能够大量繁殖，其菌群相对丰度不断提升[91]。

另外，非生育期内，冻融循环作用诱导土壤微生物群落相对丰度呈现下降趋势。在 2020～2021 年对照组处理条件下，变形菌门、拟杆菌门、酸杆菌门和放线菌门相对丰度相对于生育期分别下降 25.7%、33.9%、12.6%和 25.1%。然而，稳定化材料的施加与对照组相比，土壤各门类微生物相对丰度同样呈现不同程度的提升趋势，并且生物炭处理条件下提升效果最为显著，这种现象主要归功于季节性冻融循环作用促进了生物炭表面溶解有机碳的游离释放，补充了土壤中营养物质，进而导致生物炭处理条件下变形菌的相对丰度高于其他处理[92]。

6.4.7　土壤环境因子与稳定化处理冗余分析

基于上述对土壤环境因子的分析结果，分别选取土壤理化特性（pH、土壤电导率、有机碳、重金属 DTPA 浸提浓度）、土壤碳氮循环（土壤无机氮、溶解有机碳、碳矿化速率、氮矿化速率）、土壤酶活性（土壤脲酶、蔗糖酶、过氧化氢酶）和土壤微生物群落特性（丰富度、分布结构指数 PC1 和 PC2）等指标，探究土壤环境因子与不同稳定化处理之间的相关关系（图 6-19）。

首先，分析生育期内土壤环境因子与不同稳定化处理之间冗余结果表明，第一、第二排序轴的解释量分别为 59.4%、17.9%，两个排序轴共解释了 77.3%的稳定化处理和 90.5%的土壤环境因子与稳定化处理关系。由此可知，第一、第二排序轴能够很好地反映

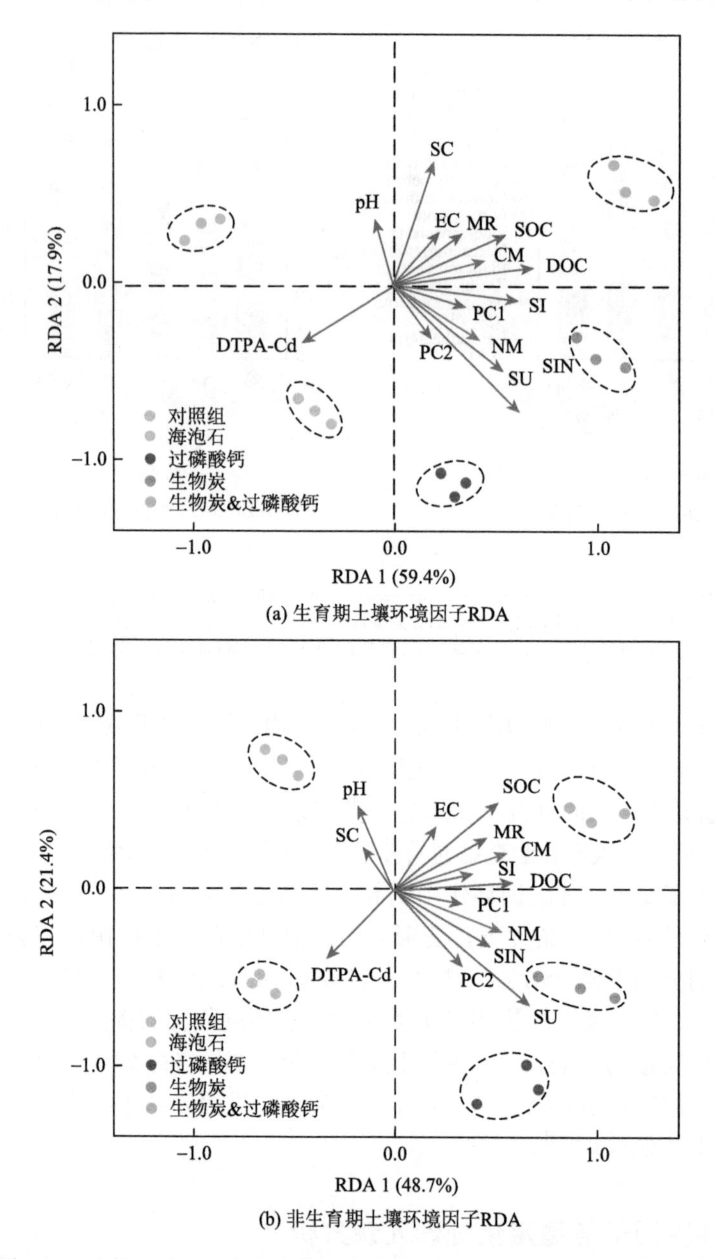

图 6-19 土壤环境因子与稳定化处理之间 RDA（冗余分析）二维排序图

EC 代表电导率，SOC 代表土壤有机碳，DTPA-Cd 代表重金属 Cd 浸提浓度，SIN 代表土壤无机氮，DOC 代表溶解有机碳，NM 代表氮矿化速率，CM 代表碳矿化速率，SU 代表土壤脲酶活性，SI 代表土壤蔗糖酶活性，SC 代表土壤过氧化氢酶活性，MR 代表微生物丰富度，PC1 和 PC2 分别代表微生物的分布结构指数

土壤环境因子与土壤稳定化处理之间的关系。具体分析可知，溶解有机碳、碳矿化速率、土壤无机氮、氮矿化速率、土壤脲酶活性、土壤蔗糖酶活性以及微生物丰富度等指标沿第一排序轴自左向右表现出增加的趋势，说明第一排序轴主要反映土壤碳氮循环及微生物活性的变化。溶解有机碳、碳矿化速率、氮矿化速率以及土壤蔗糖酶活性与第一排序轴的夹角较小，反映出这些指标与第一排序轴的相关程度较高，并且在生物

炭以及生物炭&过磷酸钙处理条件下相关程度最为显著。具体根据冗余分析排序图及相关系数表（表6-9）可知，溶解有机碳、土壤蔗糖酶活性、碳矿化速率、氮矿化速率和土壤脲酶活性与第一排序轴正相关，相关系数分别为0.843、0.812、0.781、0.746和0.669，而pH与DTPA-Cd与第一排序轴负相关，相关系数分别为–0.251和–0.583。此外，pH和土壤过氧化氢酶活性与第二排序轴的夹角较小且沿第二排序轴自下而上增加，反映出pH与第二排序轴的相关度较高，并且DTPA-Cd变化趋势与pH呈负相关关系。

表6-9　土壤环境因子与稳定化处理RDA排序相关系数

土壤环境因子	生育期				非生育期			
	第一排序轴	第二排序轴	*F*	*P*	第一排序轴	第二排序轴	*F*	*P*
SOC	0.674	0.312	20.15	0.001	0.589	0.479	19.36	0.001
pH	–0.251	0.734	19.33	0.001	–0.356	0.698	10.23	0.002
EC	0.432	0.582	15.76	0.002	0.375	0.612	12.15	0.003
DTPA-Cd	–0.583	–0.423	12.05	0.002	–0.479	–0.569	17.56	0.001
SIN	0.512	–0.617	17.23	0.001	0.569	–0.432	22.89	0.001
DOC	0.843	0.154	25.63	0.001	0.864	0.112	28.68	0.001
CM	0.781	0.214	19.68	0.001	0.736	0.265	24.56	0.001
NM	0.746	–0.415	18.44	0.001	0.791	–0.318	26.12	0.001
SU	0.669	–0.564	15.37	0.001	0.537	–0.465	18.35	0.002
SI	0.812	–0.143	22.12	0.001	0.812	0.217	25.64	0.001
SC	0.327	0.761	11.25	0.003	–0.198	0.721	8.65	0.003
MR	0.579	0.577	9.46	0.003	0.681	0.332	14.65	0.001
PC1	0.768	–0.223	21.15	0.001	0.844	–0.273	27.12	0.001
PC2	0.326	–0.669	14.45	0.001	0.397	–0.589	17.12	0.002

与此同时，在非生育期内，第一、第二排序轴的解释量分别为48.7%和21.4%，并且同样表现出溶解有机碳、土壤蔗糖酶活性、碳矿化速率、氮矿化速率及土壤无机氮等指标沿第一排序轴从左到右呈现出依次增加的趋势，表明这些指标与第一排序轴具有较强的相关性，并且在生物炭、生物炭&过磷酸钙以及过磷酸钙处理条件下相关程度较高。此外，由图6-19中RDA结果可知，DTPA-Cd与土壤碳氮循环过程指标呈负相关关系。而对于第二排序轴，自下向上，pH和土壤过氧化氢酶活性呈现增加趋势，并且在海泡石处理下这些指标与第二排序轴的相关性较高。

6.4.8　土壤环境-生物-化学互作效应关系解析

结构方程模型（structural equation model，SEM）是验证自变量（一个或多个）与因变量（一个或多个）之间相互关系的多元分析方程[93]。因而，采用结构方程模型来探究作物生育期和非生育期土壤碳氮矿化过程响应因素，进而揭示土壤环境-生物-化学互作效应关系（图 6-20）。首先，假设两个潜在变量（微生物多样性、酶活性）以及两个显性变量（DOC、无机氮）都对碳氮矿化的修复指标有直接影响，其次，假设 pH、SOC、DPTA-Cd 影响酶活性和微生物多样性进而间接影响碳氮矿化指标。结构方程模型通过 AMOSS 26.0 建立，根据修正指数对模型进行了适当修正，对因子之间的指向关系做出了调整，在优化后的最终模型中，确认正态性和线性假设是有效的。使用卡方/自由度（chi-square/degree of freedom，CMIN/DF）、规范拟合指数（normed fit index，NFI）、近似均方根误差（root mean square error of approximation，RMSEA）和拟合扰度指数（goodness-of-fit index，GFI）检验评估模型的适用性。当 CMIN/DF 的数据值大于 2 且小于 5 时，所建立的模型可接受；当 CMIN/DF＜2 时，NFI 的数值越接近 1，模型拟合效果越好，且 RMSEA＜3 和 GFI≥0.90 表示模型拟合良好。

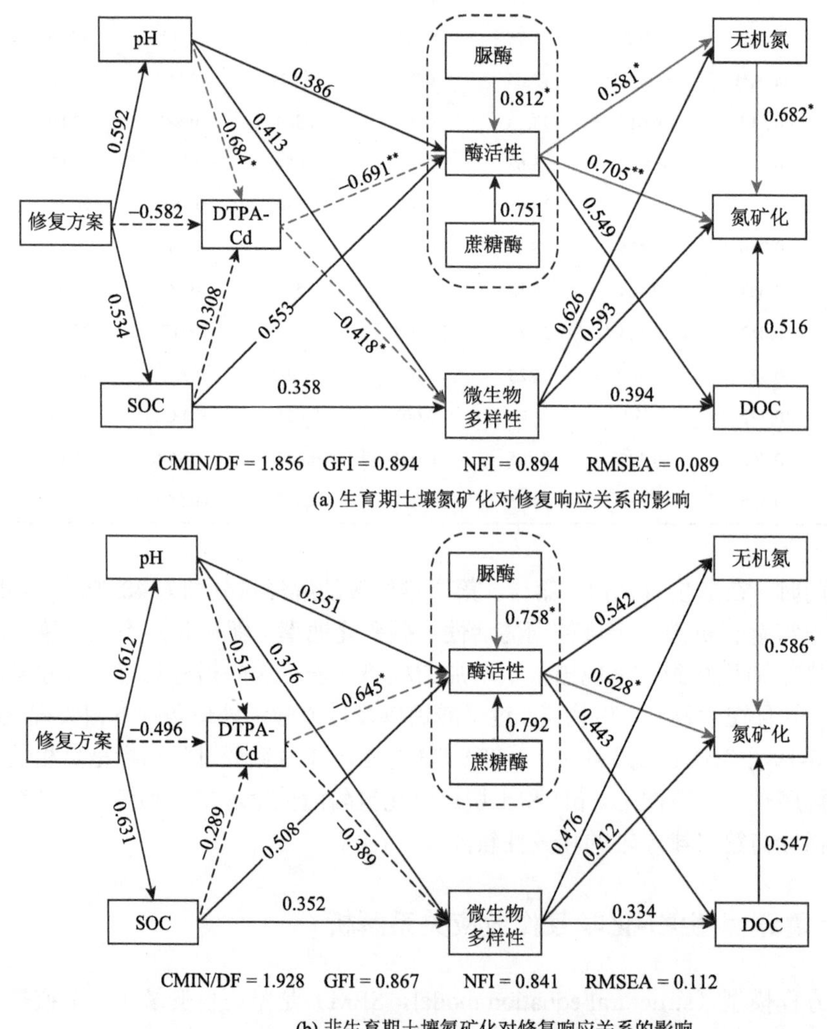

(a) 生育期土壤氮矿化对修复响应关系的影响

(b) 非生育期土壤氮矿化对修复响应关系的影响

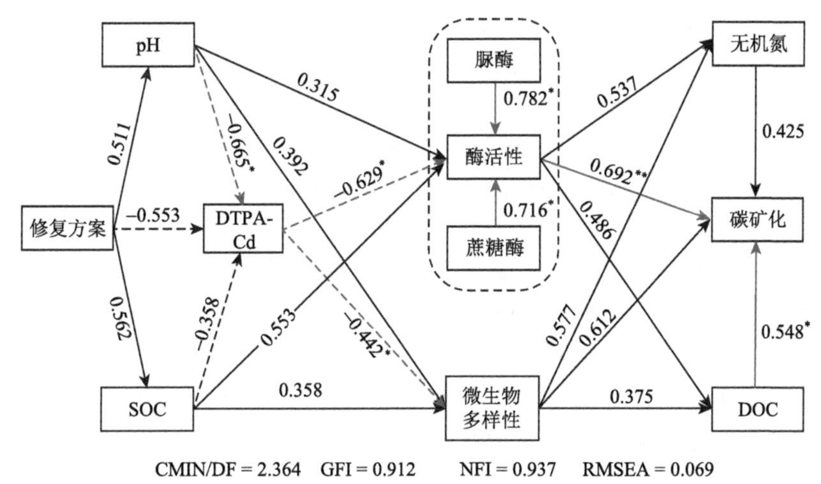

(c) 生育期土壤碳矿化对修复响应关系的影响

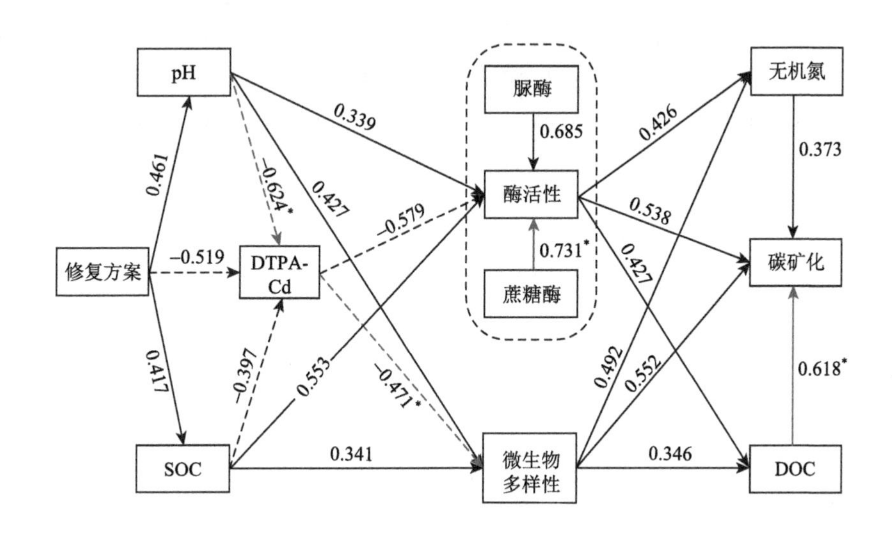

CMIN/DF = 1.852　GFI = 0.889　NFI = 0.852　RMSEA = 0.097

(d) 非生育期土壤碳矿化对修复响应关系的影响

图 6-20　稳定化修复中不同路径对土壤环境-生物-化学过程结构方程模型的影响

*表示相关性通过显著性检验（P<0.05）；**表示相关性通过显著性检验（P<0.01）

对土壤氮矿化而言，在作物生育期内，无机氮对土壤氮矿化的路径系数是 0.682，这是由于土壤无机氮大多以 NH_4^+-N 为主，NH_4^+-N 易被微生物固持为易分解的有机氮库，从而促进氮矿化[94]。脲酶是土壤生态系统的重要组成部分，在土壤物质转化和能量代谢方面具有重要作用，并且酶活性与土壤氮矿化的路径系数变为 0.705。另外，DPTA-Cd 与土壤酶活性（-0.691）及微生物多样性（-0.418）呈负效应关系，这可能是因为土壤重金属通过抑制微生物的生长繁殖来影响酶的合成与分泌，也会螯合土壤蛋白基质或直接作用于酶，破坏酶活性基团和空间结构，进而间接抑制土壤氮矿化过程[95]。不同修复方案通过调节土壤 pH 和有机碳含量等因素而加速重金属钝化，因此，其与 DPTA-Cd 呈负相关关系。同时，DPTA-Cd 与土壤酶活性显著负相关，由此证实，稳定化修复方案对土壤氮矿化产生正向积极影响。对非生育期而言，无机氮、酶活性与非生育期内土壤氮矿化之间路径系数分别是 0.586、0.628，相较于生育期，冻融循环致使微生物群落结构丰度及土壤酶活性降低，土壤环境-生物-化学之间影响过程受阻，各变量对土壤氮矿化驱动机制效果减弱。

对土壤碳矿化而言，生育期内酶活性、微生物多样性、DOC 和无机氮与土壤碳矿化之间的路径系数分别是 0.692、0.612、0.548 和 0.425，这说明酶活性、微生物多样性、DOC 和无机氮之间存在直接的正相关关系，然而酶活性在四个变量中所占权重最大，这说明酶活性是制约土壤碳矿化的关键因素。这与田昆等[96]的研究结果一致，酶活性增强可以提高有机碳库量，进而影响土壤有机碳的矿化速率。进一步分析可知，在土壤中蔗糖酶活性显著影响碳矿化，正如赵仁竹等[97]发现的，生育期水稻根系生长旺盛，对土壤营养的需求量最大，而微生物通过蔗糖酶加速土壤碳矿化，从而为植物提供养分。相反地，DTPA-Cd 与土壤酶活性、微生物多样性之间存在负相关关系，因此，DTPA-Cd 与土壤碳矿化之间也存在负相关关系。另外，修复方案与 DTPA-Cd 之间的路径系数是–0.519，故修复方案与土壤碳矿化之间呈现正相关关系，有效地促进了土壤碳矿化进程。类似地，非生育期内，稳定化修复方案对土壤碳矿化表现出相类似的驱动机制效应。

6.5 污染农田作物生理过程及重金属富集效应

6.5.1 作物根系形态

根系是植株从土壤中汲取养分和水分的主要媒介，对于作物生长发育过程至关重要，通常作为植株长势状况评价的重要指标[98]。本书中，植株根系特征（根系长度、根系表面积、根系直径）变化如图 6-21 所示。2020～2021 年，不同处理条件下作物苗期根系长度差异较小。伴随着生育期的推进，分蘖期至乳熟期作物根长增长速度提升，不同处理之间根系长度的差异增大。以抽穗期为例，海泡石、过磷酸钙、生物炭和生物炭&过磷酸钙处理条件下植株根系长度分别相对于对照组增加了 2.31%、3.58%、24.22%和 17.12%。而在作物黄熟期，不同处理条件下植株根系长度均呈显著一定幅度的下降趋势，但生物炭和生物炭&过磷酸钙处理仍体现出较强的优势。具体分析其原因，可能是生物炭具有良好的持水以及碳固存能力，对土壤的物理性质以及水文性质都有一定改善[99]。同时，生物炭与磷肥的耦合为植物生长提供了充足的水分养分供应，进而促进根系发育[100]。作物黄熟期，伴随着植株果实的成熟，根系吸收养分的能力减弱，根毛逐渐脱落，导致各处理的总根长数值明显变小。

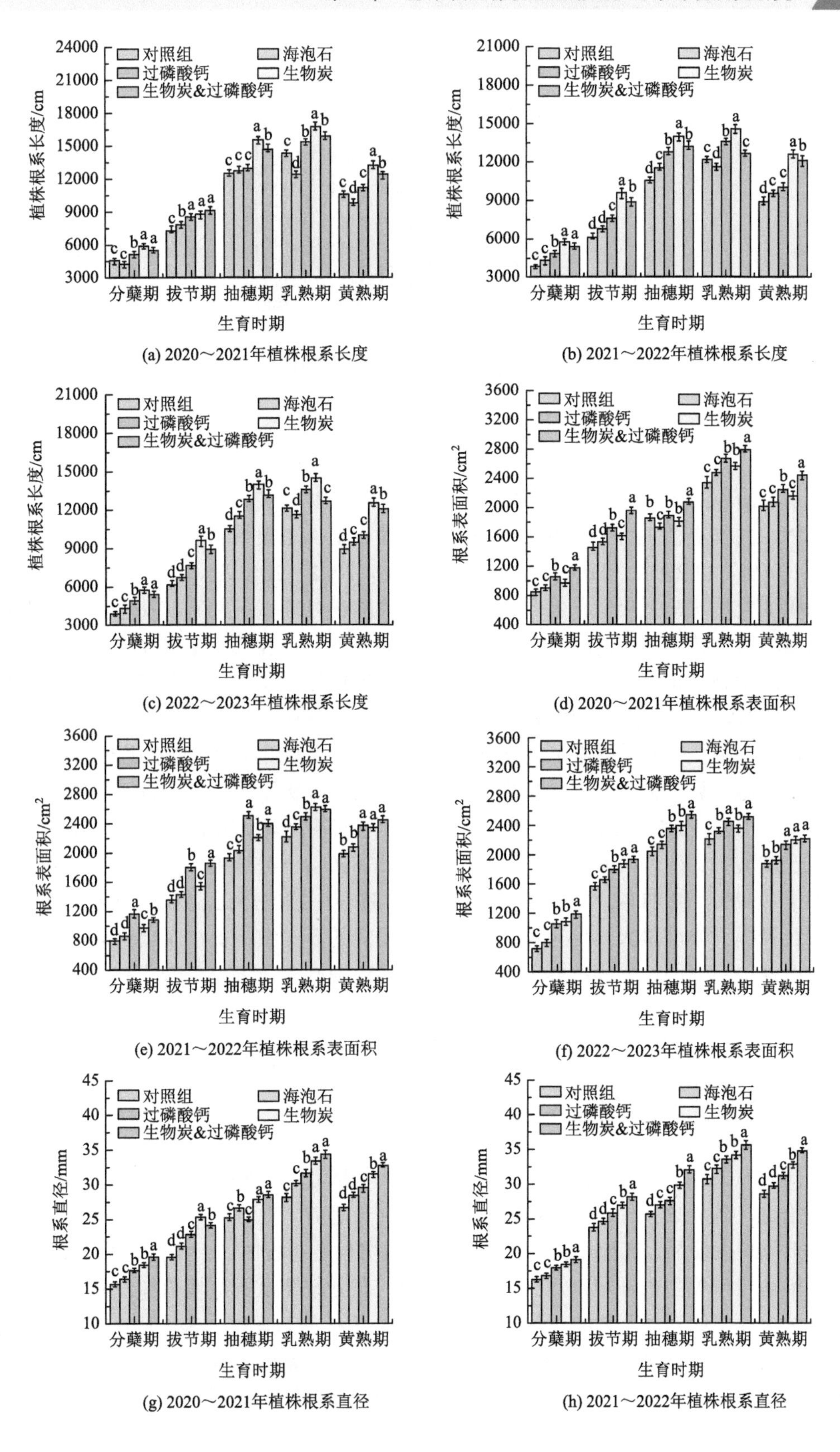

(a) 2020～2021年植株根系长度

(b) 2021～2022年植株根系长度

(c) 2022～2023年植株根系长度

(d) 2020～2021年植株根系表面积

(e) 2021～2022年植株根系表面积

(f) 2022～2023年植株根系表面积

(g) 2020～2021年植株根系直径

(h) 2021～2022年植株根系直径

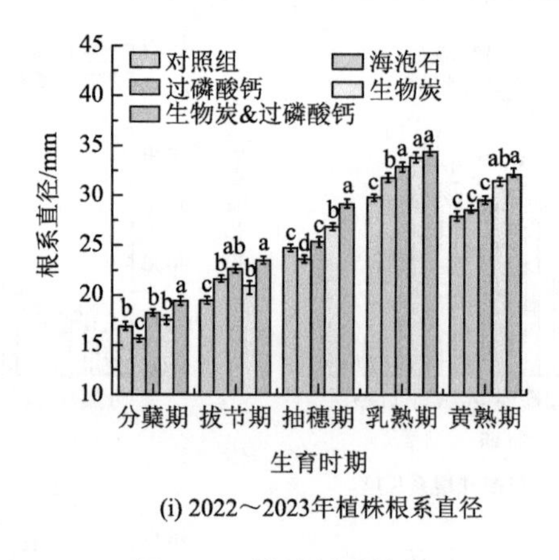

(i) 2022～2023年植株根系直径

图 6-21 植株根系特征

根系表面积的变化规律与根系长度的变化规律相似，2020～2021 年，乳熟期海泡石、过磷酸钙、生物炭及生物炭＆过磷酸钙处理条件下植株总根系表面积分别相对于对照组增加了 6.06%、14.25%、10.03%及 19.24%。同时，2021～2022 度、2022～2023 年植株根系表面积变化情况与之相似，并且生物炭＆过磷酸钙处理下条件下植株根系表面积优势最为凸显。这个结果与 Reyes-Cabrera 等[101]的发现一致，生物炭提高了土壤团聚体的稳定性，同时增强了土壤颗粒对磷肥的吸附能力，植株根系周围养分含量提升，促进植株根系快速发育，根系长度、表面积变大。

植株根系直径的变化通常是由细胞木质素水平的改变引起的，当木质素水平增加时，植株根系细胞分裂、伸长，促使植株根系变粗。具体分析不同处理条件下植株根系直径的变化趋势可知，2020～2021 年，乳熟期对照组处理条件下植株根系直径为 28.2mm，海泡石、过磷酸钙、生物炭及生物炭＆过磷酸钙处理条件下植株根系直径分别相对于对照组增加了 7.92%、12.41%、18.79%及 21.99%。同样，在生物炭＆过磷酸钙处理条件下植株根系直径提升幅度最大，这也再次证实了生物炭的多孔结构促进了土壤磷肥的固持，增强了植株根系周围微生物的养分供给能力，导致细胞木质素相关合成酶的活性增强，促使植株根系直径增加[102]。

6.5.2 作物长势发育状况

不同处理条件下的植株株高以及植株生长速率变化情况如图 6-22 所示。随着作物生育期的推进，各处理条件下的株高均呈现稳定上升趋势，并且在分蘖期至拔节期植株株高增加效果最为明显。在整个生育期内，株高的增长是非线性的。作物插秧期至返青期，幼苗逐渐适应作物生长环境，地上部生长缓慢；在分蘖期至拔节期植株生长速率加快，此时的生长速率约为幼苗期的 1.5 倍；拔节期后，植株生长速率大幅下降，植株的地上部分继续向上延伸；抽穗期至黄熟期时，植株养分进行积累，养分供给由植株生长需要转化为果实需要，此时植株生长速率逐渐降低至停滞，株高增加幅度变小。

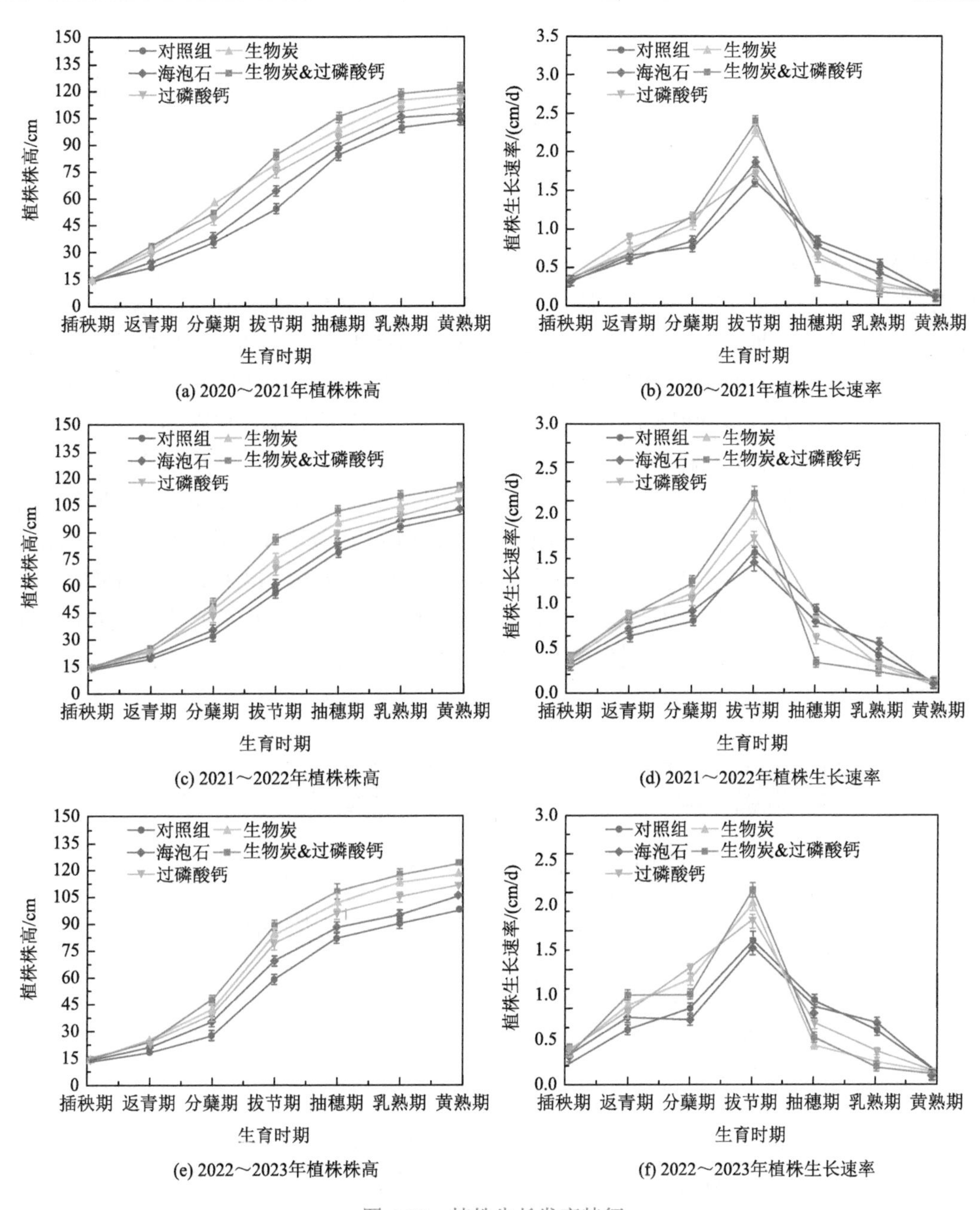

(a) 2020～2021年植株株高

(b) 2020～2021年植株生长速率

(c) 2021～2022年植株株高

(d) 2021～2022年植株生长速率

(e) 2022～2023年植株株高

(f) 2022～2023年植株生长速率

图 6-22 植株生长发育特征

具体比较不同处理条件下植株株高及生长速率差异可知，2020～2021 年，对照组处理条件下拔节期植株株高为 53.3cm，而海泡石、过磷酸钙、生物炭及生物炭＆过磷酸钙四种处理条件下植株株高相对于对照组分别增高了 18.4%、37.2%、46.0%及 55.8%。显然生物炭＆过磷酸钙处理下植株株高最大，并且在 2021～2022 年和 2022～2023 年，4 种处理下的植株株高的提升效果也大体与之相似。这与 da Costa 等[103]的研究结果一致，即生物炭和磷肥的协同施用促进了植物对 N、P、K 和其他元素的吸收，进而促进了植物光合作用，为植物提供了更多的养料，并且两种固定化材料之间呈现出很强的正相关性，这确保了营养物质在植物体内的有效积累，进而促进植株的生长。另外，植株生长速率与株高变化幅度相对应，同样在生物炭以及生物炭&过磷酸钙处理条件下表现出较强的优势。

6.5.3 作物叶绿素变化

叶绿素是植物进行光合作用的主要色素，在光能的吸收、转换及传递过程中起关键作用[104]。本章以返青期至乳熟期为研究时段，植株叶绿素变化特征如图 6-23 所示。2020～2021 年，作物生育期内水稻植株叶绿素浓度呈现出先增加后减小的变化趋势，以对照组为例，返青期时植株叶绿素浓度为 2.62mg/g，而在抽穗期提升至 3.35mg/g，后又在乳熟期降低至 3.18mg/g。这种现象的产生可能是水稻从幼苗到抽穗期，植株茎叶快速生长发育，叶绿素浓度也呈上升趋势，而乳熟期后叶片叶黄素数值上升使叶片枯萎脱落，导致叶片叶绿素浓度下降。与此同时，稳定化处理条件下植株叶绿素浓度相对于对照组均呈现不同程度的提升。植株抽穗期内，海泡石、过磷酸钙、生物炭及生物炭&过磷酸钙处理条件下植株叶绿素浓度相对于对照组分别提升了 2.98%、6.87%、14.32%及 10.15%。生物炭能够改善土壤的理化性质及养分环境，促使作物在生育期内植株茎叶快速发育，有助于叶绿素的积累[105]。另外，适量增施磷肥同样可以提高植物叶片的叶绿素浓度，进而促进植株光合作用[106]。

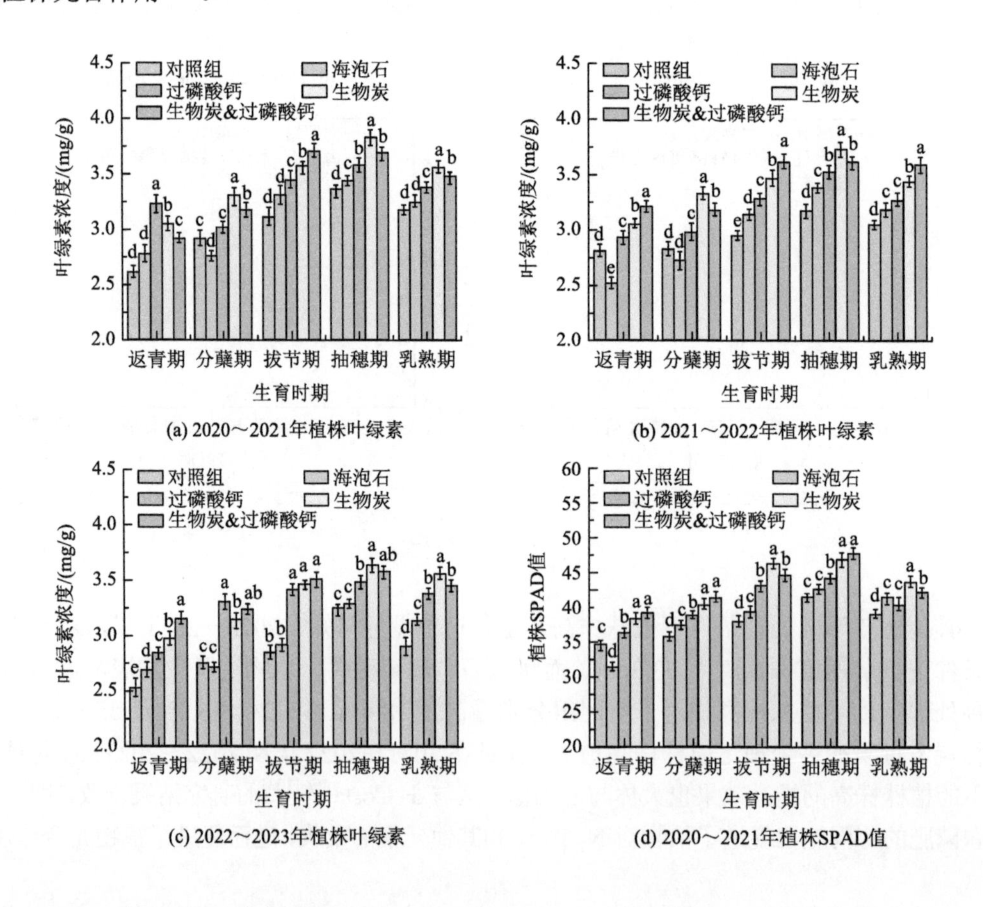

(a) 2020～2021年植株叶绿素

(b) 2021～2022年植株叶绿素

(c) 2022～2023年植株叶绿素

(d) 2020～2021年植株SPAD值

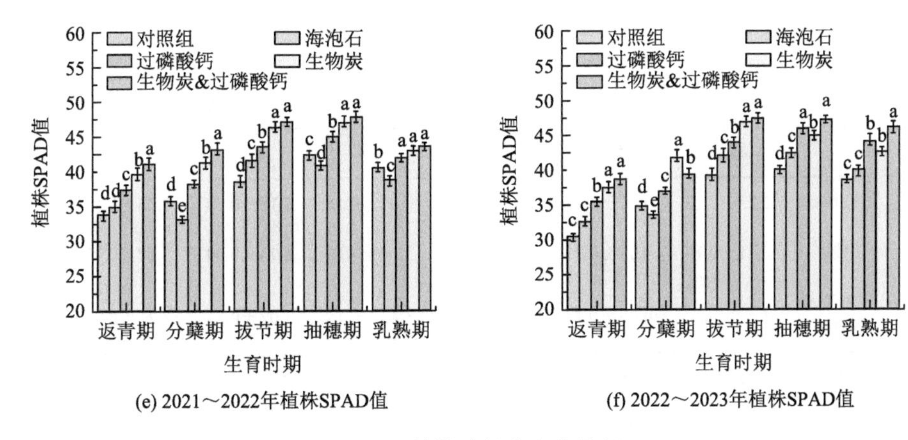

(e) 2021～2022年植株SPAD值　(f) 2022～2023年植株SPAD值

图 6-23　植株叶绿素变化特征

植株 SPAD 值变化趋势与叶绿素浓度变化趋势大体相同，并且在生物炭和生物炭&过磷酸钙处理条件下表现较为突出。以抽穗期为例，2020～2021 年，生物炭和生物炭&过磷酸钙处理条件下植株 SPAD 值与对照组相比分别增加了 13.01%和 15.18%。具体分析，可能是生物炭自身具有丰富的含氧官能团以及独特孔隙结构可以使其作为肥料缓释载体，保持和固定部分磷肥以免流失，显著提高磷在生物炭中的生物利用度[107]。

6.5.4　作物生物量

本章中，不同处理条件下水稻各器官生物量如表 6-10 所示。2020～2021 年，水稻抽穗期对照组处理条件下植株根系生物量为 2.14t/hm^2，而在海泡石、过磷酸钙、生物炭和生物炭&过磷酸钙处理条件下，植株根系生物量相对于对照组分别提升 1.40%、4.21%、12.62%和 7.01%，可以发现生物炭和生物炭&过磷酸钙处理有效地提升了植株根系的生物量。同理，在成熟期内，植株根系的生物量同样在生物炭和生物炭&过磷酸钙处理体现出较强的优势。这归功于生物炭能够有效地调节土壤孔隙结构，提升土壤持水性能，促进植株根系的生长发育[108]。分析抽穗期植株茎秆的生物量可知，过磷酸钙、生物炭以及生物炭&过磷酸钙处理相对于对照组提升幅度分别为 9.59%、3.60%和 6.24%，表明过磷酸钙可增强植物体内碳水化合物的运输能力，从而增加植物茎叶等器官生物量的积累[109]。另外，分析成熟期植株果实生物量可知，过磷酸钙以及生物炭&过磷酸钙处理下的生物量也显著高于其他处理。此外，在 2021～2022 年以及 2022～2023 年，不同处理条件下水稻植株各器官生物量变化差异与上述结果相类似。

表 6-10　不同处理对水稻各器官生物量的影响　（单位：t/hm^2）

时段	处理方式	抽穗期			成熟期			
		根系	茎秆	叶	根系	茎秆	叶	果实
2020～2021 年	对照组	2.14±0.11	4.17±0.25	1.98±0.15	2.88±0.15	6.35±0.38	2.86±0.13	7.46±0.35
	海泡石	2.17±0.15	4.28±0.27	2.09±0.12	2.97±0.17	6.19±0.34	3.11±0.17	7.57±0.23

续表

时段	处理方式	抽穗期			成熟期			
		根系	茎秆	叶	根系	茎秆	叶	果实
2020～2021年	过磷酸钙	2.23±0.12	4.57±0.15	2.32±0.18	3.07±0.11	7.18±0.28	3.05±0.15	8.06±0.37
	生物炭	2.41±0.14	4.32±0.21	2.27±0.14	3.24±0.16	6.73±0.34	3.18±0.19	7.77±0.26
	生物炭&过磷酸钙	2.29±0.12	4.43±0.18	2.39±0.17	3.42±0.15	7.02±0.37	3.21±0.17	8.34±0.29
2021～2022年	对照组	2.27±0.13	4.26±0.23	2.08±0.15	3.11±0.16	6.53±0.35	2.98±0.15	7.51±0.25
	海泡石	2.31±0.15	4.35±0.19	1.99±0.13	3.02±0.18	6.72±0.27	3.16±0.18	7.64±0.27
	过磷酸钙	2.39±0.14	4.61±0.21	2.32±0.17	3.25±0.17	6.88±0.31	3.34±0.19	8.12±0.31
	生物炭	2.46±0.13	4.49±0.15	2.15±0.15	3.34±0.16	6.94±0.29	3.37±0.21	7.95±0.24
	生物炭&过磷酸钙	2.51±0.14	4.53±0.17	2.27±0.14	3.46±0.21	7.03±0.24	3.23±0.17	8.17±0.26
2022～2023年	对照组	2.28±0.12	4.23±0.15	2.12±0.17	2.97±0.23	6.41±0.35	3.05±0.14	7.68±0.29
	海泡石	2.32±0.15	4.35±0.14	2.18±0.13	3.11±0.18	6.58±0.33	3.12±0.16	7.73±0.31
	过磷酸钙	2.41±0.14	4.59±0.22	2.41±0.12	3.32±0.19	6.82±0.28	3.28±0.17	8.05±0.24
	生物炭	2.52±0.11	4.12±0.16	2.35±0.14	3.25±0.16	6.71±0.24	3.35±0.15	8.13±0.25
	生物炭&过磷酸钙	2.46±0.13	4.47±0.13	2.24±0.15	3.43±0.15	6.89±0.37	3.41±0.17	8.27±0.28

6.5.5 各器官重金属的迁移富集

成熟期植株各器官重金属富集浓度如图 6-24 所示。整体而言，稳定化处理后根系中 Cd 的浓度低于对照组。2020～2021 年，对照组处理条件下植株根系中 Cd 浓度的平均值为 10.53mg/kg，而在施加海泡石、过磷酸钙、生物炭和生物炭&过磷酸钙处理后，根中 Cd 的浓度分别相较于对照组降低了 29.91%、11.87%、22.32%和 25.64%。类似地，在作物茎秆和叶中，Cd 的浓度在施加固化剂之后，相比于对照组均有明显下降，并且在海泡石处理条件下最为显著。这是因为海泡石的矿物组成增加了土壤中的碳酸盐结合态和残渣态，降低了 Cd 的生物有效性[110]。另外，黏土矿物羟基（如 Si—OH 和 Mg—OH 位点）的表面络合作用提升了对 Cd 的固定能力，从而抑制了 Cd 在植物-土壤系统之间的转移[111]。此外，在生物炭&过磷酸钙处理条件下，果实中 Cd 浓度大幅度降低，其平均值为 0.35mg/kg，相比于对照组降低了 36.36%。这可能是由于磷酸盐促进了 Cd 在根系细胞壁上的固定，阻控了 Cd 向其他器官的转移[112]。同理，2021～2022 年和 2022～2023 年，植株各器官中 Cd 浓度也呈现出相同的变化趋势。

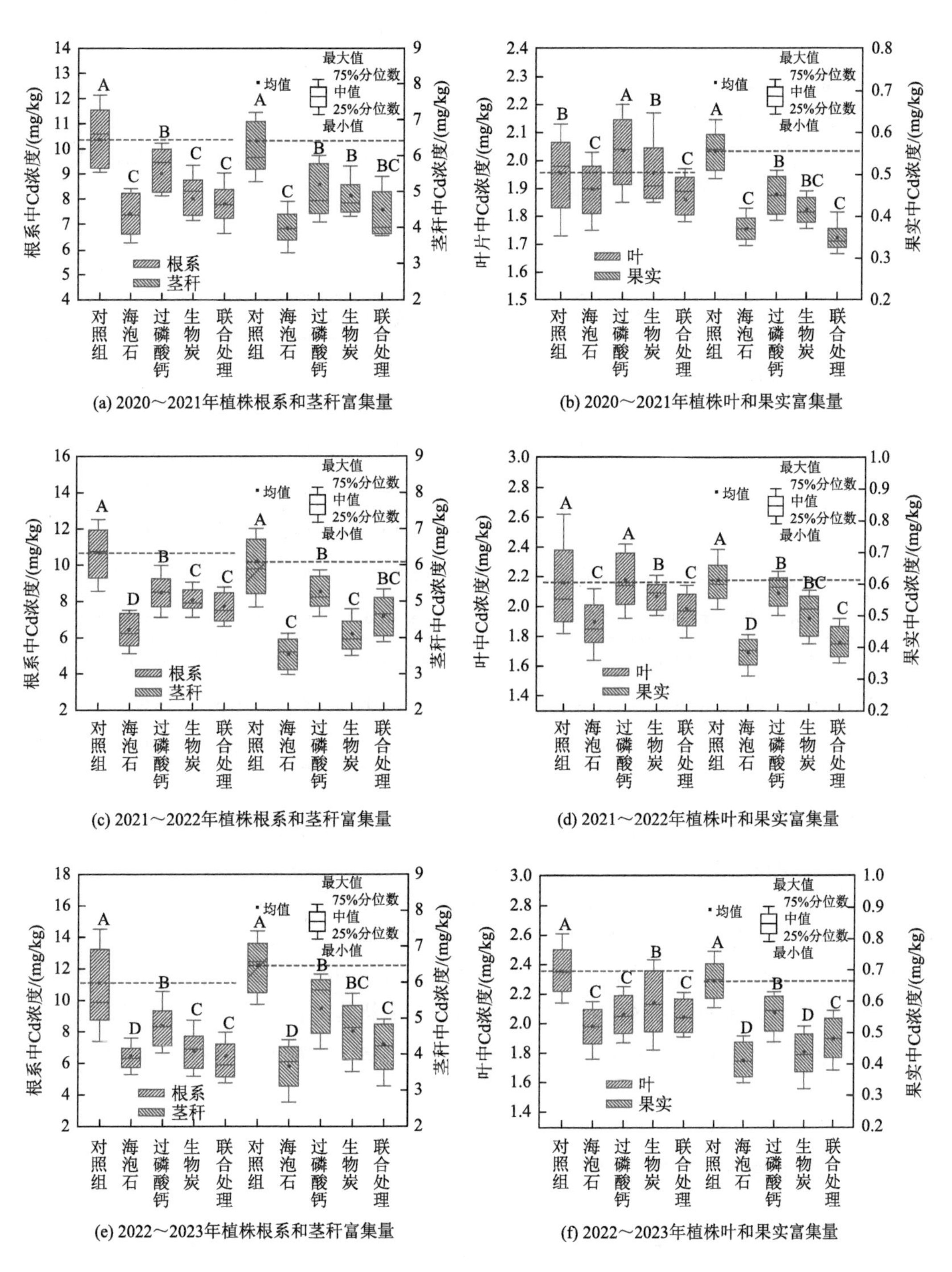

图 6-24　成熟期植株各器官重金属富集浓度

联合处理指生物炭&过磷酸钙

以 2020～2021 年植株各器官富集特征为例，测算 Cd 在植株体内转运和富集效果（表 6-11）。对比不同处理条件下植株各器官重金属转移系数可知，海泡石和生物炭&过磷酸钙处理较有效地抑制了 Cd 的转移效果。对茎秆重金属转移系数而言，海泡石和生物炭&过磷酸钙处理相对于对照组分别降低了 16.2%和 14.6%。与此同时，果实中 Cd 的转移系数相较于对照组分别降低了 39.13%和 44.93%，再次证实了海泡石和生物炭&过磷酸钙处理在 Cd 转运过程中的阻控效果。

表 6-11 Cd 在植物各器官中的转运和富集浓度

指标	器官	处理方式				
		对照组	海泡石	过磷酸钙	生物炭	生物炭&过磷酸钙
转移系数（TF）	茎秆	0.616±0.034	0.516±0.022	0.575±0.031	0.543±0.025	0.526±0.018
	叶	0.258±0.012	0.246±0.015	0.253±0.015	0.248±0.013	0.244±0.017
	果实	0.069±0.007	0.042±0.005	0.047±0.007	0.049±0.009	0.038±0.005
分布系数（DF）	茎秆	0.698±0.038	0.651±0.025	0.637±0.037	0.675±0.032	0.667±0.029
	叶	0.241±0.021	0.298±0.016	0.306±0.013	0.270±0.015	0.291±0.018
	果实	0.062±0.008	0.052±0.008	0.057±0.006	0.055±0.007	0.042±0.006
生物富集系数（BCF）	茎秆	1.627±0.065	1.103±0.044	1.504±0.058	1.395±0.056	1.183±0.043
	叶	0.593±0.019	0.582±0.019	0.601±0.021	0.595±0.018	0.588±0.027
	果实	0.154±0.012	0.102±0.008	0.131±0.007	0.118±0.008	0.092±0.009

同理，稳定化处理同样降低了 Cd 在各器官中的分布和积累。对照组处理条件下，果实中 Cd 的分布系数为 0.062，而海泡石、生物炭和生物炭&过磷酸钙处理条件下果实中 Cd 的分布系数相较于对照组分别降低了 16.1%、11.3%和 32.3%。另外，稳定化材料施加后，植株地上部、叶片和果实中 Cd 的生物富集系数也呈现不同程度的下降趋势。这也证实了 Chen 等[113]的结构，海泡石是修复受镉污染的酸性土壤的有效方法，能够极大限度降低食用大米的健康风险。同时，添加生物炭及其复合材料也有较好的效果，可能是因为其能够提供必要的营养元素，以提高作物产量，并减少污染物在水稻和蔬菜中的富集[114]。

6.5.6 作物生境改良效应评价

本章所选取的黏土矿物、磷酸盐、生物炭基材料在改善土壤理化性质（土壤结构、土壤容重、土壤孔隙特征等）、有效态重金属含量、土壤养分含量、微生物活性等方面效果显著。不同处理对土壤各项指标的影响存在差异，因此，需要对不同调控处理进行多目标综合评价。

常用的综合评价方法有层次分析法、模糊评价法、灰色关联分析法和逼近理想解排序法（TOPSIS）。其中，逼近理想解排序法是通过对建立评价对象的正负理想解，根据各个评价对象与正负理想解的距离远近进行排序来评判优劣，被广泛用于工程技术领域区域农业生态环境、土壤健康等多指标多方案的评价中。

对多目标综合评价来说，确定指标权重是其中非常重要的一环，改变评价指标权重值时综合评价的结果会相应改变。各评价指标作用和不同专家学者对指标的重视程度都会对指标权重赋予产生影响。赋权方法主要分为两类：主观赋权和客观赋权。主观赋权法是根据专家学者的专业知识储备和多年研究经验来对指标进行判断并赋予其相应权重值的方法，常见的主观赋权法有德尔菲法、层次分析法和粗糙集方法。客观赋权法是通过对评价指标本身数值计算进行的，常见客观赋权法有因子分析法、相关系数法和熵权法。其中，熵权法根据各指标的差异情况进行指标赋值，指标差异小熵值大，说明指标数值均匀对研究影响小，权重就小，采用熵权法确定权重更为合理且评价结果可信度高。

通过对不同多目标综合评价方法和指标赋权方法优缺点进行对比，选择熵权法确定指标权重，选择逼近理想解排序法进行不同修复处理土壤改良效果综合评价。

1. 熵权-TOPSIS 评价模型的构建

熵权法是根据各指标原始数据传递的差异信息求得最优权重值的一种方法，避免了主观意识的影响。评价指标值差异越大说明对于评价对象提供的信息量越多，熵值越小，对综合评价的影响越大，因而赋予该指标的权重越大[115, 116]。

评价对象有 q 个，选取与评价对象密切相关的 p 个评价指标构成评价指标矩阵 $\boldsymbol{A}=[a_{ij}]_{q\times p}$：

$$\boldsymbol{A}=\begin{bmatrix} a_{11}\cdots a_{12}\cdots a_{1q} \\ a_{21}\cdots a_{22}\cdots a_{2q} \\ \vdots \quad\quad \vdots \quad\quad \vdots \\ a_{p1}\cdots a_{p2}\cdots a_{pq} \end{bmatrix} \tag{6-22}$$

式中，a_{ij} 为第 i 个评价对象的第 j 个评价指标（$i=1, 2, \cdots, q$；$j=1, 2, \cdots, p$）。

根据评价指标特点可将其划分为极大型（效益型）指标、极小型（成本型）指标、中间型指标和区间型指标，不同指标需要采用不同的无量纲化方法。极大型（效益型）指标的特点是指标数值越大越好，如考试成绩和利润。极小型（成本型）指标则相反，数值越小越好，如费用和污染程度。中间型指标特点是指标数值越接近某个值越好，如水质评价 pH。区间型指标的数值一般落在某个区间范围内最好，如体温。使用熵权-TOPSIS 评价模型前需要先对评价指标原始矩阵进行正向化，将所有指标转化为极大型指标，具体公式如表 6-12 所示。

表 6-12 指标转化方法

指标类型	转化公式	说明
极小型指标	$M=\frac{x_{max}-x_i}{x_{max}-x_{min}}$	$\{x_i\}$ 为极小型指标序列，x_{max}、x_{min} 为 $\{x_i\}$ 中最大值、最小值
中间型指标	$M=\max\{\lvert x_i-x_{best}\rvert\}$ $\tilde{x}_i=1-\frac{\lvert x_i-x_{best}\rvert}{M}$	$\{x_i\}$ 为一组中间型指标序列，x_{best} 为 $\{x_i\}$ 的最佳数值
区间型指标	$M=\max\{a-\min\{x_i\},\max\{x_i\}-b\}$ $\tilde{x}_i=\begin{cases}1-\frac{m-x_i}{M},x_i<m\\1,m\leqslant x_i\leqslant n\\1-\frac{x_i-n}{M},x_i>n\end{cases}$	$\{x_i\}$ 为一组中间型指标序列，最佳区间为 $[m,n]$

各指标的量纲不统一无法直接进行运算，为了消除各指标间的量纲差异，需要对评价指标进行标准化处理，得到标准化矩阵 $\boldsymbol{B}=[b_{ij}]_{q\times p}$。

$$b_{ij}=\frac{a_{ij}}{\sqrt{\sum_{i=1}^{q}{y_{ij}}^2}} \tag{6-23}$$

计算每一个评价指标下各评价对象在该指标内所占比重 s_{ij}：

$$s_{ij}=\frac{b_{ij}}{\sum_{i=1}^{q}b_{ij}} \tag{6-24}$$

计算第 j 指标的信息熵值 E_j（$i=1,2,\cdots,p$）：

$$E_j=-\frac{1}{\ln q}\sum_{i=1}^{q}s_{ij}\ln s_{ij} \tag{6-25}$$

确定第 j 个指标权重 θ_j：

$$\theta_j=\frac{1-E_j}{\sum_{j=1}^{p}(1-E_j)} \tag{6-26}$$

通过对矩阵 $\boldsymbol{B}$ 进行计算，得到加权评价矩阵 $\boldsymbol{C}$：

$$\boldsymbol{C}=\begin{bmatrix} b_{11}\theta_1 & b_{12}\theta_2 & \cdots & b_{1q}\theta_q \\ b_{21}\theta_1 & b_{22}\theta_2 & \cdots & b_{2q}\theta_q \\ \vdots & \vdots & & \vdots \\ b_{p1}\theta_1 & b_{p2}\theta_2 & \cdots & b_{pq}\theta_q \end{bmatrix} \tag{6-27}$$

加权评价矩阵 $\boldsymbol{C}$ 各列元素的最大值构成正理想解 C^+，最小值构成负理想解 C^-，利用欧几里得公式计算加权评价矩阵 $\boldsymbol{C}$ 中每列元素与 C^+和 C^-的距离，记为 D^+和 D^-：

$$C^+=\left(C_1^+,C_2^+,\cdots,C_i^+\right)=\left(\max\left\{c_{11},c_{21},\cdots,c_{p1}\right\},\max\left\{c_{12},c_{22},\cdots,c_{p2}\right\},\cdots,\max\left\{c_{1n},c_{2n},\cdots,c_{pn}\right\}\right) \tag{6-28}$$

$$C^- = \left(C_1^-, C_2^-, \cdots, C_i^-\right) = \left(\min\left\{c_{11}, c_{21}, \cdots, c_{p1}\right\}, \min\left\{c_{12}, c_{22}, \cdots, c_{p2}\right\}, \cdots, \min\left\{c_{1n}, c_{2n}, \cdots, c_{pn}\right\}\right) \tag{6-29}$$

$$D_i^+ = \sqrt{\sum_{j=1}^{p}\left(C_i^+ - c_{ij}\right)^2} \tag{6-30}$$

$$D_i^- = \sqrt{\sum_{j=1}^{p}\left(C_i^- - c_{ij}\right)^2} \tag{6-31}$$

计算各个评价对象的相对贴近度：

$$f_i = \frac{D_i^-}{D_i^+ + D_i^-} \tag{6-32}$$

根据 f_i 值进行排序，作为评价依据。f_i 值越大，相应的评价对象越接近 D_i^+，评价对象越优。

2. 评价指标选择

农田土壤是一个错综复杂的研究体系，单一肥力指标的变化不足以评定土壤质量，因此需要选取具有代表性的，且与土壤质量和土壤性质特征密切相关的指标建立评价指标体系。本章以不同修复处理体条件下土壤生境改良效果作为评价体系，主要涵盖土壤物理特性（土壤总孔隙度、土壤平均粒径、土壤田间持水量、土壤容重）、土壤养分循环（土壤无机氮、氮矿化速率、溶解有机碳、碳矿化速率）、污染物富集（有效态 Cd、植株果实 Cd 富集）、土壤酶活性（脲酶活性、蔗糖酶活性、过氧化氢酶活性）、微生物多样性（香农-维纳多样性指数、丰富度、Chao1 指数）、植株生理指标（根系长度、植株生长速率、叶绿素浓度、植株果实干物质），共计 20 个评价指标，如表 6-13 所示。

表 6-13　土壤质量评价指标体系

指标名称		指标类型	指标名称		指标类型
土壤物理特性	土壤总孔隙度(%)	区间型	土壤酶活性	脲酶活性[mg/(g·d)]	极大型
	土壤平均粒径(mm)	极大型		蔗糖酶活性[mg/(g·d)]	极大型
	土壤田间持水量(%)	极大型		过氧化氢酶活性[mg/(g·d)]	极大型
	土壤容重(g/cm^3)	区间型	微生物多样性	香农-维纳多样性指数	极大型
土壤养分循环	土壤无机氮(mg/kg)	极大型		丰富度	极大型
	氮矿化速率[mg/(kg·d)]	极大型		Chao1 指数	极大型
	溶解有机碳(mg/kg)	极大型	植株生理指标	根系长度(cm)	极大型
	碳矿化速率[mg/(kg·d)]	极小型		植株生长速率(cm/d)	极大型
污染物富集	有效态 Cd(mg/kg)	极小型		叶绿素浓度(mg/g)	极大型
	植株果实 Cd 富集(mg/kg)	极小型		植株果实干物质(t/hm^2)	极大型

在选取的20个评价指标中，土壤总孔隙度、土壤容重属于区间型指标，并且土壤容重的最适宜区间范围为1.0～1.25g/cm^3，土壤总孔隙度的最适宜区间范围为55%～65%。土壤碳矿化速率、有效态Cd、植株果实Cd富集为极小型指标，其他评价指标为极大型指标。不同修复处理条件下土壤各项指标典型采样时段的实测值如表6-14所示，对各项指标进行正向化和标准化处理结果如表6-15所示。

表6-14 不同修复处理条件下土壤改良效果评价指标汇总表

指标	对照组	海泡石	过磷酸钙	生物炭	生物炭&过磷酸钙
土壤总孔隙度/%	49.52	46.32	50.23	55.67	53.89
土壤平均粒径/mm	1.12	0.98	1.17	1.31	1.24
土壤田间持水量/%	28.36	26.15	29.67	34.22	32.48
土壤容重/(g/cm^3)	1.32	1.37	1.28	1.19	1.24
土壤无机氮/(mg/kg)	82.27	87.45	98.66	107.26	116.09
氮矿化速率/[mg/(g·d)]	1.75	1.82	2.23	2.42	2.53
溶解有机碳/(mg/kg)	126.29	104.53	135.09	122.32	129.52
碳矿化速率/[mg/(kg·d)]	21.4	17.3	25.3	20.8	23.5
有效态Cd/(mg/kg)	1.283	0.782	0.906	0.738	0.706
植株果实Cd富集/(mg/kg)	0.666	0.413	0.559	0.431	0.455
脲酶活性/[mg/(g·d)]	1.131	1.201	1.436	1.538	1.559
蔗糖酶活性/[mg/(g·d)]	22.38	18.45	28.42	24.47	26.58
过氧化氢酶活性/[mg/(g·d)]	2.452	3.133	2.224	3.374	3.141
香农-维纳多样性指数	7.32	7.84	8.95	9.68	10.46
丰富度	4562	5023	5476	6235	6558
Chao1指数	6459	6127	7351	7815	7953
根系长度/cm	7358	7856	8562	8764	9125
植株生长速率/(cm/d)	1.605	1.856	1.715	2.265	2.395
叶绿素浓度/(mg/g)	3.12	3.31	3.45	3.56	3.71
植株果实干物质/(t/hm^2)	7.51	7.64	8.12	7.95	8.22

表6-15 标准化处理后评价指标值汇总表

指标	对照组	海泡石	过磷酸钙	生物炭	生物炭&过磷酸钙
土壤总孔隙度	0.869	0	1	1	1
土壤平均粒径	0.424	0	0.575	1	0.787
土壤田间持水量	0.273	0	0.436	1	0.784
土壤容重	0	1	1	1	1

续表

指标	对照组	海泡石	过磷酸钙	生物炭	生物炭&过磷酸钙
土壤无机氮	0	0.153	0.484	0.739	1
氮矿化速率	0	0.089	0.615	0.859	1
溶解有机碳	0.712	0	1	0.582	0.818
碳矿化速率	0.488	1	0	0.563	0.225
有效态 Cd	0	0.868	0.653	0.945	1
植株果实 Cd 富集	0	1	0.423	0.928	0.834
脲酶活性	0	0.164	0.713	0.951	1
蔗糖酶活性	0.394	0	1	0.604	0.815
过氧化氢酶活性	0.198	0.790	0	1	0.797
香农-维纳多样性指数	0	0.165	0.519	0.751	1
丰富度	0	0.231	0.458	0.838	1
Chao1 指数	0.181	0	0.67	0.924	1
根系长度/cm	0	0.282	0.681	0.796	1
植株生长速率/(cm/d)	0	0.317	0.139	0.835	1
叶绿素浓度/(mg/g)	0	0.322	0.559	0.746	1
植株果实干物质/(t/hm^2)	0	0.183	0.859	0.619	1

根据表 6-15 中处理后的结果，计算各个指标的信息熵值和权重。熵权-TOPSIS 评价模型的第 1 步是使用熵权法计算权重，并将数据进行加权得到新数据，使用新数据运用 TOPSIS，最终完成分析。权重分析结果如表 6-16 所示。

表 6-16 土壤质量评价指标权重

指标	信息熵值 E	权重 θ	指标	信息熵值 E	权重 θ
土壤总孔隙度	0.7955	5.55%	脲酶活性	0.8603	3.79%
土壤平均粒径	0.8287	4.65%	蔗糖酶活性	0.7590	6.54%
土壤田间持水量	0.7483	6.83%	过氧化氢酶活性	0.7804	5.96%
土壤容重	0.8241	4.77%	香农-维纳多样性指数	0.8700	3.53%
土壤无机氮	0.7947	5.57%	丰富度	0.8089	5.18%
氮矿化速率	0.7989	5.46%	Chao1 指数	0.8433	4.25%
溶解有机碳	0.7872	5.77%	根系长度	0.8691	3.55%
碳矿化速率	0.8040	5.32%	植株生长速率	0.8030	5.35%
有效态 Cd	0.8403	4.33%	叶绿素含量	0.8637	3.70%
植株果实 Cd 富集	0.7890	5.72%	植株果实干物质	0.8450	4.21%

在评价过程中，进一步获取土壤正负理想解，如表 6-17 所示。正负理想解是计算正负理想解距离（D^+和 D^-）时的中间过程值，正理想解 C^+表示评价指标的最大值，负理想解 C^-表示评价指标的最小值。

表 6-17 土壤质量评价指标正负理想解

指标	C^+	C^-	指标	C^+	C^-
土壤总孔隙度	0.056	0.001	脲酶活性	0.038	0.000
土壤平均粒径	0.047	0.000	蔗糖酶活性	0.066	0.001
土壤田间持水量	0.069	0.001	过氧化氢酶活性	0.060	0.001
土壤容重	0.048	0.000	香农-维纳多样性指数	0.036	0.000
土壤无机氮	0.056	0.001	丰富度	0.052	0.001
氮矿化速率	0.055	0.001	Chao1 指数	0.043	0.000
溶解有机碳	0.058	0.001	根系长度	0.036	0.000
碳矿化速率	0.054	0.001	植株生长速率	0.054	0.001
有效态 Cd	0.044	0.000	叶绿素浓度	0.037	0.000
植株果实 Cd 富集	0.058	0.001	植株果实干物质	0.042	0.000

计算不同修复处理条件下土壤改良效果各评价指标值与正负理想解的距离 D^+和 D^-，然后测算不同修复处理下土壤改良效果的相对贴近度 f 值，将相对贴近度 f 值作为土壤质量指数，对相对贴近度 f 值进行排序，数值越大代表土壤质量越优，具体如表 6-18 所示。

表 6-18 不同处理条件下土壤质量评价结果

处理方式	正理想解距离 D^+	负理想解距离 D^-	相对贴近度 f（土壤质量值）	排序结果
对照组	0.204	0.058	0.222	5
海泡石	0.177	0.100	0.363	4
过磷酸钙	0.125	0.138	0.524	3
生物炭	0.050	0.191	0.791	2
生物炭&过磷酸钙	0.047	0.211	0.818	1

根据熵权-TOPSIS 评价模型对不同修复处理下土壤质量进行综合评价，得到不同调控模式改良修复效果优劣排序为生物炭&过磷酸钙＞生物炭＞过磷酸钙＞海泡石＞对照组。综合评价结果显示对照组处理条件下土壤质量值仅为 0.222，而在稳定化修复处理条件下，土壤质量值分别呈现出了不同幅度的提升趋势，并且在生物炭和过磷酸钙复合处理条件下土壤改良效果最佳。结合上述不同修复处理条件下土壤各项指标的变化特征可知，生物炭修复处理能够有效调节土壤孔隙结构，使土壤无机氮和溶解有机碳含量增加，

土壤酶活性及微生物多样性提升。另外，过磷酸钙处理能够促进植株对于土壤养分的汲取，促进了植物果实的形成。此外，这两种稳定化材料均能降低土壤中有效态 Cd 的含量，有效抑制植物果实中重金属 Cd 的富集量。因此，生物炭与过磷酸钙的联合修复处理最有效地实现了农田土壤生境的健康调控。

6.6 本章小结

本章以北方寒区典型 Cd 污染农田为研究对象，借助 Cl^-的穿透过程曲线获取不同稳定化处理土壤的弥散系数，进而采用确定性平衡模型测算土壤重金属离子弥散度，依托 HYDRUS-1D 模型构建污水灌溉模式下土壤重金属迁移扩散模型，模型模拟精度符合误差标准要求。随着土层深度的增加，不同层位土壤重金属浓度呈现依次降低的变化趋势，并且对照组处理条件下土壤重金属浓度相对于 4 种不同稳定化处理表现出增加趋势，模拟结果同样表现为稳定化修复处理促使重金属在农田土壤表层富集的特征，验证了稳定化处理对于重金属 Cd 较强的吸附性能。

稳定化处理有效地改善了土壤理化环境，降低了重金属 Cd 有效态含量，并且生物炭&过磷酸钙处理最有效地抑制了土壤重金属的活性。生物炭和过磷酸钙的协同施加提升了土壤有效 C 和有效 P 的含量，进而增强了土壤中植物和微生物对于有效 N 的需求，土壤无机氮含量大幅度提升。作物生育期内，生物炭的吸附性能够固持土壤溶解性碳源，而在冻融老化的驱动作用下，生物炭材料破碎裂解，释放大量的溶解有机碳。另外，生物炭和生物炭&过磷酸钙处理激发了土壤中脲酶活性，而过磷酸钙处理则有效提升了土壤蔗糖酶的活性。过氧化氢酶主要受土壤 pH 的调控影响，因此，海泡石、生物炭及生物炭&过磷酸钙处理增强了过氧化氢酶活性。此外，稳定化材料施加改善了土壤微生物多样性状况，提升了变形菌门、拟杆菌门、酸杆菌门以及放线菌门的相对丰度。

生物炭具有良好的持水以及固碳能力，生物炭与磷肥的耦合为植物生长提供了充足的水分养分供应，进而促进植株根系发育。与此同时，生物炭能够改善土壤的理化性质及养分环境，促使作物在生育期内植株茎叶快速发育，有助于叶绿素含量的积累。另外，生物炭调节土壤孔隙结构，提升土壤持水性能，促进植株根系干物质积累，而过磷酸钙可增强植物体内碳水化合物的运输能力，从而增加植物茎叶等器官生物量。稳定化处理同样降低了 Cd 在各器官中的传输、分布和富集，并且在海泡石、生物炭和生物炭&过磷酸钙处理条件下，植株器官的累积富集效果最弱。最后，基于熵权-TOPSIS 评价模型对不同修复处理条件下土壤改良效果进行了评价，得到不同调控模式改良修复效果优劣排序为生物炭&过磷酸钙＞生物炭＞过磷酸钙＞海泡石＞对照组，生物炭与过磷酸钙的联合修复处理最有效地实现了农田土壤生境的健康调控。

参考文献

[1] Genchi G，Sinicropi M S，Lauria G，et al. The effects of cadmium toxicity[J]. International Journal of Environmental Research and Public Health，2020，17（11）：3782.

[2] Bashir A，Rizwan M，Ali S，et al. Effect of foliar-applied iron complexed with lysine on growth and cadmium（Cd）uptake

in rice under Cd stress[J]. Environmental Science and Pollution Research，2018，25（21）：20691-20699.

[3] El-Naggar A，Lee M H，Hur J，et al. Biochar-induced metal immobilization and soil biogeochemical process：An integrated mechanistic approach[J]. Science of the Total Environment，2019，698：134112.

[4] Zeb A，Li S，Wu J N，et al. Insights into the mechanisms underlying the remediation potential of earthworms in contaminated soil：A critical review of research progress and prospects[J]. Science of the Total Environment，2020，740：140145.

[5] Mccarthy U，Uysal I，Melis R B，et al. Global food security：Issues，challenges and technological solutions[J]. Trends in Food Science & Technology，2018，7：11-20.

[6] Cwielag-Drabek M，Piekut A，Gut K，et al. Risk of cadmium，lead and zinc exposure from consumption of vegetables produced in areas with mining and smelting past[J]. Scientific Reports，2020，10（1）：3363.

[7] 陈能场，郑煜基，何晓峰，等.《全国土壤污染状况调查公报》探析[J]. 农业环境科学学报，2017，36（9）：1689-1692.

[8] Wang M E，Chen W P，Peng C. Risk assessment of Cd polluted paddy soils in the industrial and township areas in Hunan，Southern China[J]. Chemosphere，2016，144：346-351.

[9] Antoniadis V，Levizou E，Shaheen S M，et al. Trace elements in the soil-plant interface：Phytoavailability，translocation，and phytoremediation—A review[J]. Earth-Science Reviews，2017，171：621-645.

[10] Ouhadi V R，Yong R N，Deiranlou M. Enhancement of cement-based solidification/stabilization of a lead-contaminated smectite clay[J]. Journal of Hazardous Materials，2021，403：123969.

[11] Sun Y B，Sun G H，Xu Y M，et al. Evaluation of the effectiveness of sepiolite，bentonite，and phosphate amendments on the stabilization remediation of cadmium-contaminated soils[J]. Journal of Environmental Management，2016，166：204-210.

[12] Ran H Z，Guo Z H，Shi L，et al. Effects of mixed amendments on the phytoavailability of Cd in contaminated paddy soil under a rice-rape rotation system[J]. Environmental Science and Pollution Research，2019，26（14）：14128-14136.

[13] Wang L W，Li X R，Tsang D C W，et al. Green remediation of Cd and Hg contaminated soil using humic acid modified montmorillonite：Immobilization performance under accelerated ageing conditions[J]. Journal of Hazardous Materials，2020，387：122005.

[14] Meng Z W，Huang S，Xu T，et al. Transport and transformation of Cd between biochar and soil under combined dry-wet and freeze-thaw aging[J]. Environmental Pollution，2020，263：114449.

[15] Hou R J，Li T X，Fu Q，et al. The effect on soil nitrogen mineralization resulting from biochar and straw regulation in seasonally frozen agricultural ecosystem[J]. Journal of Cleaner Production，2020，255：120302.

[16] Lu L，Yu W T，Wang Y F，et al. Application of biochar-based materials in environmental remediation：From multi-level structures to specific devices[J]. Biochar，2020，2（1）：1-31.

[17] Bandara T，Franks A，Xu J M，et al. Chemical and biological immobilization mechanisms of potentially toxic elements in biochar-amended soils[J]. Critical Reviews in Environmental Science and Technology，2020，50（9）：903-978.

[18] Hamid Y，Tang L，Hussain B，et al. Adsorption of Cd and Pb in contaminated gleysol by composite treatment of sepiolite，organic manure and lime in field and batch experiments[J]. Ecotoxicology and Environmental Safety，2020，196：110539.

[19] Padilla-Ortega E，Leyva-Ramos R，Flores-Cano J V，et al. Binary adsorption of heavy metals from aqueous solution onto natural clays[J]. Chemical Engineering Journal，2013，225：535-546.

[20] Efthymiou A，Jensen B，Jakobsen I，et al. The roles of mycorrhiza and Penicillium inoculants in phosphorus uptake by biochar-amended wheat[J]. Soil Biology and Biochemistry，2018，127：168-177.

[21] Rybicka E H，Calmano W，Breeger A. Heavy metals sorption/desorption on competing clay minerals：An experimental study[J]. Applied Clay Science，1995，9（5）：369-381.

[22] Yang X D，Wang L W，Guo J M，et al. Aging features of metal（loid）s in biochar-amended soil：Effects of biochar type and aging method[J]. Science of the Total Environment，2022，815：152922.

[23] Cui H B，Zhang W，Zhou J，et al. Availability and vertical distribution of Cu，Cd，Ca，and P in soil as influenced by lime and apatite with different dosages：A 7-year field study[J]. Environmental Science and Pollution Research，2018，25（35）：35143-35153.

[24] Lu S G，Sun F F，Zong Y T. Effect of rice husk biochar and coal fly ash on some physical properties of expansive clayey soil（Vertisol）[J]. CATENA，2014，114：37-44.

[25] Liu S J，Gao J，Zhang L，et al. Diethylenetriaminepentaacetic acid-thiourea-modified magnetic chitosan for adsorption of hexavalent chromium from aqueous solutions[J]. Carbohydrate Polymers，2021，274（12）：118555.

[26] Sui F F，Wang J B，Zuo J，et al. Effect of amendment of biochar supplemented with Si on Cd mobility and rice uptake over three rice growing seasons in an acidic Cd-tainted paddy from central South China[J]. Science of the Total Environment，2020，709：136101.

[27] Gromes R，Behrens S，Nagel E. The use of reflectometric test kits for estimating nitrification and soil invertase activity in the field[J]. Journal of Soil Science and Plant Nutrition，2003，166（2）：179-183.

[28] Yang C L，Sun T H，He W X，et al. Single and joint effects of pesticides and mercury on soil urease[J]. Journal of Environmental Sciences，2007，19（2）：210-216.

[29] Stępniewska Z，Wolinśka A，Ziomek J. Response of soil catalase activity to chromium contamination[J]. Journal of Environmental Sciences，2009，21（8）：1142-1147.

[30] Wang C，Liu D W，Bai E. Decreasing soil microbial diversity is associated with decreasing microbial biomass under nitrogen addition[J]. Soil Biology and Biochemistry，2018，120：126-133.

[31] Baumann K，Dignac M F，Rumpel C，et al. Soil microbial diversity affects soil organic matter decomposition in a silty grassland soil[J]. Biogeochemistry，2013，114（1/2/3）：201-212.

[32] Pansu M，Gautheyrou J. Handbook of Soil Analysis：Mineralogical，Organic and Inorganic Methods[M]. Berlin：Springer，2006.

[33] Antoniadis V，Levizou E，Shaheen S M，et al. Trace elements in the soil-plant interface：Phytoavailability，translocation，and phytoremediation—A review[J]. Earth-Science Reviews，2017，171：621-654.

[34] Li X B，He H B，Zhang X D，et al. Calculation of fungal and bacterial inorganic nitrogen immobilization rates in soil[J]. Soil Biology and Biochemistry，2021，153：108114.

[35] Rosa E，Debska B. Seasonal changes in the content of dissolved organic matter in arable soils[J]. Journal of Soils and Sediments，2018，18（8）：2703-2714.

[36] Luxhoi J，Nielsen N E，Jensen L S. Effect of soil heterogeneity on gross nitrogen mineralization measured by N-15-pool dilution techniques[J]. Plant and Soil，2004，262（1-2）：263-275.

[37] Song Y Y，Song C C，Hou A X，et al. Effects of temperature and root additions on soil carbon and nitrogen mineralization in a predominantly permafrost peatland[J]. CATENA，2018，165：381-389.

[38] Simunek J，Jacques D，Genuchten M，et al. Multicomponent geochemical transport modeling using HYDRUS-1D and HP 1[J]. Journal of the American Water Resources Association，2006，42（6）：1537-1547.

[39] Gamerdinger A P，Lemley A T，Wagenet R J. Nonequilibrium sorption and degradation of three 2-chloro-s-triazine herbicides in soil-water systems[J]. Journal of Environmental Quality，1991，20（4）：815-821.

[40] Toribio M，Romany J. Leaching of heavy metals（Cu，Ni and Zn）and organic matter after sewage sludge application to Mediterranean forest soils[J]. Science of the Total Environment，2006，363（1-3）：11-21.

[41] Hilten R N，Lawrence T M，Tollner E W. Modeling stormwater runoff from green roofs with HYDRUS-1D[J]. Journal of Hydrology，2008，358（3-4）：288-293.

[42] Sheikhhosseini A，Shirvani M，Shariatmadari H，et al. Kinetics and thermodynamics of nickel sorption to calcium-palygorskite and calcium-sepiolite：A batch study[J]. Geoderma，2014，217：111-117.

[43] Grunwald D，Kaiser M，Piepho H P，et al. Effects of biochar and slurry application as well as drying and rewetting on soil macro-aggregate formation in agricultural silty loam soils[J]. Soil Use and Management，2018，34（4）：575-583.

[44] Zuo Y T，Fu Q，Li T X，et al. Characteristics of snowmelt transport in farmland soil in cold regions：The regulatory mechanism of biochar[J]. Hydrological Processes，2022，36（2）：e14499.

[45] Hagner M，Kemppainen R，Jauhiainen L，et al. The effects of birch（*Betula* spp.）biochar and pyrolysis temperature on soil

properties and plant growth[J]. Soil and Tillage Research，2016，163：224-234.

[46] Álvarez A，Santarén J，Esteban-Cubillo A，et al. Chapter 12 - current industrial applications of palygorskite and sepiolite[J]. Developments in Clay Science，2011，3：281-298.

[47] Carvalho M L，de Moraes M T，Cerri C E P，et al. Biochar amendment enhances water retention in a tropical sandy soil[J]. Agriculture，2020，10（3）：62.

[48] Xue P，Fu Q，Li T X，et al. Effects of biochar and straw application on the soil structure and water-holding and gas transport capacities in seasonally frozen soil areas[J]. Journal of Environmental Management，2022，301：113943.

[49] Liu Z，Dugan B，Masiello C A，et al. Biochar particle size，shape，and porosity act together to influence soil water properties[J]. PloS One，2017，12（6）：e0179079.

[50] Hamid Y，Tang L，Hussain B，et al. Sepiolite clay：A review of its applications to immobilize toxic metals in contaminated soils and its implications in soil-plant system[J]. Environmental Technology & Innovation，2021，23：101598.

[51] Pegoraro R F，Neta M N D，da Costa C A，et al. Chickpea production and soil chemical attributes after phosphorus and molybdenum fertilization[J]. Ciencia E Agrotecnologia，2018，42：474-483.

[52] de la Rosa J M，Rosado M，Paneque M，et al. Effects of aging under field conditions on biochar structure and composition：Implications for biochar stability in soils[J]. Science of the Total Environment，2018，613：969-976.

[53] Xia W Y，Du Y J，Li F S，et al. In-situ solidification/stabilization of heavy metals contaminated site soil using a dry jet mixing method and new hydroxyapatite based binder[J]. Journal of Hazardous Materials，2019，369：353-361.

[54] Younis S A，El-Salamony R A，Tsang Y F，et al. Use of rice straw-based biochar for batch sorption of barium/strontium from saline water：Protection against scale formation in petroleum/desalination industries[J]. Journal of Cleaner Production，2020，250：119442.

[55] Neaman A，Singer A. The effects of palygorskite on chemical and physico-chemical properties of soils：A review[J]. Geoderma，2004，123（3-4）：297-303.

[56] Juan Y，Tian L，Sun W，et al. Simulation of soil freezing-thawing cycles under typical winter conditions：Implications for nitrogen mineralization[J]. Journal of Soils and Sediments，2019，20：143-152.

[57] Cui H B，Li D T，Liu X S，et al. Dry-wet and freeze-thaw aging activate endogenous copper and cadmium in biochar[J]. Journal of Cleaner Production，2021，288：125605.

[58] 许仙菊，陈丹艳，张永春，等. 水稻不同生育期重金属污染土壤中镉铅的形态分布[J]. 江苏农业科学，2008，266（6）：253-255，280.

[59] Kakeh J，Gorji M，Mohammadi M H，et al. Biological soil crusts determine soil properties and salt dynamics under arid climatic condition in Qara Qir，Iran[J]. Science of the Total Environment，2020，732：13.

[60] Zhang H Y，Pang H C，Zhao Y G，et al. Water and salt exchange flux and mechanism in a dry saline soil amended with buried straw of varying thicknesses[J]. Geoderma，2020，365：9.

[61] Ahmad M，Rajapaksha A U，Lim J E，et al. Biochar as a sorbent for contaminant management in soil and water：A review[J]. Chemosphere，2014，99：19-33.

[62] O'Connor D，Peng T Y，Zhang J L，et al. Biochar application for the remediation of heavy metal polluted land：A review of in situ field trials[J]. Science of the Total Environment，2018，619：815-826.

[63] da Rocha N C C，de Campos R C，Rossi A M，et al. Cadmium uptake by hydroxyapatite synthesized in different conditions and submitted to thermal treatment[J]. Environmental Science & Technology，2002，36：1630-1635.

[64] Kumpiene J，Lagerkvist A，Maurice C. Stabilization of As，Cr，Cu，Pb and Zn in soil using amendments：A review[J]. Waste Management，2008，28：215-225.

[65] Yu H Y，Liu C P，Zhu J S，et al. Cadmium availability in rice paddy fields from a mining area：The effects of soil properties highlighting iron fractions and pH value[J]. Environmental Pollution，2016，209：38-45.

[66] Huang Z Q，Hu L C，Tang W，et al. Effects of biochar aging on adsorption behavior of phenanthrene[J]. Chemical Physics Letters，2020，759：6.

[67] Case S D C，McNamara N P，Reay D S，et al. The effect of biochar addition on N_2O and CO_2 emissions from a sandy loam soil：The role of soil aeration[J]. Soil Biology and Biochemistry，2012，51：125-134.

[68] Feng Y，Yang X，Singh B P，et al. Effects of contrasting biochars on the leaching of inorganic nitrogen from soil[J]. Journal of Soils and Sediments，2020，20：3017-3026.

[69] Phillips C L，Meyer K M，Garcia-Jaramillo M，et al. Towards predicting biochar impacts on plant-available soil nitrogen content[J]. Biochar，2022，1：120-134.

[70] Mehnaz K R，Corneo P E，Keitel C，et al. Carbon and phosphorus addition effects on microbial carbon use efficiency，soil organic matter priming，gross nitrogen mineralization and nitrous oxide emission from soil[J]. Soil Biology and Biochemistry，2019，134：175-186.

[71] Hou R J，Li T X，Fu Q，et al. Effects of biochar and straw on greenhouse gas emission and its response mechanism in seasonally frozen farmland ecosystems[J]. CATENA，2020，194：104735.

[72] Pandey C B，Begum M. The effect of a perennial cover crop on net soil N mineralization and microbial biomass carbon in coconut plantations in the humid tropics[J]. Soil Use and Management，2010，26：158-166.

[73] Grutzmacher P，Puga A P，Bibar M P S，et al. Carbon stability and mitigation of fertilizer induced N_2O emissions in soil amended with biochar[J]. Science of the Total Environment，2018，625：1459-1466.

[74] Fu Q，Yan J W，Li H，et al. Effects of biochar amendment on nitrogen mineralization in black soil with different moisture contents under freeze-thaw cycles[J]. Geoderma，2019，353：459-467.

[75] Wang Z，An Y F，Chen H Y，et al. Effects of earthworms and phosphate-solubilizing bacteria on carbon sequestration in soils amended with manure and slurry：A 4-year field study[J]. Agronomy-Basel，2022，12：2064.

[76] Hamid Y，Tang L，Hussain B，et al. Immobilization and sorption of Cd and Pb in contaminated stagnic anthrosols as amended with biochar and manure combined with inorganic additives[J]. Journal of Environmental Management，2020，257：109999.

[77] Zhu G F，Wan Q Z，Yong L L，et al. Dissolved organic carbon transport in the Qilian mountainous areas of China[J]. Hydrological Processes，2020，34：4985-4995.

[78] Hou R J，Wang L W，Shen Z T，et al. Simultaneous reduction and immobilization of Cr(VI)in seasonally frozen areas：Remediation mechanisms and the role of ageing[J]. Journal of Hazardous Materials，2021，415：125650.

[79] 唐美玲，魏亮，祝贞科，等. 稻田土壤有机碳矿化及其激发效应对磷添加的响应[J]. 应用生态学报，2018，29（3）：857-864.

[80] Kramshoj M，Albers C N，Svendsen S H，et al. Volatile emissions from thawing permafrost soils are influenced by meltwater drainage conditions[J]. Global Change Biology，2019，25：1704-1716.

[81] Cao R，Yang W Q，Chang C H，et al. Differential seasonal changes in soil enzyme activity along an altitudinal gradient in an alpine-gorge region[J]. Applied Soil Ecology，2021，166：104078.

[82] Zhang H J，Wang S J，Zhang J X，et al. Biochar application enhances microbial interactions in mega-aggregates of farmland black soil[J]. Soil and Tillage Research，2021，213：105145.

[83] Wei K，Bao H X，Huang S M，et al. Effects of long-term fertilization on available P，P composition and phosphatase activities in soil from the Huang-Huai-Hai Plain of China[J]. Agriculture，Ecosystems & Environment，2017，237：134-142.

[84] 王晶，孙松青，李雪，等. 秸秆不同还田方式对轮作小麦-玉米产量、土壤养分及蔗糖酶活性的影响[J]. 江苏农业科学，2023，51（4）：85-90.

[85] 马书琴，汪子微，陈有超，等. 藏北高寒草地土壤有机质化学组成对土壤蛋白酶和脲酶活性的影响[J]. 植物生态学报，2021，45（5）：516-527.

[86] 李冰，李玉双，陈琳，等. 沈北新区不同土地利用类型土壤过氧化氢酶活性特征及其影响因素分析[J]. 沈阳大学学报（自然科学版），2019，31（6）：465-473.

[87] Zhu X，Chen B，Zhu L，et al. Effects and mechanisms of biochar-microbe interactions in soil improvement and pollution remediation：A review[J]. Environmental Pollution，2017，227：98-115.

[88] Abujabhah I S，Bound S A，Doyle R，et al. Effects of biochar and compost amendments on soil physico-chemical properties

and the total community within a temperate agricultural soil[J]. Applied Soil Ecology，2016，98：243-253.

[89] Jaiswal A K，Elad Y，Cytryn E，et al. Activating biochar by manipulating the bacterial and fungal microbiome through preconditioning[J]. New Phytologist，2018，219（1）：363-377.

[90] Zhang X Y，Yang Y，Zhang C，et al. Contrasting responses of phosphatase kinetic parameters to nitrogen and phosphorus additions in forest soils[J]. Functional Ecology，2018，32（1）：106-116.

[91] Li H，Yang S，Semenov M V，et al. Temperature sensitivity of SOM decomposition is linked with a *K*-selected microbial community[J]. Global Change Biology，2021，27（12）：2763-2779.

[92] Liu Z L，Dugan B，Masiello C A，et al. Effect of freeze-thaw cycling on grain size of biochar[J]. PloS One，2018，13（1）：e0191246.

[93] 程开明. 结构方程模型的特点及应用[J]. 统计与决策，2006（10）：22-25.

[94] 万冬梅，王瑛，杨成邦，等. 不同园地的土壤夏季无机氮含量及氮矿化速率研究[J]. 东南园艺，2020，8（6）：12-16.

[95] 高亚萍，汪颖，尹心怡. 土壤重金属污染对微生物和酶活性的影响研究进展[J]. 广东化工，2021，48（16）：109-110.

[96] 田昆，陆梅，常凤来，等. 云南纳帕海岩溶湿地生态环境变化及驱动机制[J]. 湖泊科学，2004（1）：35-42.

[97] 赵仁竹，汤洁，梁爽，等. 吉林西部盐碱田土壤蔗糖酶活性和有机碳分布特征及其相关关系[J]. 生态环境学报，2015，24（2）：244-249.

[98] Lynch J P. Roots of the second green revolution[J]. Australian Journal of Botany，2007，55（5）：493-512.

[99] Githinji L. Effect of biochar application rate on soil physical and hydraulic properties of a sandy loam[J]. Archives of Agronomy and Soil Science，2014，60：457-470.

[100] Johri A K，Oelmuller R，Dua M，et al. Fungal association and utilization of phosphate by plants：Success，limitations，and future prospects[J]. Frontiers in Microbiology，2015，6：934.

[101] Reyes-Cabrera J，Leon R G，Erickson J E，et al. Biochar changes shoot growth and root distribution of soybean during early vegetative stages[J]. Crop Science，2017，57（1）：454-461.

[102] Lu X C，Jiang J C，He J，et al. Pyrolysis of cunninghamia lanceolata waste to produce wood vinegar and its effect on the seeds germination and root growth of wheat[J]. BioResources，2019，14（4）：8002-8017.

[103] da Costa E M，de Lima W，Oliveira-Longatti S M，et al. Phosphate-solubilising bacteria enhance *Oryza sativa* growth and nutrient accumulation in an oxisol fertilized with rock phosphate[J]. Ecological Engineering，2015，83：380-385.

[104] 赵建涛，杨开鑫，王旭哲，等. 施磷对苜蓿叶片生理参数及抗氧化能力的影响[J]. 中国农业科学，2023，56（3）：453-465.

[105] Muhammad Z，Wiqar A，Fida H，et al. Phytostabalization of the heavy metals in the soil with biochar applications，the impact on chlorophyll，carotene，soil fertility and tomato crop yield[J]. Journal of Cleaner Production，2020，225（10）：120318.

[106] Boyce R L，Larson J R，Sanford R L，et al. Phosphorus and nitrogen limitations to photosynthesis in Rocky Mountain bristlecone pine（*Pinas aristata*）in Colorado[J]. Tree Physiology，2006，26（11）：1477-1486.

[107] Cai Z M，Zhai L M，Xi B，et al. Effect of biochar on Olsen-P and $CaCl_2$-P in different types of soil[J]. Chinese Journal of Soil Science，2014，45（1）：163-168.

[108] Githinji L. Effect of biochar application rate on soil physical and hydraulic properties of a sandy loam[J]. Archives of Agronomy and Soil Science，2014，60：457-470.

[109] Ye D H，Li T X，Liu J B，et al. Characteristics of endophytic bacteria from *Polygonum hydropiper* and their use in enhancing P-phytoextraction[J]. Plant and Soil，2020，448（1-2）：647-663.

[110] Liang X F，Han J，Xu Y M，et al. In situ field-scale remediation of Cd polluted paddy soil using sepiolite and palygorskite[J]. Geoderma，2014，235：9-18.

[111] Sheikhhosseini A，Shirvani M，Shariatmadari H. Competitive sorption of nickel，cadmium，zinc and copper on palygorskite and sepiolite silicate clay minerals[J]. Geoderma，2013，192：249-253.

[112] Dang F，Wang W X，Zhong H，et al. Effects of phosphate on trace element accumulation in rice（*Oryza sativa* L.）：A 5-year phosphate application study[J]. Journal of Soils and Sediments，2016，16：1440-1447.

[113] Chen D，Ye X Z，Zhang Q，et al. The effect of sepiolite application on rice Cd uptake：A two-year field study in Southern China[J]. Environmental Management，2020，254：109788.

[114] Bolan N S，Makino T，Kunhikrishnan A，et al. Cadmium contamination and its risk management in rice ecosystems[J]. Advances in Agronomy，2013，119：183-273.

[115] 雷勋平，邱广华. 基于熵权 TOPSIS 模型的区域资源环境承载力评价实证研究[J]. 环境科学学报，2016，36(1)：314-323.

[116] 信桂新，杨朝现，杨庆媛，等. 用熵权法和改进 TOPSIS 模型评价高标准基本农田建设后效应[J]. 农业工程学报，2017，33（1）：238-249.

第7章 污染农田土壤环境健康风险评估及管控技术探索

7.1 概　　述

汞（Hg）是一种能够参与全球物质循环的重金属元素，其不参与生命代谢过程，但能在生物体内富集。历史上曾经发生过多起因汞污染而生的环境公害事件，如20世纪在日本西部水俣湾暴发的水俣病，再如20世纪70年代发生在伊拉克的“毒小麦”事件[1]。因汞的高生物毒性、易迁移性、强富集性的特点，尤其是对人体免疫、消化和神经系统的严重危害，世界卫生组织（World Health Organization，WHO）已经将汞列为全球十大公共健康重点关注化学品之一[2]。美国毒物与疾病登记署（Agency for Toxic Substances and Disease Registry，ATSDR）也将汞列为“优先危险物质”[3]。

我国存在汞矿开采、土法炼金、添汞产品生产、电石法制聚氯乙烯、燃煤、废物处置等多项涉及汞排放的活动，向环境释放了大量的汞污染物。2010年中国各项活动累计输出汞2709t，约一半被释放到环境中去，其中向陆地和水体分别排放约651t和84t[4]。汞污染物的释放给土壤环境带来较大的污染压力，工业地块及其周边环境的汞污染问题尤为凸显。土壤环境中汞元素的背景值低于0.1mg/kg，其平均值也仅仅约为0.05mg/kg[5-7]，但工业化和城市化不断影响土壤环境质量，如燃煤电厂、汞矿采冶、手工和小规模采金、有色金属冶炼、水泥产业、氯碱工业、石油冶炼及其他化工企业，危险废物填埋厂及焚烧厂周边产生不同程度的土壤汞污染现象。贵州省铜仁万山汞矿山附近土壤汞污染问题严重，因人为汞矿开采选冶活动造成周边农田土壤总汞浓度达800mg/kg，具有较高的环境风险，直接或间接影响数十万人生活[8]。

农田土壤汞污染同样具有滞后性、隐秘性、累积性与持久性等一般地块的共性特征，不仅直接影响周边生态安全，同时影响农产品质量与人群健康。汞可以通过生物富集效应，并通过食物链进入人体，污染地块扬尘也可通过呼吸和经口摄入等暴露途径进入人体，对人体神经、消化、免疫系统造成严重危害[9,10]。其中，轻微健康影响包括压力、焦虑和喉咙、眼部、皮肤刺激及其他自感症状，血压异常、精神紊乱等；严重健康影响包括癌症、生育异常、物理损伤等。根据Trasande等[11]调查研究与模型测算，甲基汞暴露可导致美国儿童智商下降，间接形成的年均综合经济损失高达几十亿美元甚至更多（处在22亿～438亿美元）。因此，亟须在汞污染地块进行系统化污染特征识别及环境风险评价的基础上，开发出高效、稳定、持久的风险管控方案，并对农田污染土壤开展基于环境风险的全周期管控活动。

本章选取西北地区某省典型汞污染地块为研究对象，针对当前地块尺度汞污染空间分布、迁移扩散特征不清，健康与生态风险不明，管控和决策手段不足等问题，提出了“污染识别与风险表征”—“风险长效管控研究”—“风险管理框架构建”的整体研究思路，分析典型农田汞污染特征与健康风险，研究基于稳定化的汞污染地块风险长效管控技术，构建基于全周期管理的地块风险管控技术框架。该研究成果为我国汞污染地块的风险识别和科学管控工作提供了经验借鉴和技术支撑。

7.2　农田土壤汞污染特征分析及风险评估

7.2.1　研究理论与方法

本节在分析典型汞污染地块特定用地条件和人群活动条件下的暴露场景后，采用美国国家环境保护局基于风险的矫正行动（risk-based corrective action）模型定量评价长期暴露地块汞污染所产生的非致癌健康风险危害熵，具体方法如下。

本节利用地累积指数评价典型地块土壤汞的地累积水平。地累积指数又可称为 Muller 指数，由德国科学家 Muller 提出，并逐渐应用于沉积物等环境重金属的定量评价中[12]。具体计算方法如下：

$$I_{\mathrm{geo}} = \log_2\left(\frac{C_n}{KB_n}\right) \tag{7-1}$$

式中，I_{geo} 为地累积指数；C_n 为土壤或沉积物的污染物浓度，mg/kg；B_n 为对应污染物的环境背景值，mg/kg；K 为变动系数，其目的是消除背景值在区域环境中的差异，一般选择 1.5。相关等级划分标准如表 7-1 所示。

表 7-1　地累积指数等级划分标准

等级	标准	累积程度
0	$I_{\mathrm{geo}} \leqslant 0$	几乎未累积
1	$0 < I_{\mathrm{geo}} \leqslant 1$	未累积到中度累积
2	$1 < I_{\mathrm{geo}} \leqslant 2$	中度累积
3	$2 < I_{\mathrm{geo}} \leqslant 3$	中度至重度累积
4	$3 < I_{\mathrm{geo}} \leqslant 4$	重度累积
5	$4 < I_{\mathrm{geo}} \leqslant 5$	重度至极度累积
6	$I_{\mathrm{geo}} > 5$	极度累积

利用潜在生态风险指数评价法表征地块汞污染物产生的生态风险等级，该方法由瑞典学者坎逊（Lars Hakanson）提出[13]。潜在生态风险指数评价法以沉积学中的丰度与释放性原理为基础，依据重金属在环境基质中的丰度、释放系数与毒性呈反比例关系的原则，充分考虑不同重金属的物化性质、生态环境特征、毒理特点及环境敏感性等因子，可同时用于重金属环境污染的生态影响分析。潜在生态风险指数会随着重金属类别与含量、毒性水平、水体敏感性的增加而升高。潜在生态风险指数的具体计算方法为

$$\mathrm{RI_{eco}}=\sum_{r}^{i}E_r^i=\sum_{r}^{i}\left(T_r^i\times C_f^i\right)=\sum_{r}^{i}\left(T_r^i\times\frac{C^i}{C_n^i}\right) \tag{7-2}$$

式中，$\mathrm{RI_{eco}}$为潜在生态风险指数；E_r^i为单项污染物风险指数；T_r^i为不同类别重金属对应毒性响应值；C_f^i为单污染物生态毒性响应系数；C^i为土壤或沉积物中污染物浓度，mg/kg；C_n^i为评价标准，mg/kg，一般选择当地环境背景值。根据潜在生态风险指数的大小可将风险等级分为5个级别，详细划分标准如表7-2所示。

表7-2 潜在生态风险指数评价标准

项目	评价标准	风险等级
潜在生态风险指数（$\mathrm{RI_{eco}}$）	E_r^i＜40	低风险
	40≤E_r^i＜80	中等风险
	80≤E_r^i＜160	显著风险
	160≤E_r^i＜320	高风险
	E_r^i≥320	极高风险

7.2.2 环境多介质汞污染水平与空间分布

1. 地块环境多介质汞污染水平

本节对污染场地内的土壤、地表水、沉积物、植物等不同环境介质样本的汞浓度进行统计分析，对平均值、变异系数、超标情况等结果进行分析，研究地块内的综合汞污染水平。

污染场地周边地表水与沉积物的总汞浓度水平如表7-3和图7-1（a）所示。分别选用《地表水环境质量标准》（GB 3838—2002）Ⅱ类水环境质量标准限值（50ng/L）和《加拿大环境质量指南》（*Canadian Environmental Quality Guidelines*）中水生生物保护水体/沉积物质量指导值（水体中汞的指导值为26ng/L，沉积物中汞的指导值为0.486mg/kg）进行对比。结果显示，两个标准作为标准限值，地表水最大超标倍数分别为2.86倍和6.43倍，表明地块周边流域地表水对人体健康及敏感生物皆存在潜在危害。累计20个沉积物点位的汞浓度超过了《土壤环境质量 建设用地土壤污染风险管控标准（试行）》（GB 36600—2018）中第二类用地土壤污染风险筛选值（38mg/kg），最大超标倍数为73.19倍，近半数的污染沉积物点位对人体存在潜在健康危害；以《加拿大环境质量指南》中沉积物汞的指导值为基准，累计存在45个沉积物超标点位，最大超标5799.68倍，证明部分汞污染的沉积物对流域敏感水生生物存在潜在危害。从图7-1（a）中看出，约半数沉积物样本和少量的地表水样本超过了对应的基准值，沉积物中汞的累积和污染水平较重，远超自然河流底泥总汞的背景浓度（0.02～0.4mg/kg），也超过了一般城市和工业区河道底泥的最高浓度（100mg/kg）[14]。沉积物成为反映环境污染水平的重要指示介质，既成为汞污染物的接纳受体，又可作为水环境的二次污染源[15, 16]。

表 7-3　地块周边地表水和沉积物总汞浓度描述性统计

指标	地表水			沉积物		
	上游（$n=8$）	下游（$n=37$）	总体（$n=45$）	上游（$n=8$）	下游（$n=37$）	总体（$n=45$）
检出率	87.50%	97.30%	95.56%	100.00%	100.00%	100.00%
最大值	63.52ng/L	193.21ng/L	193.21ng/L	796.11mg/kg	2819.13mg/kg	2819.13mg/kg
最小值	ND	ND	ND	3.50mg/kg	3.92mg/kg	3.50mg/kg
平均值	20.30ng/L	30.60ng/L	28.77ng/L	246.10mg/kg	162.52mg/kg	177.38mg/kg
标准偏差	18.63ng/L	34.51ng/L	32.33ng/L	298.31mg/kg	476.41mg/kg	448.22mg/kg
CV[a]	91.81%	112.77%	112.39%	121.22%	293.14%	252.69%
超基准值样本数[b]	1.00 个	5.00 个	6.00 个	4.00 个	16.00 个	20.00 个
最大超标倍数	0.27 倍	2.86 倍	2.86 倍	19.95 倍	73.19 倍	73.19 倍
超指导值样本数[c]	1 个	17 个	18 个	8 个	37 个	45 个
最大超标倍数	1.44 倍	6.43 倍	6.43 倍	1637.09 倍	5799.68 倍	5799.68 倍

注：ND 表示未检出；a 表示变异系数；b 表示参照《地表水环境质量标准》（GB 3838—2002）Ⅱ类标准限值和《土壤环境质量 建设用地土壤污染风险管控标准（试行）》（GB 36600—2018）（第二类用地土壤污染风险筛选值）；c 表示参照《加拿大环境质量指南》中水生生物保护的水体/沉积物质量指导值；n 表示样本数。

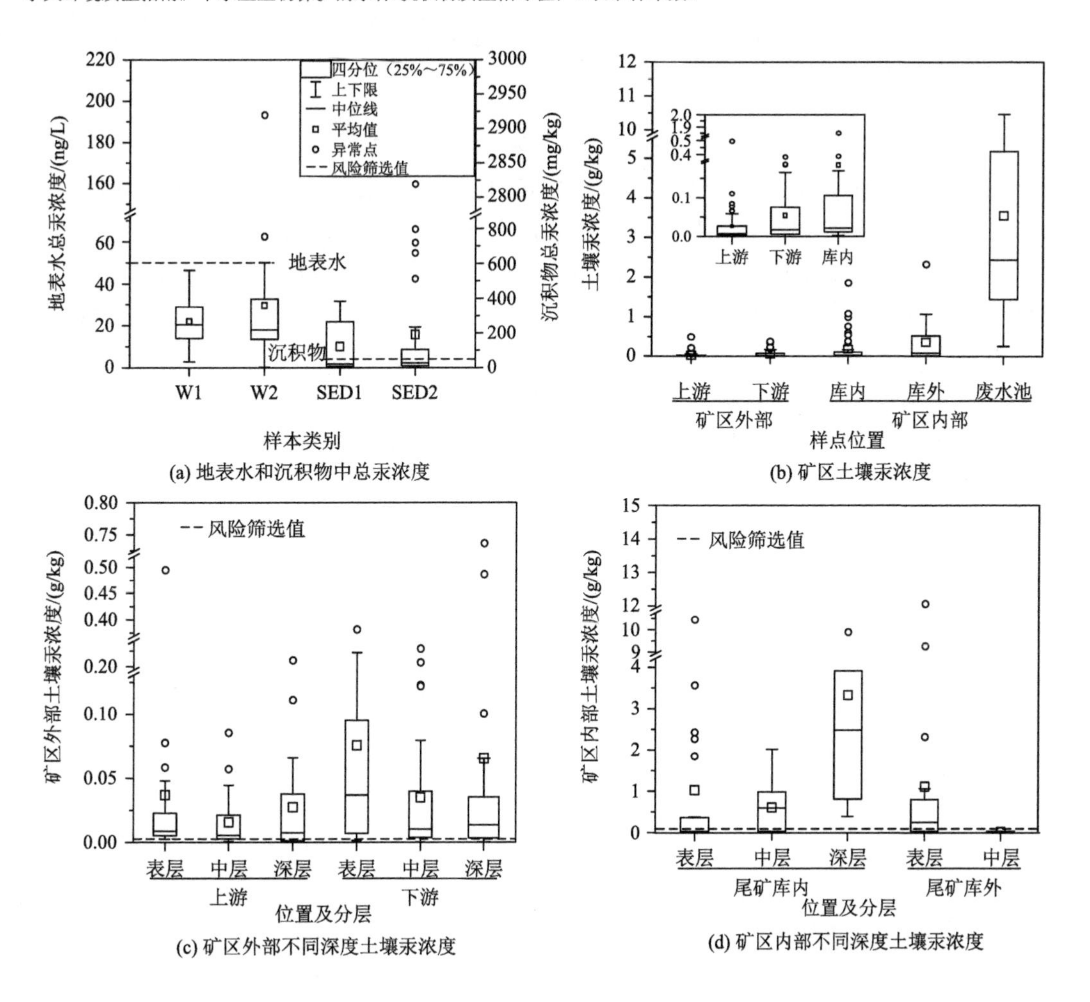

(a) 地表水和沉积物中总汞浓度

(b) 矿区土壤汞浓度

(c) 矿区外部不同深度土壤汞浓度

(d) 矿区内部不同深度土壤汞浓度

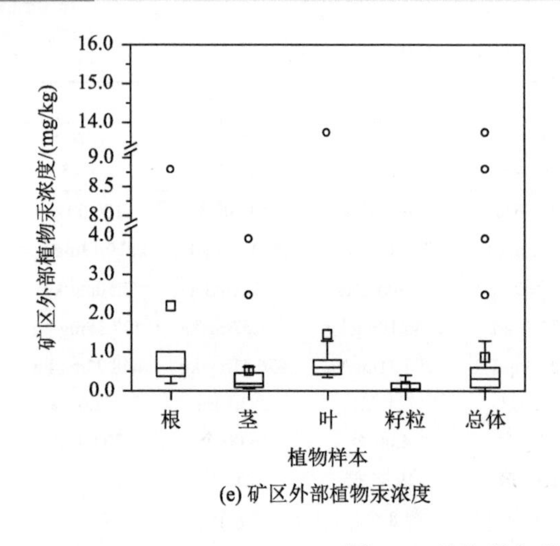

(e) 矿区外部植物汞浓度

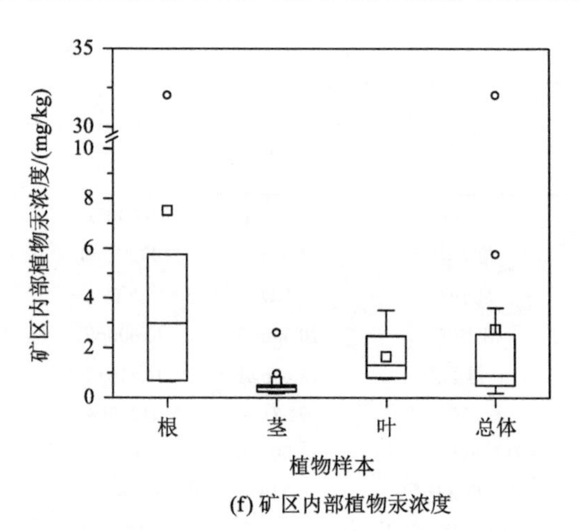

(f) 矿区内部植物汞浓度

图 7-1 地块所在矿区汞浓度统计箱式图

矿区指地块所在汞矿采冶矿区；库内/库外分别指的尾矿库内部和外部；W1 表示上游地表水，W2 表示下游地表水，SED1 表示上游沉积物，SED2 表示下游沉积物；(a) 图中地表水总汞浓度风险筛选值参考《地表水环境质量标准》(GB 3838—2002) Ⅱ类标准限值（50ng/L），沉积物总汞浓度风险筛选值参考《土壤环境质量 建设用地土壤污染风险管控标准（试行）》(GB 36600—2018) 第二类用地筛选值（38 mg/kg）；(c) 图中矿区外部土壤汞污染风险筛选值参考《土壤环境质量 农用地土壤污染风险管控标准（试行）》(GB 15618—2018) 风险筛选值（3.4mg/kg）；(d) 图中矿区内部土壤汞污染风险筛选值参考《土壤环境质量 建设用地土壤污染风险管控标准（试行）》(GB 36600—2018) 第二类用地筛选值（38 mg/kg）。

矿区外部土壤汞污染物浓度统计信息如表 7-4 和图 7-1（c）所示。整体土壤总汞浓度的中位数和平均值均高于《土壤环境质量 农用地土壤污染风险管控标准（试行）》(GB 15618—2018) 风险筛选值（3.4mg/kg），因此，矿区外部多数土壤点位处于总汞超标状态。土壤总汞浓度变异系数不小于 73.67，证明不同点位浓度分布差异明显。以矿区外部约 2km 处为界线，将流域分为上下游区域，下游土壤总汞浓度平均值、中位数均高于上游，下游土壤最大汞浓度是风险筛选值的 216.67 倍，证明下游整体土壤污染比上游突出。矿区外部总体样本表层、中层和深层土壤样本汞浓度平均值分别为 60.93mg/kg、27.66mg/kg 和 48.50mg/kg，皆超过了对应土壤类型风险筛选值（3.4mg/kg），表明不同深度的大量土壤点位皆出现汞污染浓度超标的问题。

表 7-4 矿区外部土壤汞污染浓度描述性统计

位置	分层	检出率/%	最大值/(mg/kg)	最小值/(mg/kg)	平均值/(mg/kg)	标准差/(mg/kg)	中位数/(mg/kg)	CV/%
上游（$n=73$）	表层（$n=25$）	100	494.79	2.53	36.89	97.33	8.80	73.67
	中层（$n=25$）	100	85.20	0.95	15.69	21.10	5.58	93.31
	深层（$n=23$）	100	209.84	0.70	27.37	48.31	7.54	100.47
下游（$n=111$）	表层（$n=41$）	100	381.46	1.43	77.53	98.57	36.82	123.60
	中层（$n=41$）	100	228.36	0.27	34.97	56.01	10.33	132.54
	深层（$n=29$）	100	736.67	0.39	65.25	159.27	13.48	200.40
总体样本（$n=184$）	表层（$n=66$）	100	494.79	1.43	60.93	99.17	21.16	162.77
	中层（$n=66$）	100	228.36	0.27	27.66	46.73	9.25	168.93
	深层（$n=52$）	100	736.67	0.39	48.50	123.67	10.58	255.01

矿区内部的土壤及原矿样本总汞浓度如表 7-5 和图 7-1（d）所示。总体来看，矿区内部土壤平均总汞浓度高于世界其他汞矿区。土壤汞污染浓度从 2.33～10451.66mg/kg 变化不等。从表中可以看出，除尾矿库内的小部分表层土壤点位以外，矿区内部整体土壤汞的浓度较高，其中污染较为严重的为废水池土壤，其总汞浓度最大值达到 10.45g/kg，较高的汞浓度与长期接纳浮选选矿含汞废水有关。尾矿库内表层土壤总汞平均值低于深层土壤，可能原因是深层土壤遭受库内填埋尾砂的污染。

表 7-5　矿区内部土壤汞污染浓度描述性统计

位置	分层	检出率/%	最大值/(mg/kg)	最小值/(mg/kg)	平均值/(mg/kg)	标准差/(mg/kg)	中位数/(mg/kg)	CV/%
尾矿库内	表层（$n=26$）	100	1850.25	5.96	133.64	363.73	24.68	36.74
	深层（$n=21$）	100	1077.53	2.33	255.87	374.62	18.93	68.30
废水池	表层（$n=6$）	100	10451.66	2270.91	4917.53	3040.87	4362.05	161.71
	深层（$n=9$）	100	9887.17	254.08	2636.09	2961.59	2016.88	89.01
选矿区	表层（$n=5$）	100	2317.06	31.38	726.74	986.12	145.48	73.70
尾矿库外	表层（$n=14$）	100	902.73	20.13	301.45	341.89	106.16	88.17
	深层（$n=6$）	100	39.27	4.72	18.51	15.92	12.06	116.27
北部矿区	表层（$n=9$）	100	2316.22	5.57	476.46	720.09	258.90	66.17

植物样本中汞污染物的干重浓度水平如表 7-6、图 7-1（e）和（f）所示。矿区外部植物多为一些人工常年耕种的农作物和蔬菜，矿区内部植物是尾矿库植被修复过程中人工栽培的植物品种，多为一些人工栽种的葛藤、合欢、蒿草等生态恢复所需的植物类型。所有采集到的 83 个植物样本中，总汞浓度范围为 0.01～13.75mg/kg。矿区外部植物总汞浓度的均值为 0.87mg/kg。矿区内部所有 23 份不同器官样品的平均汞浓度为 1.47mg/kg，标准差为 1.43mg/kg，变异系数为 97.00%，表明不同器官间的汞富集浓度差异明显。叶部和根部的含汞浓度平均值与中位数普遍高于茎部和籽粒，且高含汞浓度植物叶片空间上多分布于高浓度污染表层土壤，可能是由于根部和叶部为最接近汞暴露源的器官。与其他研究结论一致，即不同于根系器官中的汞污染物主要来自尾矿库覆土及尾砂，叶片汞污染可同时来自根系提取—茎叶维管传输和大气中挥发的汞。矿区外部植物籽粒中的总汞浓度仅为 0.01～0.25mg/kg，普遍低于其他类型的器官，可能与根系提取、维管传输途径有关。

表 7-6　植物样本污染物浓度描述性统计

样本位置	部位	检出率/%	最大值/(mg/kg)	最小值/(mg/kg)	平均值/(mg/kg)	标准差/(mg/kg)	中位数/(mg/kg)	CV/%
矿区外部植物	根（$n=7$）	100	8.80	0.20	1.67	3.16	0.40	189.7
	茎（$n=19$）	100	3.92	0.07	0.53	0.99	0.19	185.6
	叶（$n=20$）	100	13.75	0.35	1.45	3.01	0.60	207.5
	籽粒（$n=14$）	100	0.25	0.01	0.09	0.08	0.05	93.9
	总体（$n=60$）	100	13.75	0.01	0.87	2.15	0.32	247.8
矿区内部植物	根（$n=5$）	100	5.77	0.66	2.62	2.15	2.37	82.1
	茎（$n=9$）	100	2.62	0.18	0.65	0.78	0.43	118.5
	叶（$n=9$）	100	3.50	0.76	1.65	1.04	1.30	62.9
	总体（$n=23$）	100	5.77	0.18	1.47	1.43	0.79	97.0

矿区外部的植物主要为附近居民自行耕种的农产品，可分为蔬菜和谷物两大类，分布于矿区附近河道上下游 2km 长度的范围内。常年种植的优势谷物品种为玉米、黄豆、高粱等，蔬菜品种有白菜、辣椒、小葱等，虽然种植面积不大，但关系居民的日常饮食安全。为研究长期汞矿采冶对附近种植农副产品可食用部分的污染情况，采集了玉米、水稻、高粱、白菜等可食用植物部位。矿区外部所有谷物和蔬菜样品中的总汞水平如表 7-7 所示。

表 7-7 植物可食用产品汞浓度

类型	部位	品名	平均浓度/(mg/kg 干重)	平均浓度/(mg/kg 鲜重)	脱水率[a]/%	标准值[b]/(mg/kg)	超标情况[c]
谷物	籽粒	高粱	0.112	0.101	10.00	0.020	●
	籽粒	黄豆	0.053	0.048	10.00	0.020	●
	籽粒	水稻	0.232	0.209	10.00	0.020	●
	籽粒	玉米	0.032	0.029	10.00	0.020	●
	块茎	红薯	0.285	0.031	89.00	0.020	●
蔬菜	块茎	萝卜	0.402	0.044	89.00	0.010	●
	叶部	葫芦	0.138	0.008	94.50	0.010	
	叶部	油菜	0.389	0.021	94.50	0.010	●
	叶部	白菜	1.285	0.071	94.50	0.010	●
	叶部	小葱	4.242	0.233	94.50	0.010	●
	籽粒	辣椒	0.247	0.014	94.50	0.010	●

注：a 表示参照谷物蔬菜干重脱水率标准；b 表示参照《食品安全国家标准 食品中污染物限量》（GB 2762—2022）中总汞限量；c 表示将可食用部分鲜重汞浓度与标准值对比，“●”表示超标。

从表 7-7 可以看出，虽然汞矿区植物籽粒的汞富集浓度较低，但相比于清洁区域有明显升高趋势。除葫芦外，其他所有可食用植物产品汞平均浓度（鲜重）都超过了《食品安全国家标准 食品中污染物限量》（GB 2762—2022）中总汞限量（谷物总汞限量为 0.02mg/kg，蔬菜总汞限量为 0.01mg/kg），其中累积浓度最高的是水稻籽粒（0.209mg/kg 鲜重）（是标准值的 10 倍多），其他包括高粱、黄豆、玉米、红薯等在内的谷物品种可食用部分也存在汞超标情况（是标准值的 1.45～5.05 倍）；蔬菜品种可食用部分汞浓度最高的是小葱叶部，是标准值的 23.3 倍，其他蔬菜品种也存在不同程度的汞超标（是标准值的 1.40～7.10 倍）。因此，长期的采矿对周边农作物造成污染，而不同的汞浓度与植物类型及根系土壤汞污染程度相关。本章中水稻籽粒中较高的汞富集浓度和富集系数验证了其他文献的结论，即水稻对土壤中的汞存在较强的累积能力[17, 18]。

不同介质总汞浓度分布直方图如图 7-2 所示。

2. 场地汞污染的空间分布

以《土壤环境质量 建设用地土壤污染风险管控标准（试行）》（GB 36600—2018）第二类用地风险筛选值和管制值为标准，用不同大小不同颜色区分未超标、超筛选值未超过

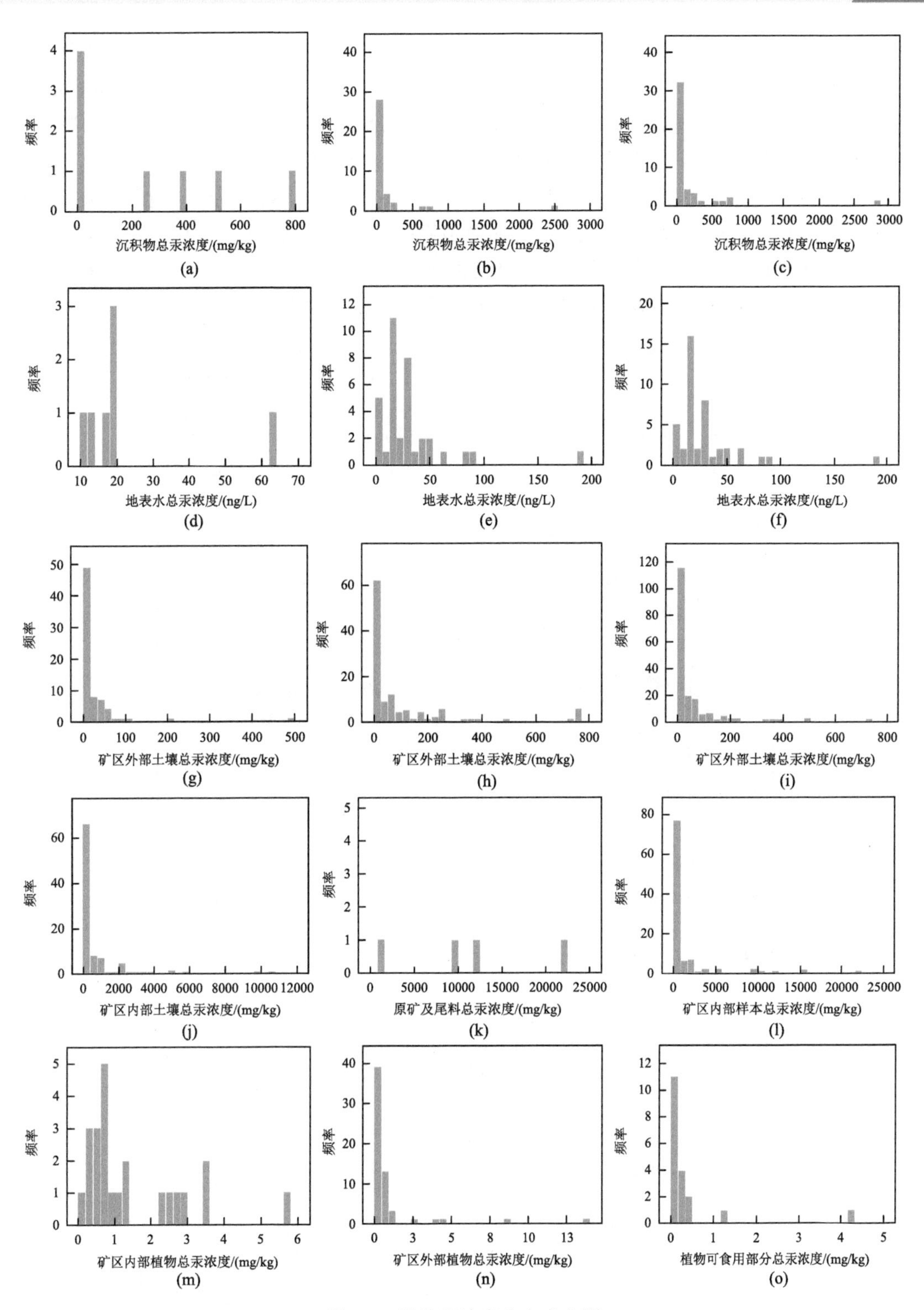

图 7-2　地块汞浓度分布直方图

矿区指地块所在矿区，(a)、(b)、(c) 分别为上游、下游、总体沉积物总汞浓度；(d)、(e)、(f) 分别为上游、下游、总体地表水总汞浓度；(g)、(h)、(i) 分别为上游、下游、总体矿区外部土壤总汞浓度；(j)、(k)、(l) 分别为矿区内部土壤、原矿及尾料、矿区内部样本总汞浓度；(m)、(n)、(o) 分别为矿区内部、外部、植物可食用部分总汞浓度管制值及超管制值等不同点位（下同）。地块内部的原矿、尾矿、表层土壤汞的浓度分布情况如图 7-3 所示。从图 7-3（a）中可以看出，尾砂与矸石汞浓度分别为 9256.14mg/kg 和 1314.27mg/kg；冶炼厂周边表层土壤总汞浓度范围为 252.55～2316.22mg/kg，主要与冶炼厂含汞废气的排放和沉降、冶炼废渣堆存有关。如图 7-3（b）所示，选矿厂周边表层土壤汞浓度范围为 145.48～2317.06mg/kg，主要与选矿粉尘排放、废水泄漏、尾矿渣遗落有关；尾矿库北部的废水池用于接纳因尾砂输送管道临时检修而排泄的浮选废水，其周边表层土壤总汞浓度高达 10451.66mg/kg，是第二类用地风险管制值的 127.46 倍，是整个地块含汞最高的土壤点位。尾矿库内部红色超标点位主要与危废堆存和地表径流汇集活动有关。

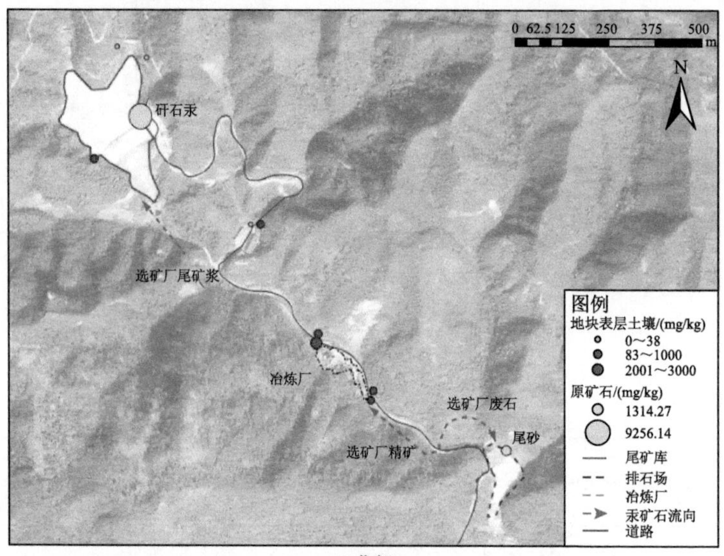

(a) 北部

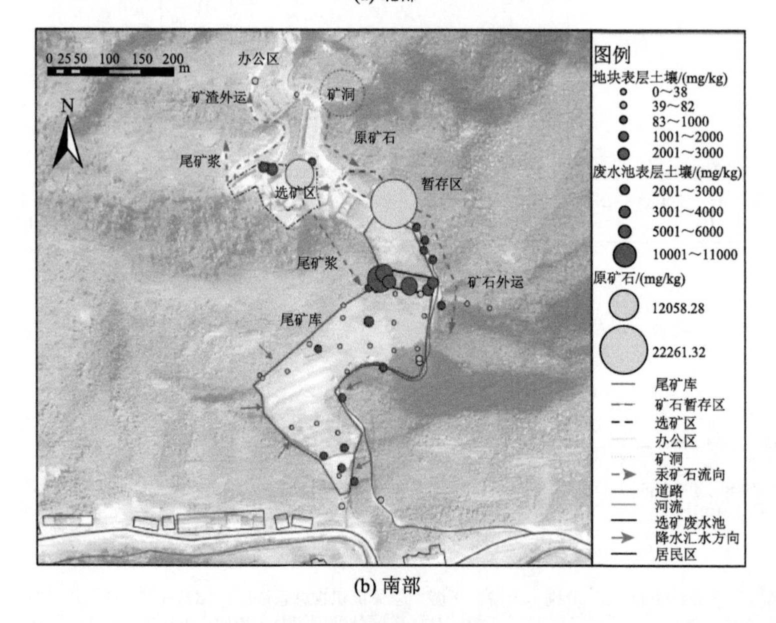

(b) 南部

图 7-3 地块内部矿区表层土壤总汞浓度分布

地块内部矿区中层土壤总汞浓度分布如图 7-4 所示。中层土壤样本的总汞浓度范围为 2.33～2016.88mg/kg，平均浓度为 308.22mg/kg，主要集中于尾矿库南部与废水池内部。废水池内部的中层土壤样本汞最大浓度是对应地块风险管制值的 24.60 倍，反映此处土壤污染累积和下渗趋势。废水池中层样本的汞浓度全部低于表层，表明潜在污染途径为含汞污染废水通过入渗效应，不断污染表层土壤和中深层土壤。

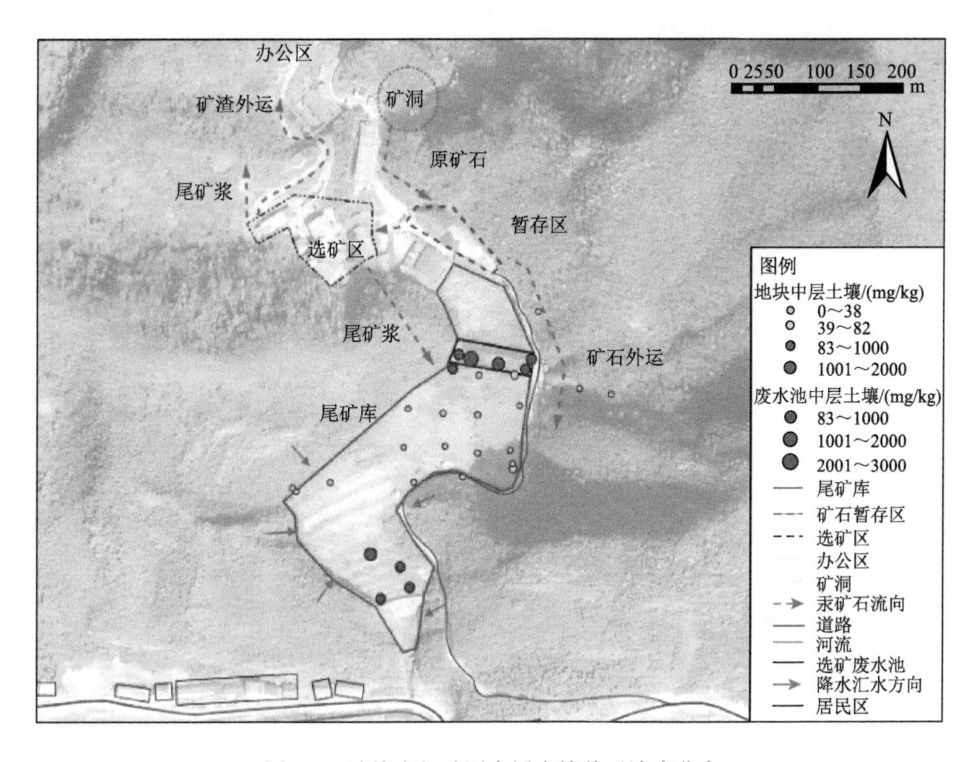

图 7-4　地块内部矿区中层土壤总汞浓度分布

同理，由图 7-5 可知，废水池内部的多个深层土壤点位的总汞浓度范围在 2043.31～9887.17mg/kg，最大浓度是对应风险管制值的 120.58 倍。再次表明，废水池为高污染区域，存在潜在环境风险，污染可能来自表层含汞废水的下渗或深层堆积的尾砂。

对地块所在矿区外部上游约 1km 流域土壤污染进行分析，结果如图 7-6 所示。上游点位表层土壤潜在污染机制是矿区“三废”（废水、废气、废渣）排放导致的汞干湿沉降，同时河流北部土壤点位污染可能与北侧山体表层土壤汞污染物随降水和径流迁移有关（箭头所示为自然降水的汇水方向）。上游面积最大红色点位污染可能来自含汞危废的堆积。下游土壤汞污染空间分布如图 7-7 所示。根据污染浓度，下游表层土壤点位可以分为距离尾矿库下游 0～0.5km 和 0.5～1.0km 两个区域，左侧区域总汞平均浓度明显高于右侧区域，其中左侧区域表层土壤汞浓度范围为 4.04～381.46mg/kg；右侧区域土壤汞浓度范围为 1.43～81.39mg/kg，证明邻近矿区下游 500m 的表层土壤污染最为严重。根据地形分析，矿区东侧可能是污染的主要释放通道。下游表层土壤总汞分布差异同时受到成土母质介质异质性、污染途径和人为扰动综合因素影响。

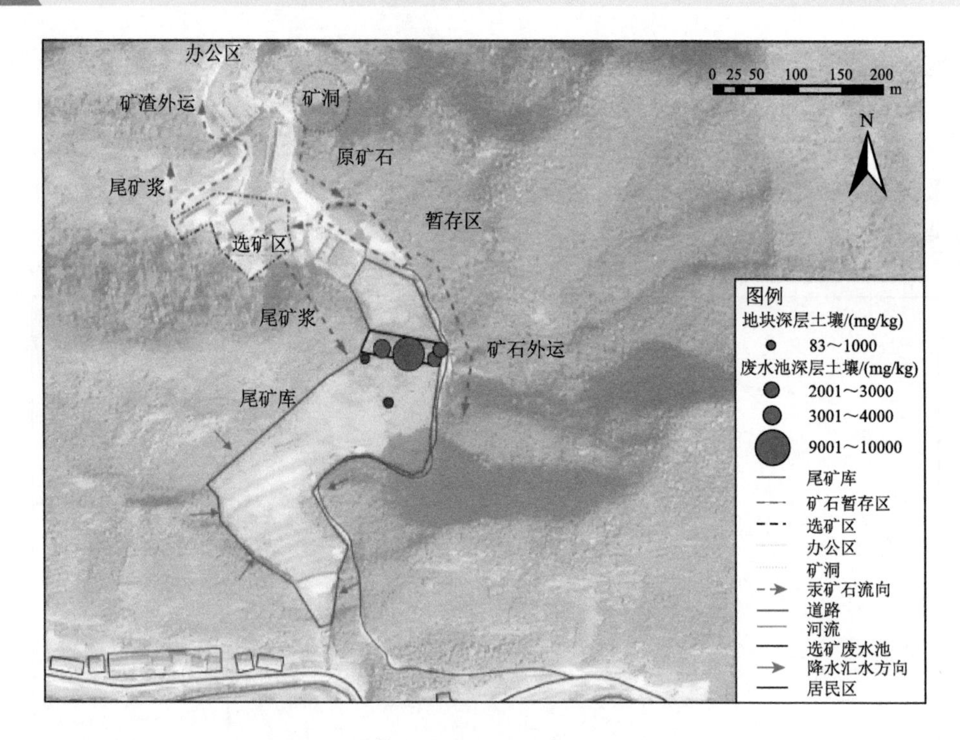

图 7-5 地块内部矿区深层土壤汞浓度分布

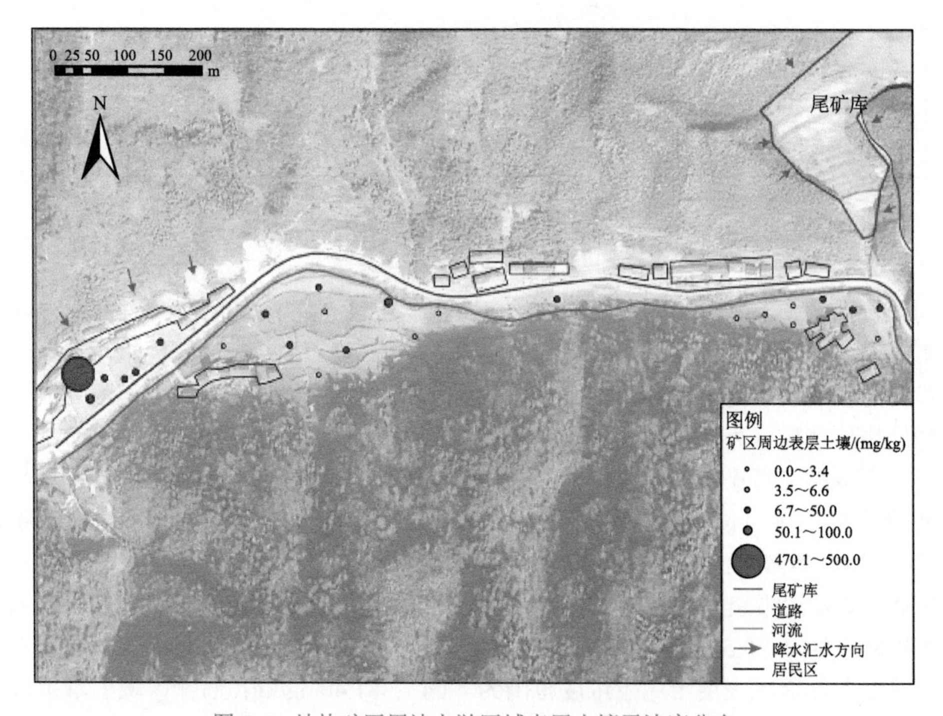

图 7-6 地块矿区周边上游区域表层土壤汞浓度分布

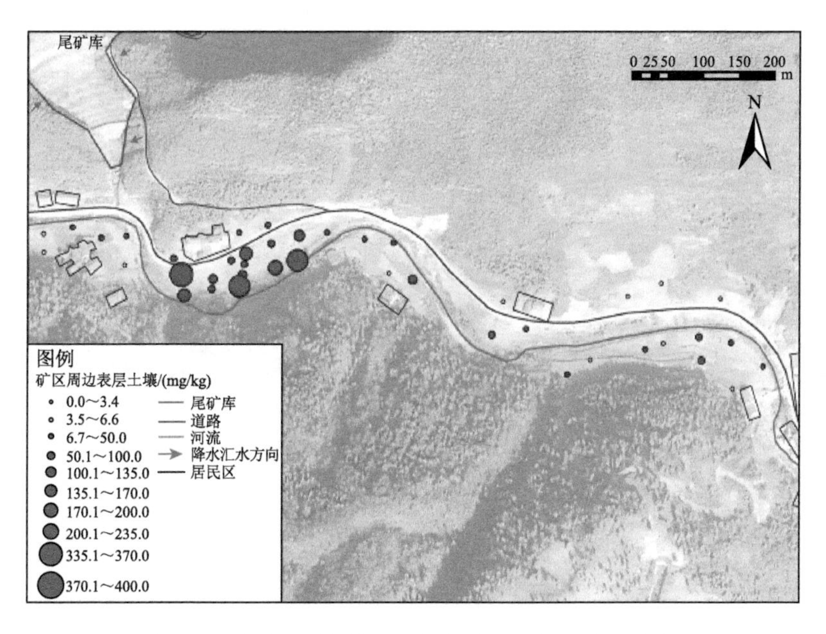

图 7-7　地块矿区周边下游区域表层土壤汞浓度分布

另外，图 7-8 和图 7-9 显示的是地块矿区周边中层土壤的汞污染物空间分布。同表层土壤分布情况类似，上游中层土壤平均汞浓度低于下游，中层土壤汞污染物集中分布于下游近矿区东侧入口处，这可能是采矿与选矿粉尘随主导风向的干沉降和下游常年高浓度污水灌溉所致。

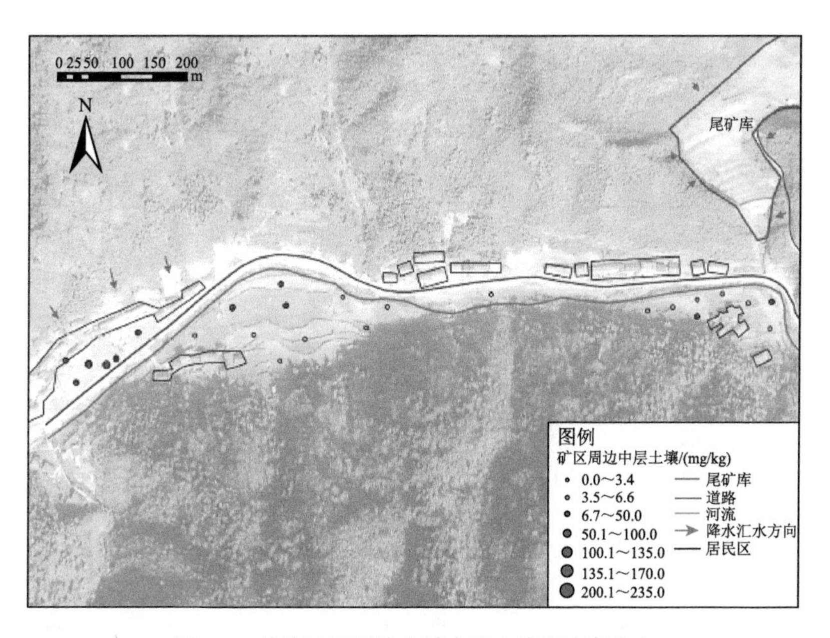

图 7-8　地块矿区周边上游中层土壤汞浓度分布

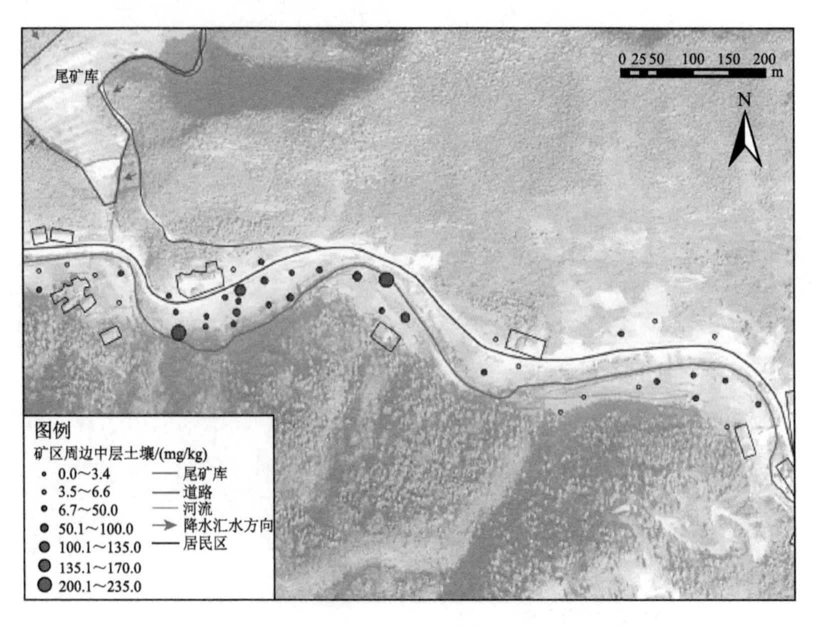

图 7-9 地块矿区周边下游中层土壤汞浓度分布

图 7-10 和图 7-11 所示的地块矿区周边深层土壤总汞空间分布基本与表层、中层土壤情况类似，下游区域的矿区入口处超标问题较为严重。约 3/4 点位深层土壤汞浓度低于表层土壤，约一半点位的深层土壤总汞含量低于中层，表明部分深层污染来自表层和中层污染的垂向向下迁移。部分紧邻河道的深层点位土壤总汞浓度高于表层和中层，原因可能是污染河水的长期入渗。

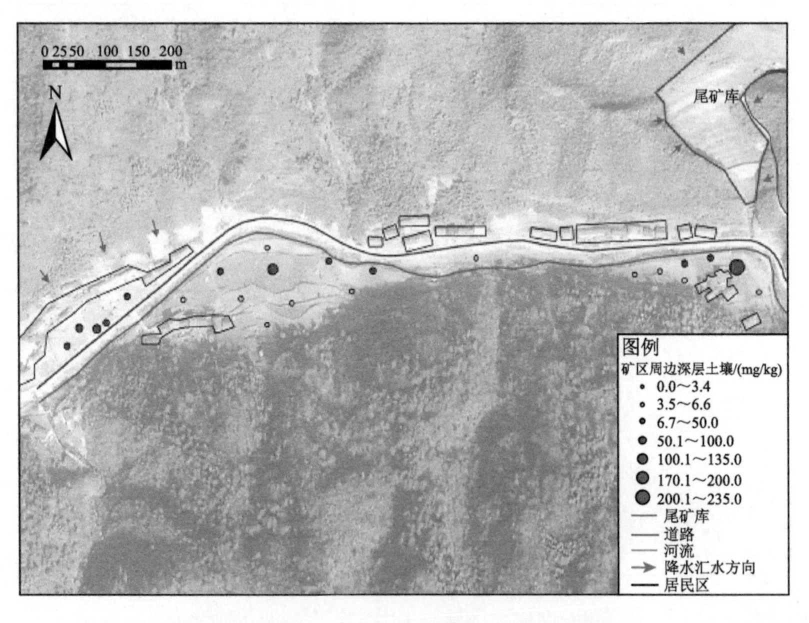

图 7-10 地块矿区周边上游深层土壤汞浓度分布

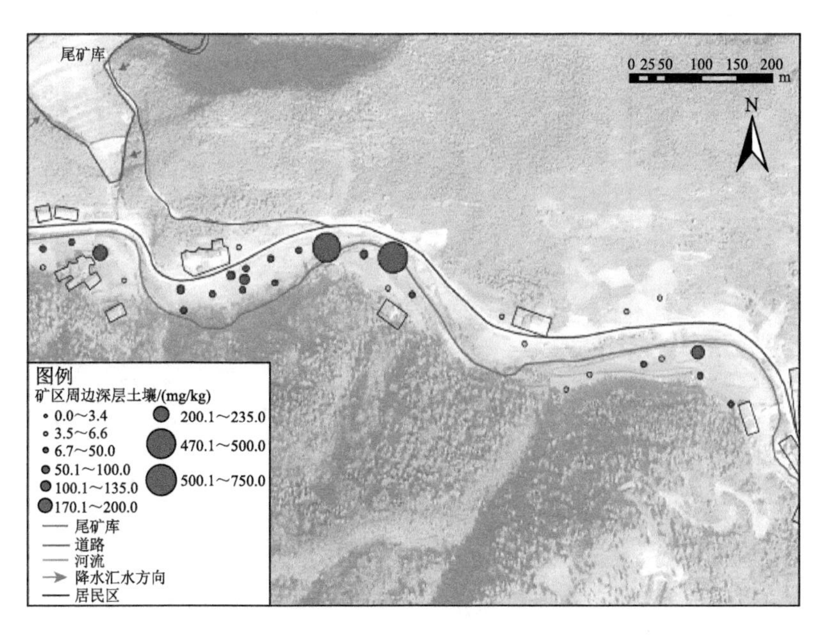

图 7-11　地块矿区周边下游深层土壤汞浓度分布

对地块矿区周边上下游 2km 范围植物茎部和根部的汞浓度进行分析，空间分布分别如图 7-12 和图 7-13 所示。总体来看，地块内尾矿库植物根系样本浓度高于矿区外部，这与尾矿库大量堆积高浓度尾砂有关。下游邻近矿区东侧入口附近植物茎部的汞富集浓度普遍高于矿区外的其他区域，表明该地高浓度根系土壤汞污染物已经被植物根系提取并向地上部分传输。

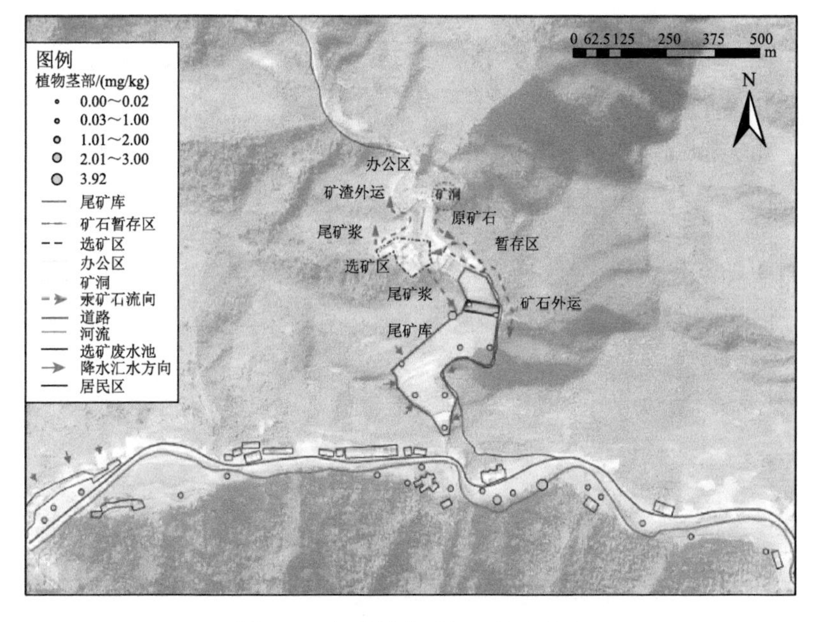

图 7-12　地块植物茎部汞浓度分布

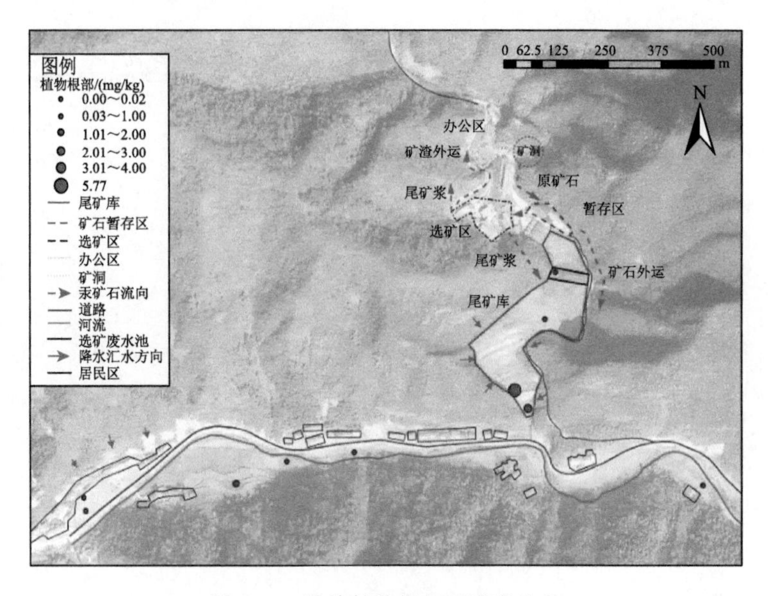

图 7-13 地块植物根部汞浓度分布

矿区外部所有植物不同器官中，含汞浓度最高的是矿区入口东南部黄豆叶部（13.75mg/kg）（图 7-14），主要由于常年接收矿区含汞粉尘和冶炼废气沉降，同时高浓度汞污染根系土壤也在一定程度上影响叶片器官汞提取和富集。这与 Gustin 等[19]研究类似，即认为植物类型影响“气-土”汞交换，且叶片同时具有汞沉积和释放双重作用。图 7-15 显示植物可食用部分的汞污染物空间分布，涉及农作物茎部、叶部和籽粒等不同器官。所有可食用部分中，矿区入口东南部小葱可食用部分汞浓度最高，小葱叶部植物汞累积干重浓度达 4.24mg/kg，汞污染可以通过食物链对周边人群健康形成危害[20]。

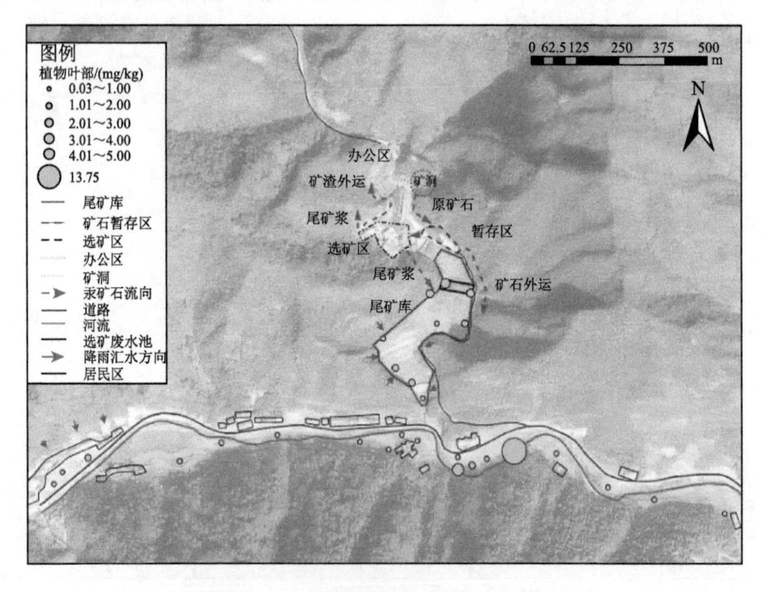

图 7-14 地块植物叶部汞浓度分布

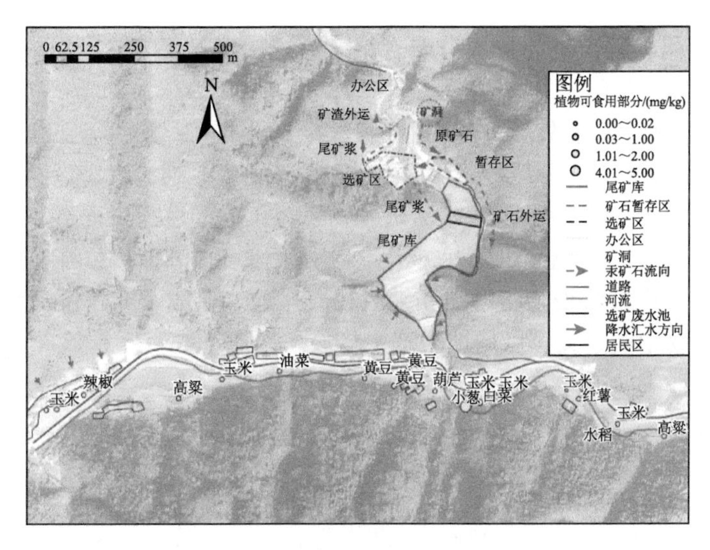

图 7-15　地块植物可食用部分汞浓度分布

7.2.3　汞污染迁移扩散及赋存形态特征

1. 地块汞污染的迁移扩散

通过研究矿区工艺布局，污染物在地块周边地表水、沉积物累积，不同深度土壤样本总汞浓度分布，不同环境介质汞污染物分布形态，探究汞污染垂直和水平方向的潜在迁移扩散。

地块核心工艺空间布局及地形概况见图 7-16。地块北部矿区主要为冶炼和固废处置区，对选矿的精粉进行冶炼，对选矿产生的尾矿、尾砂分别进行合理处置，矿区南部主

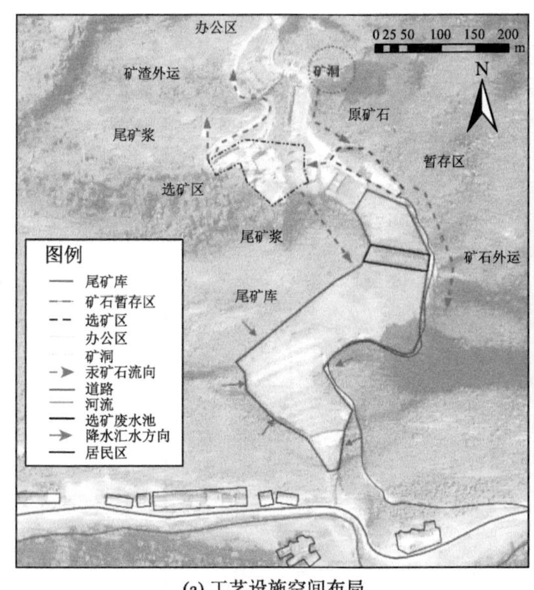

(a) 工艺设施空间布局

(b) 地形概况

图 7-16　地块核心工艺空间布局及地形概况

要为采选矿工艺区。从南到北依次分布有尾矿库（闭库）、矿石暂存区、选矿区、办公区、矿洞、排石场、冶炼厂、职工宿舍及尾矿库（现役）。汞矿流向为：深井采矿→有轨货车运送至矿洞外→部分矿石外运冶炼，主要矿石转运至选矿厂进行人工挑拣和破碎浮选→精矿通过汽车运送至冶炼厂→尾砂浆输送到库内，废矸石则通过汽车运送至弃渣堆。

对地块上下游 1km 范围的地表水和沉积物汞污染浓度进行分析，邻近矿区污染分布如图 7-17 和图 7-18 所示。无论地表水或沉积物，汞浓度极高值点位都在尾矿库南侧排水口，可能是尾矿库内部污染物随降水和地表径流排放，造成了该点位沉积物汞污染物的累积，同时沉积物中的汞又可以向地表水中释放。

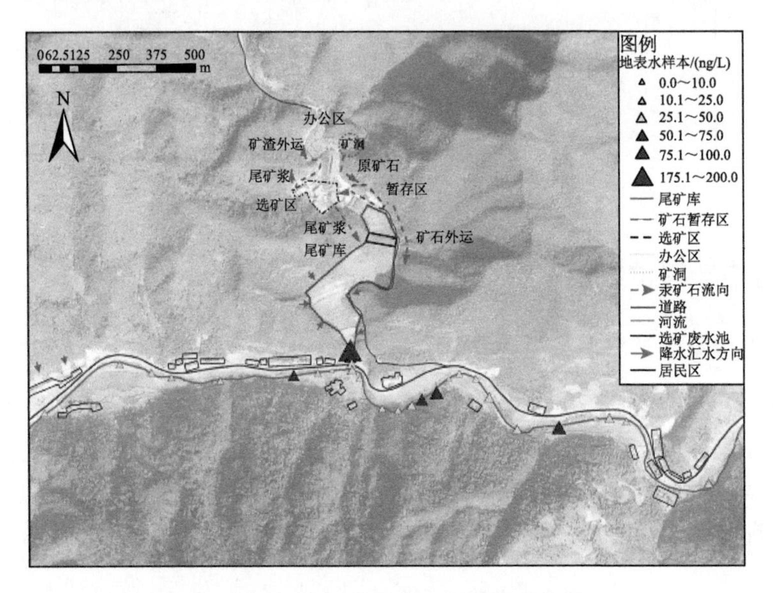

图 7-17 矿区周边地表水汞污染分布图

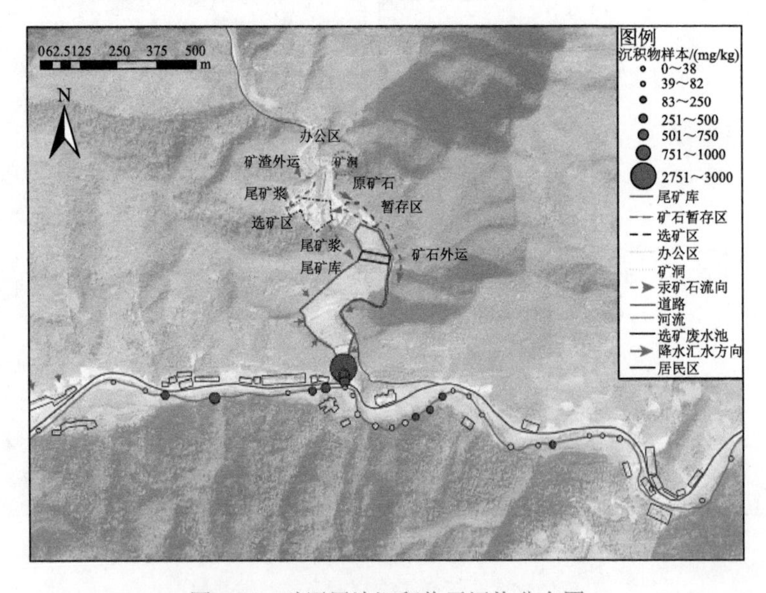

图 7-18 矿区周边沉积物汞污染分布图

区域内有 6 个地表水点位超过了《地表水环境质量标准》（GB 3838—2002）中Ⅱ类水环境质量标准限值（0.05μg/L），地表水汞浓度超标点位处在矿区上游直线距离 188m 和下游最远直线距离 680m。地表水最大超标倍数为 2.86 倍，最低超标倍数为 0.02 倍，整体超标程度较轻，这主要是因为地表水为流动的，主要来自附近山体的自然汇水。图 7-17 反映下游邻近矿区的区域是地表水污染相对集中的区域，污染主要来自矿区排放污水进入地表水体，造成污染物的迁移和沉积。图 7-18 反映出沉积物与地表水的汞污染分布情况相似，可能由于地表水中汞污染受沉积物中污染的释放和扩散影响。已有的研究表明，为底栖生物和水生生物提供必需的生存条件的沉积物成为汞污染物的受体和释放源，且沉积物汞的累积和扩散可以产生生态破坏[21]。

对矿区上游 1km 和下游 10km 范围内地表水和沉积物的总汞进行分析，结果如图 7-19 所示，其中，图（a）和图（b）分别为地块周边更大范围地表水和沉积物的汞浓度空间分布，红色点位代表超过了对应风险筛选值。从图中看出，汞污染的迁移和扩散行为多集中于矿区上游 0.68km 至下游 3.7km 的流域，重污染集中于矿区排污口，随着距离的增加，污染逐步递减，最远沉积物点位离矿区直线距离约为 3.7km。这反映出长期的原矿开采及冶炼活动造成大量的废气、废水、粉尘和尾矿的排放，导致一定地理边界内的汞释放和迁移扩散，对周边至少 3.7km 范围的环境产生不同程度的影响。

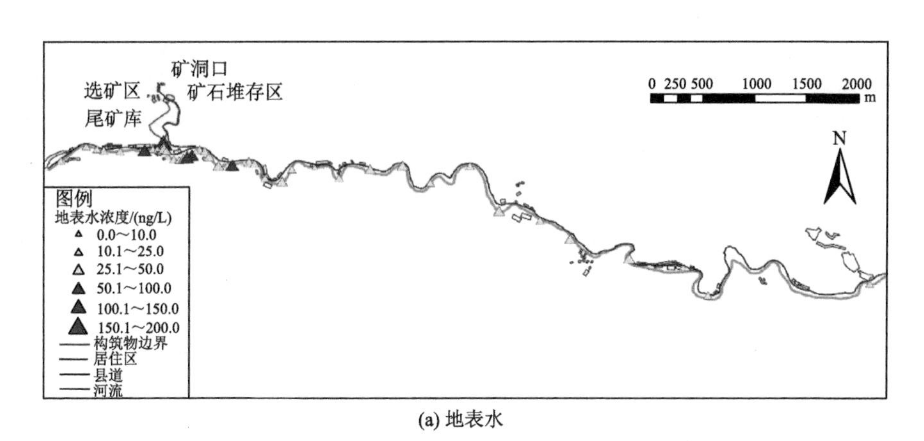

(a) 地表水

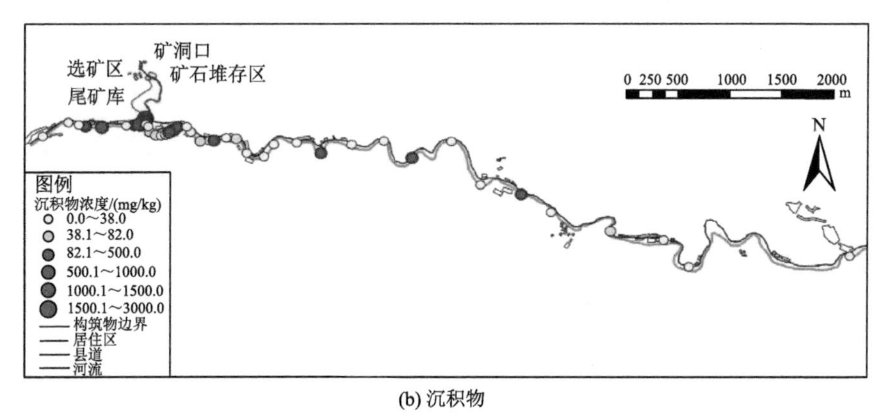

(b) 沉积物

图 7-19 矿区周边地表水和沉积物污染分布图

地块不同深度土壤总汞浓度如图 7-20 所示。地块内部不同深度土壤总汞平均浓度排序为深层＞中层＞表层，主要是由于矿区内深层土壤与深层填埋尾砂接触，污染较为严重。与地块外部表层土壤总汞浓度对比后发现，中层土壤含汞浓度低于表层的点位有 48 个，占总土壤样点位数量的 72.73%。可能的原因是，相比于深度 40～60cm 的中层土壤，有机质较为丰富的表层土壤极易对汞产生吸附、络合、离子交换作用。与地块外部表层土壤汞浓度相比，深层土壤样本浓度高于表层土壤样本浓度的点位有 17 个，仅占采样点位总量的 25.76%，表明深层样本浓度普遍低于表层土壤样本，部分深层污染可能来自表层污染的垂向向下迁移。较高汞浓度深层土壤点位主要集中于矿区下游河道旁，可能是由于汞污染河水回灌入渗后进入深层土壤。

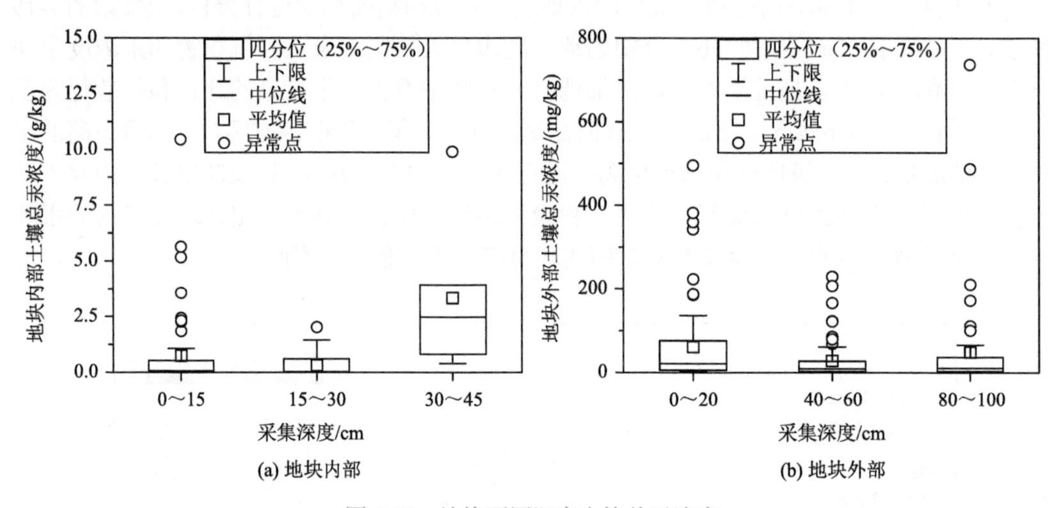

图 7-20 地块不同深度土壤总汞浓度

对地块矿区外部种植的蔬菜和谷物等农作物可食用部分进行总汞浓度分析，不同农作物的总汞富集浓度及生物富集系数（BCF）如图 7-21 所示。小葱和水稻分别为蔬菜和

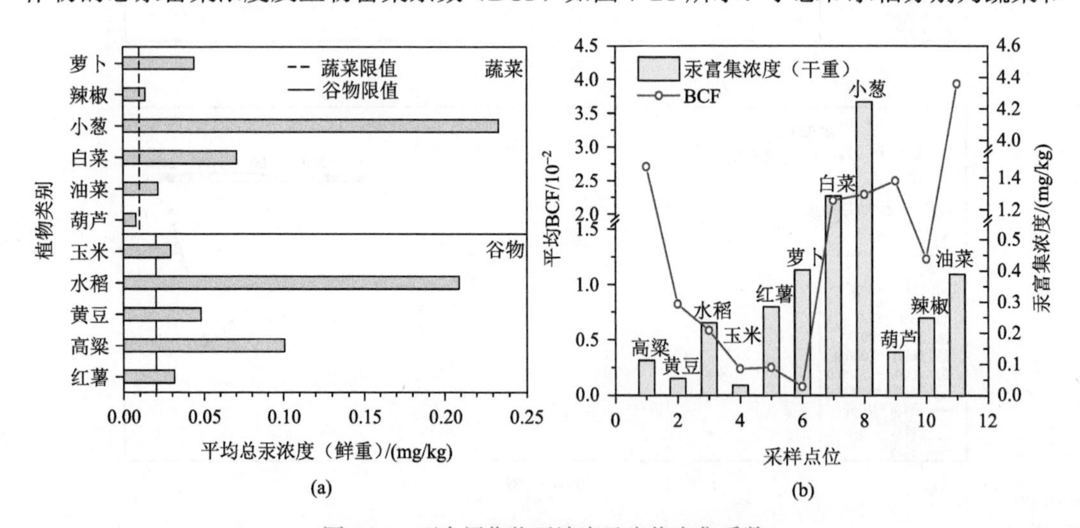

图 7-21 可食用作物汞浓度及生物富集系数

谷物汞富集浓度最高品种，其浓度分别超过《食品安全国家标准　食品中污染物限量》（GB 2762—2022）食物中汞限量的 22.30 倍和 9.45 倍，高粱和油菜分别为生物富集系数最高的谷物和蔬菜。因此，以上结果证明，土壤汞可随植物根系和植物维管向籽粒垂向运输，继续通过食物链对人体产生不同程度的健康风险。

2. 地块多介质汞形态分布

汞的形态分布影响迁移及生物有效性，也就间接影响地块环境风险。因此，掌握地块内不同介质汞的分布形态，有助于了解地块尺度汞环境行为及影响。

采用改进型连续浸提法进行分析，该方法将土壤中的汞分为水溶态等五种形态，在原有方法基础上将可交换态汞提取剂改进为植物有效态提取剂 NH_4OAc，具体操作方法见 7.3.1 节，地块汞形态分布结果如图 7-22 和表 7-8 所示。地块的汞主要以相对稳定的硫化汞（HgS）形态存在，其中原矿总汞中 HgS 含量达 84.20%，略低于尾矿库表层土壤

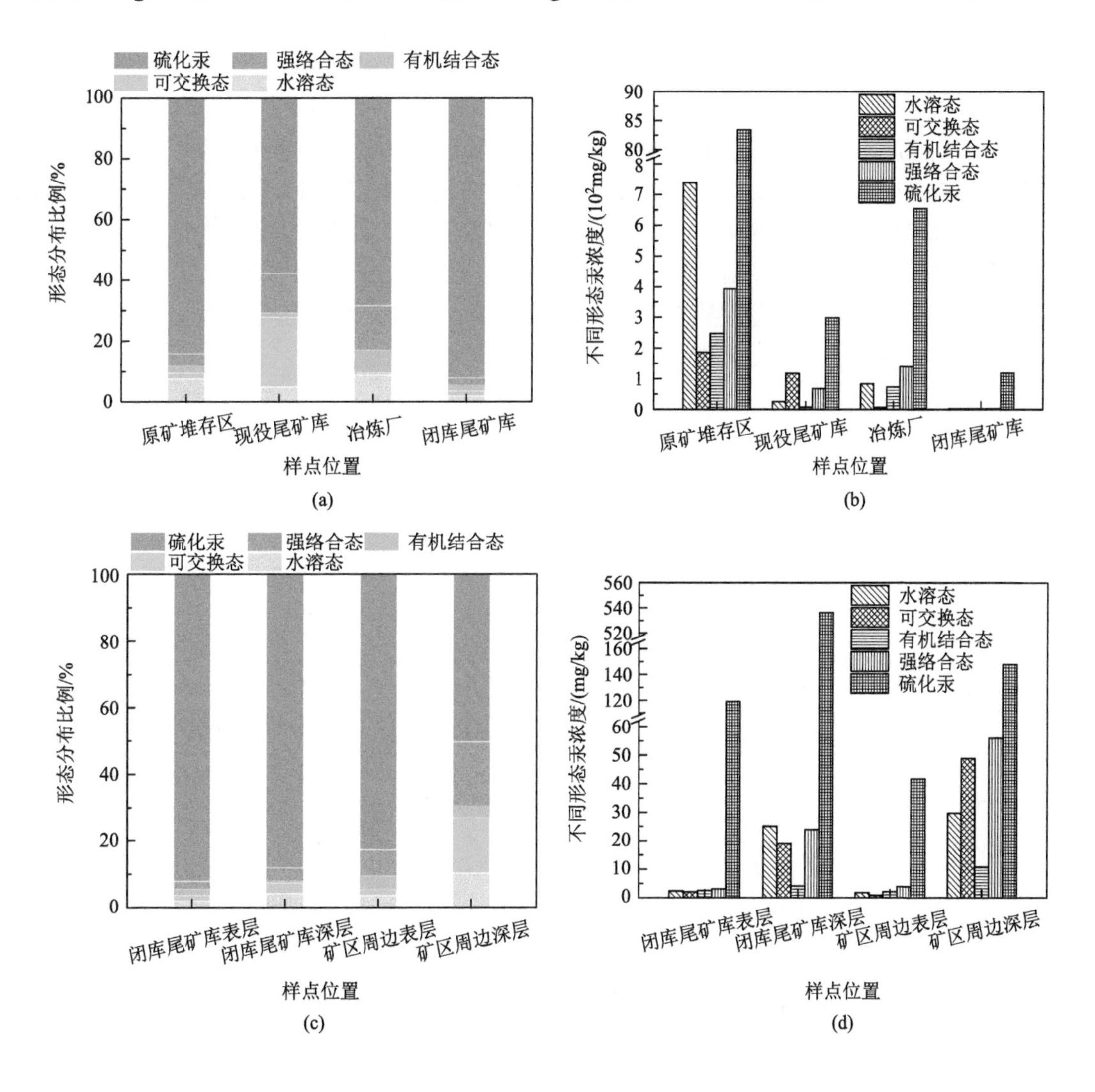

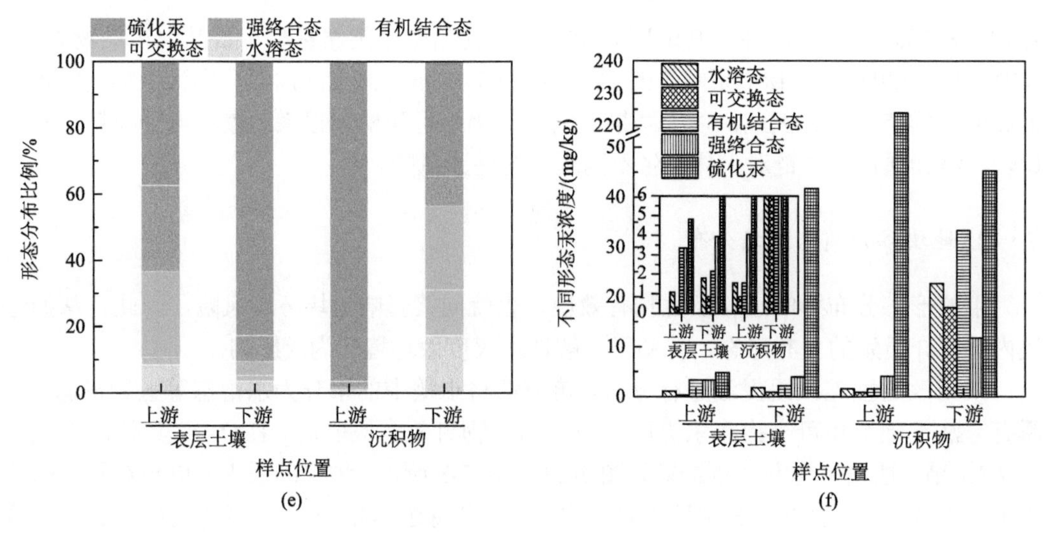

图 7-22 地块不同类型样本汞形态分布

（a）、（b）为地块内部点位；（c）、（d）为不同深度的土壤样本；（e）、（f）为地块外部上下游土壤/沉积物样本

和上游沉积物，而矿区外上游表层土壤也有 37.44% HgS，这与其他同类汞矿附近土壤汞形态分布基本一致[22,23]。表 7-8 中结果显示，尾砂中有效态 F1 + F2 = 27.68%，可能是选矿浮选中脂肪胺类、羧酸类等捕收剂使用所添加的碳酸钠、硫酸、盐酸等酸性辅料将 HgS 转变为有效态 F1 或 F2[24]。地块矿区外部深层土壤 F1 + F2 = 26.84%，远高于表层土壤，可能与土壤组分及污染来源差异有关。pH、Fe、Mn、氧化还原电位等多种土壤参数成为影响水溶态等汞形态的关键因素。

表 7-8 地块多介质汞形态分布 （单位：%）

样点位置	样本类型	F1	F2	F3	F4	F5	F1 + F2
原矿堆存区	原矿	7.45	1.88	2.50	3.97	**84.20**	9.33
现役尾矿库	尾砂	4.85	22.83	1.43	13.15	**57.74**	27.68
冶炼厂	表层土壤	8.71	0.66	7.59	14.56	**68.47**	9.37
尾矿库（闭库）	表层土壤	1.85	1.66	1.94	2.40	**92.15**	3.51
	深层土壤	4.12	3.14	0.69	3.92	**88.13**	7.26
矿区外上游	表层土壤	8.37	2.32	25.94	25.94	**37.44**	10.69
矿区外下游	表层土壤	3.55	1.66	4.26	7.80	**82.72**	5.21
	深层土壤	10.17	16.67	3.67	19.10	**50.39**	26.84
河道上游	沉积物	0.67	0.36	0.67	1.75	**96.55**	1.03
河道下游	沉积物	17.29	13.66	25.46	8.99	**34.59**	30.95

注：黑体加粗指汞的主导形态值；F1～F5 分别为水溶态、可交换态、有机结合态、强络合态及硫化汞。

7.2.4　汞污染地块生态风险评估

以7.2.1节所述方法对典型汞污染地块内汞的地累积水平进行评价，地块内部和外部环境汞地累积水平分布如图7-23所示。从图7-23（a）可以看出，与地块外部相比，内部矿区存在程度较高的汞累积现象，地块内矿区的汞累积水平几乎全部处于Ⅶ级（极度污染）甚至更高。从图7-23（b）可以看出，地块外部周边区域土壤和沉积物汞的累积水平全部在Ⅱ级及以上，部分点位处在Ⅶ级（极度污染）及以上地累积水平。从图7-23（c）可以看出，除尾矿库内部和北部矿区存在22%左右的Ⅴ级和Ⅵ级（中等到重度污染）汞累积点位以外，其他所有点位的汞累积水平都处在Ⅶ级及以上。从图7-23（d）可以看出，地块外部沉积物和土壤中仅存在40%～70.73%的Ⅶ级累积点位，其他的土壤点位处在Ⅱ级及以上，而其他沉积物点位都处在Ⅴ级及以上，沉积物累积水平高于土壤。

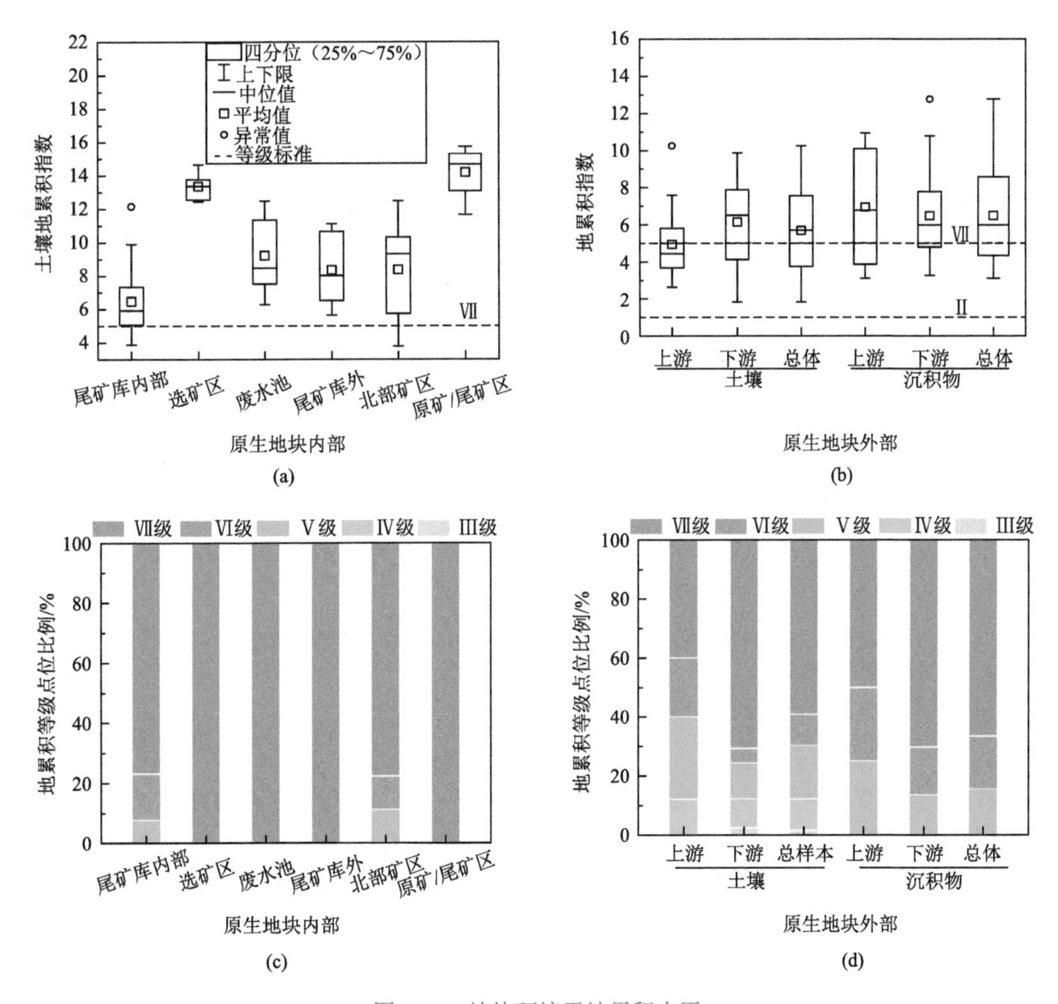

图7-23　地块环境汞地累积水平

（a）和（b）地累积指数；（c）和（d）地累积等级点位比例

地块潜在生态风险如图 7-24 所示。地块内部多数点位处于极高风险水平，而地块外部的生态风险分布不均匀。相比于上游区域，下游整体存在相对高的生态风险。

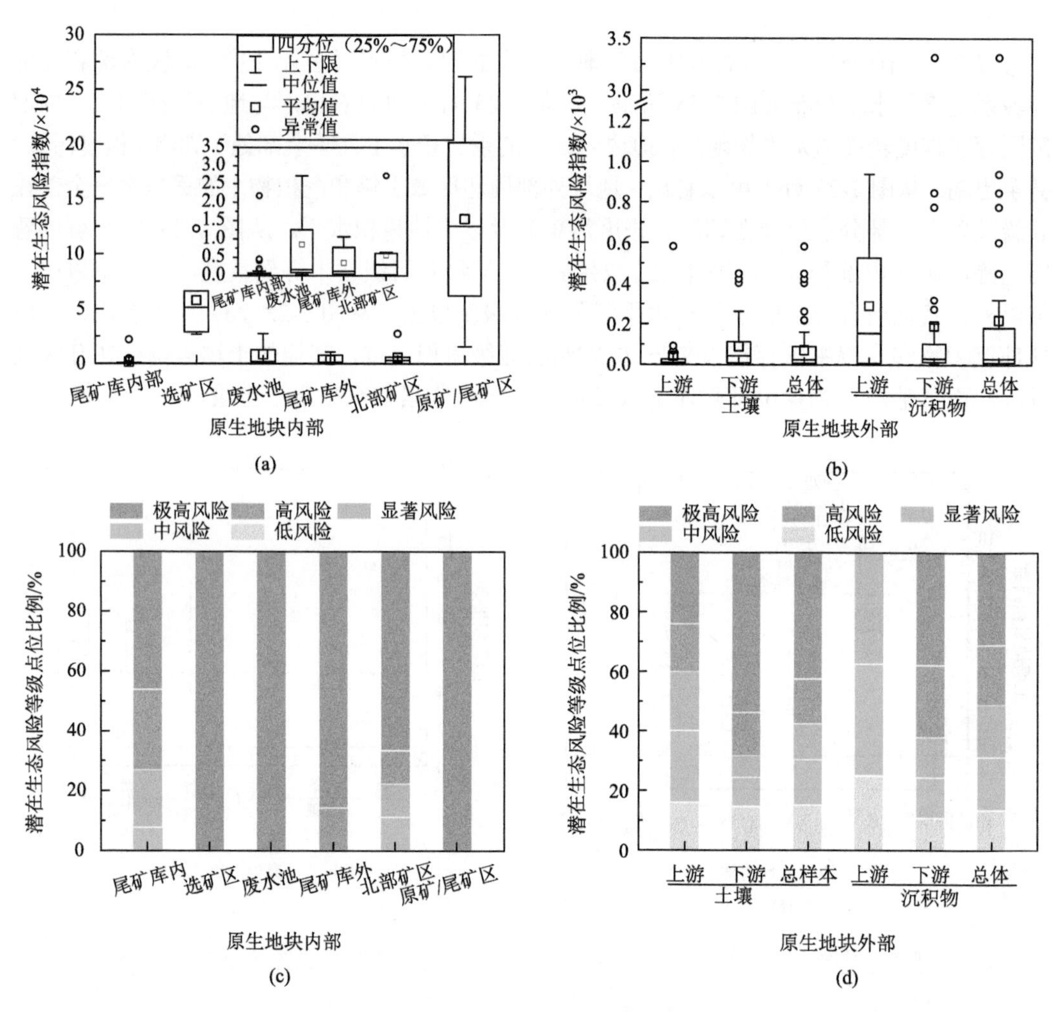

图 7-24　地块潜在生态风险

（a）和（b）潜在生态风险指数；（c）和（d）潜在生态风险等级点位比例

7.3　农田土壤汞污染修复技术及长效性研究

针对 7.2 节中地块所存在的汞污染环境风险，采用相应的方案和技术进行有效管控。所有汞污染土壤风险管控方法中，稳定化技术越来越受到关注，并得到了广泛的应用[25,26]。截至目前，纳米材料、活性炭材料、硫聚合物水泥、镁基材料等汞污染土壤稳定剂相继被开发，但上述传统技术存在生产能耗高、二次污染大、长效性不足等问题。同时欧美发达国家和地区实际地块风险管控经验表明，高耗能、高扰动、高成本的污染土壤管控技术已无法契合现阶段行业发展的需求，环境友好、可持续、长效的风险管控越来越得到业界的认同[27-32]。Hou 等[33,34]认为绿色可持续修复（green and sustainable remediation，GSR）成为污染场地修复的明显趋势，其可有效避免因地块管控活动而形成负面环境影响，实现最大净效益。

本章采用稳定剂制备及工艺优化、吸附评价、土壤培养及性能表征等方法，研究高效汞污染土壤的稳定化风险管控，并利用模拟加速老化法对技术的长效管控水平进行研究。

7.3.1 材料与方法

1. 试验仪器

本节涉及的实验设备列表如表 7-9 所示。其中，Tekran 2600 型痕量汞分析仪为美国 Tekran 公司生产的，具有良好的稳定性，拥有超高的灵敏度，配备冷原子荧光测汞仪，可有效检测 253.7nm 特征原子荧光，灵敏度<0.1pg，方法检出限<0.1pg。F732V 智能汞分析仪为上海华光仪器仪表厂生产，基于汞原子蒸汽对特征波长 253.7nm 紫外光束的吸收，吸收量与汞原子蒸汽浓度符合朗伯-比尔定律的基本原理而研发，测定范围为 0～10μg/L，方法检出限≤0.05μg/L。

表 7-9 实验设备列表

序号	设备名称	型号	生产厂商
1	气氛马弗炉	QSX-4-12	西尼特（北京）科技有限公司
2	电子分析天平	ML204	美国 METTLER TOLEDO 公司
3	恒温水浴摇床	HY-5	江苏科析仪器有限公司
4	四联磁力搅拌器	JC-HJ-A	青岛聚创环保集团有限公司
5	微波消解仪	CEM MARS6	美国 CEM 公司
6	痕量汞分析仪	Tekran 2600	美国 Tekran 公司
7	智能汞分析仪	F732V	上海华光仪器仪表厂
8	元素分析仪	Vario EL III	德国 Elementar 公司
9	pH 计	S210-K	美国 METTLER TOLEDO 公司
10	全自动氮气吸脱附比表面积分析仪	TRISTAR II 3020M	美国 Micromeritics 公司
11	傅里叶变换红外光谱仪	NICOLET6700	美国 Thermo Fisher Scientific 公司
12	X 射线光电子能谱仪	PHI Quantera SXM	日本 ULVAC-PHI 公司
13	微波消解仪	CEM MARS 6	美国 CEM 公司
14	真空管式炉	ZSK-5-12	西尼特（北京）科技有限公司
15	激光粒度仪	LS13320	美国 Beckman Coulter 公司

微波消解仪由内置的磁控管通过电磁感应产生微波，利用可控制的微波对样品进行加热，温度可以从 100℃左右提高到 200～300℃，增进氧化还原反应和溶剂耦合的速度，从而达到消解样品的目的。

德国 Elementar 公司所产的元素分析仪，分解温度范围为 950～1200℃，其中锡舟燃烧后的温度可达 1800℃，该仪器装配有 Elementar 公司自主研发的热导检测器，适用于 0.02～800mg 样品的测试。仪器分别存在 CHNS 模式与 O 模式，其中 CHNS 模式燃烧管内设置催化剂为 WO_3，而 O 模式的分析需单独附件。

2. 稳定剂制备与表征方法

1）稳定剂的制备与改性

将收集到的生物质依次经过去离子水清洗、切段（1～2cm）、高温惰性气氛热解、生物炭研磨与筛分等流程制成稳定剂原料，并放入干燥自封袋中储存备用。详细操作：①用去离子水将生物质清洗至少三遍，洗去表面尘土与泥沙，自然晾干后，用剪刀将生物质处理成<2cm 的小段；②调节气氛马弗炉至设定的参数（温度、升温时间、热解时长、降温程序），打开惰性气体并调整至恒定流量；③称量一定量的生物质，放入气氛马弗炉并关闭炉膛；④开启气氛马弗炉电源，进入热解程序；⑤自然降温至<50℃后，取出并称重。

设定好参数，保持 N_2 速度为 300mL/min，打开反应炉腔惰性气氛阀门，气氛马弗炉的升温设定在 1～20℃/min。详细的操作流程如图 7-25 所示。

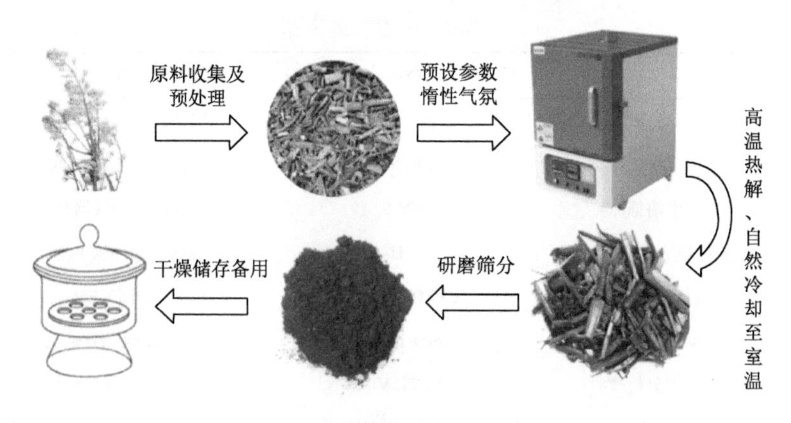

图 7-25　生物炭制备流程图

硫改性过程为：将设定的质量比例与改性剂（以单质硫为例）进行充分搅拌混合，保证硫与生物炭（或生物质）均匀混合，将硫粉混合生物炭材料放入气氛马弗炉中，设定合适的条件参数对生物炭进行高温改性处理。

2）稳定剂的表征

产率可通过称量热处理前后材料的质量计算得出：

$$Y = \frac{M_1}{M_2} \times 100\% \tag{7-3}$$

式中，Y 为生物炭的产率，%；M_1 为生物炭质量，g；M_2 为生物质的质量，g。

电导率（EC）测试中，将生物炭样品和去离子水按照 1∶20 的质量体积比放入清洁容器中，在振荡器中以 250r/min 速度振荡处理混合液 90min，用电导率仪分析；pH 测试过程中，去离子水和待测样品以 1∶20 的质量体积比混合均匀，然后在振荡器中选择合适的转速在20℃条件下振荡处理90min，用酸度计测试平衡溶液的pH。

采用元素分析仪（德国Elementar公司，Vario EL III型号）对材料不同元素的含量进行分析。测试前将样品在65℃烘箱中干燥处理整晚，保证样品干燥，之后将待测样品包裹上一层锡舟或银舟，按照顺序跌落至1150℃条件下的燃烧管中，充分氧化后的气体组分通过气相色谱分离后进入热导检测器分别定性和定量检测。

生物炭的水分、挥发分、灰分和固定碳的质量百分比通过工业分析方法测试。测试方法选择国际生物炭协会和美国材料与试验协会发布《木炭化学分析标准试验方法》[35]。

比表面积及孔分布通过全自动氮气吸脱附比表面积分析仪进行测试，在77K温度下测试材料的氮气吸附脱附性能，获取氮气吸附-脱附曲线，通过孔径BJH模型获取材料孔结构参数。

傅里叶变换红外光谱仪（FTIR）表征中，1～2mg粉末样品和100mgKBr粉末试剂混合后制成压片，用傅里叶变换红外光谱分析表面官能团的类别和强度。

3. 吸附评价与土壤培养实验方法

1）汞吸附实验方法

吸附评价实验参数如表7-10所示。用试剂纯$Hg(NO_3)_2 \cdot H_2O$配制固定浓度水平Hg^{2+}溶液。通过研究稳定时间对吸附效果的影响确定平衡时间，通过汞浓度影响实验来确定生物炭材料的吸附等温线。用不同比例的试剂纯$Hg(NO_3)_2 \cdot H_2O$和高纯水（电阻率＜18MΩ·cm）配制差异化浓度的汞吸附溶液。准备（50±0.01）mL的一定浓度的汞溶液，添加进去0.1±0.001g的水稻生物炭，保持吸附实验固液比为1∶500。同时向溶液中加入0.5mL浓硝酸，防止Hg^{2+}被还原剂还原为元素汞。吸附实验都会在23℃的摇床中振荡处理预定的时间，吸附实验结束后，液体样品将会置入离心机中以3500r/min的速度离心分离10min，并用直径小于0.45μm的针筒式一次性过滤头进行过滤处理，并滴入0.25mL 12mol/L的HCl稳定保存。

表7-10　吸附评价实验参数

序号	实验内容	温度/℃	初始浓度/(mg/L)	溶液体积/mL	生物炭量/g	固液比
1	吸附动力学	23	100	50±0.01	0.1±0.001	1∶500
2	吸附热力学	23	0～100	50±0.01	0.1±0.001	1∶500

2）土壤培养实验

土壤样品的预处理：①对收集到样品进行适当的预处理，去除样品中较大颗粒的石头、植物残渣，土壤自然晾干，研磨并通过直径＜0.85mm的分样筛；②向土壤样品添加含汞溶液，即将500mL的1000mg/L Hg^{2+}溶液添加进500g的上述已处理好的土壤中，土壤样品在自封袋中实现完全混合；③置于通风橱中自然干燥处理5d保证土壤水分完全蒸发，混合含汞溶液后土壤汞浓度为1000mg/kg。

将生物炭材料分别按照0～5%不等的质量分数添加进污染土壤，保持土壤的含水率为30%～40%，上述混合样品放置在水分完全饱和的密闭空间，持续稳定培养5～14d。

待培养完成后，取出放在通风橱中自然晾干 5d，然后用研钵研磨至 40 目及以下的粒径，干燥密封保存待测。

3）土壤总汞及有效态汞提取

土壤总汞分析前，需对采集的土壤样品进行消解，消解方法参照美国国家环境保护局发布的 EPA 3051 方法，所有的土壤样品总汞测试均采用如上方法进行。详细的消解及分析步骤如下：①获取的土壤样品经过干燥、研磨、筛分通过 100 目分样筛；②称取≤0.2g 土壤样品置入 50mL 消解样品管中；③打开通风橱，把上述消解罐置入通风橱中，分别加入 9mL 浓硝酸和 3mL 浓盐酸；④静置 2～5min，确保样品消解罐反应结束，没有气泡产生后，安装消解罐垫片和螺旋盖，并对称置入消解仪转盘，保证消解罐能均匀吸收微波消解仪发射的微波；⑤根据 EPA 3051 方法编制消解仪消解方法（1000W 功率 3 阶段上升至 180℃，消解 10min）；⑥样品消解结束后，用去离子水稀释定容，并利用 0.22μm 的一次性水系过滤头对上述消解液进行过滤处理；⑦用 F732V 智能汞分析仪或 Tekran 2600 痕量汞分析仪进行分析。

有效态汞可以通过酸性浸提获取，采用 0.1mol/L HCl 对土壤中的植物有效态汞进行提取，具体提取步骤为：土壤样品经过干燥、研磨并筛分通过 100 目的分样筛，称取 1.5g 土壤样品置入 50mL 尖底离心管中；按照固液 1∶5 的比例加入 0.1mol/L HCl 溶液；放入振荡器中并用 2000r/min 速度振荡处理 30min；5000r/min 的速度离心处理 10min，并用 0.22μm 过滤头过滤处理，保存待测。

用 TCLP 或有效态浸提法分析确定土壤样品中可浸出/有效态汞的浓度后，可浸出/有效态汞的稳定效率可通过如下公式计算得到：

$$\mathrm{RE}=\frac{C_{\text{untreated}}-C_{\text{treated}}}{C_{\text{untreated}}}\times 100\% \tag{7-4}$$

式中，$C_{\text{untreated}}$ 为对照土壤中可浸出/有效态汞的平衡浓度，mg/L；C_{treated} 为稳定剂处理后土壤可浸出/有效态汞的浓度，mg/L；RE 为稳定剂的稳定化效率，%。

4）含汞溶液分析

不同浓度水平的含汞溶液选用不同设备进行分析，其中低浓度痕量汞的分析采用 Tekran 2600 痕量汞分析仪，而高浓度汞采用 F732V 智能汞分析仪进行检测。F732V 智能汞分析仪的基本原理及参数详见表 7-11。仪器使用前需要开机并预热至少 60min，待仪器进入稳定状态后，点击循环泵开关，让吸收池内的空气得到循环，同时点击“峰值保持”按键。开始测试时，装入 5mL 的待测含汞溶液，在瓶中迅速加入 1mL 的饱和 $SnCl_2$ 还原剂，待吸收值稳定后，结束测试，把吸收瓶用去离子水和清洁剂清洗数次，进入下一个样本的测试。

表 7-11 F732V 智能汞分析仪分析试剂一览表

序号	试剂名称	浓度	容量
1	汞标准物质	10μg/L	50mL
2	稀 HNO_3 溶液	0.75mol/L	1L
3	$SnCl_2$	10%	100mL
4	酸性 $K_2Cr_2O_7$	0.05%	100mL
5	酸性 $KMnO_4$	3%	100mL

注：10μg/L 的 Hg 标准溶液用酸性重铬酸钾溶液配制。

Tekran 2600痕量汞分析仪的测试范围为0.5～100ng/L。测试分析过程所需的试剂详见表7-12。溶液配制方法：①配制溶液前，向去离子水中通入至少1h的Ar气，以驱赶溶液中的溶解氧；②BrCl溶液的配制，分别称取1.1g KBr和1.5g $KBrO_3$药品，添加20mL去离子水配制成溶液，并逐步加入80mL浓HCl，自然静置至少1h；③3% $SnCl_2$溶液的配制，称取$SnCl_2$药品30g，加入浓盐酸10mL，用去离子水定容至1L，并用高纯Ar吹扫24h；④30% $NH_2OH·HCl$的配制，先称量75g $NH_2OH·HCl$，分别加入250mL去离子水和0.125mL 3% $SnCl_2$。

表7-12　Tekran 2600痕量汞分析仪分析试剂与气体配置一览表

序号	试剂名称	浓度	容量
1	汞标准物质	0～100ng/L	单个浓度50mL
2	BrCl	—	100mL
3	$SnCl_2$	3%	2L
4	HNO_3	3%	1L
5	酸性$KMnO_4$	4%	100mL
6	浓HCl	36%	100mL
7	$NH_2OH·HCl$	30%	50mL
8	Ar	99.999%	40L

分析之前，先用去离子水将含水样品稀释至Hg浓度范围在1～100ng/L。用0.25mL的12mol/L HCl和0.25mL的一氯化溴（BrCl）将Hg氧化为Hg^{2+}，依次用0.1mL $NH_2OH·HCl$还原样品以破坏游离的卤素。在检测样品前，需加入$NH_2OH·HCl$来中和游离的卤素，添加比例为每100mL样品加0.2mL 30%的$NH_2OH·HCl$，通过冷蒸气原子荧光光谱法定量分析总汞浓度。

5）基于模拟加速老化的长效性评价方法

本实验采用模拟加速老化法评价稳定剂长效性。自然降水呈弱酸性，这些酸性离子会影响生物炭对于土壤中污染物的长期稳定性作用，本实验以饱和CO_2水模拟自然条件下的降水，将99.999%的CO_2气体以500mL/min的流量通入去离子水，并维持30min以上制取CO_2饱和水。假设每立方米的土壤在$1m^2$的土壤平面上每年接收2000mm的雨水（pH = 5.6），干土的密度为1.3g/cm，因此，1g土壤每年接收到的偏酸雨水量则为1.538mL。将污染土和CO_2饱和水以1∶10（质量比）的比例混合，可模拟自然降水条件下土壤老化约6.5年的情况。

加速老化参数计算方法可以参照如下公式：

$$R=\frac{P\times10^{-3}\times1\times10^{6}}{V\times10^{6}\times\rho}\tag{7-5}$$

式中，R为单位质量土壤每年接收的降水量，mL/g；P为评价所在地$1m^2$接收的年平均降水量，mm/m^2；ρ为土壤干容重，g/cm^3；V为土壤堆积体积，m^3。

如果 $1m^3$ 的土壤每年接收 2000mm pH 为 5.6 的自然降水，干容重 $\rho = 1.3g/cm^3$，则

$$R = \frac{P \times 10^{-3} \times 1 \times 10^6}{V \times 10^6 \times \rho} = \frac{2000 \times 10^{-3} \times 1 \times 10^6}{1 \times 10^6 \times 1.3} = 1.54mL/g \tag{7-6}$$

具体的老化试验步骤为：①将污染土壤和模拟雨水以 1∶10 的质量比进行混合；②放置于实验室搅拌装置中，调节搅拌器的转速为 75r/min，加速混合 8h；③湿处理后，将混合液体自然静置 1h；④上部分浑浊液体用离心机以 5000r/min 的速度离心分离 20min，容器底部的固体样品转移至托盘中；⑤将上述分离出的固体土壤样品置入 40℃的烘箱中干燥处理至重量不再变化；⑥重复上述步骤，共计进行 16 批次干湿循环。

分别于 1 次循环（6.25 年）、4 次循环（25 年）、8 次循环（50 年）、12 次循环（75 年）和 16 次循环（100 年）结束后进行取样，并对样品进行消解、连续浸提、pH 分析、植物有效性提取、元素分析（总硫）等，分析长期自然条件下土壤中生物炭对污染物稳定能力变化的影响情况。

6）改进型连续浸提法

将土壤汞的形态分为 5 类（表 7-13），运用改进型连续浸提法进行分析。本实验所采用的方法是在 Bloom 和 Katon 提出的选择性萃取方法的基础上对第二个步骤进行改进，将 HCl 和 CH_3COOH 替换为更能反映植物有效态的 NH_4OAc，用以分析植物根系易提取的土壤可交换态汞。

连续浸提实验使用的提取剂如表 7-13 所示。

表 7-13 改进型连续浸提法

步骤	提取剂	形态	备注
F1	去离子水	水溶态	
F2	1mol/L NH_4OAc（乙酸铵）	可交换态	
F3	1mol/L KOH	有机结合态	将形态 2 中原有胃酸（HCl 和 CH_3COOH）替换为 NH_4OAc
F4	12mol/L HNO_3	稳定结合态	
F5	王水	硫化汞	
—	0.2mol/L BrCl	—	氧化溶液中的汞为 Hg^{2+}

连续浸提的步骤：①样品研磨至 100 目；②准确称量（0.40±0.04）g 干燥土壤样品，放入 50mL 特氟龙离心管中；③分别将 40mL 提取剂加入上述土壤样品中；④室温条件 30r/min 振荡处理（18±4）h；⑤3000r/min 离心处理 20min；⑥F1、F2、F4 样品中分别加入 1.25mL BrCl 溶液，由于 F3 提取液存在较多强酸，具备较强的中和能力，因此向 F3 中加入 10mL BrCl 溶液，定容至（125±1）mL；⑦除 F5 浸提所得液体以外，所有的液体样品都经过 0.22μm 滤膜过滤处理；⑧对于 F5 提取，加入 40mL 王水，在室温条件消解整晚并定容 40mL。

7.3.2 稳定剂制备及工艺优化

为优化稳定剂制备条件，选取南方典型农田油菜秸秆为原料，探究温度、热解时长、升温速率对生物炭物化性质的影响，为后续高效且持久土壤汞污染稳定技术的开发提供基础。

1. 制备条件对稳定剂性质的影响

油菜秸秆原料中水分6.33%，挥发性物质74.72%，固定碳15.84%，灰分3.11%。Anupam等[36]对白头翁树皮进行了相同的表征，结果表明该生物质有4.90%的水分，18.10%固定碳，69.80%的挥发性物质，7.20%的灰分。Lee等[37]比较了六种不同原料特性，其中甘蔗残渣含有13.20%的水分、71.00%挥发性物质、13.70%固定碳和2.10%的灰分，而稻草的水分、挥发性物质、固定碳、灰分占比分别为7.30%、56.40%、15.40%和20.90%。与以上材料相比，油菜秸秆具有最高的挥发性物质和中等水平的固定碳，而挥发性物质占比高的原料可能利于生物炭形成。

设计热解温度在200～700℃，马弗炉的升温速率为1～20℃/min，目标温度持续时间为1～120min。将上述因子进行组合，并在200mL/min氮气气氛的马弗炉中采用慢速热解方式制备不同条件稳定剂，不同制备参数的组合如表7-14所示。

表7-14 生物炭稳定剂的制备参数

序号	温度/℃	升温速率/(℃/min)	停留时间/min
1	200～700	5	60
2	650	1	60
3	650	5	60
4	650	10	60
5	650	15	60
6	650	20	60
7	500	20	10
8	500	20	20
9	500	20	40
10	500	20	60
11	500	20	80
12	500	20	100

如图7-26（a）所示，温度对获取生物炭材料的pH和产率有较大的影响，特别是处在200～450℃的低温范围，当制取温度变高时，pH升高，但产率逐步变小。在200℃时生物炭产率为80%，在250℃时急剧下降至60%，在300℃时再次下降至36%。在300～700℃的热解温度内，随着温度的逐步增加，产率几乎呈线性下降，在700℃时产率降至20%。生物炭产率随温度升高而下降可归因于生物质中纤维素等物质随温度升高而产生热损失。该变化趋势与其他文献中有关棉籽壳、稻草、大豆秸秆和花生壳等生物炭产率研究结果保持一致[38,39]。

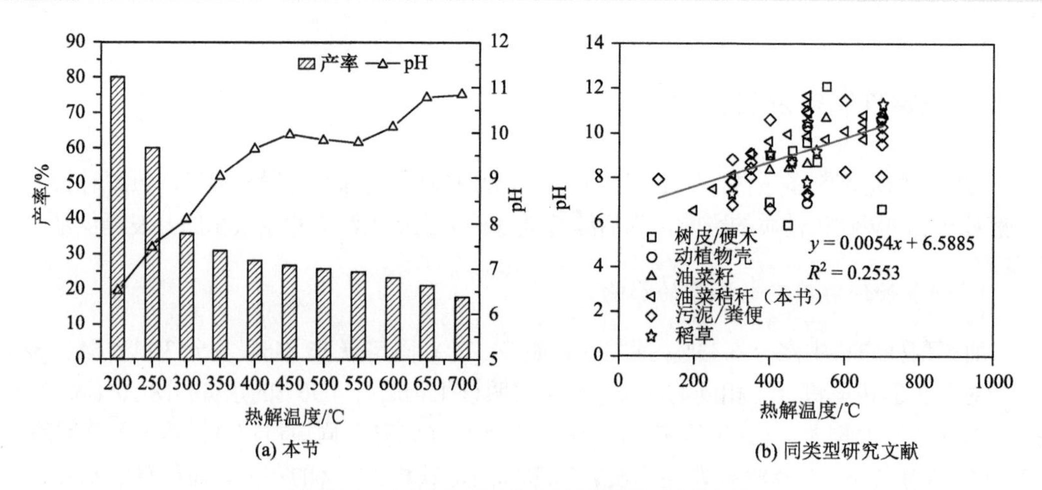

图 7-26 生物炭产率和 pH 随热解温度的变化

同类型文献报道数据见图 7-26（b），慢速热解温度与 pH 数据拟合结果表明，热解温度与 pH 呈正相关。鉴于不同生物质材料成分组成的差异性，相关系数仅为 0.2553，且本实验研究结果与统计结果相一致。温度对生物炭 pH 参数的影响机制可以总结为以下两方面：①高热解温度时的生物炭灰分较多，灰分中含有较多碱性矿物质；②低温热解会使得生物炭表面产生较多酸性官能团，如酚基和羧基等导致生物炭 pH 下降[40]。

图 7-27（a）显示升温速率对所制备材料的产率及 pH 的相关影响。随着升温速率从 1℃/min 升高到 5℃/min，产率首先出现增加，然后随着升温速率从 5℃/min 继续升高到 20℃/min，产率却开始下降。由于生物炭生产过程同时受传热和反应动力学的限制，较高的升温速率产生大量的热解气，因此最终显示生物炭的产率下降。低升温速率意味着生物质会在接近最终热解温度的温度下燃烧更长的时间，而高升温速率则意味着存在“快速热解”过程，几乎与生物质内部存在的纯纤维素的受热分解过程类似。

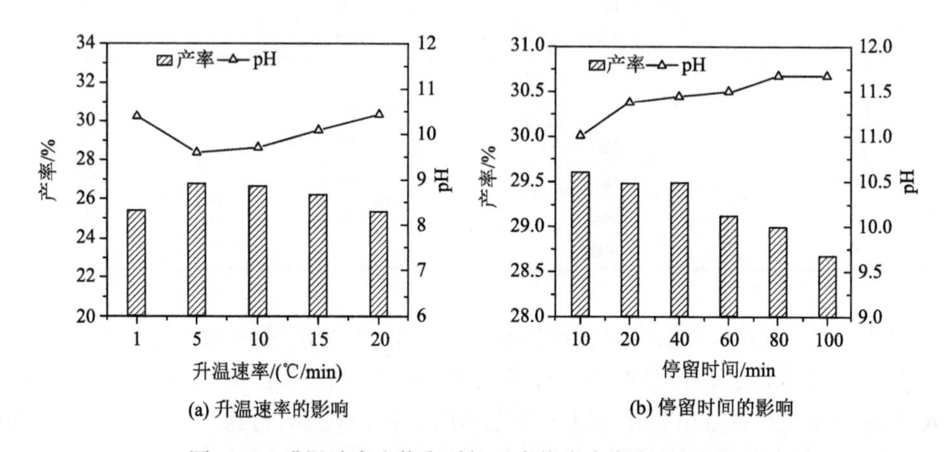

图 7-27 升温速率和停留时间对生物炭产率和 pH 的影响

图 7-27（b）显示了停留时间对生物炭产率和 pH 的影响。随着停留时间的不断延长，产率表现出总体减小的变化过程，而 pH 具有总体上升的趋势。Ronsse 等[41]研究了原料

类别和工艺条件对生物炭的影响，最后发现停留时间与所有原料的生物炭产率呈负相关，尤其是在较低温度下的热处理。若停留时间延长，生物炭产率会降低，反之亦然。此外，Kim 等[42]的研究结果还表明，在 380℃且停留时间从 1～5min 变化时，海带生物炭产率从 86.63%逐渐降至 59.13%。

2. 不同条件制备稳定剂表征

图 7-28 显示的是不同条件下所制备出生物炭材料的外表形貌特征。200℃热解的秸秆生物炭的扫描电镜（scanning electron microscope，SEM）图像并未显示大孔［图 7-28（a）］，而在 700℃热解的秸秆生物炭显示出类蜂窝状且直径 1μm 的孔［图 7-28（c）］，热解温度的不断增大可导致生物质结构发生变化。蜂窝状孔隙的形成可归因于富含木质素和纤维素等原料内部毛细结构的碳质骨架。能量色散光谱仪（energy dispersive spectrometer，EDS）分析表明，随着热解温度的升高，秸秆生物炭的 C 含量增加，O 含量降低。

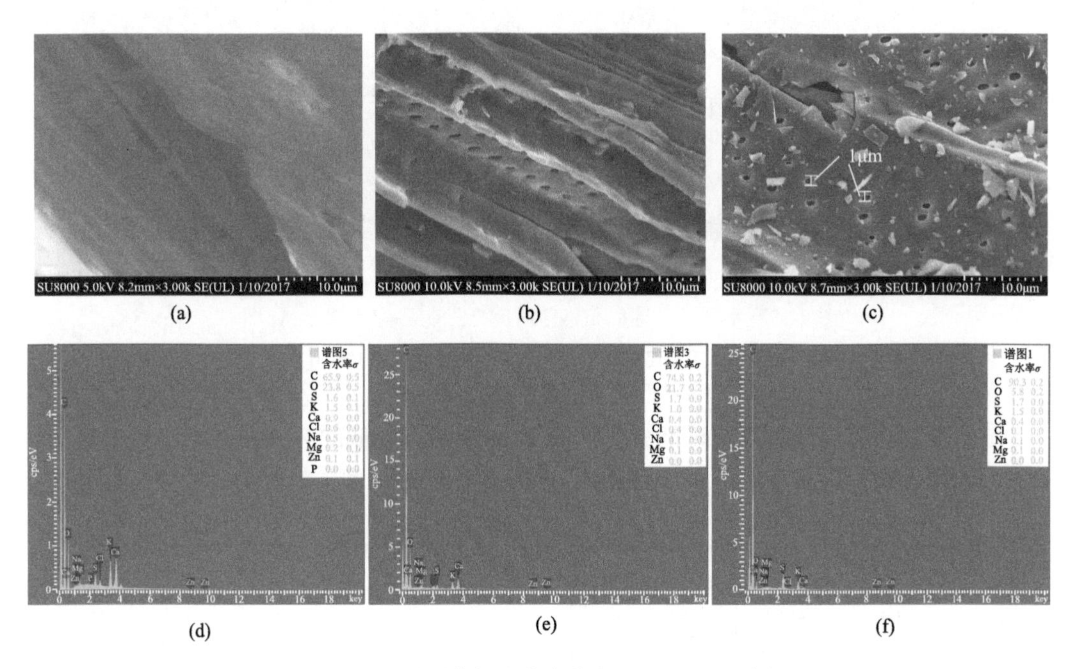

图 7-28 不同热解温度生物炭 SEM 和 EDS 图

（a）和（d）为热解温度 200℃；（b）和（e）为热解温度 450℃；（c）和（f）为热解温度 700℃

图 7-29 显示不同升温速率和停留时间生产秸秆生物炭的 SEM 图。不同的升温速率影响秸秆生物炭的表观形貌，这归因于较高的升温速率可强化生物质的分解。当以 1℃/min 的升温速率热解生物质时，秸秆生物炭仍然会保留一些蜂窝状孔［图 7-29（a）］，但在 20℃/min 的升温速率下处理，该类型结构则完全分解［图 7-29（b）］。可见，尽管升温速率对秸秆生物炭产率和 pH 结果显示几乎没有影响，但可对生物炭表面形态产生明显影响。图 7-29（c）和（d）还表明，较高停留时间生产的秸秆生物炭会导致生物质结构破坏及更高比表面积。

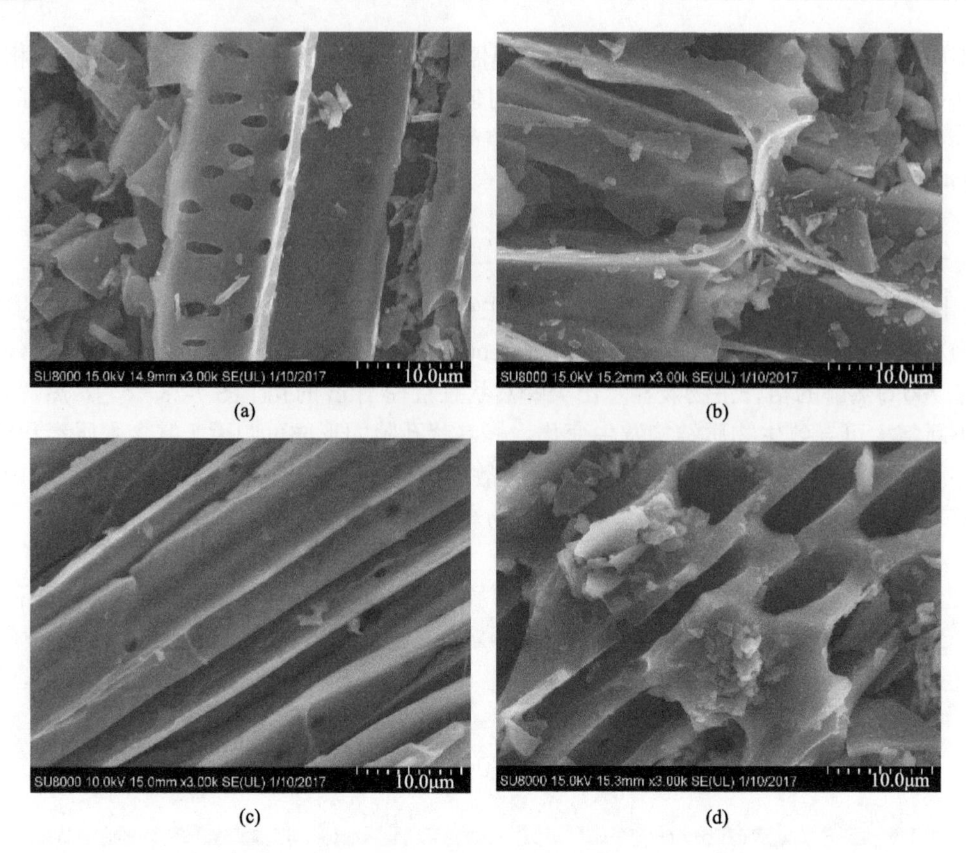

图 7-29 不同升温速率和停留时间条件制备生物炭 SEM 图

（a）升温速率为 1℃/min；（b）升温速率为 20℃/min；（c）停留时间为 10min；（d）停留时间为 60min

秸秆生物炭随温度和停留时间变化如图 7-30 所示。较低的热解温度产出更丰富的官能团，如芳香族、脂肪族和酚基团官能团。300℃及以上温度生物炭的苯酚官能团消失，

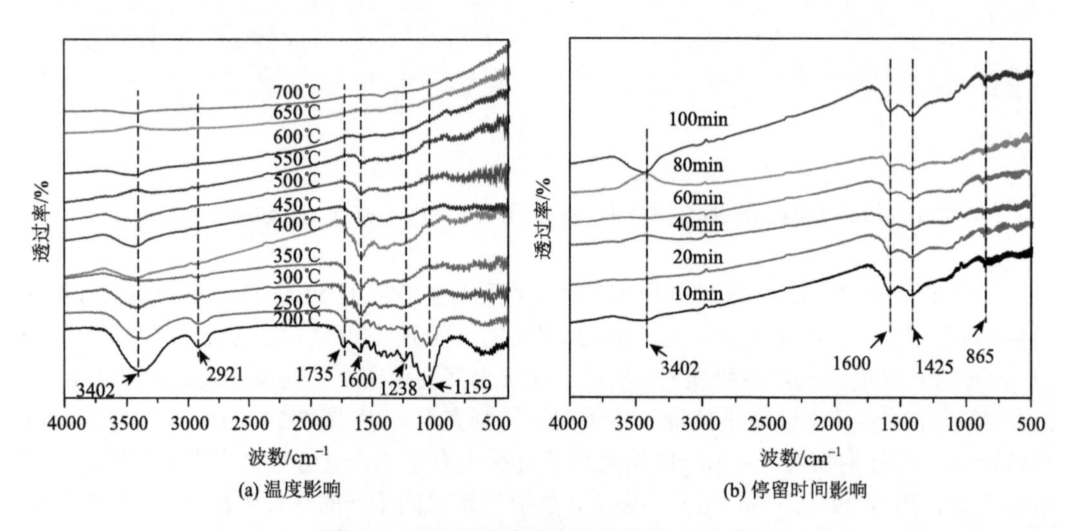

图 7-30 不同温度条件制备生物炭 FTIR 图

且 FTIR 光谱中的官能团主要是芳族和脂族基团。3402cm^{-1} 波长处最大峰对应的是羟基，但随着温度升高吸收峰强度逐渐减弱。2921cm^{-1} 和 1735cm^{-1} 处的键分别对应于 C—H 伸缩和 C ═ O 振动，表现出与羧基类似的变化趋势。生物炭在较低温度下产生 1159cm^{-1} 的峰为 C—O—C 伸展基团[43]。1425cm^{-1} 和 865cm^{-1} 的两个吸附峰分别对应的是—CH_2 和多环芳香结构[44]，如上两个新峰的出现证明纤维素分解形成了新的芳香结构官能团。

利用比表面积和孔径测定仪对不同条件材料进行表征，结果如图 7-31 和表 7-15 所示。随着温度从 200℃升至 700℃，比表面积从 1.01m^2/g 急剧上升到 45.08m^2/g，材料的平均孔径不断降低。随着升温速率从 1℃/min 升至 20℃/min，材料的比表面积逐渐增大，这可能是由于通过释放具有更高升温速率的生物气产生了更多微孔，有利于生产高比表面积材料。

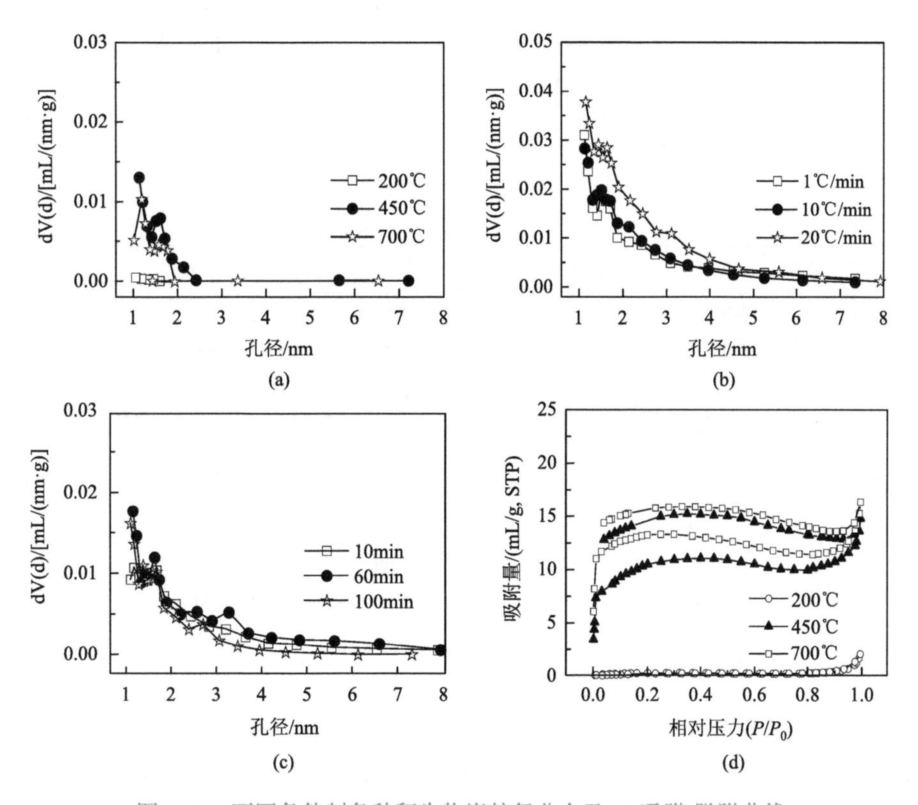

图 7-31　不同条件制备秸秆生物炭粒径分布及 N_2 吸附-脱附曲线

（a）、（b）、（c）为粒径分布图；（d）为三种温度生产生物炭的吸脱附曲线；dV(d)表示“一定孔径区间孔体积的变化率”

表 7-15　不同参数生物炭比表面积及孔结构

制备参数			S_{BET}/(m^2/g)	V_{micro}/(cm^3/g)	V_{total}/(cm^3/g)	平均孔径/nm
5℃/min，60min	温度	200/℃	1.01	0.0003	0.0032	12.44
		450/℃	37.29	0.0050	0.0225	2.41
		700/℃	45.08	0.0146	0.0250	2.21

续表

制备参数			S_{BET}/(m²/g)	V_{micro}/(cm³/g)	V_{total}/(cm³/g)	平均孔径/nm
650℃，60min	升温速率	1/(℃/min)	295.87	0.0974	0.1659	2.24
		10/(℃/min)	316.93	0.1052	0.1769	2.23
		20/(℃/min)	384.09	0.1156	0.2192	2.28
500℃，20℃/min	停留时间	10/min	46.72	0.0018	0.0466	3.99
		60/min	98.43	0.0191	0.1136	4.62
		100/min	91.35	0.0201	0.0572	2.51

注：S_{BET}为比表面积；V_{micro}为微孔孔容；V_{total}为总孔容。

表 7-16 显示的是不同生物炭稳定剂的工业分析结果。与升温速率和停留时间相比，热解温度仍然表现出最显著的影响。当温度从 200℃升至 700℃时，挥发分从 81.81%降至 9.28%，灰分从 3.02%增加到 14.10%，固定碳从 13.30%增加到 75.18%，水分无明显变化。

表 7-16 不同生物炭稳定剂的工业分析结果

制备条件		水分/%	挥发分/%	灰分/%	固定碳/%
热解温度[a]	200/℃	1.88	81.81	3.02	13.30
	450/℃	0.66	22.93	8.22	68.19
	700/℃	1.44	9.28	14.10	75.18
升温速率[b]	1/(℃/min)	3.15	13.48	9.79	73.58
	5/(℃/min)	3.31	22.18	8.64	65.87
	20/(℃/min)	2.62	11.89	9.80	75.70
停留时间[c]	10/min	1.92	23.66	8.02	66.41
	60/min	1.57	19.61	10.67	68.14
	100/min	0.46	19.84	10.18	69.52

a：升温速率 5℃/min，停留时间 1h。b：热解温度 650℃，停留时间 1h。c：热解温度 500℃，升温速率 20℃/min。

升温速率和停留时间对工业分析结果的影响都较小。停留时间的增加对固定碳含量无明显影响，这和 Wu 等[45]的研究相同，即随着停留时间从 10min 增加到 100min，灰分含量变化较小。

表 7-17 显示不同热解温度、升温速率和停留时间组合条件下所生产生物炭的元素分析结果。热解温度参数对所制备出的生物炭的 C、H、O、N、S 元素的含量有较为显著的影响，当温度变化从 200℃升至 700℃时，碳元素的质量分数从 47.54%增至 80.23%。生物炭中的碳由不稳定和稳定的碳构成，分别代表无定形炭基质和聚芳族石墨，碳含量的增加可能是木质纤维素分解过程导致的不稳定碳向稳定碳的转化。在更高的热解温度下，生物炭中的碳更多地转变为芳香族化合物和多碳化合物，与已有研究结论一致[46,47]。

表 7-17　不同条件生物炭稳定剂的元素分析结果

制备条件		N	C	S	H	O	H/C	O/C	(O+N)/C	(O+H+S)/C
热解温度[a]	200/℃	0.76	47.54	0.39	5.92	39.50	0.12	0.83	0.85	0.96
	450/℃	1.09	73.46	0.61	3.03	12.19	0.04	0.17	0.18	0.22
	700/℃	0.63	80.23	5.25	1.27	5.34	0.02	0.07	0.07	0.15
升温速率[b]	1/(℃/min)	0.61	81.16	0.54	1.44	7.42	0.02	0.09	0.10	0.12
	10/(℃/min)	0.70	81.62	0.40	1.53	7.33	0.02	0.09	0.10	0.11
	20/(℃/min)	0.68	81.27	0.92	1.53	7.23	0.02	0.09	0.10	0.12
停留时间[c]	10/min	1.09	74.53	0.45	3.04	12.38	0.04	0.17	0.18	0.21
	60/min	1.06	74.14	1.18	2.89	10.82	0.04	0.15	0.16	0.20
	100/min	1.08	77.12	0.97	2.85	10.33	0.04	0.13	0.15	0.18

a：升温速率 5℃/min，停留时间 1h。b：热解温度 650℃，停留时间 1h。c：热解温度 500℃，升温速率 20℃/min。

7.3.3　稳定剂的改性及汞吸附特征研究

1. 绿色改性稳定剂的表征结果

采用 7.3.1 节方法对制备生物炭进行改性，改性前后的稳定剂用于吸附实验，用以评价不同条件硫改性生物炭的吸附表现。

本节实验将对原料、炭硫比（质量比）、停留时间等参数进行组合，并选择稻壳生物炭或稻壳生物质作为硫改性生物炭的前驱体材料，在不同的参数条件下制备出一系列硫改性稻壳生物炭，制备参数如表 7-18 所示。初始汞溶液为 10mg/L 的硝酸汞[$Hg(NO_3)_2$]溶液。

表 7-18　不同硫改性生物炭的吸附容量

样品	原料	炭硫比	热解温度/℃	升温和停留时长/min	吸附容量/(mg/g)
M1	稻壳生物炭	1∶1	550	37+60	4.996
M2		1∶1	550	37+120	5.000
M3		9∶1	550	37+60	4.967
M4		9∶1	550	37+120	4.968
M5	稻壳	4∶1	550	37+60	4.538
M6		4∶1	550	37+90	4.583
M7		36∶1	550	37+60	3.154
M8		36∶1	550	37+90	3.392

对比可知，M1～M4 的吸附容量明显大于后四种样品，证明以稻壳生物炭为原料制备硫改性材料可以取得较好的汞吸附效果，明显优于纯稻壳生物炭。这也说明单质硫更容易渡载至生物炭表面，与汞形成稳定的 HgS 沉淀，提升了材料的吸附能力。所有的材

料中，以生物炭为制备原料，M1～M2，炭硫比控制在 1∶1，于 550℃条件下 N_2 气氛保护热解处理 120min 制取的材料表现出较高的吸附容量，因此后续的实验将选用该套制备参数进行材料制备。

对材料的性质进行表征，表征结果见表 7-19。硫改性的温度为 550℃，超过单质硫的沸点，混合体中的硫粉完全挥发并进入生物炭内部，实现表面改性目的。经过改性实验的处理，生物炭的含硫量明显增多，由原来的 0.2%增加至改性后的 13.04%，改性后生物炭的硫质量增加约 64 倍。这个实验结果和其他同类型研究中硫改性活性炭实验的结果相似，改性后生物炭的硫含量增加至 17.3%，但如果实验以 SO_2 为硫源对材料进行改性处理，则只有约不超过 11.14%的硫附着于材料表面[48]。

表 7-19 硫改性前后生物炭的性质参数表

参数	单位	纯生物炭	硫改性生物炭
水分	%	8.50	1.00
C	%	30.46	26.29
H	%	1.47	0.25
N	%	0.37	0.29
O	%	10.4	5.35
S	%	0.2	13.04
总灰分	%	26.5	43.43
挥发分	%	12.57	4.04
pH	—	7.35	10.65
电导率	μS/cm	871	727
比表面积	m^2/g	143	151
总孔容	mL/g	0.042	0.037
孔径 [a]	Nm	3.83	3.82

a：此孔径只包含孔径大于 1.5nm 孔隙。

本实验制备出硫改性生物炭的含氧量约为 5.35%，限制了改性过程硫的氧化，因此可以假设改性生物炭稳定剂表面质量比例为 13.04%的硫主要以有效的形态存在，这部分硫可有效固定土壤中有效态汞污染物，因为硫物质可以和土壤中有效态汞形成非常稳定的 HgS。

2. 吸附动力学及热力学特征

本节选择最为优化的条件所制备出的改性和未改性炭基稳定剂为对象，对比分析改性前后材料的吸附特性。

吸附动力学实验过程获取的数据被运用至准二级动力学模型的拟合：

$$\frac{t}{q_t}=\frac{1}{k_2 q_e^2}+\frac{t}{q_e} \tag{7-7}$$

式中，q_e 为平衡吸附量，mg/g；q_t 为 t 时间的吸附量，mg/g；k_2 为准二级动力学常数，g/(mg·min)。

准二级动力学模型拟合参数详见表 7-20，从表中可以看到，吸附拟合相关性较高，证明了改性前后稳定剂的吸附数据都基本符合准二级动力学模型。

表 7-20　准二级动力学模型拟合参数

吸附剂	k_2/[g/(mg·min)]	标准误/[g/(mg·min)]	R^2	平衡吸附量 q_e/(mg/g)
原始生物炭	0.077	0.017	0.950	31.16±1.13
硫改性生物炭	0.033	0.023	0.752	53.50±6.57

吸附实验结果见图 7-32。图 7-32（a）显示，随着汞吸附实验中吸附时间的不断增加，两种材料对溶液中汞的吸附表现呈现为：急剧上升之后又保持平稳，其中急剧上升是由于材料表面存在活性点位，这些点位有助于吸附溶液中离子态的汞，随着时间的增加点位减少，宏观表现为吸附量逐渐下降，吸附逐渐达到平衡状态。

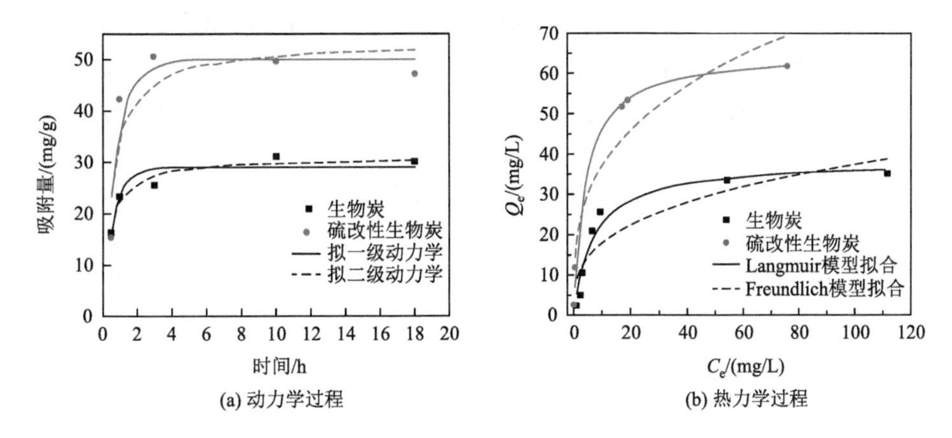

(a) 动力学过程　(b) 热力学过程

图 7-32　改性前后生物炭对汞的吸附性能

将实验参数分别用于 Langmuir 模型和 Freundlich 模型拟合，拟合经验方程如下：

$$\frac{C_e}{Q_e}=\frac{1}{(Q_{max}K_L)}+\frac{C_e}{Q_{max}} \tag{7-8}$$

$$Q_e=K_f C_e^{\frac{1}{n}} \tag{7-9}$$

式中，K_L 为 Langmuir 常数，L/mg；K_f 为 Freundlich 常数；C_e 为吸附平衡后溶液中汞浓度，mg/L；Q_e 为平衡吸附量，mg/g；Q_{max} 为饱和吸附量，mg/g。

计算结果表明，硫改性生物炭的曲线更适合 Langmuir 吸附方程，也就证明该类型稳定剂对溶液中汞的吸附属于单层吸附，同时也证明了硫可通过单层沉淀成功附着于生物炭表面和内部孔径。吸附等温模型基本参数详见表 7-21。

表 7-21　Langmuir 等温模型拟合参数

稳定剂	K_L/(L/mg)	标准误/(L/mg)	R^2	Q_{max}/(mg/g)
未改性炭	0.139	0.035	0.950	38.42±3.01
硫改性炭	0.244	0.082	0.989	64.90±3.74

图 7-32（b）展示的是两种生物炭材料在 23℃下的吸附表现。从图中看出，Q_e和 C_e之间的关系紧密贴合该吸附等温模型（$R^2>0.95$），表明活性组分均匀地分布于生物炭表面。改性前后炭基稳定剂的 Langmuir 常数分别为 0.14 和 0.24，表明硫改性的生物炭相比未改性的生物炭，较大幅度提升了对溶液中 Hg 的结合能力水平。硫改性生物炭 Q_{max} 相比生物炭增加约 68.92%，最高可达 64.90mg/g，证明硫改性生物炭吸附剂存在较为明显的吸附优势。

7.3.4　改性稳定剂的稳定效果评价

1. 不同稳定剂培养土壤的汞浸出能力

将稻壳生物炭（rice husk biochar，RHB）和硫改性稻壳生物炭（sulfur modified rice husk biochar，SRHB）两种材料分别混合至汞模拟污染土壤。土壤总汞浓度约为 1000mg/kg，pH 为 7.13，EC 为 62.2μS/cm，含水率为 1.5%。用 TCLP 分析土壤可浸出汞浓度，按照 TCLP 提取液的选择方法，对污染土壤样品进行 pH 测试后发现，本实验样品适合用 pH＝4.93 的 TCLP 提取液。

采用美国国家环境保护局制定的 TCLP 浸提标准对不同剂量炭基稳定材料进行处理，获取的浸提液中汞的浓度全部下降至 1200μg/L 以下，相比于空白土壤，稳定剂处理土壤中汞的浸出浓度下降幅度大于 94%，结果详见图 7-33（a）。与此同时，图 7-33（b）显示硫改性稻壳生物炭的汞稳定化效率最高，并且随着材料添加剂量增加，土壤可浸提汞的浓度不断降低。TCLP 汞的浸出浓度标准为 0.2mg/L，而所有的测试中只有 5%硫改性稻壳生物炭处理可将土壤汞的浸出浓度控制在 0.2mg/L 以下水平。

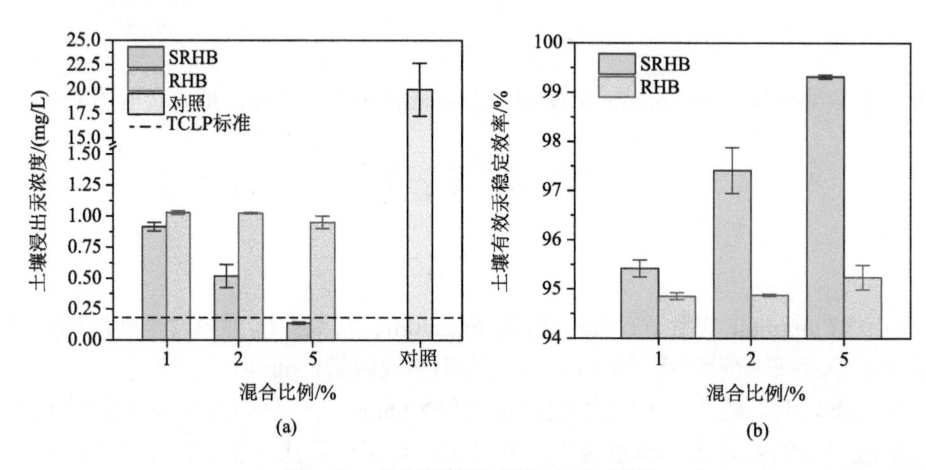

图 7-33　稳定剂培养土壤 TCLP 结果

2. 浸提条件对土壤汞浸出的影响

由于自然条件下土壤环境的差异性，本节研究不同 pH 浸提液对污染土壤中汞的毒性浸出特征影响。图 7-34（a）为不同处理浸提液中汞的浓度，图 7-34（b）为不同浸提液中土壤有效汞的稳定效率。低 pH 条件下，浸提液中汞的浓度较高，所有 pH 条件下，硫改性稻壳生物炭表现出稍高的稳定效率，高 pH 更有利于汞和硫改性稻壳生物炭的较强的结合。从图中可以明显看到，所有处理后土壤有效汞的稳定效率大于 94%。

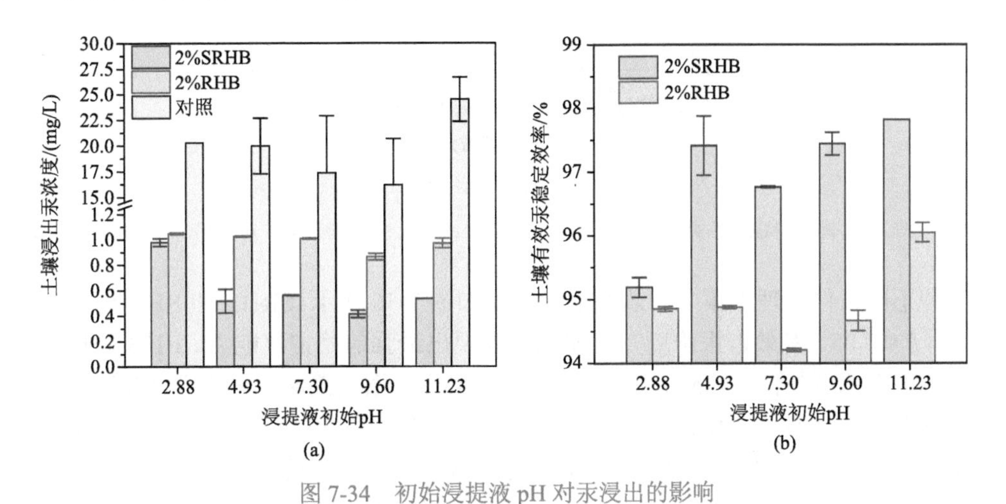

图 7-34　初始浸提液 pH 对汞浸出的影响

7.3.5　改性稳定剂的长效性评价

稳定剂的性能和环境条件都会影响稳定化长期效果，因此本节基于干湿循环模拟加速老化方法评价模拟 100 年老化前后土壤中总汞及多形态汞的变化。模拟加速老化实验分为短期评价和长期评价两个实验，短期评价是将 5%的 SRHB 和 RHB 材料与污染土壤混合，并设置对照实验，将上述三种土壤恒湿恒温培养 14d。分析不同处理土壤 pH、有效态汞及汞形态分布，其中有效态分析利用盐酸浸提法。

1. 短期稳定化效果

不同处理土壤中汞的形态分布如图 7-35 所示。从图中可以看出，无论是经过 1d 或 14d 的培养，土壤中的汞主要以硫化汞形态存在，只有少量的水溶态、强络合态、可交换态。相比于对照实验土壤，硫改性稻壳生物炭处理的土壤中水溶态汞含量都有所降低。具体分析可知，在培养第 24h 和第 14d，硫改性稻壳生物炭处理土壤中水溶态汞含量相对于对照组降低了 21.05%和 33.33%，证明该处理对于土壤中的有效态汞存在稳定化修复能力。硫化汞比例同时增加可能是土壤中部分有效态汞向较为稳定的硫化汞转变。

土壤中有效态汞被认为可被植物吸收利用，而相对稳定的形态则不能被生物所利用。在培养的第 1d 和第 14d 分别评价了不同处理土壤（5%SRHB 和 5%RHB）及对照土壤中汞有效态浓度。

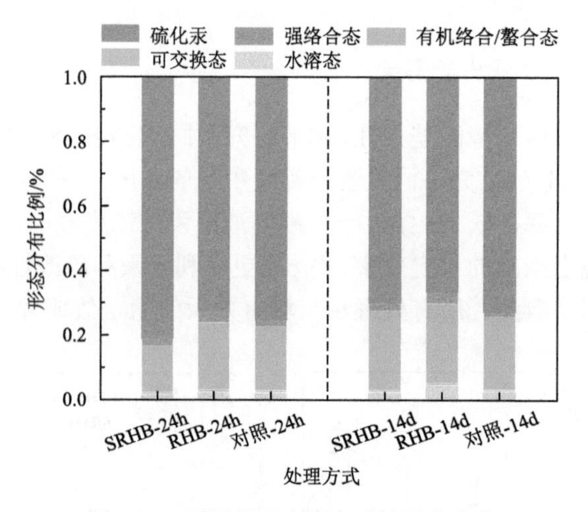

图 7-35　不同处理土壤中汞的形态分布

SRHB 处理为 5%硫改性稻壳生物炭处理土壤；RHB 处理为 5%稻壳生物炭处理土壤；对照为不添加修复剂的土壤

三种不同条件处理土壤中有效态汞的浓度如图 7-36 所示。SRHB 和 RHB 处理均显著降低了（$P<0.05$）有效态汞浓度，且 SRHB 表现出最强的稳定化能力。RHB 处理可使得土壤有效态汞浓度降低至 254ng/L，表现出 57.45%的稳定效率。前期研究成果证明，选用 SRHB 代替未改性的 RHB 可以显著提高稳定性[49]。本书中，在 SRHB 处理后的第 1d 即产生 70.21%的稳定效率。这可能是土壤有效态汞可以与硫及其化合物结合，转化为硫化汞，其稳定化机理含有表面沉淀、微孔吸附、含氧官能团络合等[50]。

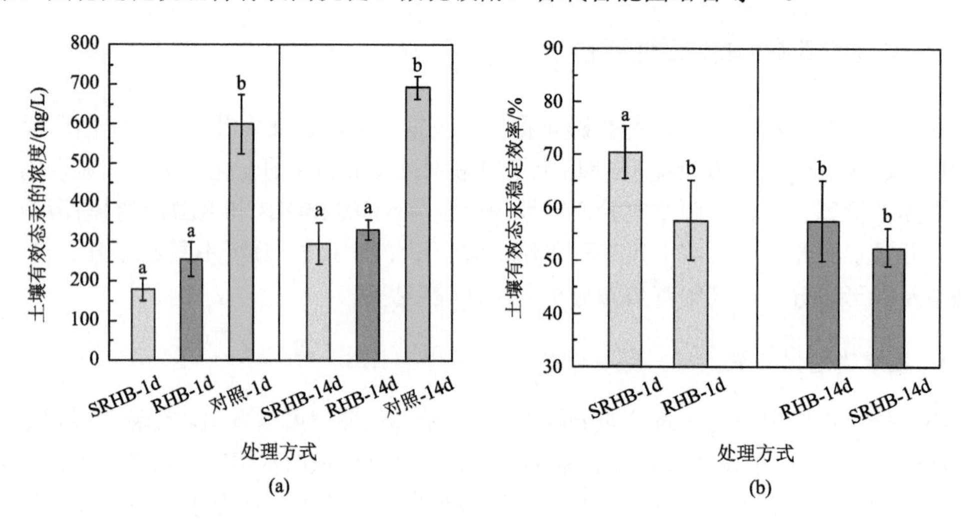

图 7-36　不同处理/培养时长对土壤有效态汞的影响

SRHB 处理为 5%硫改性稻壳生物炭处理土壤；RHB 处理为 5%稻壳生物炭处理土壤；1d 和 14d 代表培养时长为 1d 和 14d

SRHB 处理过的土壤中，硫（S）倾向于与 Hg 产生强烈的相互作用，形成不溶和稳定的化合物。14d 后 SRHB 的稳定效率降至 57.3%（$P<0.05$），从第 1d 到第 14d，稳定性的降低可能是由于好氧土壤环境中硫氧化。

2. 长期稳定化效果

三种不同处理土壤中有效态汞的浓度变化趋势几乎相同（图7-37），从最开始高浓度（300～700ng/L），到50年模拟加速老化后浓度逐渐变低（50～400ng/L）；随着老化时长的增加，土壤有效态汞的浓度快速增加。该现象可能原因是，长期老化导致的生物炭内部结构坍塌和表面侵蚀，表面活性吸附位点逐渐被破坏。随着时间的增加，弱酸性降雨可以将土壤中稳定的HgS改变为有效态的Hg^{2+}，生物炭稳定效力逐渐减弱。硫改性生物炭处理土壤的有效态汞的浓度水平始终处于最低，证明硫改性生物炭可明显改善稳定剂对有效态汞的长效管控能力。

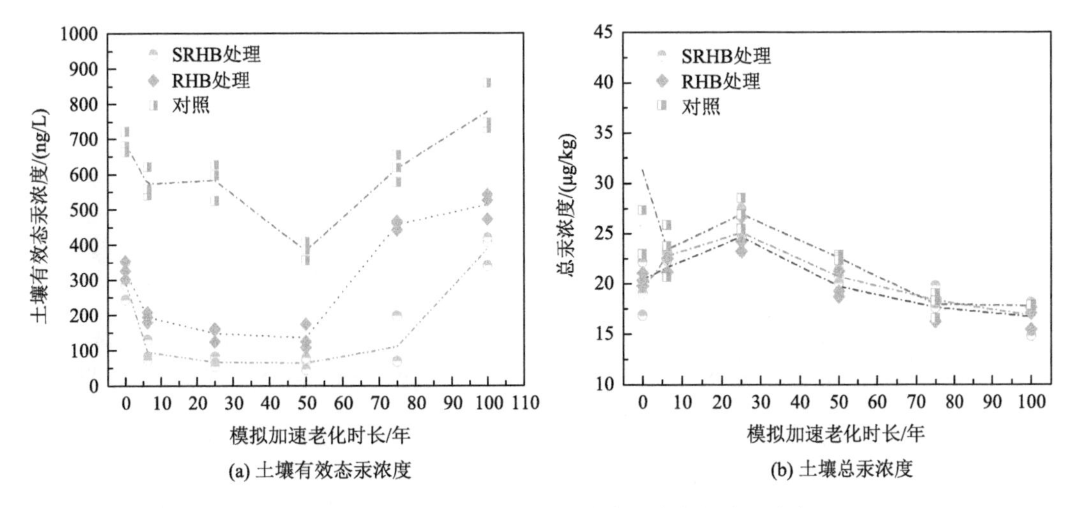

图7-37　不同老化时长土壤有效态汞浓度及总汞浓度

SRHB处理为5%硫改性稻壳生物炭处理土壤；RHB处理为5%稻壳生物炭处理土壤；对照为不添加稳定剂土壤

图7-37（b）显示的是老化前后不同处理土壤总汞浓度变化。可以看到，随着加速老化时长增加至75年，土壤中总汞的浓度呈线性下降趋势；当模拟加速老化时长从75年增加至100年时，可以看出土壤中总汞的浓度略微下降并逐步趋于稳定。上述现象可以归结于长期自然降水条件下，土壤中部分汞污染物随着雨水的下渗进入地下水。

老化前后不同处理土壤汞的形态分布如图7-38所示。图中表明硫化汞（HgS）是所有土壤中汞的主要形态，而水溶态Hg（F1）、强络合态Hg（F4）和可交换态Hg（F2）的组分占比要小得多。全部加速老化周期内，所有土壤中的汞大多以相对稳定的F3～F5形态存在。

在该研究中，测得对照土壤总硫含量为0.1%，总碳含量为2%。土壤中的大部分Hg属于HgS（F5）和有机结合态Hg（F3），表明硫和有机碳对稳定Hg的影响很大。硫化汞和有机结合态汞是自然沉积物中汞的主要形式，主要是由于自然界本身存在硫和有机碳。本实验中SRHB的添加可提高土壤硫分和有机碳含量，成为有效提升土壤汞污染物稳定效果的机理之一。

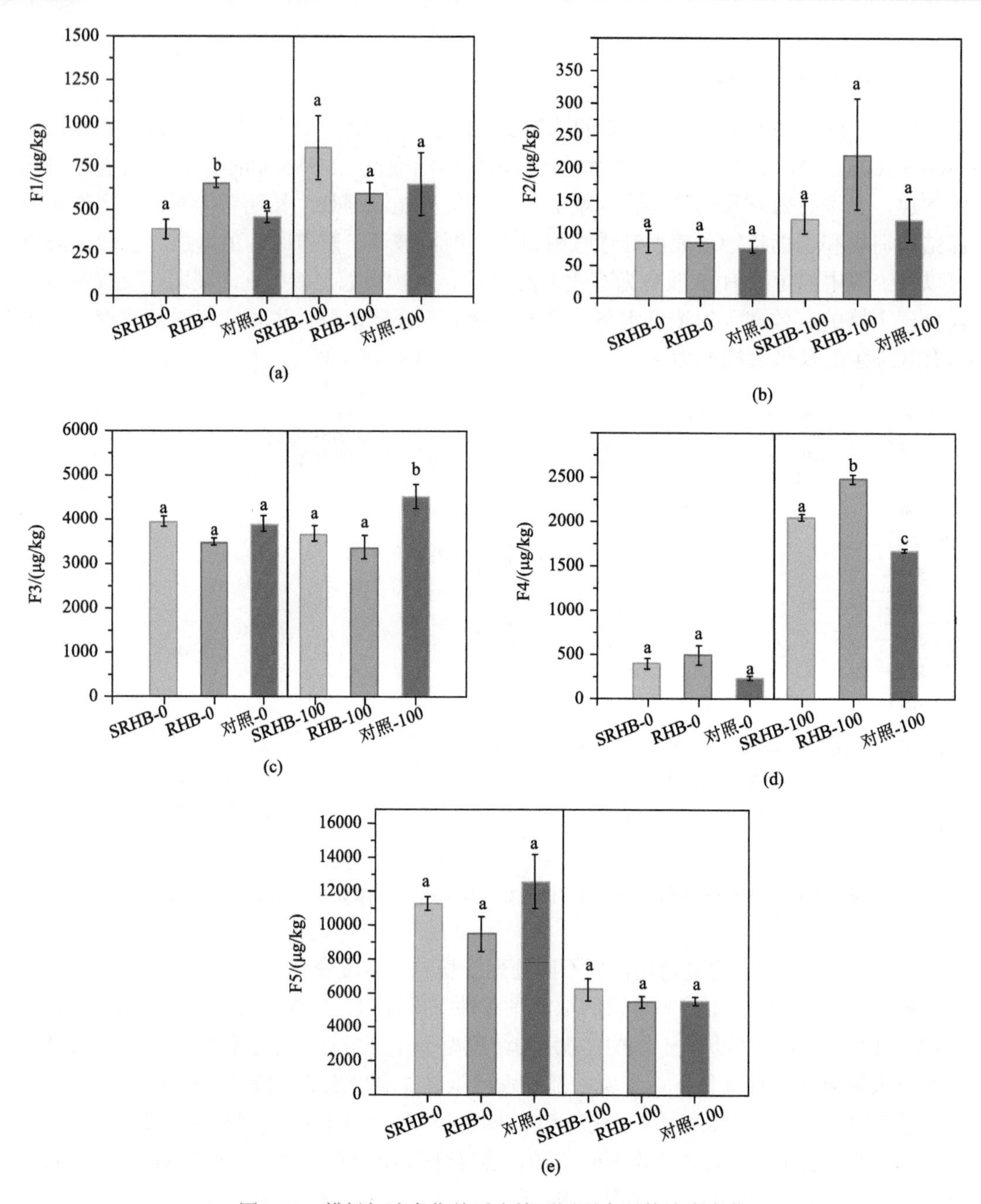

图 7-38 模拟加速老化前后土壤不同形态汞的浓度变化

到加速老化 100 年时，F5 的浓度显著降低而 F4 浓度升高，其中，SRHB 和 RHB 处理土壤的 F5 浓度分别降低了 44.6%和 42.0%，而 F4 浓度升高了至少 4 倍。HgS 减少的一个合理解释是可能发生了氧化，去除了一些还原性的硫。在整个加速老化过程中，稳定剂处理土壤可提取态 Hg 仍低于对照土壤，有效降低了植物对汞的吸收水平，从而显著降低了植物富集特别是农作物富集所带来的食物链途径的健康风险。

7.4　基于全周期管理的汞污染风险管控技术

地块的分类管理对策应在考虑地块污染特征、迁移与分布情况、风险高低的同时，兼顾技术可行性及防治资金保障等因素。同时，地块的管理应遵循可持续与全周期管理的原则，在对现有污染及风险的科学精准管控的同时，注重地块在风险前期的防范和管控后期地块长期环境社会管理。例如，统筹地块风险产生、风险发展与风险消退的全周期环节，分别施以风险预防、过程控制及长期管理措施，在有效遏制地块新增风险的基础上，实现污染地块环境风险安全可控，构建起适用于汞污染地块风险全生命周期可持续管理的技术框架。

7.4.1　汞污染的源头防治

污染源是形成地块污染、污染的迁移与扩散及衍生环境风险较为重要的因子之一，对周边居民的居住环境、身体健康、饮食安全等存在严重影响。包括汞在内的重金属污染土壤存在污染难以去除特点，从而加剧了后续污染地块环境质量调研及修复治理的困难。包括土壤在内的环境污染治理较为有效和经济的方法之一就是在源头进行防控。

相关政策文件对源头防治措施做出具体要求，《中华人民共和国土壤污染防治法》专门设立了“预防和保护”内容；《土壤污染防治行动计划》文件同样要求“加强污染源监管，做好土壤污染预防工作”；北京市、上海市等地方环境管理部门也指出强化“三废”的治理，严格用地准入、环境影响评价、工艺优化升级等污染预防措施。

汞污染地块的综合防治也应扭转以往传统“末端治理”的思路，化被动修复为主动干预，以预防为主导，为源头防治-风险控制-长期管理的系统风险管控框架的构建创造必要的基础条件。《关于汞的水俣公约》中也相应指出，各缔约方应尽快通过关于控制相关来源释放的最佳可得技术和最佳环境实践的指导意见，同时亦考虑到新的来源与现有来源之间的区别，以期在控制释放方面取得协同效益。

汞污染的源头防治通常以典型地块为研究对象，通过分析地块不同区域的汞污染水平与健康风险，不同工艺流程的潜在汞污染物的释放特征，刻画典型汞污染地块的排放情景。以物质流分析法量化评价地块内部的汞污染释放特征，为地块汞污染源头减排提供决策建议，以期为包括汞矿开采与冶炼在内的涉汞行业实施源头污染排放控制措施提供经验借鉴，提升我国综合履约能力水平。

7.4.2　汞污染的分类风险管理

分类风险管理是有效应对汞污染地块环境风险的方法，是多因素相互关联、相互制约的复杂决策系统。在实施过程中，往往需要考虑地块污染水平、污染物迁移能力、健康与生态风险、管控能力水平等多种因素，如只依靠专家团队和经验管理人员主观判断，则存在人为干扰大的问题。因此，将地块管控等级决策作为一个模糊评价系统，将其分解为若干相互关联的层次，并在同一层次内归纳影响地块管控分类的因子，按照不同因子间存在的一定逻辑关系构建相适应的指标体系，从而通过系统工程层次分析及模糊评价数值分析方法对污染地块分类管理过程建模分析，探索形成更为全面、科学、系统化的汞污染地块管控决策分类理论与方法。

模糊综合评价法及层次分析法属于系统分析方法，在决策系统中被广泛应用。模糊综合评价法属于控制论范畴，其基础理论由美国加利福尼亚大学（University of California）学者 Zadeh（扎德）于 1965 年提出[51]。层次分析法属于运筹学范畴，由美国匹兹堡大学（University of Pittsburgh）专家 Thomas L. Saaty（萨蒂）于 20 世纪末期为解决国家电力分配问题而创立，该方法利用层次权重决策定量化解决问题[52]。层次分析法的基本流程为：结构模型与判断矩阵的构建、对所构造的判断矩阵进行一致性分析。模糊综合评价法的基本流程可分为：因素集合确定、赋值与权重、评价集合确定、单个因素的评价与因子综合模糊评价。

在地块分类管控决策中，首先分析影响地块管控决策的关键指标因素，并根据参考指标因素所具备的属性、特征、相关性及相互联系，形成多级层次结构的指标因素体系，包括目标层、准则层和指标层。指标值选取的原则为尽可能从地块现场分析及实验室检测结果中获取，如现场调研并未涉及则选用对应指标类别的同类文献报道或项目报告数据。指标等级的确定需要参考国内外已经发布的行业规范、标准、导则等规定，但优先采用国内已经发布的标准，如土壤超标等级判断则参照《土壤环境质量 建设用地土壤污染风险管控标准（试行）》（GB 36600—2018）标准值执行，如现阶段未发布指标标准值，则可以通过专家意见咨询途径解决。进而结合层次分析与模糊综合评价的测算过程原理，确定不同污染地块的管控风险等级，科学合理地制定相应的管控技术体系。

7.4.3 汞污染地块的长期环境管理

长期环境管理调查是污染地块风险管理过程中决策者与公众之间充分交流的途径，其目的是使公众有充分的知情权，避免管理决策过程有损害公众关切的重大环境与社会问题，切实保护受影响公众的利益，避免环境与社会保障措施实施过程对公众造成文化、经济、社会等各方面的威胁与伤害，从而使得环境、社会与经济综合效益最大化。

地点的代表性和可操作性是关系问卷调查结果的两个核心要素：首先，地点应具有汞污染及潜在环境风险；其次，地块周边应具有环境敏感目标，且已经对敏感目标的环境、经济、社会其中的一面或者多面产生影响。

1. 调查目的及原则

长期环境管理调查的实施可以在调查与评估阶段让利益相关者及时了解地块环境信息，通过既定的途径表达自己的看法与观点，其最终对地块风险管理的成功实施意义重大。管理决策者可以通过长期环境管理调查结果，及时了解公众关注的保护目标与其他环境、经济与社会问题。而决策过程可以考虑公众的意见、看法与观点，确保措施的可行性、科学性与合理性，切实维护利益关切者的综合利益。与此同时，公众也可以对措施的实施过程进行监督，确保风险管理措施依法依规实施。

长期环境管理调查活动的实施应体现公平公正公开原则、可实施性原则与动态调整的原则。公平公正公开原则表明，长期环境管理调查活动需要以公众利益为基础，必须征询具备代表性的利益相关者，代表着不同的社会群体，必须履行公众的知情权、参与权与监督权，提高地块管理过程信息的透明化；可实施性原则体现的是考虑不同教育水平群体对活动内容的理解与认知能力，避免过多的专业术语；动态调整原则体现的是活动实施过程应随着环境、对象、实施进度的变化动态调整，以实现最优化的长期管理调查效果。

2. 调查问卷的设计与调查方法

本问卷将综合考虑地块管控科学问题，受访者的教育背景、文化水平及其他社会环境，调查方法可实施性等，设计了涵盖环境、经济与社会三个部分的问卷内容。首先显示的是参与调查人员的个人基础信息；其次为对汞污染地块的认识与了解；最后为研究地块风险管控措施的意见与建议。

以纸质版海报的方式呈现研究地块环境与社会保障草案，履行不同利益关切者的知情权，采用入户走访与问卷调查的方式征询利益相关者的意见，收集潜在受影响人群对环境和社会影响的意见，并记录反映强烈的环境和社会问题。

问卷调查分为线上线下相结合的方式开展，两种方式问卷内容一致。对于文化程度与教育程度受限的受访者，主要是地块周边的居民及周边村镇居民、地块业主代表（村委会）等人员，采用线下的方式开展调研。线下的具体方式为：对地块周边重点村庄居住，且对地块熟悉的居民开展随机面对面问卷访谈，由调研员按照问卷内容逐个询问，并根据受访者的回答作对应问题的详细记录。线上调查受访对象为环保部门人员、科研人员，具体的方式是：将电子版问卷发送至受访者本人，根据后台记录的数据对受访者意见进行统计。

7.4.4 汞污染全周期管控体系构建

地块风险评估后，已经被确定为存在健康风险的地块应基于地块污染水平、风险高低、管控能力等因素，对污染地块实施分类管理。结合7.4.2节中构建的地块管控决策分类方法对地块管控等级进行分析，决策系统如图7-39所示。地块管控等级决策的基本原则为：①对于高级管控地块，一般存在污染程度高、环境风险高、敏感目标多的情况，或存在一定的管控能力和资金水平，亟须开展基于强化修复和长期管理相结合的地块风险管理，实现地块污染负荷及风险水平显著降低；②对于中级管控地块，则存在污染水平和风险程度中等、管控技术市场应用化程度一般，或存在轻度管理资金困难的情况，应适时采取绿色稳定化、制度管控等风险管控措施，实现风险的安全可控；③对于低级管控地块，污染及风险水平较低，或存在管控技术及资金能力严重不足的情况，应基于地块污染和环境风险特征，开展以长期环境管理为主导的对策，如环境监测、设置围栏与警示标语等。分别从风险源、暴露途径及风险受体中的一个或者多个环节实施管控措施，从而有效遏制污染扩散及风险的增加。

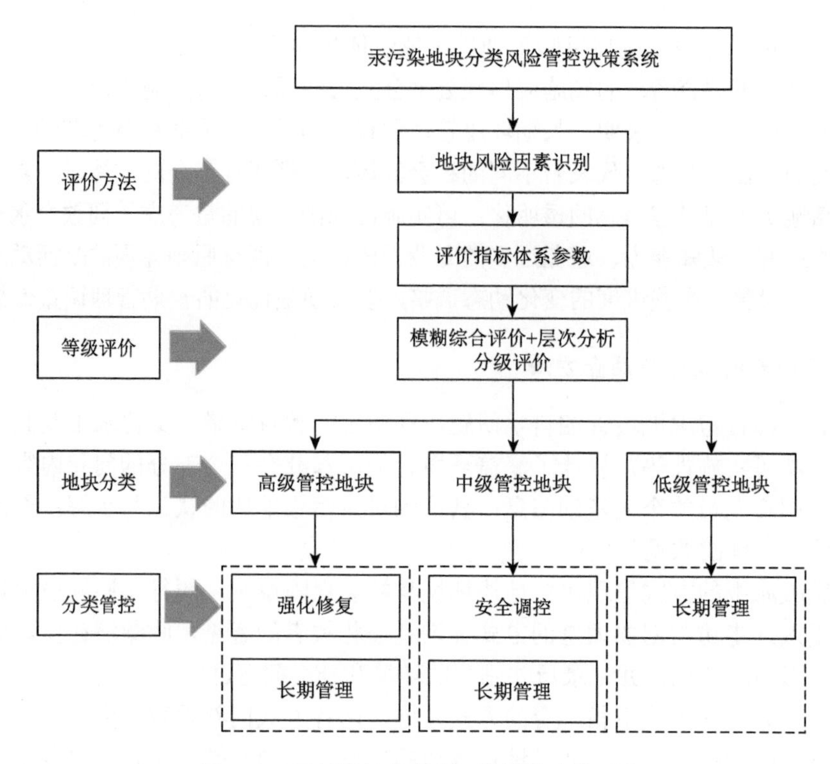

图 7-39 汞污染地块分类风险管控决策系统

综上所述，汞污染地块的风险管理过程应采取防治相结合的方式，以及有效预防、分类分区管理、长期环境管理的具体思路。具体管控措施应覆盖到汞污染地块风险管理活动的全周期，具体可分为前期预防、过程的修复或管控、后期环境长期管理等阶段（图 7-40）。在风险产生前期，应结合《关于汞的水俣公约》具体履约要求，减少并逐步禁止汞矿的开采与冶炼，指导现有工矿企业有序淘汰含汞工艺，替换为无汞工艺生产，从每一个潜在地块的污染源头实施防治措施，控制其新增汞污染的风险；经过地块污染识别与调查评估，已确定存在风险的地块，需综合分析地块污染分布、管控目标、地块利用规划、修复技术特点，筛选适用方案。对高级管控地块实施热脱附、淋洗、抽出-处理等强化修复技术，削减环境介质中汞的总量，对低级管控地块采取有效阻隔，谨防污染物的进一步扩散与转移，并通过源头阻隔技术、固化稳定化技术、可渗透反应墙等技术实施风险安全管控。污染地块风险管控过程涉及的污染土壤转移、储存与处置也应遵循最新修订的固废污染防治相关法律的规定，满足产生—收集—储运—运输—利用和处置的全过程管理。风险管控后期，应通过环境监测与制度控制措施确保地块管控措施有效性与长期稳定性，切实保障地块周边人群身体健康。

整合地块综合管控技术框架构建所需的要素，结合国家相关法律法规、防治规划、政策、技术导则等规范，分别对污染源、风险源、暴露与受体不同要素实施分类控制，构建汞污染地块综合防治框架（图 7-41）。

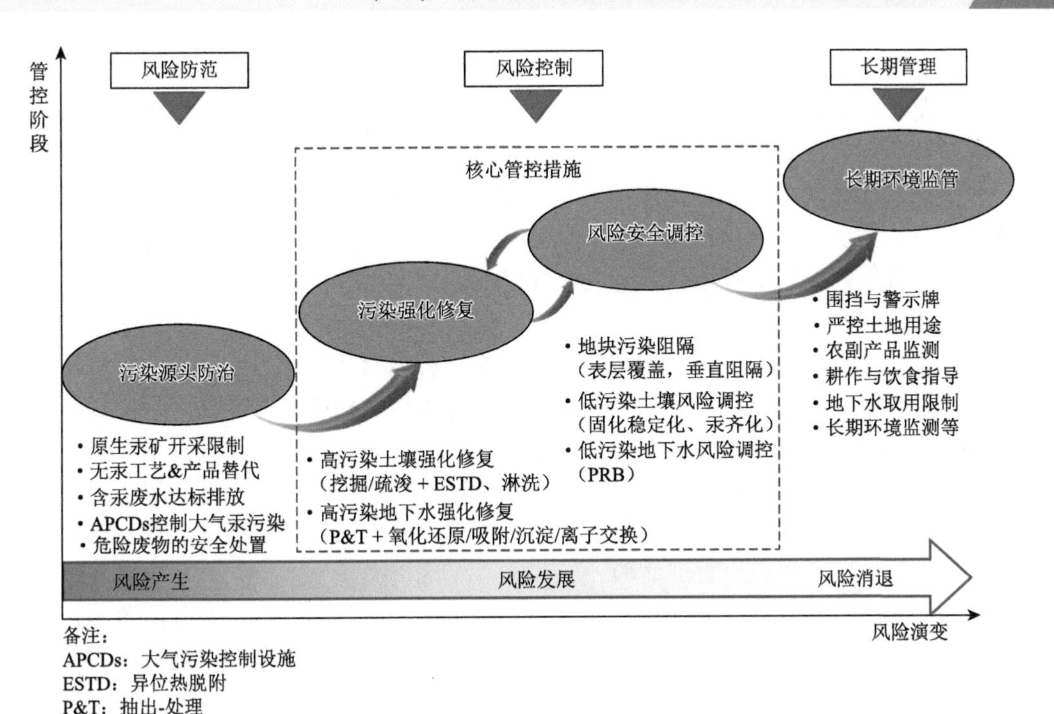

图7-40　汞污染地块风险全生命周期分类控制技术框架

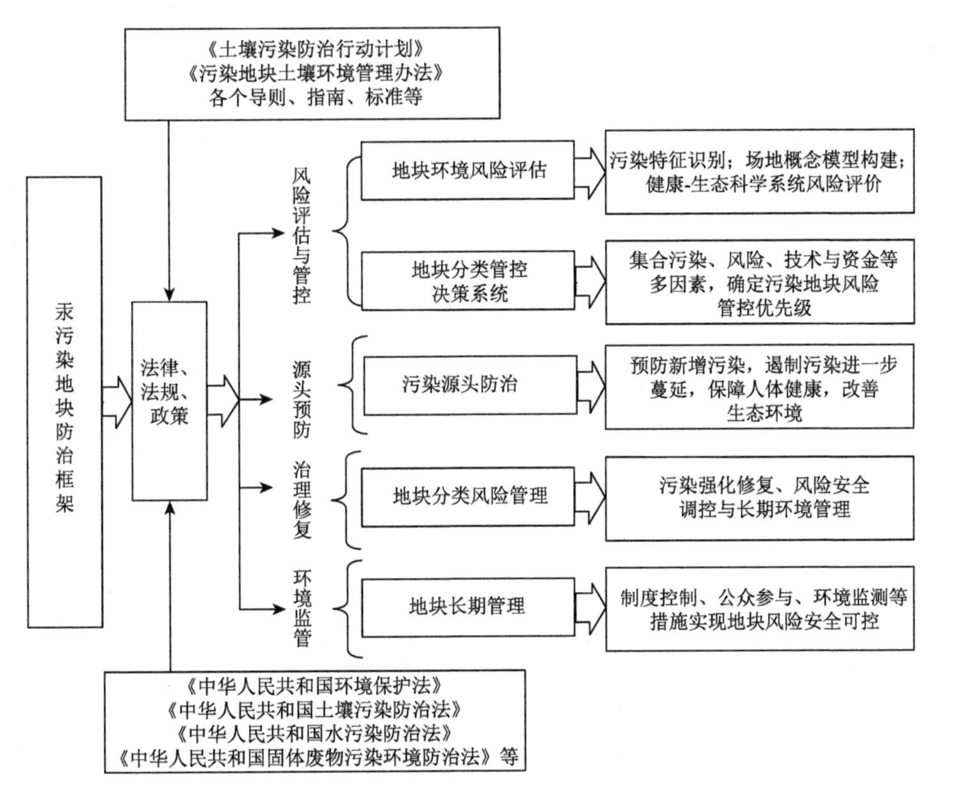

图7-41　汞污染地块综合防治框架

在借鉴发达国家关于汞污染治理经验与我国汞污染防治技术发展的基础上，研究提出了一种基于风险的汞污染地块分类管控技术体系。该技术体系基本内涵为：以法律法规、管控政策、管控标准为基础，基于汞污染地块特点，实施以地块环境风险评估、地块分类管控决策系统、污染源头防治、地块分类风险管理和地块长期管理为核心内容等多层次、全流程管理，即从污染调查、风险评估、管控决策、风险管控与修复、效果评估、长期管理等诸多角度对地块实施全面管控。

具体包括：

（1）地块环境风险评估：对地块进行汞污染环境调查与环境风险评价，识别地块汞污染分布、迁移与形态分布、风险水平等特征，进行污染精准刻画与量化风险评估，准确识别现有地块健康/生态风险水平与其长期演化特征，为后续分类管控提供基础。

（2）地块分类管控决策系统：结合污染调查结果、地块规划、技术优势、局限性、管控目标、当地环境管理政策制度等多因素，综合考虑地块风险管控优先级别，实施基于地块优先级别的有序风险管理活动。

（3）污染源头防治：优先进行污染排查、源头削减、污染防控，有效防范与控制地块形成前期的潜在污染释放行为，尽可能控制污染地块数量增加和现有地块的污染扩散蔓延。

（4）地块分类风险管理：将汞污染地块分为高风险地块和低风险地块两大类，根据地块环境风险等级，选择与等级匹配的管控技术方案。具体地，对高风险地块实施强化修复，优先选择异位热脱附、挖掘-填埋、土壤淋洗等土壤强化修复方法与抽出-处理、氧化还原等地下水强化修复技术。对于低风险地块的安全调控，选择固化稳定化、可渗透反应墙、土壤污染阻隔风险管控等。

（5）地块长期管理：分为环境监测与制度控制两类。环境监测包括对工程措施实施期内及实施期后的污染地块土壤和地下水开展定期监测；而制度控制属于政府控制、所有权控制、实施和许可工具、信息策略等非工程手段，以保障管控技术方案的有效性与持久性。

汞污染地块风险综合防治框架的内涵可以总结为：在地块风险识别和地块汞污染物环境与健康风险评价基础上，根据国家有关管理政策和技术规范，筛选并实施环境友好、经济适用、社会可持续的工程技术与制度管控措施，将地块现有环境风险长期降低至可接受风险水平。

7.5 本章小结

本章围绕汞污染地块的环境风险评价与风险管控等复杂问题，以国内现有典型汞污染地块为对象，对地块尺度汞污染特征和风险水平进行有效识别，开发基于长效稳定化的汞污染土壤风险管控技术，利用加速模拟老化方法对该技术的长效性进行评价。并且提出了污染源头防治、地块风险分类管控、污染长期环境治理的技术方法，进而构建起适用于汞污染地块风险全周期分类管控的技术框架。主要的研究结果如下。

（1）地块的汞污染程度相对较高，地表水、沉积物总汞浓度分别最高超标2.86倍、73.19倍。污染集中分布于原生地块内部采矿、选矿、冶炼区域和地块外部下游区域。地块内部土壤汞污染可能来自汞矿采冶活动“三废”的排放，而地块外部汞污染可能来自采选废水或干湿沉降。土壤、植物等不同环境介质中汞的形态分析结果表明，在原生地块内部的汞污染物多以性质相对稳定的硫化汞（HgS）存在。

（2）汞污染土壤的长效稳定化风险管控研究表明，热解温度是生物炭稳定剂制备过程的关键因子，对材料的物化性质存在较大的影响。硫改性可使得稳定剂的含硫量提升64倍，表面积增加5.6%，最大汞吸附量 Q_{max} 提升68.92%，最高可达64.90mg/g。5%SRHB添加可以使污染土壤可浸出汞浓度最高下降99%。模拟加速老化实验结果表明，该技术至少可以稳定土壤有效汞达50年，且50年模拟老化土壤的有效汞浓度低于100ng/L。

（3）在地块风险管控技术框架构建中，首先应从清洁地块优先保护、汞矿选冶有序淘汰、清洁生产工艺替代、污染排放控制、固废安全处置等多个方面对选矿和冶炼区域实施源头防治措施。其次，基于层次分析与模糊综合评价理论构建包含污染水平、迁移能力等多指标在内的地块分类管控决策系统。管控地块的长期环境管理也应因地制宜地实施制度控制措施，以满足不同地块利益相关者的意见。基于此，建立适用于汞污染地块风险全周期管理的分类管控技术框架，分别在地块风险“产生—发展—消退”的三个阶段实施分类管理行动。该框架可在有效预防地块新增风险的基础上，对现有污染地块实施分类分级风险管控和因地制宜的长期管理，为地块的安全可控提供技术保障。

参考文献

[1] Al-Damluji S F. Organomercury poisoning in Iraq：History prior to the 1971—72 outbreak[J]. Bulletin of the World Health Organization，1976，53（Suppl）：11-13.

[2] Raj D，Maiti S K. Sources，toxicity，and remediation of mercury：An essence review[J]. Environmental Monitoring and Assessment，2019，191（9）：1-22.

[3] Essa M H，Mu'azu N D，Lukman S，et al. Application of Box-Behnken design to hybrid electrokinetic-adsorption removal of mercury from contaminated saline-sodic clay soil[J]. Soil & Sediment Contamination，2015，24（1）：30-48.

[4] Hui M L，Wu Q R，Wang S X，et al. Mercury flows in China and global drivers[J]. Environmental Science & Technology，2016，51（1）：222-231.

[5] Wang J X，Feng X B，Anderson C W N，et al. Remediation of mercury contaminated sites：A review[J]. Journal of Hazardous Materials，2012，221-222：1-18.

[6] Mahbub K R，Bahar M M，Labbate M，et al. Bioremediation of mercury：Not properly exploited in contaminated soils[J]. Applied Microbiology and Biotechnology，2017，101（3）：963-976.

[7] Rumayor M，Gallego J R，Rodriguez-Valdes E，et al. An assessment of the environmental fate of mercury species in highly polluted brownfields by means of thermal desorption[J]. Journal of Hazardous Materials，2017，325：1-7.

[8] 仇广乐. 贵州省典型汞矿地区汞的环境地球化学研究[D]. 贵阳：中国科学院研究生院（地球化学研究所），2005.

[9] Zhang H，Feng X B，Larssen T，et al. In inland China，rice，rather than fish，is the major pathway for methylmercury exposure[J]. Environmental Health Perspectives，2010，118（9）：1183-1188.

[10] Feng X B，Li P，Qiu G L，et al. Human exposure to methylmercury through rice intake in mercury mining areas，Guizhou Province，China[J]. Environment Science & Technology，2008，42（1）：326-332.

[11] Trasande L，Landrigan P J，Schechter C. Public health and economic consequences of methyl mercury toxicity to the developing brain[J]. Environmental Health Perspectives，2005，113（5）：590-596.

[12] Chen H Y，Teng Y G，Lu S J，et al. Contamination features and health risk of soil heavy metals in China[J]. Science of the Total Environment，2015，512：143-153.

[13] Hakanson L. An ecological risk index for aquatic pollution control. A sedimentological approach[J]. Water Research，1980，14（8）：975-1001.

[14] Ullrich S M，Tanton T W，Abdrashitova S A. Mercury in the aquatic environment：A review of factors affecting methylation[J]. Critical Reviews in Environmental Science and Technology，2001，31（3）：241-293.

[15] Remor M B，Sampaio S C，Rosa D M，et al. Mercury in the sediment of the upper Parnaíba River[J]. Engenharia Agrícola，2018，38：760-767.

[16] Molamohyeddin N，Ghafourian H，Sadatipour S M. Contamination assessment of mercury，lead，cadmium and arsenic in surface sediments of Chabahar Bay[J]. Marine Pollution Bulletin，2017，124（1）：521-525.

[17] Zhang H，Feng X B，Larssen T，et al. Bioaccumulation of methylmercury versus inorganic mercury in rice（*Oryza sativa* L.）grain[J]. Environmental Science & Technology，2010，44（12）：4499-4504.

[18] Zhang H，Feng X B，Chan H M，et al. New insights into traditional health risk assessments of mercury exposure：Implications of selenium[J]. Environmental Science & Technology，2014，48（2）：1206-1212.

[19] Gustin M S，Ericksen J A，Schorran D E，et al. Application of controlled mesocosms for understanding mercury air-soil-plant exchange[J]. Environmental Science & Technology，2004，38（22）：6044-6050.

[20] Natasha S M，Khalid S，Bibi I，et al. A critical review of mercury speciation，bioavailability，toxicity and detoxification in soil-plant environment：Ecotoxicology and health risk assessment[J]. Science of the Total Environment，2020，711：134749.

[21] Wang Y L，Fang M D，Chien L C，et al. Distribution of mercury and methylmercury in surface water and surface sediment of river，irrigation canal，reservoir，and wetland in Taiwan[J]. Environmental Science and Pollution Research，2019，26（17）：17762-17773.

[22] Yin R S，Gu C H，Feng X B，et al. Distribution and geochemical speciation of soil mercury in Wanshan Hg mine：Effects of cultivation[J]. Geoderma，2016，272：32-38.

[23] Fernández-Martínez R，Loredo J，Ordóñez A，et al. Physicochemical characterization and mercury speciation of particle-size soil fractions from an abandoned mining area in Mieres，Asturias（Spain）[J]. Environmental Pollution，2006，142（2）：217-226.

[24] Derhy M，Yassine T，Hakkou R，et al. Review of the main factors affecting the flotation of phosphate ores[J]. Minerals，2020，10（12）：1109.

[25] Shi C，Spence R. Designing of cement-based formula for solidification/stabilization of hazardous，radioactive，and mixed wastes[J]. Critical Reviews in Environmental Science and Technology，2004，34（4）：391-417.

[26] Conner J R，Hoeffner S L. A critical review of stabilization/solidification technology[J]. Critical Reviews in Environmental Science and Technology，1998，28（4）：397-462.

[27] Wang X N，Zhang D Y，Pan X L，et al. Aerobic and anaerobic biosynthesis of nano-selenium for remediation of mercury contaminated soil[J]. Chemosphere，2017，170：266-273.

[28] Wang X N，Pan X L，Gadd G M. Soil dissolved organic matter affects mercury immobilization by biogenic selenium nanoparticles[J]. Science of the Total Environment，2019，658：8-15.

[29] Gong Y Y，Liu Y Y，Xiong Z，et al. Immobilization of mercury in field soil and sediment using carboxymethyl cellulose stabilized iron sulfide nanoparticles[J]. Nanotechnology，2012，23（29）：294007.

[30] Xiong Z，He F，Zhao D Y，et al. Immobilization of mercury in sediment using stabilized iron sulfide nanoparticles[J]. Water Research，2009，43（20）：5171-5179.

[31] Gilmour C，Bell T，Soren A，et al. Activated carbon thin-layer placement as an *in situ* mercury remediation tool in a Penobscot River salt marsh[J]. Science of the Total Environment，2018，621：839-848.

[32] Zhang J，Bishop P L. Stabilization/solidification（S/S）of mercury-containing wastes using reactivated carbon and Portland cement[J]. Journal of Hazardous Materials，2002，92（2）：199-212.

[33] Hou D Y，Al-Tabbaa A. Sustainability：A new imperative in contaminated land remediation[J]. Environmental Science and Policy，2014，39：25-34.

[34] Hou D Y，Guthrie P，Rigby M. Assessing the trend in sustainable remediation：A questionnaire survey of remediation professionals in various countries[J]. Journal of Environmental Management，2016，184：18-26.

[35] Hodgson E，Lewys-James A，Rao R S，et al. Optimisation of slow-pyrolysis process conditions to maximise char yield and heavy metal adsorption of biochar produced from different feedstocks[J]. Bioresource Technology，2016，214：574-581.

[36] Anupam K，Sharma A K，Lal P S，et al. Preparation，characterization and optimization for upgrading Leucaena leucocephala bark to biochar fuel with high energy yielding[J]. Energy，2016，106：743-756.

[37] Lee Y，Park J，Ryu C，et al. Comparison of biochar properties from biomass residues produced by slow pyrolysis at 500 °C[J]. Bioresource Technology，2013，148：196-201.

[38] Uchimiya M，Wartelle L H，Klasson K T，et al. Influence of pyrolysis temperature on biochar property and function as a heavy metal sorbent in soil[J]. Journal of Agricultural and Food Chemistry，2011，59（6）：2501-2510.

[39] Peng X，Ye L L，Wang C H，et al. Temperature- and duration-dependent rice straw-derived biochar：Characteristics and its effects on soil properties of an Ultisol in southern China[J]. Soil and Tillage Research，2011，112（2）：159-166.

[40] Keiluweit M，Nico Pr S，Johnson M G，et al. Dynamic molecular structure of plant biomass-derived black carbon（Biochar）[J]. Environmental Science & Technology，2010，44（4）：1247-1253.

[41] Ronsse F，van Hecke S，Dickinson D，et al. Production and characterization of slow pyrolysis biochar：Influence of feedstock type and pyrolysis conditions[J]. Global Change Biology Bioenergy，2013，5（2）：104-115.

[42] Kim S S，Ly H V，Choi G H，et al. Pyrolysis characteristics and kinetics of the alga Saccharina japonica[J]. Bioresource Technology，2012，123：445-451.

[43] Jeevitha R，Bella G，Booshan S A T. Preparation and characterization of micro crystalline cellulose fiber reinforced chitosan based polymer composites[J]. Research in Chemistry，2015，8（7）：453-458.

[44] Marx S，Chiyanzu I，Piyo N. Influence of reaction atmosphere and solvent on biochar yield and characteristics[J]. Bioresource Technology，2014，164：177-183.

[45] Wu W X，Yang M，Feng Q B，et al. Chemical characterization of rice straw-derived biochar for soil amendment[J]. Biomass and Bioenergy，2012，47：268-276.

[46] Angın D. Effect of pyrolysis temperature and heating rate on biochar obtained from pyrolysis of safflower seed press cake[J]. Bioresource Technology，2013，128：593-597.

[47] Fu P，Yi W M，Bai X Y，et al. Effect of temperature on gas composition and char structural features of pyrolyzed agricultural residues[J]. Bioresource Technology，2011，102（17）：8211-8219.

[48] Cai J H，Morris E，Jia C Q. Sulfur speciation in fluid coke and its activation products using K-edge X-ray absorption near edge structure spectroscopy[J]. Journal of Sulfur Chemistry，2009，30（6）：555-569.

[49] O'Connor D，Peng T Y，Li G H，et al. Sulfur-modified rice husk biochar：A green method for the remediation of mercury contaminated soil[J]. Science of the Total Environment，2018，621：819-826.

[50] Wang L，Wang Y J，Ma F，et al. Mechanisms and reutilization of modified biochar used for removal of heavy metals from wastewater：A review[J]. Science of the Total Environment，2019，668：1298-1309.

[51] Zadeh L A. Fuzzy logic：A personal perspective[J]. Fuzzy Sets and Systems，2015，281：4-20.

[52] Alami M A，Elwali E F，Mezrhab A，et al. Large scale PV sites selection by combining GIS and analytical hierarchy process. Case study：Eastern Morocco[J]. Renewable Energy，2018，119：863-873.

第 8 章　重要研究发现与展望

8.1　重要研究发现

农田土壤重金属污染关系农产品质量安全和农田生态系统健康，对污染农田进行治理修复可增加粮食产量、提高农产品质量安全，其生态-社会-经济效益巨大。相对于水污染和大气污染，土壤污染隐蔽性强、自净能力差、风险累积时间长，如何解决土壤污染，尤其是大面积的农田土壤重金属污染，是一个十分严峻且棘手的问题。采用室内模拟与场地试验相结合的研究方式，通过室内模拟探索了人工加速老化模式下土壤重金属形态转化及迁移扩散机制效果，进而在典型试验区研究了大气-雪被-土壤系统重金属富集特征及迁移路径，污染农田作物生理胁迫及土壤环境演变机理，污染农田环境风险评估及长效管控技术。研究团队多年来致力于攻关农田重金属长效稳定化方法研究，构建北方地区绿色健康的农田生态系统循环模式，创新并且完善重金属污染全周期管控体系。研究重要发现总结如下。

1. 土壤重金属形态转化原理及传输扩散机制效应

（1）在人工加速老化土壤对重金属形态转化的探索中，我们发现冻融循环和干湿循环会破坏土壤团聚体，而生物炭与有机肥的复配施用通过形成中等颗粒团聚体而阻碍了这种裂解效应。首先，冻融循环作用增加了土壤中重金属 Pb 和 Cd 的不稳定态的比重，而这可能主要与土壤中溶解有机碳的释放以及团聚体的裂解有关。研究结果表明，稳定化材料通过吸附及表面络合等作用有效降低了重金属的浸出能力。与有机肥相比，生物炭更加稳定，并且溶解有机碳的释放量在冻融循环后期有所降低。在冻融老化过程中，生物炭的裂解同样会增加表面吸附位点，并且增加能够固定重金属的含氧官能团的丰度。虽然生物炭具有良好的长期固定效果，但是有机肥能在短期内通过转化重金属的形态而表现出较好的 Cd 和 Pb 稳定性。生物炭和有机肥的复配施加处理不仅降低了溶解有机碳释放的可能性，而且在冻融循环过程中还改善了生物炭的理化性质（如增加了用于表面络合的含氧官能团），有效抑制了重金属由稳定态向活跃态转化。此外，干湿循环通过调节团聚体的膨胀与收缩来改变土壤结构稳定性，而有机肥处理在土体湿润条件下释放大量黏结性物质，更易促进土壤颗粒发生重组效应，提升土壤团聚体稳定性，降低土壤重金属游离释放能力，并且生物炭与有机肥联合处理更有效地抑制了重金属游离释放。

（2）对于养护期内的 Cr(Ⅵ)污染土壤，硫酸亚铁和多硫化钙通过氧化还原反应将 Cr(Ⅵ)转化为 Cr(Ⅲ)，并且降低受污染土壤中 Cr 的释放风险。生物炭通过吸附和还原作用促进了多硫化钙对于 Cr(Ⅵ)的修复效果，有效地抑制了模拟酸雨和 TCLP 浸提 Cr(Ⅵ)的浸出。冻融循环作用加速了模拟酸雨淋溶条件下土壤重金属的迁移速率，提升了重金属的 TCLP 浸出浓度。此时，生物炭在冻融老化驱动作用下裂解为小颗粒活性炭，炭表面官能团的氧化程度提升，炭颗粒对于土壤团聚体的聚合能力增强，有效地抑制了冻融老化对于重金属淋溶效应的影响。随着土壤含水率的增加，养护期内，稳定化材料对土壤中Cr(Ⅵ)的固定化效果有所提升，这可能是生物炭作为电子转移的中间介质，促进了土壤复合系统内的氧化还原反应，更有效地提升了土壤中 Cr(Ⅵ)向 Cr(Ⅲ)的转化效率。而在冻融循环条件下，高含水率样品中土壤水分相变体积膨胀率增大，土壤团聚体的破碎度增强，导致土壤中稳定化重金属二次游离释放的风险提升。而生物炭与多硫化钙的处理在土体冻胀裂解过程中，再次发挥较强吸附性能，有效阻控稳定化重金属 Cr 出现“返黄”现象。

2. 土壤重金属环境迁移路径及作物生境风险评估

（1）松嫩平原典型黑土区改良研究发现，冬季伴随着降雪过程的发生，大气中的重金属出现协同沉降的现象，并且富集在农田土壤表层。土壤融化期，融雪水产流携带重金属入渗到土壤中，增加了土壤中重金属的含量，同时也改变了土壤中原有重金属元素的分布，对土壤生态环境产生极大的威胁。生物炭具有相对较大的比表面积、丰富的多孔结构和有机官能团，故其可以作为一种低成本且环保材料广泛用于吸附重金属等污染物，有效抑制了重金属 Cu 和 Zn 的淋滤和污染程度。此外，冻融循环过程通过改变生物炭性质，从而影响生物炭吸附重金属 Cu 和 Zn 的能力。相关性分析表明，冻融生物炭吸附重金属 Cu 和 Zn 的量与生物炭孔体积、孔径和 pH 均呈负相关，与比表面积呈正相关。另外，冻融循环对生物炭理化性质和吸附能力的影响不仅表现为与某一条件或某一个单一指标有相关关系，还表现为多重因素（冻结温度、冻融时间、生物炭含水率、原材料制备等）和几个指标（孔径、孔体积、比表面积、官能团基团特征及 pH 等）之间的相互作用共同对其产生重要的影响。

（2）东北地区典型 Cd 污染水稻田修复研究发现，作物生育期内，生物炭和过磷酸钙的联合施加有效提升了土壤无机氮含量，促进了土壤氮矿化速率，并且该时期生物炭对土壤溶解有机碳呈较强的固持效应，并且土壤碳矿化速率有所降低。与此同时，炭基材料增加了土壤脲酶和过氧化氢酶的活性，而过磷酸盐则促进了蔗糖酶活性的提升。此外，在土壤微生物群落多样性的分析中，生物炭及生物炭&过磷酸钙处理有效提升了土壤中变形菌门、拟杆菌门、酸杆菌门以及放线菌门的相对丰度，促进了土壤中碳氮元素的健康循环。总结发现，生物炭和过磷酸钙的联合施用增强了植物生长期的 Cd 固定和养分供应。重要的是，与单独施用生物炭和过磷酸钙相比，联合施用更有效地抑制了水稻器官中 Cd 的积累并提高了作物产量。海泡石处理有效降低了 DTPA 可提取的 Cd，但其对于土壤养分环境及植株生理发育的激发效应弱于生物炭和过磷酸钙处理。此外，冬季非生育期内，生物炭与过磷酸钙的复配处理兼具了二者的理化性能优势，能够较好调节土壤碳氮循环过程，有效地抑制了重金属 Cd 的 DTPA 浸出浓度，有望长期有效抑制北方地区农田土壤-植物系统中 Cd 的跨介质转移。

（3）西北地区典型 Hg 污染场地试验研究发现，地块的汞污染程度相对较高，地表水、沉积物和土壤总汞浓度分别超标 2.86 倍、73.19 倍和 274.04 倍。污染集中分布于研究区内部采矿、选矿、冶炼区域和外部下游区域。区域内部土壤汞污染可能来自汞矿采冶活动“三废”的排放，而外部汞污染可能来自采选废水或干湿沉降。区域周边农田土壤、植物等不同环境介质中汞的形态分析结果表明，在原生地块内部的汞污染物多以性质相对稳定的硫化汞（HgS）存在。区域内部的平均总量暴露非致癌健康风险危害商为1.56～130.66，主要通过经口摄入途径产生；而外部的平均总量暴露非致癌健康风险危害商为9.56～13.51，同时主要通过经口摄入和饮食摄入两个途径产生。汞污染土壤的长效稳定化风险管控研究表明，热解温度是生物炭稳定剂制备过程的关键因子，对材料的物化性质存在较大的影响。硫改性生物炭可使得稳定剂的含硫量提升64倍，表面积增加5.6%，最大汞吸附量 Q_{max} 提升68.92%。模拟加速老化实验结果表明，该技术至少可以稳定土壤有效汞达50年，且50年模拟老化土壤的有效汞浓度低于100ng/L。本书构建起了适用于汞污染地块风险全周期管理的分类管控技术框架，分别在地块风险“产生—发展—消退”的三个阶段实施分类管理行动。该框架可在有效预防地块新增风险的基础上，对现有污染地块实施分类分级风险管控和因地制宜的长期管理，为地块的安全可控提供技术保障。

8.2 污染农田绿色、健康、低碳修复展望

农业可持续性是农田污染土壤修复可持续性考虑中的重要环节，也是其区别于工业污染场地可持续性分析的主要因素，主要包括土壤肥力提升、农产品安全以及农产品增产三个方面。土壤肥力作为耕地功能的基本保障，可以通过土壤pH、理化和生物等指标来反映。美国农业部自然资源保护局基于这些指标已经建立了成熟的土壤质量评价方法。纵然农田污染土壤修复对于农业的影响与当地社会经济影响密切相关，但是农业可持续性是对农田污染土壤修复从更大区域尺度、更加长远角度的考虑。

1）通过可持续性评价选择最佳的修复技术

我国不同地区的气候条件、土壤性质以及农田污染来源不同，导致不同地区最佳的污染农田修复方式可能也不同，可以通过可持续性评价来选择最佳的修复技术。同时，针对某一特定技术设计修复方案时，也要有各方面的可持续性考虑。例如，当采取固化/稳定化技术时，需要防止使用对土壤肥力造成破坏的钝化剂，影响农作物的生长。当使用植物修复时，需要妥善处置重金属富集植物，防止二次污染。另外，其他地区或国家的农田修复经验也值得我们借鉴。例如，日本作为最早开展农田污染土壤修复的国家之一，客土法、化学修复、植物萃取、耕地轮作等都是常用的修复手段。

2）鼓励公众参与农田污染土壤修复

公众参与可以通过雇佣当地农民参与农田污染土壤修复工作来实现，这样可以节省修复开支，具有巨大的社会经济效益。植物修复是我国应用较多的农田污染土壤修复技术，目前已有农民参与修复的成功案例，并且实现了污染修复目标和农民创收。有项目专门调查了农民的生活方式和种植农作物类型的倾向，以设计契合农民习惯的修复方案。此外，还可以通过经济补贴或者将能源植物种植与修复相结合的方式，鼓励农民积极参与修复。

3）加强污染预防

1997～2014年，我国耕地污染比例从7.3%增至19.4%。历史经验表明，污染预防是可持续环境管理的重中之重。不对污染源采取控制措施将会使农田污染防治工作在先污染再治理的道路上不断循环，甚至无法使修复达标。《土壤污染防治行动计划》提出了关于加强污染源监管、做好土壤污染预防工作的要求，但是，完善农田污染监管体系还需多部门共同努力。例如，为了推广高效低毒低残留农药，需要相关部门颁布相关的标准和鼓励政策。

4）经济政策促进农田污染土壤修复

我国农田污染大多发生在经济欠发达的农业地区，以恢复土壤肥力、保障农作物生产为目的的污染农田土壤修复不影响土地的商业价值，而土地升值是污染场地修复的主要商业驱动力，导致资金更多流向工业污染场地修复，使污染农田土壤修复经济受阻。有案例研究表明，农田污染土壤修复的成本可以超过在同等面积农田种植农作物30年收益的总和。然而，修复大面积受污染农田的重要性不言而喻。我国是人口大国，国家层面上保证充足的粮食供应以及食品安全是极其重要的。从食品安全、粮食增产、农民创收等方面来看，农田污染土壤修复的间接效益远大于直接效益。因此，通过更多经济政策上的激励为农田污染土壤修复提供驱动力是必要的。